核电厂技术岗位必读丛书

# 电气工程师岗位必读


主　编　曹传阳

副主编　豆凤梅　印　健　马永立　汪　林
徐文网　朱雷堂　荆　波

哈尔滨工程大学出版社
Harbin Engineering University Press

## 内容简介

《电气工程师岗位必读》立足于核电厂电气设备的原理和应用，旨在帮助电气工程师通过阅读本教材，结合现场设备运行状况、运维安排、缺陷处理及原因分析，掌握电气专业基础知识，熟悉标准和规范使用方法，以及如何设置运维项目，并通过学习典型案例，能够对本专业设备出现的缺陷提供技术指导。

本教材按照分工涵盖了电气高压设备、发电机/电动机类、电气低压设备、电气继电保护与控制部分。除常见的汽轮发电机、变压器、电动机、变电站等大型一次设备外，也包含各具特色的励磁系统、控制和保护系统、不间断电源系统等二次系统和设备，以及具有核电厂特色的棒电源机组、停堆断路器、装卸料设备。这些设备在核电厂机组运行过程中发挥着至关重要的作用。为了便于阅读理解并巩固所学，每个章节包含对该设备的概述描述、结构与原理、标准规范、运维项目、典型案例分析以及课后思考题。在编写的过程中，编者查阅了大量设备资料和相关标准，为了力求准确，对部分参数进行了现场核实。书中提及的典型案例分析，均为实际发生，并得到妥善处理的缺陷，它的处理过程及结果对同类型设备的预维有着重要的参考价值。

**图书在版编目(CIP)数据**

电气工程师岗位必读/曹传阳主编. —哈尔滨：
哈尔滨工程大学出版社，2023.1
ISBN 978-7-5661-3757-9

Ⅰ. ①电… Ⅱ. ①曹… Ⅲ. ①核电厂-电气设备-岗位培训-教材 Ⅳ. ①TM623.4

中国版本图书馆 CIP 数据核字(2022)第 208460 号

**电气工程师岗位必读**
DIANQI GONGCHENGSHI GANGWEI BIDU

**选题策划** 石 岭
**责任编辑** 张 昕
**封面设计** 李海波

**出版发行** 哈尔滨工程大学出版社
**社 址** 哈尔滨市南岗区南通大街 145 号
**邮政编码** 150001
**发行电话** 0451-82519328
**传 真** 0451-82519699
**经 销** 新华书店
**印 刷** 黑龙江天宇印务有限公司
**开 本** 787 mm×1 092 mm 1/16
**印 张** 20.75
**字 数** 530 千字
**版 次** 2023 年 1 月第 1 版
**印 次** 2023 年 1 月第 1 次印刷
**定 价** 98.00 元
http://www.hrbeupress.com
E-mail:heupress@hrbeu.edu.cn

# 核电厂技术岗位必读丛书
# 编 委 会

主　任　尚宪和

副主任　姜向平　吴天垣

编　委　王惠良　孙国忠　曾　春　司先国　陶　钧
　　　　秦建华　邓志新　任　诚　吴　剑　李世生
　　　　李武平　陆　蓉　马寅军　刘　强　陈明军
　　　　汪　林　邹胜佳

# 本书编委会

主　编　曹传阳

副主编　豆凤梅　印　健　马永立　汪　林　徐文网
　　　　朱雷堂　荆　波

参　编　赵　强　张　翔　赵　凯　邹　莉　公　群
　　　　李　愿　冯建栋　刘争光　罗　晴

# 序

秦山核电是中国大陆核电的发源地,9 台机组总装机容量 666 万千瓦,年发电量约 520 亿千瓦时,是我国目前核电机组数量最多、堆型最丰富的核电基地。秦山核电并网发电三十多年来,披荆斩棘、攻坚克难、追求卓越,实现了从原型堆到百万级商用堆的跨越,完成了从商业进口到机组自主化的突破,做到了在"一带一路"上的输出引领;三十多年的建设发展,全面反映了我国核电发展的历程,也充分展现了我国核电自主发展的成果;三十多年的积累,形成了具有深厚底蕴的核安全文化,练就了一支能驾驭多堆型运行和管理的专业人才队伍,形成了一套成熟完整的安全生产运行管理体系和支持保障体系。

秦山核电"十四五"规划高质量推进"四个基地"建设,打造清洁能源示范基地、同位素生产基地、核工业大数据基地及核电人才培养基地,拓展秦山核电新的发展空间。技术领域深入学习贯彻公司"十四五"规划要求,充分挖掘各专业技术人才,组织编写了"核电厂技术岗位必读丛书"。该丛书以"规范化""系统化""实践化"为目标,以"人才培养"为核心,构建"隐性知识显性化,显性知识系统化"的体系框架,旨在将三十多年的宝贵经验固化传承,使人员达到运行技术支持所需的知识技能水平,同时培养人员的软实力,让员工能更快更好地适应"四个基地"建设的新要求,用集体的智慧,为实现中核集团"三位一体"奋斗目标、中国核电"两个十五年"发展目标、秦山核电"一体两翼"发展战略和"1 +1 +2 +4"发展思路贡献力量,勇做新时代核电领跑者,奋力谱写"国之光荣"崭新篇章。

秦山核电 副总经理:

# 前　言

此套核电厂技术人员通用培训系列教材由秦山核电副总经理尚宪和总体策划，技术领域管理组组织落实。

《电气工程师岗位必读》由曹传阳、马永立、朱雷堂和印健组织编写，其中第1,2,3章由豆凤梅编写，荆波校核；第4章第4.2、第5章5.1、第8章由赵强编写，曹传阳校核；第4章4.3、第5章5.2、第13章13.2由张翔编写，曹传阳校核；第7章7.1、第13章13.3由赵凯编写，曹传阳校核；第12章由罗晴编写，曹传阳校核；第4章4.1、第10章10.1由邹莉编写，徐文网、朱雷堂校核；第4章4.4,4.5,4.6，第5章5.3，第7章7.2，第10章10.2由印健编写，汪林校核；第6章由公群编写，邹莉校核；第11章由李愿编写，邹莉校核；第9章9.1,9.5由冯建栋编写，马永立校核；第9章9.2、第13章13.1由刘争光编写，马永立校核；第9章9.3,9.4由马永立编写，汪林校核。在此感谢他们的辛勤付出，没有他们，本教材不会如此全面和出彩！

由于编者经验和水平有限，本教材尚有许多不足之处，如在使用过程中有任何意见或建议，请直接反馈给编写组，以便进一步改进与提高。

编　者

2022年9月

# 目　录

# 第1章 概　　述

电气设备在核电厂应用广泛,包含大量常规设备(如发电机、变压器、电动装置等),也包含特有设备(如装卸料机、停堆断路器等)。经过数年探索和不断优化,秦山核电积累了丰富的设备管理经验,核电厂设备管理逐渐标准化和规模化。然而,对于新员工、转岗员工,以及其他需要了解电气设备管理知识的人员缺少相应专业教材,需要花费大量人力物力进行重复培训。为了从事核电厂设备管理的人员更好地掌握相关知识,特编制了本教材。本教材分为十三个章节,涵盖了高压、电机、低压、继电保护与控制部分。

本教材涵盖了除常见的汽轮发电机、变压器、电动机、变电站等大型一次设备外,还包含各具特色的励磁系统、控制和保护系统、不间断电源系统等二次系统和设备,以及具有核电厂特色的棒电源机组、停堆断路器、装卸料设备。这些设备在核电厂机组运行过程中发挥着至关重要的作用。为了便于阅读理解并巩固知识,教材每个章节包含对所阐述设备的概括性描述、结构与原理、标准规范、运维项目、典型案例分析以及课后思考题。在编写的过程中,编者查阅了大量设备资料和相关标准;为了力求准确,对部分参数进行了现场核实。书中提及的典型案例分析,均为实际发生、并得到妥善处理的缺陷,它的处理过程及结果对同类型设备的预防性维修有着重要的参考价值。

《电气工程师岗位必读》立足于核电厂电气设备的原理和应用,旨在帮助电气工程师通过阅读本教材,结合现场设备运行状况、运维安排、缺陷处理及原因分析,掌握电气专业基础知识,熟悉标准和规范使用方法,以及如何设置运维项目;通过典型案例,对本专业设备出现的缺陷应用提供技术指导。

# 第2章 岗位职责

## 2.1 概　　述

核电厂电气设备重要性、数量、种类、特殊性和复杂性均有别于常规电厂，总而言之，电气设备工程师的职责就是掌握电气设备的原理、运行习性、主要缺陷、缺陷原因等内容，跟踪设备电量和非电量趋势；制定合适的预防性维修准则；根据设备状况的改变，有计划性地进行替代；使电气设备安全、稳定、高效运行。

## 2.2 岗位职责描述

电气设备工程师的主要岗位职责如下（但不尽于此，根据各责任主体的特殊规定执行）：

（1）电气设备预防性维修大纲制定及应用评价、电气设备日常及大修预防性维修项目确定、预防性维修等效分析、预防性维修执行偏差风险评估；

（2）电气设备 NCR 技术方案、QDR 及 QC 管理；

（3）重要电气设备故障的根本原因分析和制定纠正措施；

（4）电气设备修后试验管理；

（5）电气设备维修效果分析（AS - FOUND 记录分析）；

（6）电气设备历史数据收集与维护；

（7）电气设备监督及性能趋势分析；

（8）建立和维护电气设备信息库；

（9）负责各自范围工艺系统、设施、设备中使用的电气类成型件等设备性材料的归口管理，包括辖区材料目录建立，材料编码、材料储备定额决定，材料年度采购计划和预算集中申报管理等工作；

（10）电气设备固定资产技术鉴定；

（11）电气设备变更设计，参与系统变更审查；

（12）承担电气设备的备品备件和材料的技术管理，包括制定定额管理、采购申请、采购技术规范、预维计划，监造，验收，修复件技术鉴定，替代及国产化。

# 第3章 法规标准

本章列出了部分通用法规、标准(表3.1),对于每一类型的特定标准,在书中的各章节均有体现,这里不再重复说明。

表3.1 书中使用法规、标准列表

| 序号 | 标题 | 编码 | 所属分类 |
| --- | --- | --- | --- |
| 1 | 《高压电气设备绝缘诊断技术》 | — | 工业技术 |
| 2 | 《实用电气自动控制计算手册》 | — | 工业技术 |
| 3 | 《电气传动自动控制原理与设计》 | — | 工业技术 |
| 4 | 《电气工程师技术基础自检手册》 | — | 工业技术 |
| 5 | 《电气装置的过电压保护》 | — | 工业技术 |
| 6 | 《核电厂电气》 | — | 工业技术 |
| 7 | 《电力工程电气设计手册 2 电气二次部分》 | — | 工业技术 |
| 8 | 《电力工程电气设计手册 1 电气一次部分》 | — | 工业技术 |
| 9 | 《机械电气系统安全标准汇编(上)》(2010.12) | — | 国内标准/中文标准汇编 |
| 10 | 《机械电气系统安全标准汇编(下)》(2010.12) | — | 国内标准/中文标准汇编 |
| 11 | 《电力系统电气计算设计规程》 | DL/T 5553—2019 | 国内标准/DL 电力行业标准 |
| 12 | 《核电厂全厂电气设备机械联锁技术规范》 | NB/T 25022—2014 | 国内标准/EJ、NB 核行业标准、能源行业标准 |
| 13 | 《核电厂安全壳电气贯穿件试验技术要求第3部分:电气性能型式试验》 | Q/CNNC JE11.3 | 国内标准/Q/CNNC 中国核工业集团公司企业标准 |
| 14 | 《核电厂安全壳电气贯穿件试验技术要求第1部分:密封性能试验》 | Q/CNNC JE11.1 | 国内标准/Q/CNNC 中国核工业集团公司企业标准 |
| 15 | 《核电厂安全壳电气贯穿件试验技术要求第6部分:事故及事故后热力学和化学环境试验》 | Q/CNNC JE11.6 | 国内标准/Q/CNNC 中国核工业集团公司企业标准 |
| 16 | 《核电厂安全壳电气贯穿件试验技术要求第5部分:机械振动及抗震鉴定试验》 | Q/CNNC JE11.5 | 国内标准/Q/CNNC 中国核工业集团公司企业标准 |
| 17 | 《核电厂安全壳电气贯穿件试验技术要求第4部分:设备性能随时间变化的试验》 | Q/CNNC JE11.4 | 国内标准/Q/CNNC 中国核工业集团公司企业标准 |
| 18 | 《核电厂安全壳电气贯穿件试验技术要求第2部分:基本电气性能试验》 | Q/CNNC JE11.2 | 国内标准/Q/CNNC 中国核工业集团公司企业标准 |

表 3.1(续)

| 序号 | 标题 | 编码 | 所属分类 |
| --- | --- | --- | --- |
| 19 | 《电气绝缘(Ⅱ):D2519》(ASTM Volume 10.02:Electrical Insulation(Ⅱ):D2519 - Latest) | ASTM10.02—2017 | 国外标准/ASTM 美国材料与试验协会标准 |
| 20 | 《电气绝缘(Ⅰ):D69 - D2484》(ASTM Volume 10.01:Electrical Insulation(Ⅰ):D2519 - D2484) | ASTM10.01—2017 | 国外标准/ASTM 美国材料与试验协会标准 |
| 21 | 《电气装置安装工程 盘、柜及二次回路接线施工及验收规范》 | GB 50171—2012 | 国内标准/GB 国家标准 |
| 22 | 《电气装置安装工程 接地装置施工及验收规范》 | GB 50169—2016 | 国内标准/GB 国家标准 |
| 23 | 《压水堆核岛电气设备设计和建造规则》 | RCC - E—2005 | 国外标准/RCC 法国核电设计建造标准 |
| 24 | 《交流电气装置的接地设计规范》 | GB/T 50065—2011 | 国内标准/GB 国家标准 |
| 25 | 《核电厂安全重要电气、仪表和控制设备维修要求》 | NB/T 20296—2014 | 国内标准/EJ、NB 核行业标准、能源行业标准 |
| 26 | 《核电厂安全级电气连接件鉴定》 | NB/T 20225—2013 | 国内标准/EJ、NB 核行业标准、能源行业标准 |
| 27 | 《核电厂安全级电气设备老化管理》 | NB/T 20155—2012 | 国内标准/EJ、NB 核行业标准、能源行业标准 |
| 28 | 《核电厂安全级电气设备老化评估、监测和缓解》 | NB/T 20086—2012 | 国内标准/EJ、NB 核行业标准、能源行业标准 |
| 29 | 《电气装置安装工程 母线装置施工及验收规范》 | GB 50149—2010 | 国内标准/GB 国家标准 |
| 30 | 《电力安全工作规程 发电厂和变电站电气部分》 | GB 26860—2011 | 国内标准/GB 国家标准 |
| 31 | 《六氟化硫电气设备中气体管理和检测导则》 | GB/T 8905—2012 | 国内标准/GB 国家标准 |
| 32 | 《电力技术监督导则》 | DL/T 1051—2019 | 国内标准/DL 电力行业标准 |
| 33 | 《750 kV 和 1 000 kV 级油浸式电力变压器技术参数和要求》 | NB/T 42020—2013 | 国内标准/EJ、NB 核行业标准、能源行业标准 |
| 34 | 《电力系统继电保护设计技术规范》 | DL/T 5506—2015 | 国内标准/DL 电力行业标准 |
| 35 | 《电业安全工作规程(电力线路部分)》 | DL 409—91 | 国内标准/DL 电力行业标准 |
| 36 | 《电力安全工作规程 高压试验室部分》 | GB 26861—2011 | 国内标准/GB 国家标准 |
| 37 | 《电力安全工作规程 发电厂和变电站电气部分》 | GB 26860—2011 | 国内标准/GB 国家标准 |
| 38 | 《电力安全工作规程 电力线路部分》 | GB 26859—2011 | 国内标准/GB 国家标准 |

# 第4章　发电机及辅助系统

## 4.1　主发电机及励磁系统

### 4.1.1　概述

在核电站的汽轮发电机组中，发电机、汽轮机和励磁系统的作用如下：

(1)发电机具有将来自汽轮机的机械驱动功率转化为有功功率输出给电网，并为电网提供滞后感性或超前容性无功功率的重要功能。

(2)汽轮机具有向发电机提供机械驱动功率，并调节发电机有功功率 $P_e$(即汽轮机驱动功率 $P_m$ - 发电机损耗 $P$)和发电频率 $f$ 的功能。

(3)励磁系统具有调节发电机端电压 $U_G$ 和无功功率 $Q$ 的功能。系统中励磁机回路(即励磁一次回路)用于向主发电机转子绕组提供直流励磁电流、建立磁场，主要包括励磁变压器、励磁机(同步发电机)、整流器、滑环与碳刷等。

汽轮机、发电机、励磁系统、电网之间的关系如图4.1所示。

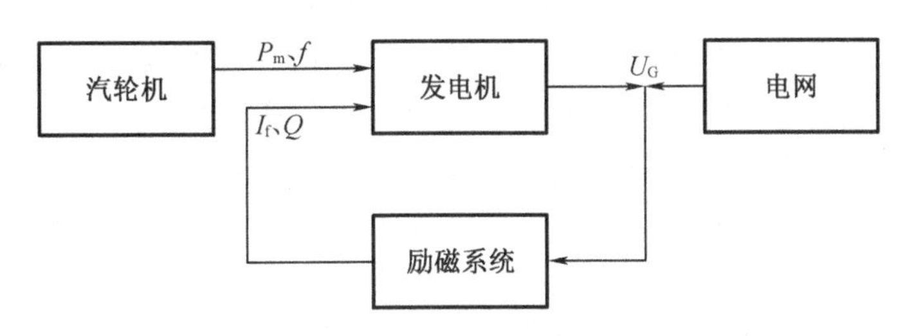


$P_m$—汽轮机驱动功率；$f$—频率；$I_f$—励磁电流；$Q$—无功功率；$U_G$—发电机端电压。

**图4.1　汽轮机、发电机、励磁系统、电网之间的关系**

核电站主发电机，通常采用1对极(额定转速3 000 r/min)或2对极(额定转速1 500 r/min)的隐极同步发电机。由于冷却水散热能力高，能对定子线圈充分冷却，因此发电机定子线圈通常采用水内冷方式，同时由于氢气散热能力较好且密度较小，能减少发电机内部的通风摩擦损耗，因此发电机定子铁芯和转子通常采用氢气直接冷却方式，从而提高了发电机的效率，降低了发电机的温升以延长发电机内绝缘材料的使用寿期。

在核电站，主发电机和励磁机属单点敏感的重要设备(SPV)，当主发电机或励磁机失效时，将导致机组自动或手动停机、停堆。因此，必须对这两种设备的设计、制造、运行、检修、变更及相关备件和文件等进行严格管理。

### 4.1.2 发电机工作原理与结构

1. 发电机工作原理

(1) 发电机空载运行

同步发电机根据导体切割磁力线感应电动势的原理工作，大多数的发电机定子铁芯内装有对称的三相交流绕组，把磁极做成旋转式，即转子。当发电机转子被原动机，即汽轮机驱动到额定同步转速之后，发电机转子绕组中加直流励磁电流，从而产生一个在空间按正弦规律分布的、按汽轮机同步转速旋转的主极磁场。由于定子三相绕组在空间上互差 120° 电角度，因此，发电机定子绕组依次切割磁力线，感应出大小相等、在时间上互差 120° 电角度的三相交流感应电动势，当汽轮机转速恒定时，改变励磁电流，即可改变感应电动势的大小。感应电动势的频率取决于发电机转子的磁极对数和转子转速 $n$，当转子有 $p$ 对极时，转子旋转一周，感应电动势就交变 $p$ 个周期。设转子转速为 $n$(r/min)时，则发电机感应电动势频率为 $f=pn/60$(Hz)。我国电力系统标准频率规定为 50 Hz，因此，1 对极的发电机，其转子同步转速为 3 000 r/min，2 对极的发电机，其转子同步转速为 1 500 r/min。

(2) 发电机并网

在发电机加励磁电流建立空载额定电压之后，发电机需并列到电网时，为避免在发电机和电网中产生冲击电流，并由此在发电机转轴上产生冲击扭矩，应使待并发电机电压与电网电压一直保持相等，即应满足以下四个条件才可将发电机并入电网：待并发电机电压与电网电压大小相等、相位相同、相序相同、频率相同。

(3) 发电机电枢反应与运行

在发电机的三相绕组与负载/电网接通之后，发电机三相对称定子绕组中便产生了对称三相电枢电流，并产生一个基波也以汽轮机同步转速旋转的电枢磁场，对励磁主极磁场产生电枢反应，形成发电机气隙合成磁场(发电机气隙合成磁通量 $\varphi_\delta$、发电机气隙合成磁动势 $F_\delta$)。对于隐极同步发电机，发电机感应电动势 $E_0$ 与发电机定子绕组端电压 $U_G$ 之间有：$E_0=U_G+\mathrm{j}I_GX_d+I_GR_a$，其中 $I_G$ 为发电机定子电流，电枢电阻 $R_a$ 远小于同步电抗 $X_d$，可忽略不计，发电机感应电动势 $E_0$ 与端电压 $U_G$ 之间的相间差即发电机功角 $\delta$，由于发电机漏阻抗也远小于同步电抗 $X_d$，转子主极磁场轴线超前于气隙合成磁场轴线的夹角(即 $F_f$ 与 $F_\delta$ 的相角差)也近似为功角 $\delta$。发电机工作原理如图 4.2 所示。

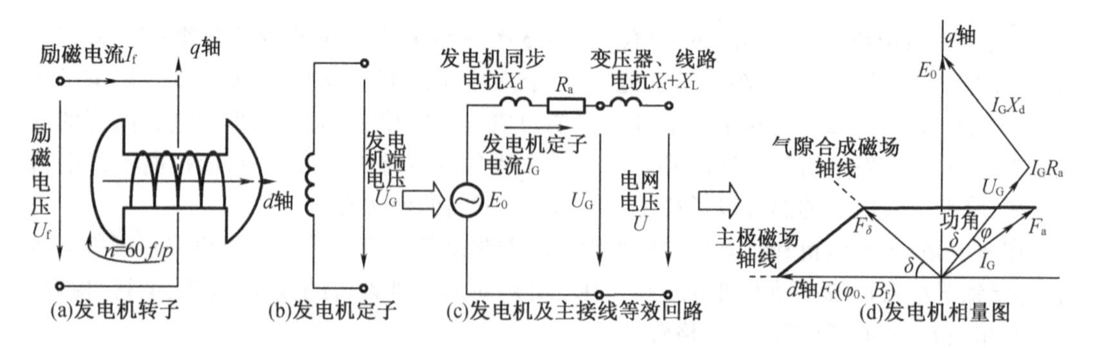


$\varphi_0$—发电机励磁主极磁通量；$B_f$—发电机励磁主极磁通密度；$F_f$—发电机励磁主极磁动势；$F_a$—发电机定子电枢磁动势。

**图 4.2 发电机工作原理**

(4)发电机功角特性

由图4.2可知,正常运行期间,发电机励磁主极磁场($\varphi_0$、$F_f$)超前于气隙合成磁场($\varphi_\delta$、$F_\delta$),磁通从转子主极发出后向后扭转,发电机转子受到一个制动的电磁转矩与汽轮机的驱动转矩以一定的功角形成平衡运行,即发电机产生的阻尼电磁转矩/电磁功率($T_{em}=P_{em}/\omega$,$\omega$为发电机旋转角速度)与汽轮机的驱动转矩/驱动功率[$T_m=(P_{输入}-P_{损耗})/\omega$]相平衡。其中,$P_{输入}$为发电机轴上的汽轮机输入机械功率,在扣除发电机的$P_{损耗}$(含机械风摩损耗、铁耗、附加损耗)及铜耗之后,发电机以功率$P_e=mU_GI_G\cos\varphi$($m$为发电机电枢绕组相数,当用相电压和相电流时值为3,当用线电压和线电流时值为$\sqrt{3}$)输出至电网。在忽略电枢电阻(该电阻小于同步电抗$X_d$)即不计及铜耗时,发电机输出功率近似表达为$P_e\approx P_{em}=mE_0U_G\sin\delta/X_d$。因此,当发电机端电压和励磁电流不变时,发电机输出功率的大小取决于功角$\delta$的大小。发电机功角(功率)特性曲线如图4.3所示,在发电机功角$\delta<90°$的区域内,当汽轮机功率发生变化,如汽轮机因驱动功率$P_m$增加超过原始发电机功率而加速时,发电机功角$\delta$将增加,发电机电磁功率$P_e$因为与功角$\delta$呈正弦函数关系也随着功角$\delta$的增加而增大,机组将重新达成新的功率平衡,及时恢复稳定平衡状态,而且功角$\delta$越低,发电机的稳定性越好;当$\delta=90°$时,发电机电磁功率将达最大值;在发电机功角$\delta>90°$的区域内,发电机电磁功率随着功角的增加而减小,当汽轮机功率发生变化时,发电机阻尼转矩与原动机驱动转矩无法达成稳定的新平衡点,机组有加速后超速失步的风险,$\delta>90°$是不稳定区域。因此,为确保有足够的静稳定储备,发电机在额定感性负载运行时功角应保持在20°~35°,发电机在进相运行期间,也建议将功角限制在70°以内。

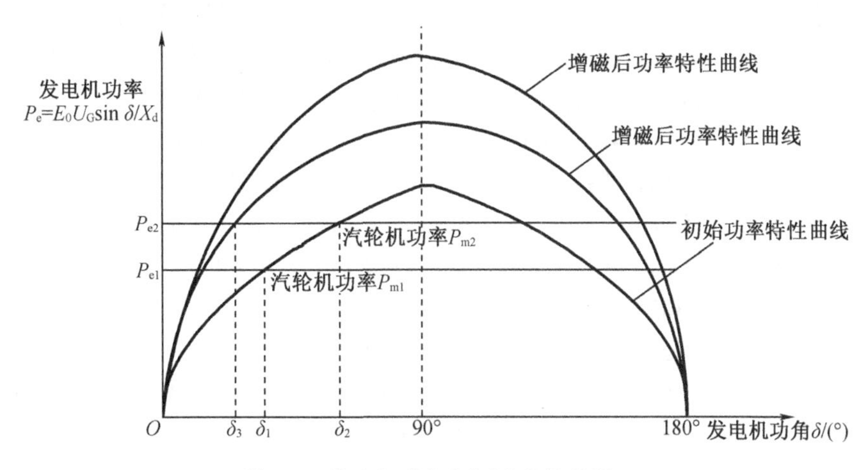


图4.3 发电机功角(功率)特性曲线

(5)发电机有功功率调节

发电机正常运行期间,发电机的有功功率$P_e$取决于汽轮机的驱动功率$P_m$,汽轮机的驱动转矩与发电机的制动电磁转矩相平衡。在励磁感应电动势$E_0$、发电机端电压$U_G$和频率$f$不变时,发电机保持一个恒定的功角$\delta$(为$E_0$超前于$U_G$的夹角,也即转子主极磁场轴线超前于气隙合成磁场的轴线)运行。如果汽轮机的驱动功率$P_m$上升时,两转矩不再平衡,转子将加速使发电机的功角增加,使发电机的输出电气有功功率也上升,同时发电机定子电流将增加,由于发电机带感性或阻性负载时电枢反应有去磁作用,为保持发电机端电压$U_G$稳定而不减小,需通过励磁电压调节器进行自动调压和增加励磁,发电机与汽轮机将在增加励磁后一个新的较小功角 $\delta$(具备更高静稳定极限功率)上重新达成有功功率 $P_e$ 与驱动功率 $P_m$ 的平衡。

(6)发电机电压调节

发电机并网后的正常运行期间,当发电机定子电流 $I_G$ 随有功或无功负荷变化而变化时,如果不调节励磁,发电机端电压 $U_G$($E_0 = U_G + jI_GX_d$)也将随之变化。为实现发电机电压在各种工况下的稳定,需由励磁系统提供电压的控制调节功能。即在发电机负荷变化引起发电机端电压 $U_G$ 变化时,励磁电压调节系统对发电机端电压 $U_G$ 的实测值与发电机端电压 $U_G$ 设定值进行比较、修正并给出电压偏差,经励磁调节器的运算、放大和隔离之后对励磁电流整流晶闸管进行触发导通,实现对发电机转子励磁电流的增减,最终实现对发电机和电网电压的稳定控制。

(7)发电机无功功率调节、滞相运行、进相运行

发电机并网后的正常运行期间,励磁系统调节发电机电压的同时,也实现了对发电机无功功率的同步调节。当电网感性无功功率不足时,电网电压将下降,要求发电机及时增加所发出的无功功率,以维持电网平衡。通常,在发电机端电压 $U_G$ 设定值上附加一个与发电机实测无功分量成正比的调差系数,在电网电压下降时增加励磁电流,发出更多的无功功率,维持电网电压的稳定,同时也实现各个机组间无功负荷的合理分配。

发电机 V 形曲线和发电机安全运行范围的实际稳定限制如图 4.4 所示,其中 PF 为功率因数。对于每一个给定的有功功率,调节励磁电流使功率因数 $\cos\varphi = 1$ 时,定子电流有最小值,发出的无功功率为零。这时,增加励磁电流,发电机处于过励状态,发出感性无功功率(滞相运行),定子电流增大;减少励磁电流,发电机处于欠励状态,发出容性无功功率(进相运行),定子电流增大。基于欠励时发电机功角的限制,为防止发电机失步,在不同的有功功率平台,励磁电流有不同的最小限值,输出的有功功率越大,最小励磁电流 $I_f$ 的限值越大。基于发电机视在容量、定转子热容量的限制,对应于发电机不同的有功功率输出,相应的无功功率和励磁电流限值,也需符合图 4.4(b)发电机安全运行范围的要求,而且为使发电机运行在距离进相功角限制、最大定子电流限制一定安全裕量的范围内,通常无功功率的调节使发电机运行时的功率因数为 0.85~0.95(滞后)。在正常滞后运行期间,励磁电流 $I_f$ 变化时,发电机端电压 $U_G$、无功功率 $Q$ 均做同步的变化,而铁芯温度则由于感性电流的去磁作用做相反的变化。

当发电机带电阻性和感性负载运行时,定子电流滞后于电压,其电枢反应具去磁作用,为保持发电机端电压不变,在发电机有功功率或感性无功功率增发时,定子电流将增大,励磁电流也需随时增大,发电机处于过励状态,发出感性无功功率,感性无功功率的多发对维持电网电压稳定、发电机的静稳定有利(发电机的功角 $\delta$ 减小)。但是,随着感性无功功率的多发,发电机定子和转子电流也将增加,定转子的发热及损耗也将增加,因此,在无功调节中需综合考虑上述两方面影响。

当电网轻载时无功过剩,发电机需要进相运行,发出容性无功功率,此时定子电流超前于电压,容性负荷电枢反应的助磁作用使发电机端电压升高,因此需随着容性无功功率的增发,减小励磁电流以维持电压稳定,发电机处于欠励状态。发电机的进相运行,是电网的需求,但发电机的进相运行能力则受发电机本体的设计和制造条件及厂用电系统电压条件所限制,因此,对于发电机进相运行范围,需兼顾以下三个限制因素。

- 发电机端部发热引起的温度限制:随着发电机进相运行时励磁电流的减小,发电机定子端部的合成漏磁通增加,发电机定子端部铁芯和压板等部件中产生涡流发热,

因此,当发电机进相运行时,须密切加强对发电机定子端部温度的监测,防止发电机铁芯过热(通常设计上限值/报警值:130 ℃)。当发电机定子铁芯温度超出限制值时,需及时增大励磁电流,降低发电机的进相运行深度。

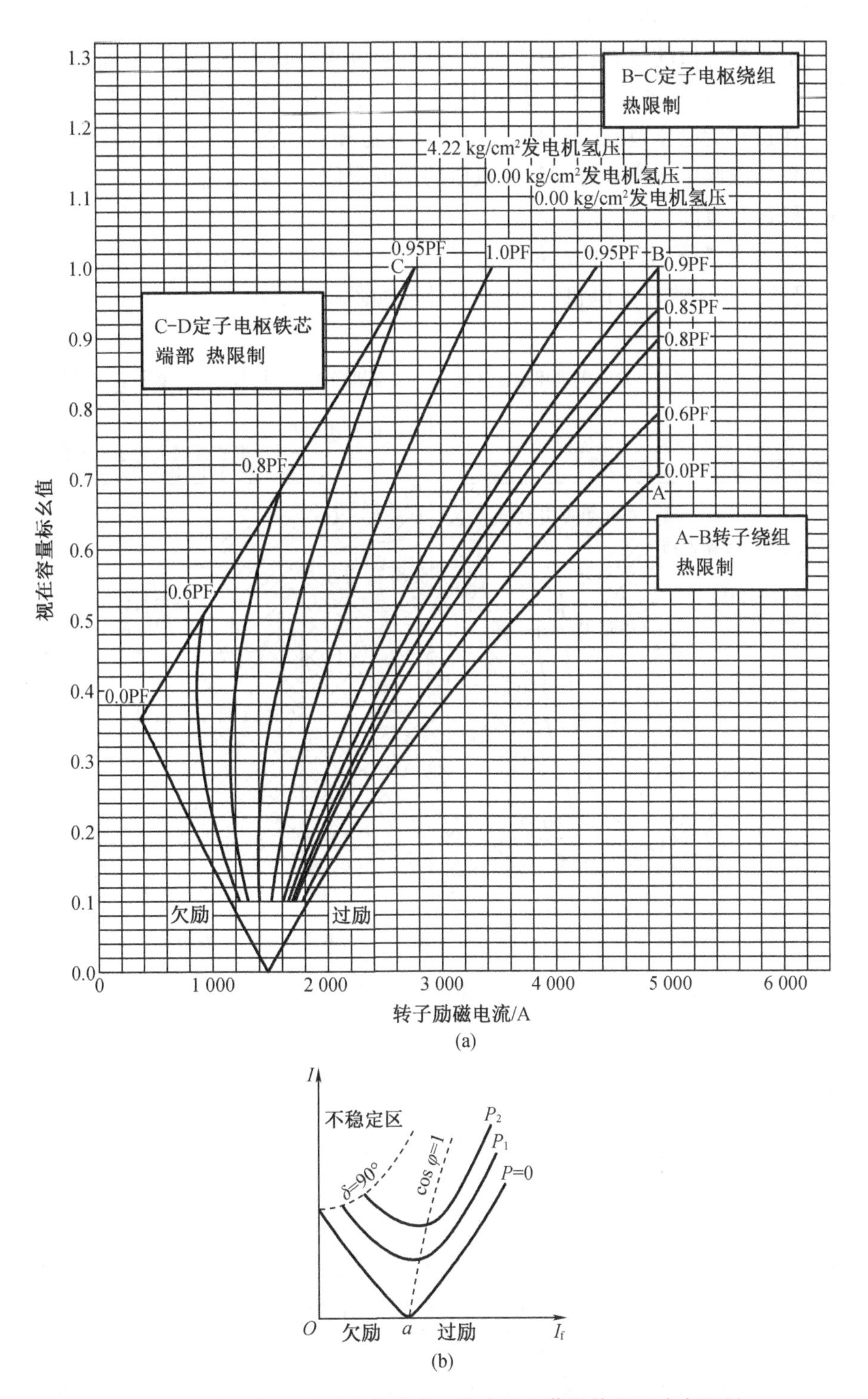


**图 4.4 发电机 V 形曲线和发电机安全运行范围的实际稳定限制**

- 发电机功角 $\delta$ 限制：随着发电机励磁电流的调小，发电机的运行功角 $\delta$ 将进一步增大，当发电机功角 $\delta$ 超出 90°，发电机将超出静稳定极限而失步（即超速）。为确保发电机稳定地运行在安全区域，发电机进相运行时，由励磁系统实现对功角的监测，以限制功角在 70°以内，防止发电机失步。
- 厂用电压最低值的限制：发电机进相运行时，随着励磁电流的减小，发电机端电压也随之降低，考虑到各机组的厂用电压经过厂用变压器取自发电机端，为确保厂电动机仍在正常的电压范围内运行，发电机不宜进相运行过深。励磁系统对发电机欠励或功角的限制中将兼顾考虑厂用电压的最低限值。

2. 发电机运行范围

在稳态运行条件下，发电机的允许运行范围决定于以下四个条件，结合发电机设计和制造参数，可给出相应汽轮发电机安全运行极限，如图 4.5 所示。

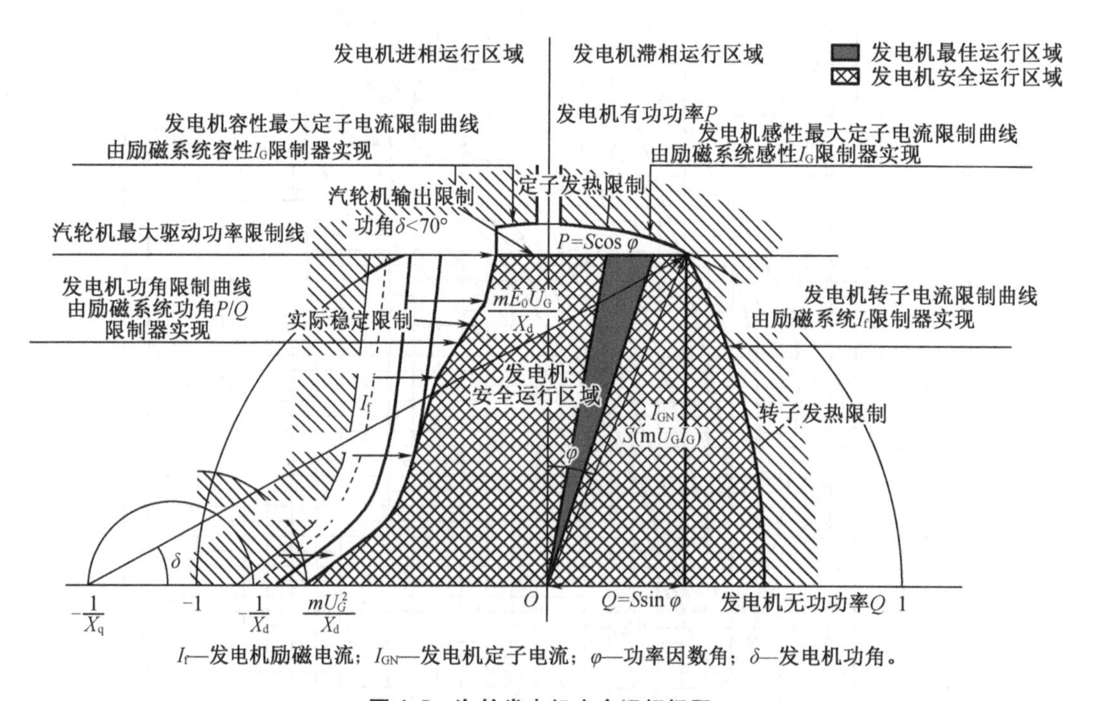


$I_f$—发电机励磁电流；$I_{GN}$—发电机定子电流；$\varphi$—功率因数角；$\delta$—发电机功角。

图 4.5　汽轮发电机安全运行极限

- 汽轮机功率限制：发电机的最大输出有功功率 $P_e$，受限于原动机，即汽轮机的机械输出功率上限。
- 发电机定子容量限制：发电机的最大输出有功功率 $P_e$ 和输出无功功率 $Q$，均在发电机的额定设计容量 $S_N$ 以内，也即发电机的定子电压 $U_G$、电流 $I_G$ 所决定的定子铁芯和线圈发热在各部件额定热容量范围内。
- 发电机转子容量限制：励磁电流所决定的转子发热，在转子额定热容量范围以内。
- 发电机进相运行范围限制：受到发电机功角、端部件温升、厂用电压下降的限制。

（1）发电机有功、无功功率允许范围

发电机有功功率的上限，在发电机视在容量的范围之内，由汽轮机的机械驱动功率上限所决定。在发电机处于过励状态时，感性无功功率的最大范围由励磁电流的最大允许值所限定，在发电机处于欠励磁状态时，容性无功功率的范围由所允许的发电机在各功率台阶上的稳定运行最大功角所限定。

(2)发电机定子和转子电流的允许范围

发电机定子、转子线圈回路的发热损耗与其电流的平方成正比，随着发电机定子电流的增加，发电机定子线圈的温度将快速上升，如果定转子线圈温升高于设计允许值时，线圈绝缘的寿命将受影响。因此，发电机正常运行期间，要求发电机定子、转子电流不超过制造厂铭牌规定的额定值，对于允许的发电机短时和长时间过负载能力，也应遵守制造厂给出的发电机定转子过负载能力曲线。因此，发电机的励磁系统，分别提供了发电机定子电流最大值限制和转子电流最大值限制功能。

(3)发电机电压运行范围

发电机正常运行期间，必须使发电机运行在设计规定的电压范围内。当发电机频率为额定值，而运行电压 $U_G$ 高于额定值较多时，发电机铁芯磁通密度将显著增加和饱和，铁芯温度将由于铁耗增加而快速上升。发电机端电压 $U_G$ 下降，将引起发电机定子电流 $I_G$ 的增大和定子绕组的发热增加，而且随着发电机端电压 $U_G$ 和励磁电压下降，也将使发电机的静稳定运行裕量下降，引起厂用电压的下降，进而影响厂用电动机的正常启动和运行。因此，结合发电机设计制造和电厂要求，通常要求发电机电压运行在(105% ~95%)额定值之间[频率在(102% ~98%)额定值之间]，电压运行范围如图4.6所示，其中直线段 $a$ 限定了电压与频率比(即过激磁限制)。

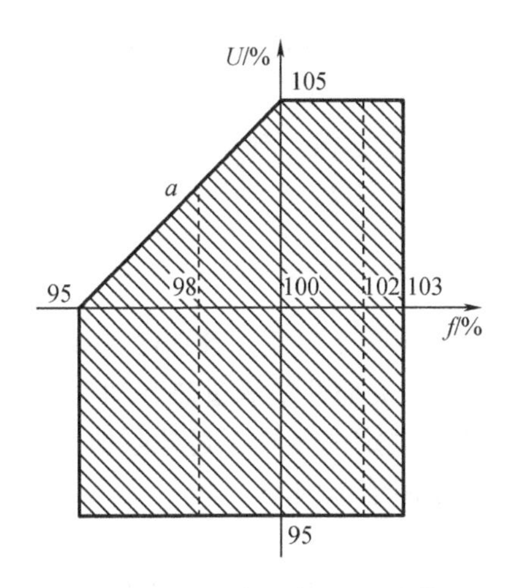


**图4.6 汽轮发电机电压、频率范围**

(4)发电机各部件的温度允许范围

发电机运行时，汽轮机的驱动功率 $P_m$ 除了绝大部分转化为电功率输出，即 $P_e = P_m\eta$($\eta$ 为效率)，其余部分以能量损耗(铁耗、定转子铜耗、机械风摩损耗、附加损耗等)的方式，转化为发电机各部件的发热温升。为确保发电机各部件尤其是所用绝缘材料均能在允许的温度范围内长期安全运行，有必要对发电机各重要部件的温度进行监测和限制。根据发电机设计标准，发电机定子和转子的绝缘材料通常采用F级，其温升要求≤100 K，极限温度为155 ℃，工作温度每超过极限温度12 ℃(对于F级)，绝缘材料的使用寿命将缩短一半。出于对延长绝缘材料使用寿命、提高发电机安全运行可靠性的考虑，发电机在额定工况下的定子铁芯、定子绕组和转子绕组等的长期运行温升均应降一级，按 B 级绝缘考核，即温升要求≤80 K，极限温度≤130 ℃，以确保发电机在设计寿期内的安全运行。因此，发电机正常运行期间应满足以下温度要求：

- 铁芯温度要求≤130 ℃，对于发电机铁芯温度，应结合发电机电压值来监测其温度趋势。
- 直接水冷的定子线圈温度，则要求限制在更严格的温度范围内，如设计限值 100 ℃［电阻温度探测器(RTD)法］，运行报警值 80 ℃；对于发电机定子温度，应结合定子冷却水温度、定子电流值来监测其温度趋势。
- 对于发电机(氢冷)转子线圈，通常采用电阻法计算，其设计温度上限通常为 110 ℃，运行报警值 107 ℃；对于发电机定子温度，应结合冷却氢气温度、转子电流值来监测其温度趋势。

(5) 发电机轴电压、轴电流限制

在发电机运行中，由于设计或制造原因会产生磁路不对称或轴向磁通等问题，因此发电机转轴两端会产生轴电压。当轴电压超过一定值时可能使发电机轴承的油膜击穿并通过转轴、轴承座和底板形成轴电流回路，影响油膜的稳定和烧伤轴瓦表面，影响发电机的正常运行。

限制轴电流的技术措施主要有以下几种：

- 在发电机的汽轮机侧大轴上，装设接地碳刷或铜辫，可使轴电流尽可能直接接地以减少对轴承的影响，同时也可使汽轮机的静电摩擦负荷导入地下。
- 在励磁侧轴承座、油密封装配、内外油挡盖、顶轴油管、轴振支架等与发电机底板之间加绝缘垫，以阻断轴电流回路，同时引出绝缘垫的绝缘测量引出回路，用于发电机轴电压/轴电流、轴绝缘的定期监测。根据相关标准和实践，通常要求轴电压 <20 V，轴电流 <0.2 A，轴绝缘≥0.5 MΩ。

3. 发电机异常运行

(1) 发电机过负载运行

发电机正常运行时，发电机的定转子电流等各项电气参数应在铭牌所规定的额定值范围以内，不允许过载，以免引起发电机部件绝缘过热和加速老化。发电机的短时过载允许值和持续时间，均应保持在制造厂规定的定转子过载限值以内，励磁和保护系统应将发电机定、转子电流控制和保护在规定限值以内。

(2) 发电机失磁异步运行

发电机失磁异步运行是进相运行的极限情况，由于发电机此时工作在发出有功功率、从电网吸收无功功率以励磁的异步发电机状态，会产生定子端部和转子过热、定子电流增大及机端电压下降的现象。保护系统应在发电机允许的异步运行限制时间内及时动作以保护发电机。

(3) 发电机不对称运行

发电机在电压、电流或相位三相不对称运行时，产生的负序电流将引起转子过热和机械振动，发电机保护系统应在发电机允许的不平衡负载能力范围及时动作以保护发电机。

4. 发电机结构

发电机主要由定子和转子两部分组成。(静态自并励)水氢氢冷发电机结构图如图 4.7

所示。

发电机的定子主要包括机座及出线罩/端罩、定子铁芯、定子绕组及出线、端盖、轴承、氢气冷却器回路、定子冷却水回路等。定子的作用是将机械能转换成电能输出,主要部件介绍如下。

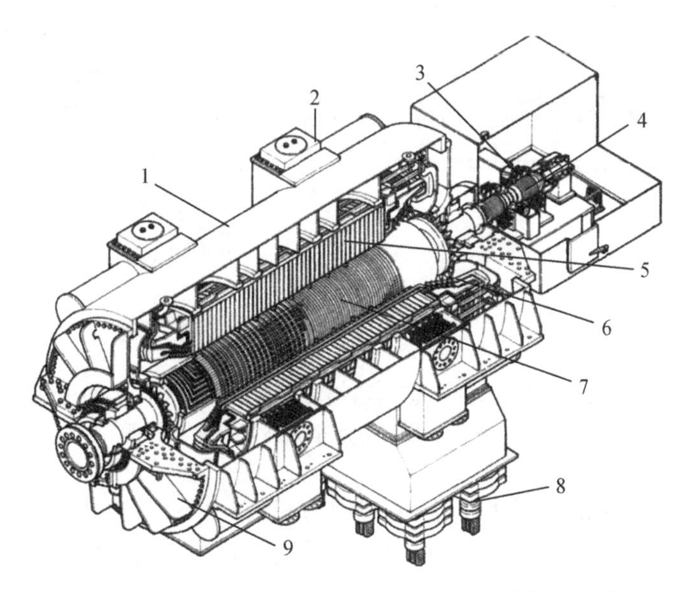


1—机座;2—氢气冷却器;3—碳刷架;4—滑环;5—定子铁芯;6—定子绕组;7—转子;8—出线;9—端盖。

**图4.7 (静态自并励)水氢氢冷发电机结构图**

(1)定子铁芯:是构成电机磁回路和固定定子绕组的重要部件,由两面涂有绝缘漆的冷轧磁钢片叠成,具有导磁性能好、损耗低、含通风冷却设计的特点。为减少端部铁芯发热,两端铁芯压板使用非磁性材料制造,铁芯两端设计成阶梯形状,在铁芯端部加装铜屏蔽和磁屏蔽环等。

(2)定子绕组及出线:定子绕组的作用是产生对称的三相交流电动势,向负载输出三相交变电能;一般为双层三相对称绕组,通常采用多根铜股线(含实心和空心)并联和换位,以降低导体中的集肤效应和漏磁损耗,同时,绕组空心股线中有去离子冷却水流过,以带走定子电流产生的铜耗。定子绕组绝缘采用F级绝缘按B级绝缘限制温升以延长绝缘寿命,同时在绕组表面涂半导体漆以提高定子绕组的起始电晕电压,防止电晕放电。发电机的出线位于机座励端下方的出线罩内,其中3个出线端子接至外部电网,另外3个中性端子接至中性点。

(3)端盖与轴承:端盖的作用是将发电机本体两端封盖起来,并与机座、定子铁芯和转子一起构成发电机内部完整的通风系统,多采用无磁性的轻型合金材料铸造而成。轴承都采用油膜液体润滑的座式轴承,由于它承担巨大的转子质量,且轴颈的线速度较高,因而有较大的摩擦损耗,必须有可靠的高压油循环系统。

(4)氢气冷却器:氢冷发电机的热氢冷却,通过安装在发电机机座上的氢气冷却器的气-水方式来交换热量。冷却器布置在机座的四个角上,使氢气回路对称,各冷却器并行连接到闭式冷却水系统。

(旋转无刷励磁)水氢氢冷发电机结构图如图4.8所示。

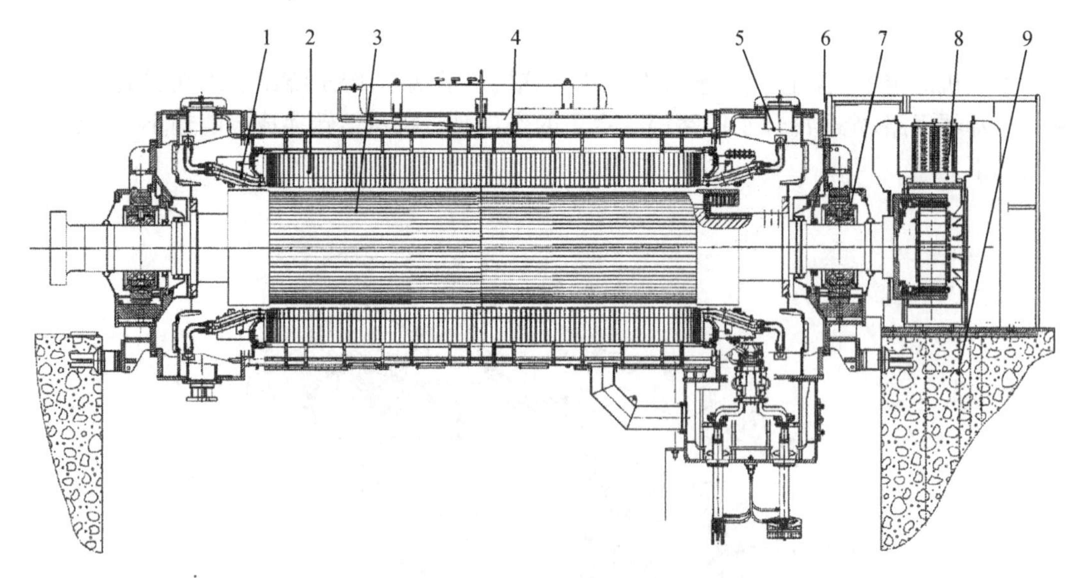


1—定子绕组;2—铁芯;3—转子;4—机座;5—冷却器;6—端盖;7—可倾瓦轴承;8—励磁机(TKJ型);9—基础。

**图4.8 (旋转无刷励磁)水氢氢冷发电机结构图**

发电机的转子主要包括转子本体、励磁绕组、护环和中心环、冷却风扇、转子绕组与励磁装置的连接等。转子的作用是提供主极磁场并传递来自汽轮机的机械能,主要部件介绍如下。

(1)转子本体:由转子铁芯与转轴锻造成一体。转子本体在电气上传导由励磁绕组产生的磁场,在机械上起传递转矩的作用。受限于离心力对转子材料机械强度的要求,大容量汽轮发电机的转子通常采用机械强度高、磁化性能好的优质合金钢材料,做成细长的圆柱体。转轴中段最粗部分作为磁极,加工若干个槽,在槽中嵌放励磁绕组。转子表面约占圆周长1/3的不开槽部分,称大齿,即主磁极。

(2)励磁绕组:由若干个节距不同的同心式线圈串联构成。励磁绕组放置在转子铁芯槽内,匝间垫有绝缘,线圈和铁芯之间有可靠绝缘,槽口采用非导磁、高强度合金槽楔固定。

(3)护环和中心环:高速运转的励磁绕组端部受到很大的离心力,因此在绕组端部表面安装一个由非导磁合金钢材料制成的圆环形钢套,在端部侧面安装一个用于支撑护环和防止励磁绕组端部轴向位移的圆盘形中心环,固定绕组端部。绕组端部的匝间及与护环之间均有绝缘,以防止转子绕组接地。

(4)冷却风扇:汽轮发电机的转子外形细长,通风冷却比较困难,因此在转子两端装有轴流式或离心式风扇,以提高冷却效果。

(5)转子绕组与励磁装置的连接:对于静态自并励励磁系统,从励磁变压器输出的交流电经过整流柜后引出为直流励磁电流,其通过固定的碳刷引至转轴上的正负极滑环,最终通过转子内引线引入励磁绕组。对于旋转励磁系统,励磁机旋转电枢绕组中产生的交流电经旋转二极管整流后引入励磁机正负汇流环,通过转轴内导电杆和引线直接引入励磁绕组。

除发电机本体之外,对于采用定子水冷、定子铁芯和转子氢冷的发电机,为保障主发电机的正常运行,发电机配置的主要辅助系统如下:

(1)发电机定子冷却水系统:对于定子绕组采用直接水冷的发电机,定子冷却水系统能不间断地为定子绕组提供去离子冷却水,并监测、控制定子绕组冷却水的水温、水压、流量和水质,以带走定子绕组铜耗,保证发电机的安全、稳定、可靠运行。

(2)发电机氢气冷却和供应系统:该系统用于冷却发电机定子铁芯和转子绕组,能保证给发电机补氢和补漏气,能自动监测和维持发电机内氢压稳定,自动维持氢气纯度和冷却器端的氢温,能实现发电机内的气体置换。

(3)发电机密封油系统:氢冷发电机采用油密封系统,该系统在高速旋转的轴与静止的密封瓦之间注入连续油流以形成油膜封住气体,并使密封油压稍高于机内氢压,使机内氢气不外泄、机外空气不能侵入,从而保证发电机内氢气纯度和压力不变。

为保障发电机的正常运行,发电机系统中还配备了发电机监测系统,用于监测发电机运行时的各项参数,判断发电机的运行情况,以判断发展趋势,确保发电机各部件能持续运行在规定的安全限值以内。其主要包括以下几部分。

(1)定子测量、显示和报警回路:如定子铁芯、定子绕组、定子出线、热氢和冷氢、定子绕组冷却水出水、铜屏蔽等部件的温度测量与显示报警回路;

(2)定子端部绕组振动监测回路;

(3)定子电流和电压测量用的电流和电压互感器,用于发电机励磁控制及机组电气保护;

(4)转子汽端和励磁轴承的振动、温度监测回路;

(5)转子接地监测回路;

(6)转子温度监测回路;

(7)转子匝间短路监测回路;

(8)发电机大轴的汽端接地回路(经铜辫或碳刷接地);

(9)发电机大轴的励磁绝缘回路(对励磁与转子接触的轴承、油密封、内外油挡盖、油管等相关部件设置绝缘,以防止形成轴电流回路腐蚀与转子接触部件),发电机轴电压/轴电流监测回路;

(10)发电机局部放电监测回路;

(11)发电机内漏液(冷却水、润滑油、密封油)监测回路;

(12)发电机漏气监测回路。

为保证发电机的正常安全运行,发电机系统除了上述发电机本体、辅助系统和发电机监测系统外,还需配备以下部分:

(1)发电机励磁系统,用以向发电机转子提供励磁电流、承担发电机重要电气参数(发电机端电压 $U_G$、无功功率 $Q$、励磁电压 $U_f$ 和励磁电流 $I_f$ 等)的调节控制和监测报警,其励磁控制系统将在后续章节中详述。

(2)发电机继电保护系统,监测发电机的各种故障和异常情况,及时发出报警或保护动作,最终保障发电机和机组的安全,发电机继电保护系统将在后续章节中详述。

### 4.1.3 励磁系统

发电机励磁系统,是向发电机转子提供励磁电流、承担发电机重要电气参数调节控制和监测的重要电气系统。励磁系统主要由励磁功率单元、励磁调节器等构成。

励磁功率单元,用于向发电机转子绕组提供直流励磁电流,建立磁场,主要包含励磁机(同步发电机)、励磁变压器、整流器等。

静态励磁系统通常用励磁变压器作为交流励磁电源，励磁变压器一次侧与发电机母线相连，励磁变压器二次侧接入整流柜交流侧。励磁变压器输出的交流电经整流柜内可控硅整流成直流电流后，经磁场断路器、发电机碳刷与转子正负极滑环的接触引入发电机转子绕组进行励磁。励磁变压器容量应能满足发电机正常励磁电压和强励顶值电压的需要。静态励磁系统采用多个晶闸管整流柜并联并具备充分裕量，如 $n-2$（$n$ 为现场实际配置的整流柜数量）运行方式，当丢失一个或两个整流柜时其余整流柜仍能维持励磁系统的额定运行。

旋转励磁系统较多采用与发电机同轴的交流无刷励磁机加旋转硅整流器，作为发电机转子励磁电源。即该交流无刷励磁机作为一个同步发电机，采用静止磁极（即定子，由励磁变压器或副励磁机提供经可控整流后的直流励磁电源），在旋转电枢绕组（转子）上产生交流电，该交流电经旋转二极管整流后引入励磁机正负汇流环，通过转轴内导电杆和引线直接引入发电机转子的励磁绕组。

交流无刷励磁机结构示意图如图 4.9 所示。

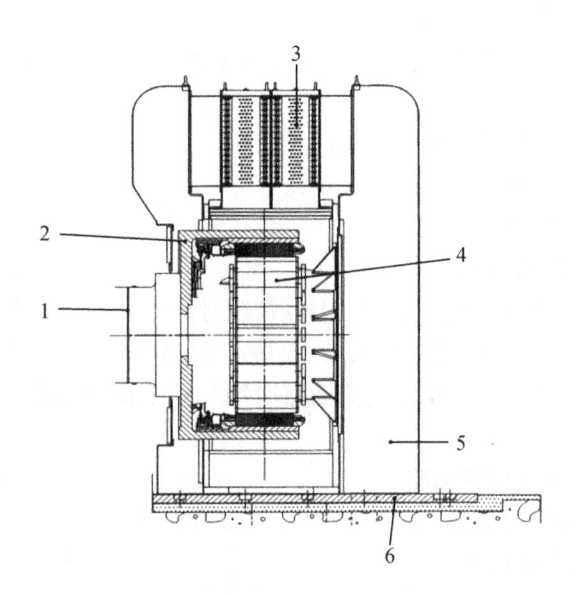


1—发电机转子；2—励磁机转子；3—空气冷却器；4—励磁机定子；5—风罩；6—底板。

**图 4.9　交流无刷励磁机结构示意图**

交流无刷励磁机主要由以下三部分组成。

（1）静止部件（定子）：包括励磁机机座、磁极、外接线装配、空气冷却器、风罩和底板等。

（2）旋转部件（转子）：包括交流电枢绕组、整流模块、转子接地检测滑环轴等。

（3）励磁机监测系统：包括发电机转子接地检测系统、旋转二极管故障检测系统、励磁机冷却气体温度监测装置。

交流无刷励磁机工作原理与交流同步发电机相同。旋转电枢绕组及整流模块的检查维护和清洁，对于励磁机和发电机的安全运行尤为重要。由于励磁机位于汽轮发电机组轴系的尾端，受到较大的轴胀及轴振影响，因此对于励磁机的径向和轴向装配有严格要求。

### 4.1.4 标准规范

- 《旋转电机 定额和性能》(GB/T 755—2019)
- 《隐极同步发电机技术要求》(GB/T 7064—2017)
- 《旋转电机 第1部分 定额和性能》(IEC 60034-1—2017)
- 《旋转电机 第2部分 损耗与效率试验方法》(IEC 60034-2—2017)
- 《旋转电机 第3部分 隐极同步机转子特殊要求》(IEC 60034-3—2017)
- 《旋转电机 第4部分 同步电机参数试验方法》(IEC 60034-4—2017)
- 《同步电机试验方法》(IEEE 115—2009)
- 《电气装置安装工程 旋转电机施工及验收标准》(GB 50170—2018)
- 《电气装置安装工程 电气设备交接试验标准》(GB 50150—2016)
- 《隐极同步发电机技术要求》(GB 7064—2017)
- 《电力设备预防性试验规程》(DL/T 596—2021)
- 《发电机定子绕组端部电晕检测与评定导则》(DL/T 298—2011)
- 《发电机环氧云母定子绕组绝缘老化鉴定导则》(DL/T 492—2009)
- 《隐极同步发电机转子匝间短路故障诊断导则》(DL/T 1525—2016)
- 《同步发电机励磁系统技术条件》(DL/T 843—2021)
- 《大型发电机励磁系统现场试验导则》(DL/T 1166—2012)
- 《汽轮发电机绕组内部水系统检验方法及评定》(JB/T 6228—2014)
- 《隐极同步发电机转子气体内冷通风道检验方法及限值》(JB/T 6229—2014)
- 《隐极同步发电机定子绕组端部动态特性和振动测量方法及评定》(GB/T 20140—2016)
- 《发电机定子铁芯磁化试验导则》(GB/T 20835—2016)
- 《旋转电机 绕组绝缘 第1部分:离线局部放电测量》(GB/T 20833.1—2021)
- 发电机、励磁机运维手册

### 4.1.5 运维项目

发电机运维项目列表如表4.1所示。

**表4.1 发电机运维项目列表**

| 序号 | 检修和试验项目 | 验收标准 |
|---|---|---|
| 1 | 发电机及出线、监测系统、辅助系统、励磁机、联轴器、轴绝缘的外观检查、紧固和密封检查、清洁、碳刷与滑环检查 | 发电机运维手册 |
| 2 | 发电机部件(护环、风叶、转子轴颈和台阶、转子端部槽楔、安装螺栓等)无损检查 | 发电机运维手册 |
| 3 | 发电机定子绕组的绝缘电阻、吸收比或极化指数测量 | DL/T 596—2021 |
| 4 | 发电机定子绕组的直流电阻测量 | DL/T 596—2021 |
| 5 | 发电机定子绕组端部电晕检查试验 | DL/T 298—2011 |
| 6 | 发电机定子绕组泄漏电流和直流耐压试验 | DL/T 596—2021 |

表 4.1(续)

| 序号 | 检修和试验项目 | 验收标准 |
| --- | --- | --- |
| 7 | 发电机定子绕组局部放电试验 | DL/T 492—2009,GB/T 20833.1—2021 |
| 8 | 发电机定子绕组端部手包绝缘施加直流电压测量、引线与鼻部手包绝缘及引水管水接头等部位绝缘检查 | DL/T 596—2021,发电机运维手册 |
| 9 | 发电机定子绕组的介质损耗因数及介质损耗因数增量测量 | DL/T 492—2009 |
| 10 | 发电机定子铁芯损耗试验(EL CID) | DL/T 596—2021,GB/T 20835—2016 |
| 11 | 发电机转子绕组绝缘电阻测量 | DL/T 596—2021,发电机运维手册 |
| 12 | 发电机转子绕组直流电阻测量 | DL/T 596—2021 |
| 13 | 发电机转子通风试验 | JB/T 6229—2014,发电机运维手册 |
| 14 | 发电机定子绕组交流耐压试验 | DL/T 596—2021 |
| 15 | 发电机定子端部振型模态试验,定子线棒、出线套管和过渡引线的固有频率测试 | GB/T 20140—2016 |
| 16 | 发电机转子绕组匝间短路检测 | DL/T 1525—2016,发电机运维手册 |
| 17 | 发电机转子绕组交流阻抗和功率损耗测量 | DL/T 596—2021 |
| 18 | 发电机定子/转子冷却水回路检查、定子/转子冷却水流量试验、定子绕组气压试验 | JB/T 6228—2014,发电机运维手册 |
| 19 | 发电机气密性试验、转子导电杆/转子中心孔气密试验 | 发电机运维手册 |
| 20 | 发电机监测系统的外观和尺寸检查、清洁、接线及安装紧固,功能检查 | 发电机运维手册 |
| 21 | 发电机轴绝缘检查与测试 | DL/T 596—2021,发电机运维手册 |
| 22 | 励磁机本体及出线外观检查,连接紧固和密封检查,汇流环检查,励磁机清洁 | 励磁机运维手册 |
| 23 | 励磁机励磁绕组、电枢绕组对地绝缘电阻 | DL/T 596—2021 |
| 24 | 励磁机励磁绕组直流电阻、电枢绕组直流电阻 | DL/T 596—2021 |
| 25 | 励磁机整流模块外观检查、清洁和紧固,励磁机旋转二极管反向泄漏电流和正向导通情况检测,熔断器电阻检查 | 励磁机运维手册 |
| 26 | 励磁机监测系统的外观和尺寸检查、清洁和紧固,功能检查 | 励磁机运维手册 |
| 27 | 大修后发电机轴电压与轴电流测试 | DL/T 596—2021,发电机运维手册 |

关于发电机、励磁机的详细检查与试验项目,见发电机运维手册、励磁机运维手册,发

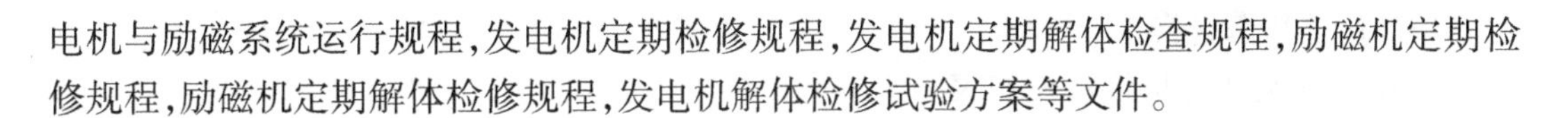


电机与励磁系统运行规程，发电机定期检修规程，发电机定期解体检查规程，励磁机定期检修规程，励磁机定期解体检修规程，发电机解体检修试验方案等文件。

### 4.1.6 典型案例分析

1. 经验反馈

典型案例的经验反馈列表如表4.2所示。

表4.2 典型案例的经验反馈列表

| 序号 | 外部典型案例 | 原因分析 |
| --- | --- | --- |
| 1 | 发电机定子绕组相间短路事故（尤其是励端） | 主要是设计、制造、安装质量问题，如端部留有金属异物、定子绕组鼻端接线及引线没有压板固定的部位、手包绝缘或引线绝缘固化不良、定子水电接头绝缘盒的绝缘不完善，机内氢气湿度大、漏油严重或有结露 |
| 2 | 发电机定子冷却水回路漏水造成停机；<br>发电机定子冷却水回路堵塞引起定子线棒过热 | 主要原因有定子线棒空心铜线有裂纹、水电接头质量及焊接工艺不良、定子线棒端部固定结构不良引起运行2倍频振动，使空心导线疲劳受损、定子绝缘引水管质量不稳定引起运行中老化破裂或安装应力引起破裂；因杂物进入水回路或pH值及电导率控制不良引起空心导线结垢堵塞 |
| 3 | 发电机定子端部振动大、松动磨损造成相间短路和接地 | 主要原因是定子端部线棒固定结构不良或引线支撑结构固定不良，没有避开2倍频共振范围，造成端部磨损和绝缘受损 |
| 4 | 氢冷发电机的漏氢造成停机或氢爆 | 发电机漏氢的主要部位在密封瓦与密封垫、定子上下半端盖结合面、端盖与端罩结合面、端罩与机座结合面、定子线棒接头处、定子引出线套管密封、氢气冷却器法兰与机座结合面、转轴中心孔端面或滑环导电螺钉密封；氢气漏入定子内冷水系统、氢压异常升高（高于密封油压）、供氢管路漏氢积聚等 |
| 5 | 氢冷发电机漏油影响电机绝缘（尤其是端部绝缘） | 密封油系统的平衡阀、压差阀调节性能不良，密封油箱油位监控不良，油挡安装不良引起漏油等 |
| 6 | 转子绕组接地故障 | 主要原因有转子绕组过热使绝缘受损、转子绕组引线回路受损、励磁机故障接地、发电机或励磁机冷却器漏水引起转子绕组匝间短路和接地、转子制造局部缺陷或滞留异物或运输安装中的绝缘脏污 |
| 7 | 转子绕组匝间短路引起的无功功率下降、轴承振动和接地故障 | 主要原因有制造期间转子匝间绝缘片垫偏、漏垫或绕组通风孔堵孔，护环内残存异物，导线焊接工艺不良等 |
| 8 | 发电机轴电流升高引起轴承轴瓦及轴颈的电腐蚀 | 发电机定转子偏心或下垂引起的磁路不对称、转子绕组匝间短路、汽轮机转子叶片与蒸汽摩擦产生静电荷引起的轴电压升高、汽端大轴接地电刷或铜辫接触不良、励磁轴绝缘（含轴承绝缘、油密封装配绝缘、内外挡油盖绝缘、高压油管绝缘及轴振支架绝缘等）的安装或维护不良 |

2. A/B 类状态报告

典型 A/B 类状态报告列表如表 4.3 所示。

**表 4.3 典型 A/B 类状态报告列表**

| 序号 | 类别 | 状态报告编号 | 状态报告主题 | 原因分析 |
|---|---|---|---|---|
| 1 | A | CR202053067 | 发电机励磁系统保护动作联锁停机停堆 | 由于发电机励磁回路新购碳刷性能质量与原厂要求不符,引起碳刷过热打火,导致转子励磁回路一点接地及后续转子滑环间短路和转子过流保护动作 |
| 2 | A | CR201527250 | 汽轮发电机组异常跳闸 | 机组振动监测回路信号电缆接头接触不良(接线不规范)导致稍有触碰即发出误报警和跳闸信号 |
| 3 | A | CR201430520 | 汽轮发电机超速试验前带 10% 负荷暖机期间因轴瓦振动高跳机 | 机组振动传感器安装检查不到位,引起传感器受碰撞和误发跳机信号 |
| 4 | B | CR202111689 | 发电机转子冷却水系统主水过滤器压差大 | 定子冷却水系统预维不到位 |
| 5 | B | CR202050376 | 发电机氢冷器冷却水调节阀隔膜破裂 | 氢冷系统部件(膜片)的安装维护不到位 |
| 6 | B | CR201953171 | 发电机漏氢量增大,最大达到 27 $Nm^3/d$ | 汽端发电机端盖中分面由于密封胶失效而导致氢气内漏 |
| 7 | B | CR201861862 | 发电机鼓风叶片断裂 | 厂家手册和检修规程对发电机叶片的安装方式和紧固力矩的要求不完善,导致运行期间叶片与导风圈碰磨,引起叶片断裂脱落、固定螺母脱落 |
| 8 | B | CR201852178 | 发电机转子励端轴径表面拉毛 | 对发电机转子盘车风险分析不足且规程不完善,转子支架滚轮设计时所选材料硬度应低于转子轴颈材料硬度 |
| 9 | B | CR201756224 | 发电机轴电流大、汽轮机打闸停机 | 汽轮机大轴从冷态到满功率运行抬升较大(如 0.8 mm),同时大轴存在轴胀的轴向位移过程,因此,转速探头在静态时的安装间隙测量位置及测量值并不是满功率后运行位置时的实际间隙测量值,需结合探头安装要求和汽轮机启机阶段轴系动态变化,对探头初始安装间隙进行核算和调整 |
| 10 | B | CR201744216 | 发电机空冷器两处漏水 | 在空冷器变更中由于现场使用的空冷器材料设计未体现在最新文件中,导致变更后空冷器误用其他不适用材料 |

表 4.3(续)

| 序号 | 类别 | 状态报告编号 | 状态报告主题 | 原因分析 |
| --- | --- | --- | --- | --- |
| 11 | B | CR201513237 | 发电机启机运行时发现氢气湿度超标 | 大修期间发电机腔室未全部封盖前,定子冷却水系统、氢冷器先期投运,冷水温度低于环境温度,造成发电机内氢冷器管外壁面、定子线圈外体面等处集湿、结露 |

课后思考题

1. 在发电机和励磁机设备中,需重点关注的敏感部件有哪些?
2. 在发电机和励磁机检修中,需重点关注的检修项目、验收指标有哪些?
3. 在发电机和励磁机运行期间,需重点关注的参数有哪些?

# 4.2 发电机出口断路器

## 4.2.1 概述

发电机出口断路器选用了瑞士 ABB 公司生产的 HEC－7A 型发电机出口断路器,它由 3 个单相断路器组成,通过封闭母线与发电机、两台厂变压器和三台主变压器相连。其在主接线中的位置如图 4.10 所示。

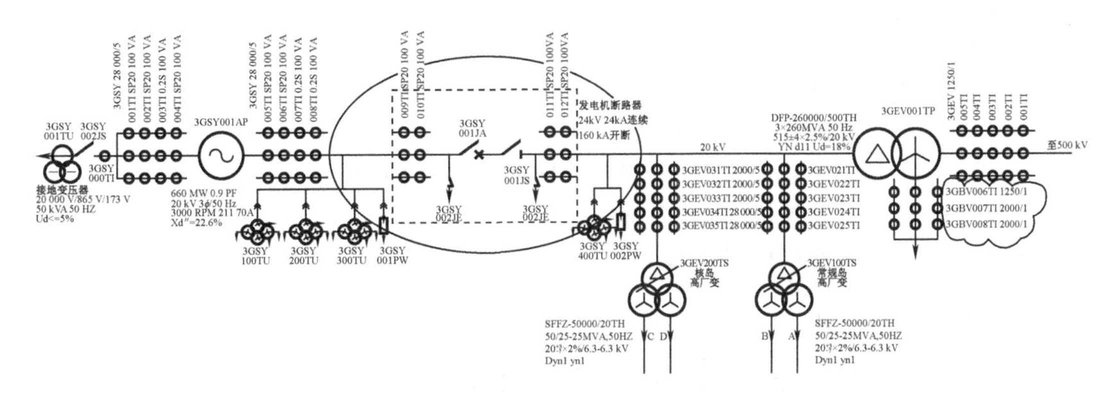


图 4.10 发电机出口断路器在主接线中的位置

出口断路器采用单侧隔离刀闸(发电机出口断路器靠近主变侧),双侧接地刀闸的配置模式,操作机构为液压形式。断路器与变压器之间的隔离刀闸以及两侧配置的接地刀闸极大地提高了大修中隔离的有效性。

该断路器液压弹簧操作机构简化了断路器的辅助系统,其机械使用寿命大于 10 000 次。该断路器采用 SF6 绝缘。这些辅助设备简化了系统的复杂程度,减少了断路器的维护量,并提高了设备运行的可靠性。

### 4.2.2 结构与原理

发电机出口断路器型号为 HEC－7A，由 3 个单相断路器组成，通过连接片和隔离刀闸分别与连接发电机和主变压器的离相封闭母线相连。该断路器采用液压操作机构，主要部件包括断路器、隔离开关、接地开关、电容器、电流互感器。

液压操作机构可实现远方、就地操作和三相联动。每个断路器配备两个单独的跳闸电磁阀和一个合闸电磁阀，跳闸电磁阀各自由独立的电源供电。操作机构本身具有防跳功能，能够避免在压力低于一定值时慢分和慢合操作。发电机与外电网连接图如图 4.11 所示。

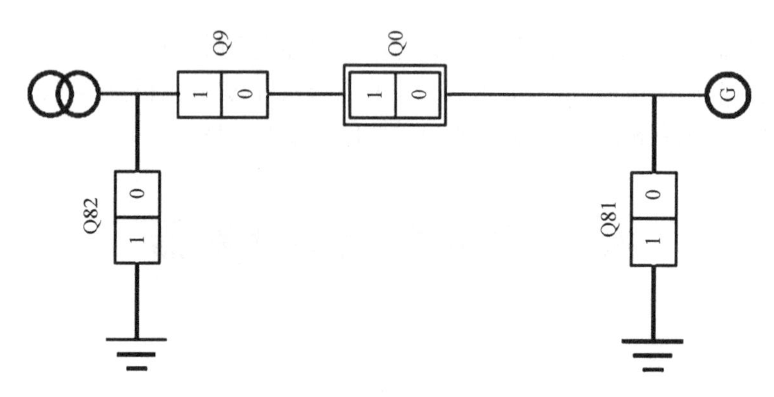


**图 4.11 发电机与外电网连接图**

### 4.2.3 标准规范

- 《输变电设备状态检修试验规程》(DL/T 393—2021)
- 《国家电网公司预防交流高压开关事故措施》
- 《防止电力生产事故二十五项重点要求》(国能安全[2014]161 号)
- ABB－六氟化硫断路器厂家说明书、图纸
- 《六氟化硫气体密度继电器校验规程》(DL/T 259—2012)
- 《高压交流开关设备和控制设备标准的共用技术要求》(GB/T 11022—2020 )
- 《高压交流断路器》(DL/T 402—2016 )

### 4.2.4 运维项目

运维项目包括常规的每 1C 的预防性检修项目以及 15 年的解体大修。

1C 的预防性检修项目包括：绝缘电阻、回路电阻、液压机构检查、分合闸线圈测试、电容器测量等。

### 4.2.5 典型案例分析

表 4.4 所示为国内其他单位带液压操作机构断路器的重大事件及建议。

表 4.4 国内其他单位带液压操作机构断路器的重大事件及建议

| 单位 | 时间 | 事件名称 | 事件概述 | 原因及后续采取行动 | 建议 |
| --- | --- | --- | --- | --- | --- |
| 外部事件 1 | 2012 年 11 月 29 日 | 发电机出口断路器灭弧室碎裂 | 2012 年 11 月 29 日，对 1 号发电机组进行静态试验前的设备状态检查，发现 601 主断路器柜门窥视玻璃破裂，经查 1 号发电机主断路器 A 、B 两相灭弧室碎裂，断路器完全报废，无法再用 | 断路器结构存在缺陷，灭弧室采用环氧树脂，转轴处没有加固措施，多次操作后转轴磨损导致转换处存在受力变形与裂纹，从而引发操作杆及内部动静触头变形错位是本次故障的直接原因 | 一旦达到厂家规定的大修年限时，建议一定要安排大修 |
| 外部事件 2 | 2009 年 4 月 | SF6 断路器液压机构渗漏油 | 2009 年 4 月国内某电厂 212 开关出现渗漏。检修维护人员迅速将控制柜内油渍抹干净，发现控制阀下端有油渗出。为判断是连接油管处密封不严还是控制阀内部密封损坏，检修人员对开关进行了分合闸试验。试验观察发现不论开关是分闸还是合闸状态，都有油渗出，因此检修人员判断是控制阀内部密封破损。根据这一结论，检修人员更换了控制阀，快速消除了设备漏油缺陷 | 控制阀内部密封破损 | 建议继续加强巡检及大修检查 |
| 外部事件 3 | 2008 年 6 月 | 发电机出口断路器操作机构漏油 | 2008 年 6 月，在进行设备巡视时，发现 1 号、2 号出口断路器的液压泵有频繁启动现象，1 号液压油泵 6 月 4 日的启动次数为 1 277 次，6 月 5 日的启动次数为 1 300 次，一天中启动了 23 次。2 号液压油泵 6 月 10 日的启动次数为 1 581 次，6 月 11 日的启动次数为 1 605 次，一天中启动了 24 次。此后，对设备加强巡视，反复操作了几次操作机构，检查液位正常，机构外表没有渗油现象，但油泵的频繁启动现象一直存在 | 经与生产厂家技术人员沟通分析，排除了其他可能情况后，认定为内部泄漏。更换控制模块后，机组运行时，对操作机构的油泵启动次数进行一段时间的跟踪观察，发现 1 号、2 号液压油泵的启动次数已大大下降，1 号的启动次数每天为 6 次，2 号的启动次数每天为 7 次，故障消除，确保设备安全可靠运行 | 建议继续加强巡检、大修时油泵回路检查 |

表 4.4(续)

| 单位 | 时间 | 事件名称 | 事件概述 | 原因及后续采取行动 | 建议 |
| --- | --- | --- | --- | --- | --- |
| 外部事件 4 | 2005 年 10 月 20 日 | 液压油引发的断路器分闸 | 2005 年 10 月 20 日，该变电站执行 500 kV 某线路停电操作，当执行到分断开该线路 5033 开关时，现场检查断路器仅 B、C 相在开位，A 相开关在合位。汇报调度后再次对 5033 开关进行分闸操作，现场人员根据声音判断 5033 开关 A 相操作机构已经动作，但是 A 相开关仍在合闸位置。运行人员迅速断开 5033 开关操作直流和机构交流动力电源，汇报调度后拉开两侧刀闸，将 5033 开关隔离，断路器转故障检修。<br>技术人员到达现场后，在断路器无直流的情况下对故障相断路器执行一次手动分闸操作，观察断路器动作后立即又合闸，排除了二次回路误发合闸命令的可能性，初步判断为液压操动机构一级阀问题 | 根据检查情况初步判断液压机构出厂时所选用的航空液压油（地面用油）存在质量问题，经过一段时间运行后液压油变质，易发生水分超标 | 建议检修维护时注意防止液压系统进水；考虑定期过滤、更换液压油 |

### 课后思考题

1. 发电机出口断路器组合电器主要包含了哪些设备?
2. 发电机出口断路器液压操作机构的操作方式有哪些?

### 参考文献

[1] 王建华. 电气工程师手册[M]. 3 版. 北京:机械工业出版社,2006.
[2] 国家能源局. NB/T 25053—2016 核电厂发电机出口断路器技术条件[S]. 北京:中国标准出版社,2016.

## 4.3 离相封闭母线

### 4.3.1 概述

发电机离相封闭母线的主要功能是将汽轮发电机的输出电能传输至主变压器低压侧,同时也使电能经过常规岛高压厂用变压器和核岛高压厂用变压器送到6 kV 正常厂用母线,以及发电机出口电压互感器和主变低压侧电压互感器。

### 4.3.2 结构与原理

离相封闭母线系统一般由四部分组成:离相封闭母线本体、空气循环干燥装置、高压电器柜、红外测温装置。为了说明原理,本书在做具体举例时,以秦山第二核电厂(以下简称“秦二厂”)封闭母线为例。

1. 离相封闭母线本体

离相封闭母线(全连式离相封闭母线,自冷,微正压充气)示意图如图 4.12 所示。

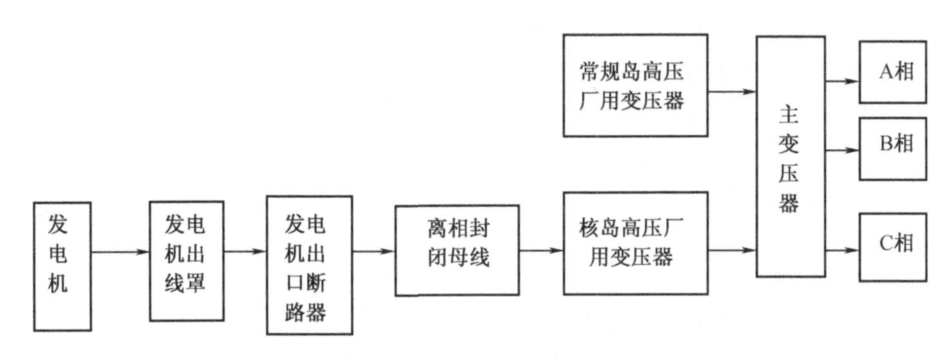


图 4.12 离相封闭母线示意图

全连式自冷离相封闭母线是将各相母线导体分别用绝缘子支撑并封闭于各自的外壳之中,外壳本身在电气上连通,并在首末端用短路板将三相外壳短接,构成三相外壳回路。当母线导体通过电流时,外壳上将感应环流及涡流,对母线电流磁场产生屏蔽作用,使壳外磁场大大减少。

离相封闭母线主要由母线导体、外壳、绝缘子、金具、密封隔断装置、短路板、穿墙板、外壳支持件、各种设备柜及与发电机、变压器等设备的连接结构等构成。三相母线导体分别密封于各自的铝制外壳内,导体主要采用同一断面三个绝缘子支撑方式,绝缘子上部开有凹孔或装有附件,内装橡胶弹性块及蘑菇形金具或带有调节螺纹的金具。金具顶端与母线导体接触,导体可在金具上滑动或固定。绝缘子下部固定于支承板上,支承板用螺板紧固在焊接于外壳的绝缘子底座上。

离相封闭母线在一定长度范围内,设置有焊接的不可拆卸的伸缩补偿装置,母线导体采用多层薄铝片制成的伸缩节与两端母线搭焊连接,外壳采用多层铝制波纹管与两端外壳搭焊连接。

离相封闭母线与设备连接处或需要拆卸的部位设置可拆卸的螺接伸缩补偿装置,母线导体与设备端子连接的导电接触面皆镀银处理,其间用铜编织线伸缩节连接;外壳则采用橡胶伸缩套连接,同时起到密封作用。外壳间需要全连导电时,伸缩套两端外壳间加装可伸缩的导电外壳伸缩节,构成外壳回路。

离相封闭母线靠近发电机端及穿墙处采用大口径磁套管(或塑压套密封)作为密封隔断装置,套管以螺栓固定,并用橡胶圈密封。外壳穿墙处设置穿墙板。保护箱的顶部还装设取样用的探头,其通过取样管路接到就地氢漏检测仪监测保护箱内氢气浓度。

离相封闭母线外壳的适当部位还装设有疏水阀和干燥通风接口。疏水阀用来排除外壳内由于空气结露而产生的积水;干燥通风接口用来对外壳内部进行通风干燥。

2. 空气循环干燥装置

离相封闭母线配套有空气循环干燥装置,该装置使母线内空气循环,并对空气除湿,保证母线在相对低的湿度水平下正常运行。采用大流量空气闭式循环干燥装置,对母线内空气循环不断地进行干燥,可使母线内湿度保持很低的水平。

该装置的干燥流程为:B 相母线内空气→罗茨风机→吸附筒 A(B)→干燥空气回充入 A、C 相母线→B 相母线。

该装置的再生流程为:外部空气→罗茨风机→吸附筒 B(A)→排出潮湿空气。

3. 高压电器柜

离相封闭母线还配备了三套组合高压电器柜,这些高压电器柜对发电机变压器等重要设备进行比较准确的数据测量和保护。秦二厂发电机离相封闭母线配套有三种高压电器柜,分别是:发电机出口电压互感器避雷器柜、主变压器低压侧电压互感器柜和发电机中性点柜。高压电器柜用于监控发电机出口和主变压器低压侧的各相电压,这三套组合高压电器柜的二次设备通过它们变送输出的电压信号,实现对发电机变压器组相关设备的控制、测量和保护。

4. 红外测温装置

离相封闭母线还配套了导体红外测温装置。该装置用来测量运行中的封闭母线导体,特别是导体螺栓接头处的温度。红外测温是一种不需要和被测物体直接接触的测温方式。红外测温探头采集母线导体发出的红外辐射波中的特定波长的辐射,将收集的辐射转化成电信号,通过配套专用电缆传输给仪表箱。仪表箱内的相关元件对其进行处理,将对应温度就地显示出来并转化为标准的信号传输给监控系统。

### 4.3.3 标准规范

- 《金属封闭母线》(GB/T 8349—2000)
- 《高电压试验技术 第1部分:一般定义及试验要求》(GB/T 16927.1—2011)
- 《电磁式电压互感器》(GB 1207—2006)
- 《交流无间隙金属氧化物避雷器》(GB/T 11032—2020)
- 《高压交流开关设备和控制设备标准的共用技术要求》(GB/T 11022—2020)

### 4.3.4 运维项目

1. 离相封闭母线本体检查

(1)检查离相封闭母线内外是否无锈蚀。

(2)检查离相封闭母线各接头、与相连设备柜内接线无松动发热,触头表面是否良好。

(3)各接头密封完好,无老化变形。

(4)检查离相封闭母线所有紧固部分的紧固螺栓有无松动,如有松动,应按规定的紧固力矩进行紧固。

(5)检查封闭母线内绝缘子无损坏、过热、放电。

(6)检查绝缘子、密封件、活动套筒的密封垫圈、绝缘垫圈和螺栓绝缘套管是否老化,漆层是否脱落。

(7)清扫离相封闭母线内绝缘子。

(8)检查离相封闭母线外壳接地是否完整、牢固、可靠,符合规范。

2. 离相封闭母线绝缘电阻测试

测试方法:首先用2 500 V兆欧表测量离相封闭母线载流导体对外壳的绝缘电阻,测试时间1 min,要求绝缘≥50 MΩ;然后对母线导体进行彻底放电。

3. 耐压试验

本项试验仅在大修时进行,试验前应先按试验规程要求确认已满足所有隔离条件且测试母线各相绝缘电阻合格;试验时,使用串联谐振试验装置对封闭母线三相进行交流耐压试验,试验电压43.35 kV,试验时间1 min,应无放电、击穿、闪络现象,每相试验结束后对地放电;试验后复测母线各相绝缘电阻应无明显变化。

4. 电压互感器的试验

该试验包括极性检查、直流电阻测量、变比检查、伏安特性测量、绝缘电阻测量等项目。

5. 避雷器试验

直流1 mA时,电压为$U_{1\ mA}$和75% $U_{1\ mA}$情况下的泄漏电流。

6. 中性点变试验

该试验包括绝缘电阻测量、绕阻直流电阻测量和变压器中性点接地电阻检查等项目。

## 课后思考题

1. 简述离相封闭母线结构。

## 参考文献

[1] 国家能源局. NB/T 25035—2014 发电厂共箱封闭母线技术要求[S]. 北京:中国

标准出版社,2014.

[2] 仇明,张宏文,梁洪军. 电力企业封闭母线保护技术[M]. 北京:经济管理出版社,2018.

## 4.4 发电机励磁系统

同步发电机励磁系统是同步发电机的一个重要组成部分,直接影响发电机的运行特性,对电力系统的安全稳定运行有重要的影响。发电机励磁系统主要包括两部分:向发电机的转子绕组提供可调节励磁电流 $I_f$ 的励磁功率单元;根据发电机和电网运行需求,对励磁功率单元输出的励磁电流进行自动调节的励磁控制系统。

### 4.4.1 概述

发电机励磁控制系统可以完成许多任务,但其中最基本和最重要的任务是维持发电机端(或指定控制点)电压在给定的水平上。国家标准规定,自动电压调节器应保证同步发电机端电压静差率小于1%。这就要求励磁控制系统的开环增益(稳态增益)不小于100 p. u.(对于水轮发电机)或200 p. u.(对于汽轮发电机)。

把维持发电机端电压在给定水平看作励磁控制系统最基本、最重要的任务,有以下三个主要原因:

(1)保证电力系统运行设备的安全。电力系统中运行的设备都有其额定运行电压和最高运行电压。发电机电压水平是电力系统各点运行电压水平的基础,保证发电机端电压在容许水平上,是保证发电机电压水平及电力系统各点电压在容许水平上的基础条件之一,也是保证发电机及电力系统设备安全运行的基本条件之一,这就要求发电机励磁系统不但能够在静态,而且能在大扰动后的稳态中保证发电机电压水平在给定的容许水平上。发电机运行规程规定大型同步发电机运行电压正常变化为 ±5%,最高电压不得高于额定值的110%。

(2)保证发电机经济运行。发电机在额定电压附近运行是最经济的。当发电机电压下降时,输出同样的功率所需要的定子电流会上升,损耗增加。当发电机电压下降过大时,由于定子电流的限制,将使发电机的出力受到限制。因此,发电机运行规程规定,大型发电机运行电压不能低于额定值的90%,当发电机电压低于额定值的95%时,发电机应限负荷运行,其他电力设备也有这个问题。

(3)提高维持发电机电压能力的要求和提高电力系统稳定的要求在许多方面是一致的。从下面分析可以看到,提高励磁控制系统维持发电机电压水平的能力的同时,也提高了电力系统的静态稳定和暂态稳定水平。

### 4.4.2 结构与原理

1. 励磁系统的分类

同步发电机为了实现能量的转换,需要有一个直流磁场,而产生这个磁场的直流电流,称为发电机的励磁电流。根据励磁电流的供给方式,凡是从其他电源获得励磁电流的发电机,称为他励发电机,从发电机本身获得励磁电流的,则称为自励发电机。

同步电机励磁系统的分类方法有多种,其中主要的有两种,即按同步电机励磁电源的提供方式分类和按同步电机励磁电压响应速度分类。

按同步电机励磁电源的提供方式不同,同步电机励磁系统可以分为直流励磁机励磁系统、交流励磁机励磁系统和静止励磁机励磁系统。

按同步电机励磁电压响应速度的不同,同步电机励磁系统可以分为常规励磁系统、快速励磁系统和高起始励磁系统。

(1)直流励磁机励磁系统

由直流发电机(直流励磁机)提供励磁电源的励磁系统称为直流励磁机励磁系统(图4.13)。它主要由直流励磁机和自动励磁调节器组成。早期的中小容量同步电机的自动励磁调节器从发电机的PT(电压互感器)和CT(电流互感器)取得电源;较大容量的同步电机的自动励磁调节器的电源有时经励磁变压器取自发电机端,此时励磁变压器也是主要组成部分。

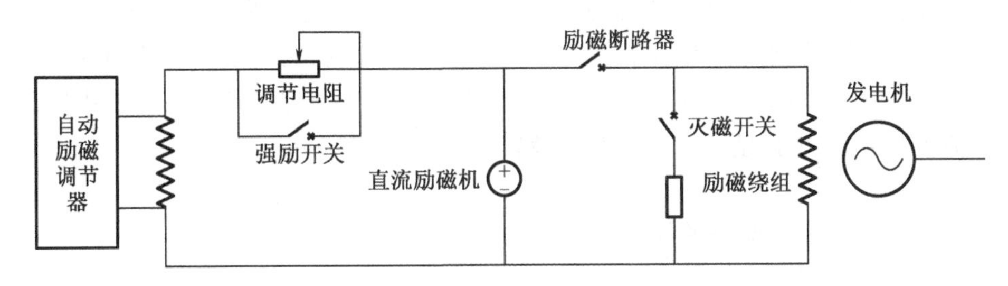


图4.13 直流励磁机励磁系统原理图

(2)交流励磁机励磁系统

由交流发电机(交流励磁机)提供励磁电源的励磁系统称为交流励磁机励磁系统。交流励磁机为50~200 Hz的三相交流发电机,交流励磁机输出的三相交流电压经三相全波桥式整流装置整流后变为直流电压,向同步发电机提供励磁。

交流励磁机不可控整流器励磁系统一般由交流主励磁机、不可控整流装置(静止整流器)、励磁调节器和交流副励磁机等组成(图4.14)。

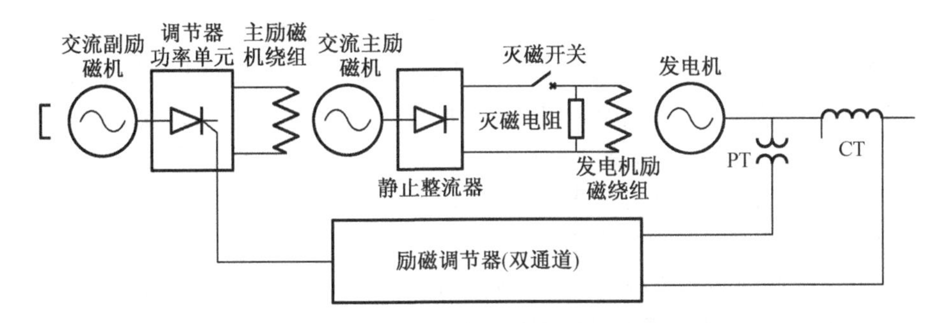


图4.14 交流励磁机不可控整流器励磁系统原理图

交流励磁机可控整流器励磁系统由三相可控整流桥、励磁调节器、交流励磁机及其自励恒压装置(系统)组成(图4.15)。

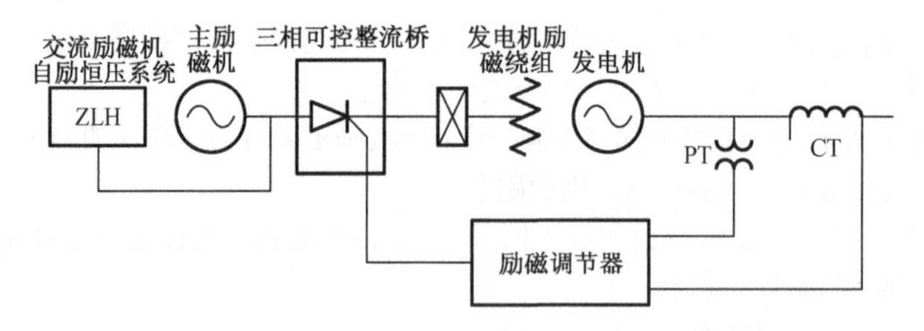


图 4.15　交流励磁机可控整流器励磁系统原理图

(3)静止励磁机励磁系统

静止励磁机是指从一个或多个静止电源取得功率,使用静止整流器向发电机提供直流励磁电源的励磁机。由静止励磁机向同步发电机提供励磁的励磁系统称为静止励磁机励磁系统。

静止励磁机励磁系统分为电势源静止励磁机励磁系统和复合源静止励磁机励磁系统。

电势源静止励磁机励磁系统又称为自并励静止励磁系统,有时也简称为机端变励磁系统或静止励磁系统。同步电机的励磁电源取自同步电机本身的机端。它主要由励磁变压器、自动励磁调节器、可控整流装置和起励装置组成(图 4.16)。

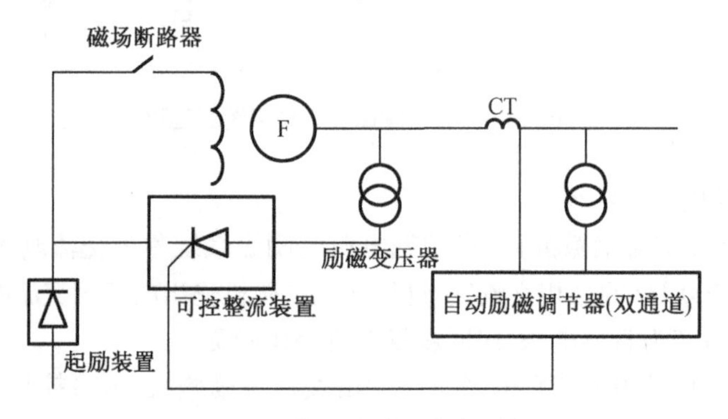


图 4.16　静止励磁机励磁系统

如励磁变压器从机端取得功率并将电压降低到所要求的数值;可控整流装置将励磁变压器二次交流电压转变成直流电压;自动励磁调节器根据发电机运行工况调节可控整流装置的导通角,调节可控整流装置的输出电压,从而调节发电机的励磁,满足电力系统安全、稳定、经济运行的要求;起励装置给同步电机一定数量(通常为同步电机空载额定励磁电流的 10% ~30%)的初始励磁,以建立整个系统正常工作所需的最低机端电压,初始励磁一旦建立起来,起励装置就将自动退出工作。

从厂用电系统取得励磁电源的可控整流器励磁系统,当其电压基本稳定,与发电机端电压水平基本无关时,可以看作他励可控硅励磁系统;当厂用电系统电压与发电机端电压水平密切相关时,看作为自并励静止励磁系统。

自并励静止励磁系统的主要优点如下:

- 无旋转部件,结构简单,轴系短,稳定性好;
- 励磁变压器的二次电压和容量可以根据电力系统稳定的要求而单独设计;

• 响应速度快，调节性能好，有利于提高电力系统的静态稳定性和暂态稳定性。

自并励静止励磁系统的主要缺点是，它的电压调节通道容易产生负阻尼作用，导致电力系统发生低频振荡，降低了电力系统的动态稳定性。但是附加励磁控制[即采用电力系统稳定器(PSS)]完全可以克服这一缺点。电力系统稳定器的正阻尼作用完全可以超过电压调节通道的负阻尼作用，从而提高电力系统的动态稳定性。这点已经为国内外电力系统的实践所证明。

(4)常规励磁系统

常规励磁系统是指励磁机时间常数在0.5 s左右及大于0.5 s的励磁系统。直流励磁机励磁系统、无特殊措施的交流励磁机不可控整流器励磁系统都属于常规励磁系统。

(5)快速励磁系统

快速励磁系统是指励磁机时间常数小于0.05 s的励磁系统。交流励磁机可控整流器励磁系统、静止励磁机励磁系统都属于快速励磁系统。

(6)高起始励磁系统

高起始励磁系统是指发电机机端电压从100%下降到80%时，励磁系统达到顶值电压与额定负载时同步电机磁场电压之差的95%所需时间等于或小于0.1 s的励磁系统。这种励磁系统主要是指采用了特殊措施的交流励磁机不可控整流器励磁系统。所采用的特殊措施主要为加大交流副励磁机容量和增加发电机磁场电压(或交流励磁机励磁电流)硬负反馈。直流励磁机励磁系统在采取相应措施后也可达到或接近高起始励磁系统。

2. 励磁系统的组成结构及基本作用

(1)励磁变压器

对于自励磁装置，励磁动力取自发电机出口。励磁电流经过励磁变压器、可控硅整流器、励磁开关、碳刷、滑环输入发电机转子线圈。励磁变压器将发电机端电压($U_G$)降至可控硅整流器的输入电压，为发电机出口和转子磁场间提供电气绝缘的同时作为可控硅的电抗。可控硅整流器把交流电流变为可控直流电流。

对于自励磁装置，如果发电机的残余电压不足以通过可控硅整流器触发励磁，这样就需要励磁启动装置(起励设备)来建立初始电压。起励动力来自辅助交流电源，并经过变压器调节到励磁启动所需要的转子电流的水平。

发电机励磁电流的建立通过闭合励磁开关和起励接触器(CJ)实现，初始励磁电流流向转子并励磁发电机电压至15%～30%的额定发电机电压($U_G$)。从约10%的额定发电机电压($U_G$)开始，可控硅整流器自己也开始运行并帮助建立发电机电压。如果可控硅整流器出口电压超过起励电压，起励接触器上游的二极管可以防止励磁电流逆流。当发电机电压超过约40%的$U_G$，起励接触器断开，此时起励电流为0。

(2)励磁整流柜

励磁整流柜即功率柜，全部采用可控硅三相全控桥电路，其接线特点是6个桥臂元件全都采用可控硅，共阴极组的可控硅元件及共阳极组的可控硅元件都要靠触发换流。它既可工作于整流状态，将交流变成直流；也可工作于逆变状态，将直流变成交流。正是因为可以工作于逆变状态，励磁装置在正常停机灭磁时，就不需要跳灭磁开关，大大减轻了灭磁装置的工作负担。

三相全控整流桥原理接线图如图4.17所示，6个可控硅按+A、-C、+B、-A、+C、-B顺序轮流配对导通，在一个360°周期内，每个可控硅导通120°。FU是快速熔断器，起保护可控硅的作用。$R$、$C$串联电路是可控硅阻容保护，主要吸收可控硅换相时的过电压，可限制可控硅两端的电压上升率,有效防止误导通。

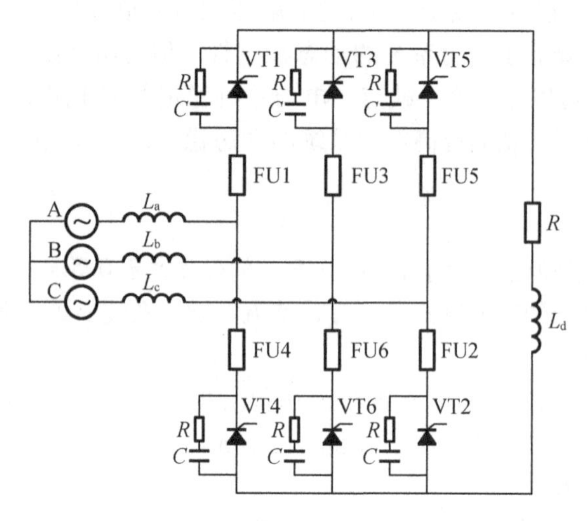


图 4.17　三相全控整流桥原理接线图

(3)励磁调节器

励磁调节器的主要任务是维持发电机机端电压水平稳定,从而维持机组的一定负荷水平,同时实现对发电机定子和转子侧各电气量的测量及限制、保护处理,并对自身进行不断的自检和自诊断,发现异常和故障及时报警,并切换到备用通道。微机型励磁调节器的调节周期相当短,相对于模拟式励磁调节器而言,其延迟是可忽略的。调节计算完全由软件实现。模拟信号如端电压和电流,通过模/数(A/D)转换器被转换成数字信号,给定值及其上下限也由软件实现。励磁调节器逻辑框架图如图 4.18 所示。

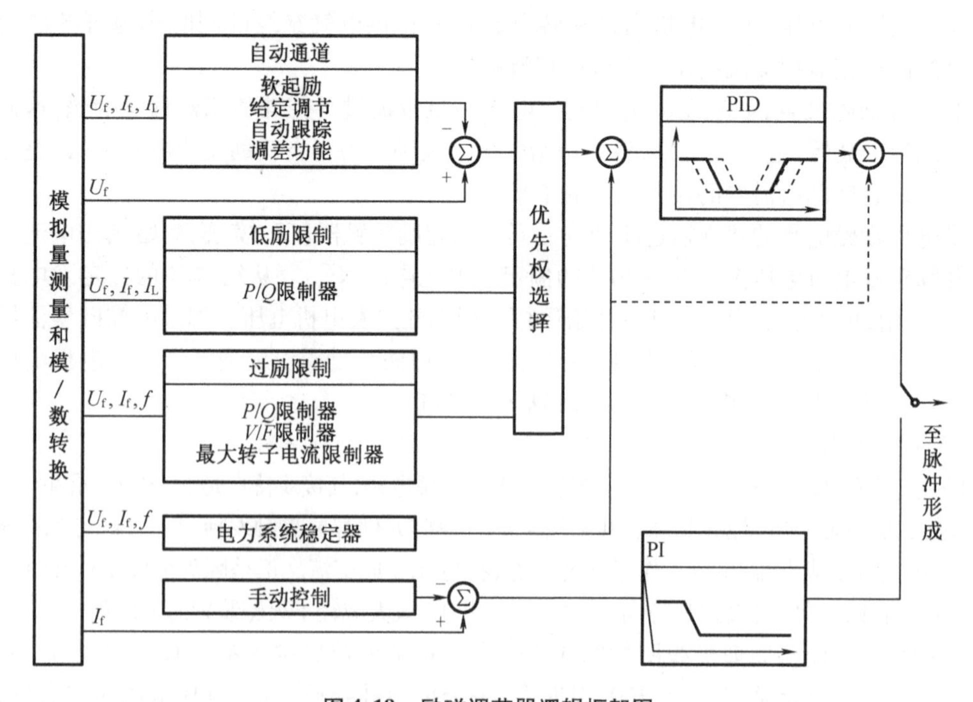


图 4.18　励磁调节器逻辑框架图

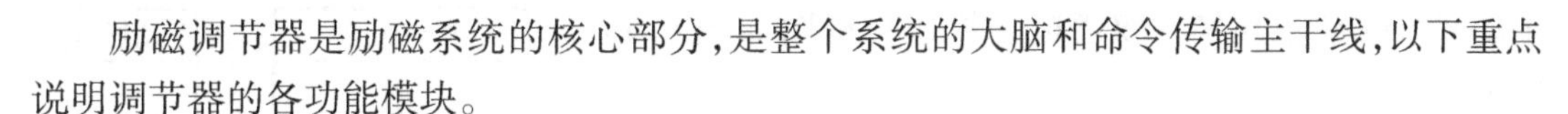


励磁调节器是励磁系统的核心部分，是整个系统的大脑和命令传输主干线，以下重点说明调节器的各功能模块。

a. 模拟量测量和模/数转换

该功能模块采集发电机机端交流电压 $U_{ga}$、$U_{gb}$、$U_{gc}$，定子交流电流 $I_{ga}$、$I_{gb}$、$I_{gc}$，励磁电流 $I_{fa}$、$I_{fb}$，同步电压 $U_{syna}$、$U_{synb}$、$U_{sync}$ 等模拟量，计算出发电机定子电压、发电机定子电流、同步电压、发电机有功功率、发电机无功功率、发电机功率因数、发电机励磁电流等。具体如下：调节器通过模拟信号板将高压（100 V）、大电流（5 A）信号进行隔离并转换为 ±10 V 电压信号，然后传输到主 CPU 板上的 A/D 转换器，将模拟信号转换为数字信号。

b. 发电机电压给定和调节

（a）给定调节

利用模拟输入信号或者通过串行通信线路，可控制自动电压调节器给定值的增、减或预置。给定值有最大上限和最小下限，达到限制值后调节器会发出指示信号。给定的变化速度可通过软件设定。

调节器的自动通道有电压给定和电流给定两个给定单元，分别用于恒机端电压调节和恒励磁电流调节。

恒机端电压调节称为 AVR 调节，恒励磁电流调节称为 FCR 调节。发电机起励建压后，两种运行方式是相互跟踪的，即备用方式跟踪运行方式，跟踪的依据是两种调节输出相等，且这种跟踪关系是不能人工解除的。

（b）调差功能

发电机无功调差功能是励磁调节发电机无功出力的重要参数，尤其对于扩大单元接线的多台发电机运行，则尤为重要。发电机无功调差有两方面作用：一方面是确定其母线机组稳态时无功按比例分配；另一方面是在系统波动时确定发电机组无功出力增量按比例分配。对于单元接线的发电机组，由于主变压器自然调差系数（变压器阻抗）较大，为了提高发电机组对系统的电压（无功）支撑能力，一般励磁调节装置中无功调差系数选择为负值（正值、零均可以），以及补偿主变压器压降，但补偿压降不能超过主变实际压降。对于扩大单元接线的各发电机，励磁调节装置中无功调差系数必须选择为正值，且各发电机无功调差系数要整定。

具体实现方法为：先计算 $U_G = |U_T + jK_G(P - jQ)|$，然后输出 $U_G - U_T$，并附加到电压测量值上。

（c）软起励

软起励是为了在起励时防止机端电压超调，励磁接收到开机指令后即开始启励升压，当机端电压大于 10% 额定值后，调节器以一个可调整的速度逐步增加给定值使发电机电压逐渐上升直至达额定值。

（d）自动跟踪

自动跟踪功能保证了自动电压控制模式到磁场电流调节模式、自动通道到手动通道的平稳切换。切换可能是由于故障引起的自动切换（如 PT 断相）或人工切换。

在双自动通道配置中，跟踪通常是指两个独立的自动通道之间的跟踪，跟踪信号来源于运行通道控制信号和备用通道控制信号的差值。若两个通道都不能正常工作时，则切换到手动通道，手动通道自动跟踪控制板。在自动通道故障时，自动跟踪保证了自动通道到手动通道的平稳切换。双通道切换逻辑框图如图 4.19 所示。

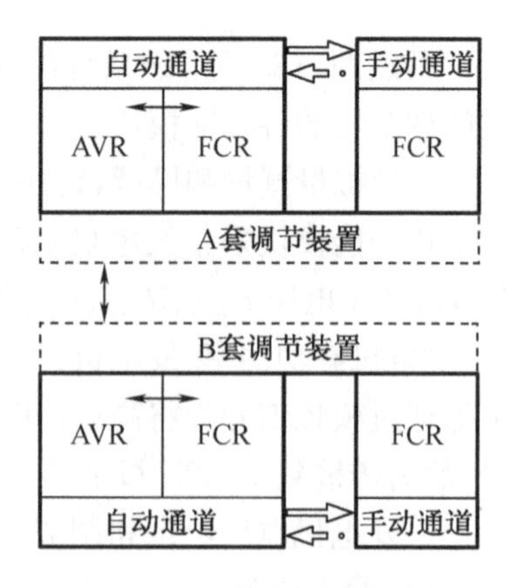


**图 4.19　双通道切换逻辑框图**

(e)闭环调节

励磁调节装置工作的目标是保证被调节量实时跟踪对应的参考量，也就是说，其通过闭环控制使被调节量随其参考值增大而增大，随其参考值减小而减小，从而达到调节发电机工况的目的。闭环调节基于 PID 调节规律，计算模块根据控制调节方式，对被调测量值与其参考值的差值进行计算，得到所需要的触发角度，最终控制励磁系统的输出。

电压闭环调节方式是最基本、最常用的励磁控制方式，也是励磁运行的主要方式，电压闭环调节方式以发电机端电压作为调节变量，调节的目的是维持发电机端电压与电压参考值一致，而电压参考值则主要由增磁命令(远方或就地)和减磁命令(远方或就地)控制同时增加或减小。发电机空载时，电压参考值变化，使机端电压也随之变化；发电机负载时，电压参考值变化仍然使发电机电压随之变化，同时引起发电机无功功率更大范围变化。

在励磁调节装置中，电压闭环调节方式遵循的调节规律可以通过内部软开关来选择，一种为 IEEE 标准模式，即实际 PID 模型，也称为暂态增益衰减模型，电压闭环暂态增益衰减模型传递函数如图 4.20 所示。

另一种为并联 PID 模型，即按偏差的比例、积分和微分进行控制的 PID 调节器，电压闭环并联 PID 模型传递函数如图 4.21 所示。

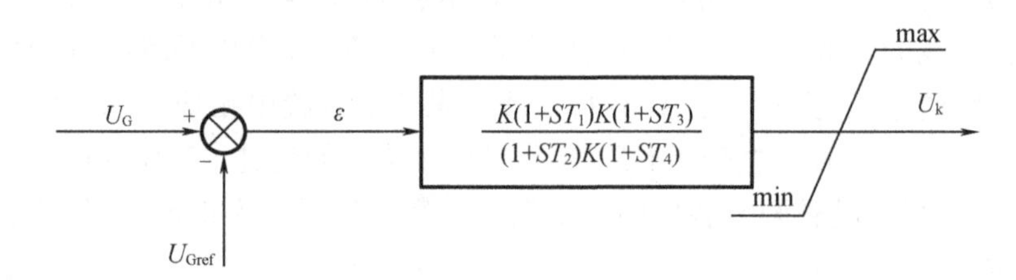


$U_{Gref}$—电压参考值；$U_G$—电压测量值；$\varepsilon$—电压偏差值；$K$—开环增益系数；$T_1$，$T_2$，$T_3$，$T_4$—时间常数；$U_k$—励磁电压控制值。

**图 4.20　电压闭环暂态增益衰减模型传递函数**

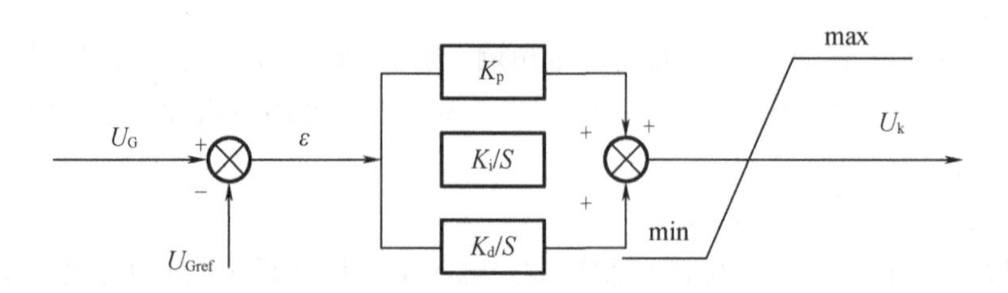


$U_{Gref}$—电压参考值；$U_G$—电压测量值；$\varepsilon$—电压偏差值；$K_P$—比例系数；$K_i$—积分常数；$K_d$—微分常数；$U_k$—励磁电压控制值。

**图 4.21　电压闭环并联 PID 模型传递函数**

励磁电流闭环调节方式是常规励磁控制方式，主要在励磁试验时或电压环故障(PT 断线)时使用,励磁电流闭环调节方式以发电机励磁电流作为调节变量,调节的目的是维持发电机励磁电流与电流参考值一致,而励磁电流参考值则主要由增磁命令(远方或就地)和减磁命令(远方或就地)进行增加或减小。

励磁调节装置中励磁电流闭环调节方式分为两种,一种为自动通道中的励磁电流闭环调节方式,采用并联 PID 模型,自动通道中电流闭环并联 PID 模型传递函数如图 4.22 所示。

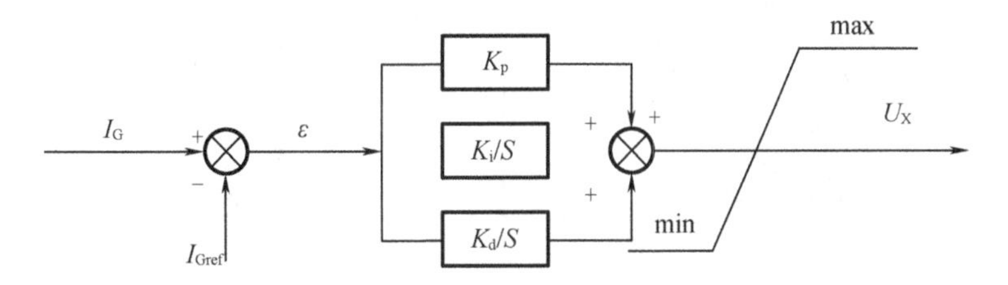


$I_{Gref}$—电流参考值;$I_G$—电流测量值;$\varepsilon$—电压偏差值;$K_p$—比例系数;$K_i$—积分常数;$K_d$—微分常数;$U_k$—励磁电压控制值。

**图 4.22 自动通道中电流闭环并联 PID 模型传递函数**

另一种即是手动通道中的励磁电流闭环调节方式,由于励磁电流响应时间常数较小,励磁电流闭环调节方式遵循的调节规律为理想 PI 模型,手动通道中电流闭环并联 PI 模型传递函数如图 4.23 所示。

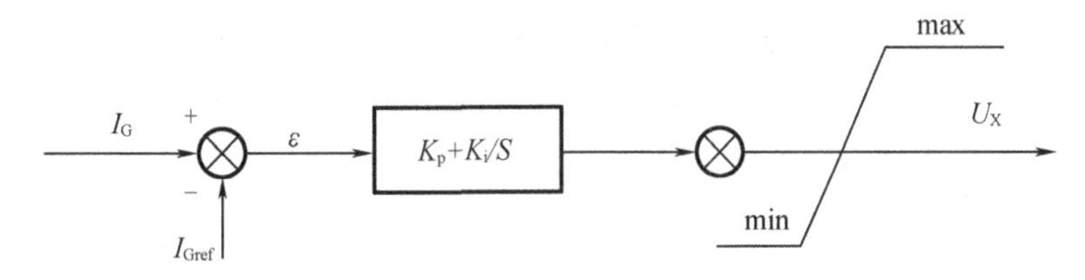


**图 4.23 手动通道中电流闭环并联 PI 模型传递函数**

c. 脉冲输出

闭环调节模块计算得到的触发角度,经相控脉冲形成环节产生所要求触发角度的相控脉冲,由功率放大环节放大后输出至整流桥。

d. 限制和保护

调节装置将采样及计算所得到的机组参数模拟量测量值,与调节装置预先整定的限制保护值相比较,分析发电机组的实时工况,判断发电机的工作区域,对过负荷和欠负荷工况进行限制,防止发电机进入不安全或不稳定区域,从而保护机组的安全可靠运行。

图 4.24 给出了在额定端电压下凸极同步发电机的典型功率圆图及对应的运行限值。

限制器的作用是维护发电机的安全稳定运行,以避免由于保护继电器的动作而出现的事故停机。

(a)限制器工作原理

所有限制器都有一个实际值和一个预置值,实际值代表被限制的数值,而限制器应在预置值处激活(即起作用)。每个限制器都产生一个误差信号,来源于实际值和预置值之间的差值。

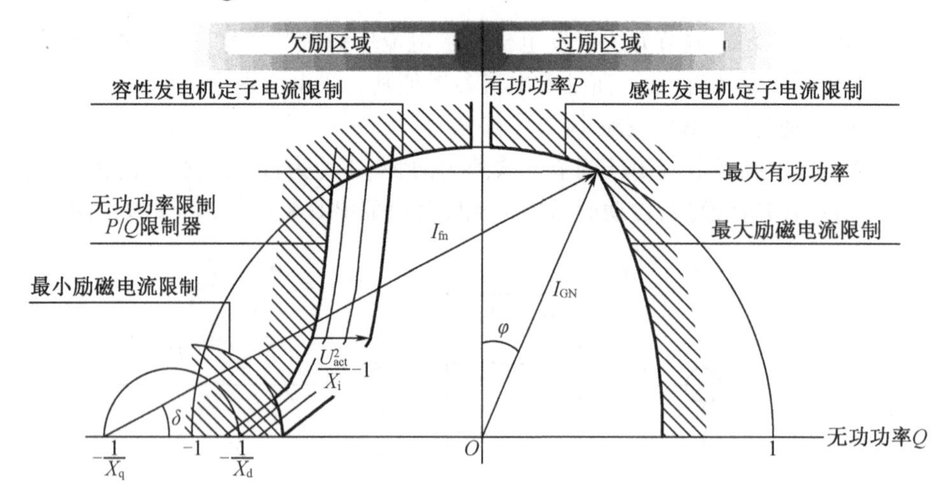


$U_{act}$—发电机机端电压 $U_G$ 的实际值；$X_i$—发电机同步电抗；$\frac{U_{act}^2}{X_i}-1$—发电机欠励限制曲线；

$I_{fn}$—发电机额定电流；$X_d$—为发电机纵轴电抗；$X_q$—为发电机横轴电抗。

**图 4.24　额定端电压下凸极同步发电机的典型功率圆图及对应的运行限值**

当过励限制器起作用时，它将把励磁减少到最大允许的水平上，而当欠励限制器起作用时，它将把励磁增加到所需要的最小水平上。在正常运行过程中，发电机在功率圆的允许范围内工作。PID 控制器的输入是机端电压偏差信号 Δ(act－ref)，即主误差信号。如果由于某些运行的原因，过励限制器的误差信号 Δlim－变得低于主误差信号，那么它就优先于主误差信号，调节上将以 Δlim－为优先信号进行调节。这种原理也同样适用于欠励限制的情况。过励限制器的误差信号 Δlim－、欠励限制器的误差信号 Δlim＋和主误差信号 Δ(act－ref)都输出到优先权选择器。

(b)低励磁限制

发电机励磁不足反映在各个电气参量中主要表现为：励磁电流低、进相深度大(负无功功率大)和定子电流增大，为保证发电机安全运行，需要对这些反映低励磁的主要电气量进行相应的限制，在调节器中，用 *P/Q* 限制器来实现。

*P/Q* 限制器本质上是一个欠励限制器，用于防止发电机进入不稳定运行区域。发电机实际运行范围比发电机安全运行范围小得多，总留有足够的安全裕度，即实际的无功欠励限制曲线比进相允许曲线低得多。一般地，无功欠励限制曲线为直线或折线，励磁调节装置为四点折线，用四个无功功率值对应四个有功功率水平来设定限制曲线。如图 4.25 所示，图中 *OABCDE* 围成的区域为进相允许范围，超出曲线 *ABCDE* 区域为深度进相，发电机正常运行应避免进入该区域。

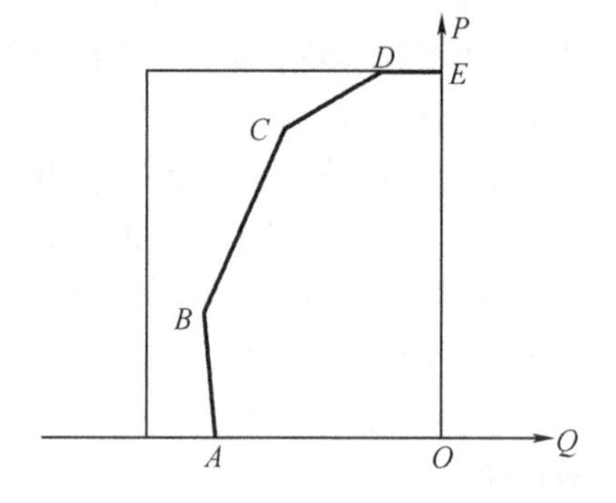


**图 4.25　*P/Q* 限制器无功欠励限制曲线图**

无功功率欠励限制原理为：装置实时检测发电机有功功率和无功功率，根据点与线位置计算公式，判断实际运行点离欠励限制曲线的远近(模值)和内外(符号)，当运行点越过欠励限制曲线，装置即以无功功率作为被调节量，调节偏差即为运行点至欠励曲线的距离，从而保证发电机运行点回到安全运行区域。欠励限制模型如图 4.26 所示。

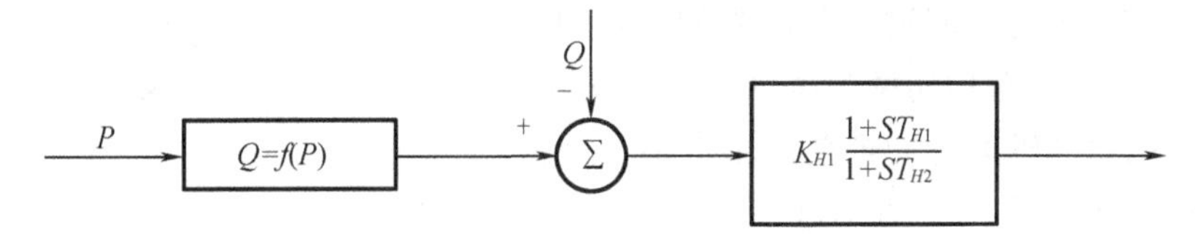


图 4.26　欠励限制模型

另外,根据发电机进相运行控制原理,发电机运行进相范围与发电机端电压呈一定比例关系,为了保证发电机任何时候都具有足够的安全裕度,欠励限制曲线也按照相似的关系,根据发电机电压进行调整。

(c)过励磁限制

发电机过励磁也反映为各个电气参量变化,主要表现为:励磁电流高、无功功率过负荷和定子过电流,为保证发电机安全运行,需要对这些反映过励磁的主要电气量进行相应的限制,主要包括:励磁过流过热限制、无功功率过励延时限制、瞬时强励限制和伏赫兹限制。

- 励磁过流过热限制

励磁过流过热限制也称为励磁过电流反时限限制,主要用来防止转子回路过热。发电机磁场过流过热是发电机运行过程中常见工况,当系统电压较低时,发电机输出无功过大,发电机励磁电流超过其最大允许长期连续运行电流,必须对励磁电流进行限制,防止长时间过流导致发电机励磁绕组过热损坏。励磁绕组发热与励磁电流平方和维持时间的乘积呈正比关系,即磁场电流及其允许运行时间成反时曲线,电流越小,允许运行时间越长。

发电机磁场热量的累积需要一定的时间,同样,磁场热量的散发(冷却)也需要一定的时间。发电机磁场发生过电流过热,励磁调节装置磁场电流反时限制动作,将磁场电流迅速调节到长期允许运行值,磁场电流降低,磁场电流反时限制返回。磁场电流虽然下降至安全值,但由于过流造成的热集聚短时内还没有回到长期运行安全值,即磁场未冷却到过流发生前的水平,如果此时由于某种原因,发电机磁场又发生过电流,励磁调节装置仍按照原有限制曲线所确定的时间控制,则发电机组磁场所累积的热量将超出磁场允许的热量,磁场励磁绕组将因过热损坏。因此,当两次过电流间隔小于磁场冷却时间时,磁场过电流允许时间必须相应减小,以有效防止磁场过热。

励磁过电流反时限动作原理如下:励磁装置检测发电机励磁电流,当励磁电流超过励磁电流过流反时限启动值时,励磁装置根据励磁电流进行计时,当励磁热容量超过磁场绕组允许热容量时,限制动作,将发电机励磁电流调节至长期运行允许值。当励磁电流低于励磁电流反时限启动值后,励磁装置根据励磁电流计算其冷却速度,并计算剩余能容,如果剩余能容不为零,励磁电流再次超过启动电流时,则动作时间要相应缩短,以保证发电机磁场绕组不因过热而损坏。

过励过程可能是一种近似恒定过励过程,如调节器故障引起过励,有可能是这种过程,过渡过程结束后,励磁电流 $I_{FD}$ 为固定值。

限制器动作后,应保持发电机转子电流小于 $I_{FD}$,以便把过励过程中产生的过多的热量释放出去,一般取(0.90~0.95)$I_{FD}$。

• 无功功率过励延时限制

在调节器中,无功功率过励延时限制亦通过 $P/Q$ 限制器来实现。发电机无功功率过励区域与无功功率欠励区域一样,均比发电机运行安全范围小得多,总留有足够的安全裕度,即实际的无功功率过励限制曲线比过励允许曲线低。一般地,无功功率过励限制曲线为直线或折线,励磁调节装置无功功率过励限制曲线为四点折线,如图 4.27 所示。图中 $OABCDE$ 围成的区域为实际允许运行范围,外部为过励范围,发电机应避免进入长时间停留在该范围。

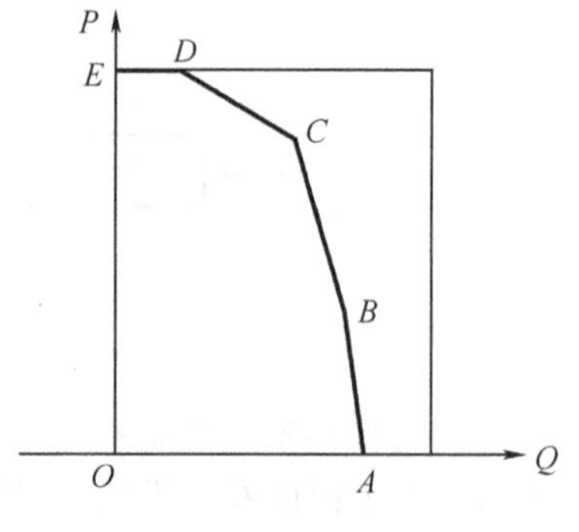

图 4.27　过励限制曲线图

$P/Q$ 过励限制模型中无功功率过励限制为延时限制,一般动作延时时间为 20 s。无功功率过励限制原理为:装置实时检测发电机有功功率和无功功率,根据点与线位置计算公式,判断实际运行点离过励限制曲线的远近(模值)和内外(符号),当运行点越过过励限制曲线进入图中过励区域,过励限制即启动计时,到达延时时间后,装置即以无功功率作为被调节量,调节偏差即为运行点至欠励曲线的距离,从而保证发电机运行点回到安全运行区域内。

• 瞬时强励限制

瞬时强励限制,或者称为强励顶值限制。其作用是防止在调节过程中发电机转子电流瞬时超过容许的强励顶值。其与前述过励限制有两点不同:

其定值是强励容许值,不是长期允许值;

动作是瞬时的,不是按发热积累考虑的延时。

• 伏赫兹限制

发电机运行时,发电机端电压与发电机频率的比值(伏赫兹比值)有一个安全范围,当伏赫兹比值超过安全范围时,容易导致发电机及主变压器过励磁和过热,因此当此比值超出安全范围时,必须限制发电机端电压幅值,控制发电机端电压随发电机频率同步变化,维持伏赫兹比值在安全范围内,此项功能称为伏赫兹限制。

实际应用中一般取小于 1.1 为伏赫兹比值安全范围,当伏赫兹比值超出 1.1 时,伏赫兹限制启动,调低发电机端电压并预留一定的安全裕度。另外,发电机空载时,当发电机频率低于整定值时(45 Hz),实际发电机组不允许继续维持机端电压,此时需发出逆变脉冲,励磁系统逆变灭磁。

伏赫兹限制示意图如图 4.28 所示。伏赫兹限制动作条件为过电压或低频率。发电机负载时,由于发电机频率即为系统频率,实际负载伏赫兹限制主要为过电压限制。发电机空载时,由于发电机电压和频率的比值与发电机励磁电流呈比例关系,实际空载伏赫兹限制主要为过电流限制。

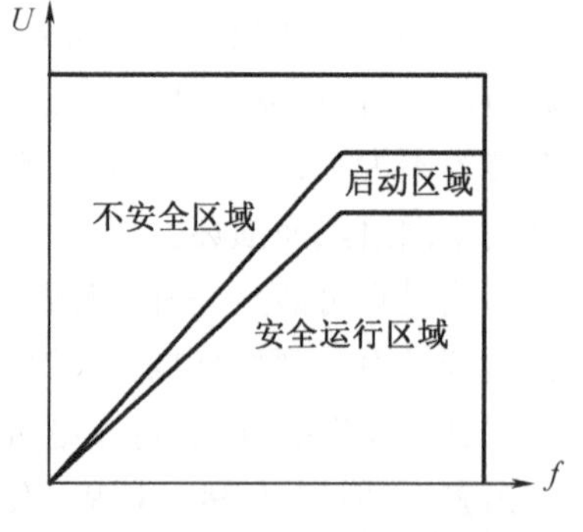

图 4.28　伏赫兹限制示意图

(d)PT 断线保护

发电机机端 PT 断线为电厂常见故障之一,同时 PT 断线也是发生误强励的主要诱因之一。励磁系统要求对 PT 断线的判断要迅速、准确,如果判断时间过长,实际 PT 断线时,如果不能及时进行容错控制,发电机励磁电流会很快上升直至强励。

PT 断线判断方法有三种:双 PT 比较法、负序比较法和冗余判别法,这几种方法可保证各种 PT 断线均能被正确而迅速地判别出。PT 断线保护采用两种方法:主从切换和控制方式切换。

双 PT 比较法是常规 PT 断线判断方法,即同时测量两个 PT 的输出值,正常情况下,两个输出值基本相同,一旦两个输出值差别较大,则判断输出低值的 PT 断线。

负序比较法主要用于单 PT 或双 PT 同时断线的判断,采样系统计算发电机定子三相电压、三相电流的正序分量和负序分量,当 PT 断线时,出现电压负序分量,但没有电流负序分量。

冗余判别法用于自并励机组的 PT 全部断线的判断,因为同步电压的电压值亦被采样,所以当定子电压没有测量值,而同步电压却有正常值时,就可以判断为 PT 信号丢失。

e. 电力系统稳定器

电力系统稳定器(PSS)是励磁调节装置的一个标准功能组成。PSS 的作用是通过引入一个附加的反馈信号,增加弱阻尼或负阻尼控制系统的正阻尼系数,以抑制同步发电机的低频振荡,提高发电机组(线路)最大输出能力,有助于整个电网的稳定性。PSS 的控制算法以《IEEE 推荐的电力系统稳定研究用励磁系统数学模型》(IEEE Std 421.5—2005)中的 PSS2B 为基础。在励磁调节装置中,PSS2B 附加的反馈信号为机组的加速功率(由电功率信号和转子角频率信号综合产生),其传递函数如图 4.29 所示。

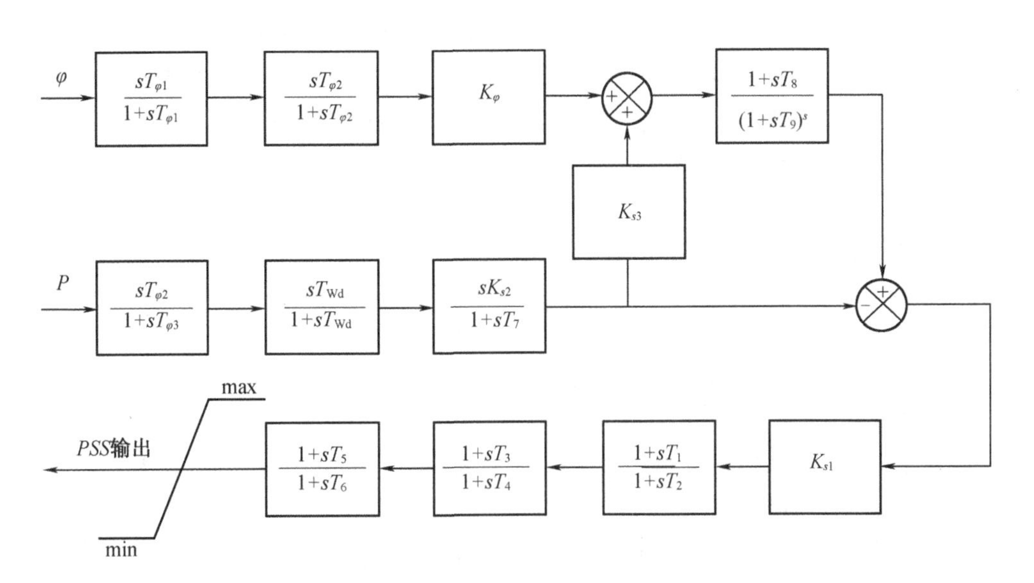


**图 4.29 PSS2B 传递函数图**

f. 逻辑判断

在正常运行时,励磁调节装置不断地根据现场输入的操作命令和状态信号进行逻辑组合,辨识励磁系统的工作状态或识别现场的控制需求,并自动做出相应的处理,判断内容如下:

- 是否进入励磁运行;
- 是否进行逆变灭磁;
- 是否进行增磁或减磁;
- 是空载还是负载状态;
- 是否进行系统电压跟踪;
- 是否切换闭环运行方式;
- 是否投入 PSS 附加控制。

g. 参考值设定

正常运行时,励磁调节装置不断地检测增减控制命令,并按照增减控制命令的持续时间、励磁闭环控制方式、发电机工况和预置的增减速度等要求,修改被调节量的参考值,从而实现被调节量的增加或减小。

h. 双机通信

从通道自动跟踪主通道的被调节量的参考值和输出的控制值。正常运行过程中,一个自动通道为主通道,另一个自动通道为从通道,为保证通道间切换时发电机输出无扰动,从通道通过双机通信交换控制信息,自动跟踪主通道的工况。基本原理为:主通道将本通道的被调节量的参考值和输出的控制值由通信口发出,从通道接收双机通信来的参考值和输出控制值,再进行容错处理,将处理结果作为从通道的控制信息。通过双机通信,从通道不间断地跟踪主通道的运行工况和控制信息,实现在任何方式下主从通道切换,发电机工况均无波动。

i. 自检和自诊断

励磁调节装置在运行过程中,不间断地对装置硬件和软件进行自检和自诊断,可及时地发现故障或异常,并做出容错处理,发出警告信息及切换至完好的从通道运行。具体来讲,励磁调节装置对电源、硬件、软件、信号进行检测,自动对异常或故障进行判断和处理,防止因励磁系统异常导致发电机事故。

(4)灭磁装置

灭磁与转子过电压保护回路如图 4.30 所示。灭磁装置是由灭磁开关、灭磁电阻、转子过电压保护回路组成的,是在发电机正常停机或事故停机时对发电机转子绕组进行快速灭磁,并在发电机运行中抑制转子中过电压的综合设备。对于自并励励磁系统,灭磁装置还配置直流电源供电的或交流电源供电的初励回路,用于保证发电机的可靠起励。

a. 功能配置

- 灭磁:灭磁是该系列装置的主要任务,灭磁装置由两部分组成,分别是灭磁开关和灭磁电阻。该装置承担着机组在事故情况下的快速灭磁任务。
- 过电压保护:转子过电压保护是发电机的重要保护电路,当发电机转子回路出现过电压时,该回路导通,消耗过电压能量,限制过电压值,保护发电机转子绕组及与其相连设备。
- 初励:对于自并励励磁系统,初励回路提供初始的磁场电流,建立初始磁场,保证机组的可靠启励。

b. 性能特征

灭磁装置的主回路设计、辅助回路设计、参数和容量设计,应能够保证在最严重工况下灭磁时，灭磁装置的安全可靠工作；过电压保护回路配置过电压触发器，整定电压偏差不大于 5%。灭磁开关能够分断的最大弧压大于各种灭磁工况下出现在开关断口上的最高电压；灭磁开关具有分断其所流经最大故障电流的能力；灭磁电阻容量大于各种工况下灭磁所需要的容量，并有 20% 的裕量。

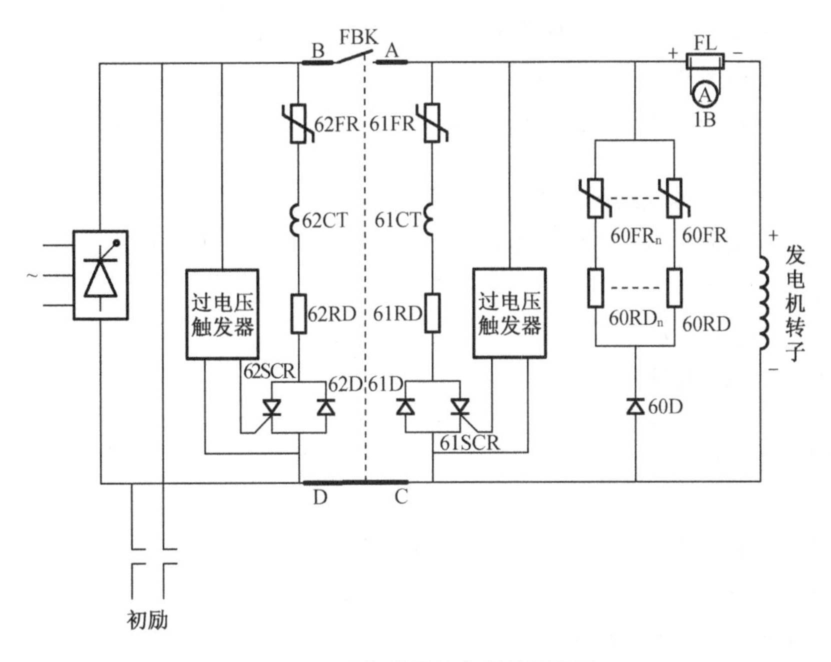


图 4.30 灭磁与转子过电压保护回路

c. 灭磁基本原理

发电机发生内部或机端短路故障时，即使继电保护正确及时动作，将机组从电网上切除，但因发电机转子磁场及定子电压的存在，故障电流仍然存在，磁场存在时间越长，故障点故障电流维持的时间也就越长，所造成的危害就越大。灭磁系统的作用就是在故障发生后迅速地消灭转子磁场，即灭磁。

所谓灭磁就是把转子磁场强度减小到零，即将转子电流减小到零，最直接的办法是将励磁回路断开，强迫转子电流为零。但励磁绕组具有很大的电感，电流不能突变。跳开开关时，一方面，对于转子磁场，因强迫电感性电流分断，在转子绕组两端将感应出较高的过电压，施加在磁场开关上，阻止磁场开关切断电流；另一方面，对于开关，即使强行分断触头，产生断口，但转子电流仍然经开关断口上的电弧而流通。

这一过程能够维持的原因是转子磁场存储了一定的能量，能量不能消失，只能转移，如果没有其他转移能量的措施，转子储能全部转化为开关断口电弧热能，若不是专用开关，难以承受电弧能量，将被断口电弧烧损。灭磁回路的独立承担灭磁任务的开关必须是特种开关，即灭磁开关（能够承受电弧燃烧，消耗磁场能量，并控制电弧电压在安全的范围内）。但对于大型机组，转子储能大，灭磁开关难以满足灭磁要求，因此，一般均设置灭磁电阻或其他吸能装置来吸收磁场能量，在断开磁场开关的同时，投入灭磁电阻，把磁场中储存的能量迅速消耗掉。完成灭磁任务的全部设备即构成了自动灭磁装置。

一方面，为减少故障损害，要求灭磁迅速，灭磁时间愈短，短路电流所造成的损害愈小；但另一方面，灭磁越快，灭磁过程中所产生的反向过电压就越高(灭磁等效电阻越大)，过高的灭磁过电压对设备绝缘产生危害。因此灭磁装置的设计必须兼顾灭磁速度和转子过电压的承受能力，做到既快(时间短)又好(过电压不超标，保证安全)。

灭磁装置需要关注以下几个方面问题：

- 灭磁时间应尽可能短，一般按同步电机定子电势降低到初始值的36.8%所需的时间作为参量来评价各种灭磁方法的优劣；
- 灭磁时反向电压不超过规定的倍数，相关标准规定应不超过转子出厂耐压试验电压的50%；
- 灭磁装置的电路和结构形式应简单可靠；
- 灭磁开关应有足够的分断发电机转子电流的能力，不会因分断而烧坏。

d. 灭磁方式分类

(a)按灭磁电阻划分

- 氧化锌非线性电阻灭磁；
- 碳化硅非线性电阻灭磁；
- 线性电阻灭磁。

(b)按灭磁开关划分

- 直流开关移能灭磁：灭磁开关装设在直流侧；
- 交流开关移能灭磁：灭磁开关装设在交流侧；
- 跨接器移能灭磁：不使用灭磁开关而使用跨接器；
- 耗能型灭磁开关灭磁。

e. 直流灭磁开关加非线性灭磁电阻灭磁方式原理

灭磁装置在需要灭磁的时候，跳开灭磁开关切断转子供电回路，同时，为转子绕组接通一灭磁电阻旁路，强迫转子电流流经这一高阻值的灭磁旁路，将转子能量消耗在灭磁回路的电阻上，直到转子电流为零而完成灭磁。其主要的部件有灭磁开关和灭磁电阻。

非线性灭磁电阻有氧化锌非线性电阻和碳化硅非线性电阻，这里仅介绍氧化锌非线性电阻。氧化锌非线性电阻伏安特性的表达式为

$$U = CI\beta$$

式中 $U$——非线性电阻两端的电压；

$I$——流过非线性电阻的电流；

$C$——材料系数；

$\beta$——非线性电阻的系数。

碳化硅和氧化锌非线性特性的对比如图4.31所示。

氧化锌非线性电阻的非线性系数远远小于1，表现为近似开关特性，即在低电压范围内，电阻呈现高阻态，回路不导通，当电压升到一定门槛值后，等效电阻随电压的升高而快速下降，电流快速上升，在电流变化的较大范围内，电压的变化很小，近似恒压。

非线性电阻的这种近似开关特性，使得非线性电阻作为灭磁电阻有着突出的优点：

正常低压下的高组态，非线性灭磁电阻可直接接入发电机转子，回路接线简单，因而工作可靠；

导通后的近似恒压特性，一方面使得不同工况下的最大灭磁电压控制容易，另一方面，使得不同工况下的灭磁电压都能接近设计值，维持较高的灭磁电压和灭磁速度。

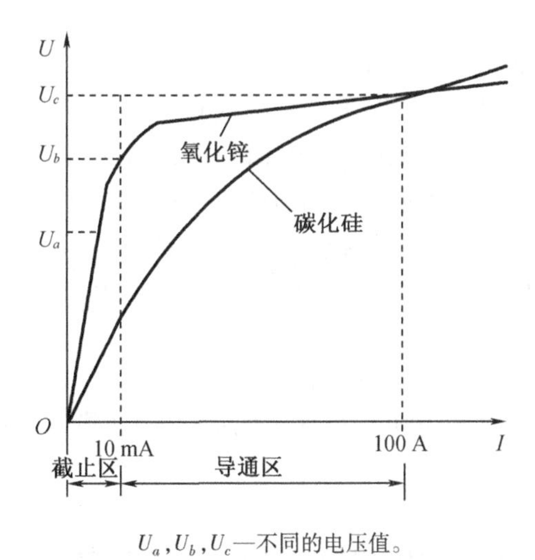


$U_a$，$U_b$，$U_c$—不同的电压值。

**图4.31 碳化硅和氧化锌非线性特性的对比**

### 4.4.3 标准规范

- 《大型汽轮发电机励磁系统技术条件》（DL/T 843—2010）
- 《旋转电机 定额和性能》（GB/T 755—2019）
- 《大中型水轮发电机静止整流励磁系统试验规程》（DL/T 489—2018）
- 《大中型水轮发电机自并励励磁系统及装置运行和检修规程》（DL/T 491—2008）
- 《大中型水轮发电机静止整流励磁系统技术条件》（DL/T 583—2018）
- 《大型汽轮发电机交流励磁机励磁系统技术条件》（DL/T 843—2021）
- 《同步电机励磁系统 定义》（GB/T 7409.1—2007）
- 《同步电机励磁系统 电力系统研究用模型》（GB/T 7409.2—2007）
- 《同步电机励磁系统大、中型同步发电机励磁系统技术要求》（GB/T 7409.3—2007）
- 《同步发电机励磁系统技术条件》（DL/T 843—2021）

### 4.4.4 运维项目

1. 励磁系统1C运维项目

（1）励磁屏CJN11、CJN12、CJN21、CJN23、CJN31～CJN35内各种二次设备包括接线、端子、隔离开关、空开及辅助部件、浪涌抑制器、变送器、继电器、接触器、加热器、温湿度控制器、照明灯、熔丝、板卡、接口装置、电阻、电容、变压器、风机及控制回路、CROWBAR过电压保护装置、灭磁电阻、可控硅及控制回路、转子接地保护装置和CT二次根部端子等所有设备的检查、清扫、电气连接检查；接线检查，端子紧固检查；屏柜及各元器件接地检查；屏柜滤网清扫。

（2）灭磁电阻检查。

（3）硬件设置检查：电压测量板、跨接器触发板、变送器配置检查、整流桥风机开关设置检查。

(4)绝缘检查:CT 二次回路绝缘检查;电源及控制回路绝缘检查;变压器绝缘检查;风机绝缘检查。

(5)数字输出量(DO)回路继电器校验;数字输入量(DI)回路继电器校验;电源模块及电源监视继电器校验。

(6)转子接地保护装置 PCS - 985RE 定值核对。

(7)功能检查:发电机 CT、PT 回路采样精度检查;励磁电流采样检查、励磁电压及同步电压采样检查;数字输入量测试;数字量输出测试;跨接器测试。

(8)逻辑检查:整流桥风机功能测试;起励功能检查;远方操作功能检查;过励限制器、低励限制器、定子电流限制器及伏赫兹限制器定值核对。

(9)主控室 PL19 屏上励磁相关操作把手、位置指示器和指示灯回路检查、紧固和清扫;励磁电压表、电流表校验。

(10)励磁报警信号、外部跳闸等信号的传动试验。

(11)励磁起励试验;自动通道切换及自动/手动控制切换试验;发电机空载阶跃响应等试验。

2. 励磁系统 3C 运维项目

(1)励磁屏 CJN11、CJN12、CJN21、CJN23、CJN31 ~ CJN35 内各种二次设备包括接线、端子、隔离开关、空开及辅助部件、浪涌抑制器、变送器、继电器、接触器、加热器、温湿度控制器、照明灯、熔丝、板卡、接口装置、电阻、电容、变压器、风机及控制回路、CROWBAR 过电压保护装置、灭磁电阻、可控硅及控制回路、转子接地保护装置和 CT 二次根部端子等所有设备的检查、清扫、电气连接检查;接线检查,端子检查紧固;屏柜及各元器件接地检查;屏柜滤网清扫。

(2)灭磁电阻检查。

(3)硬件设置检查:电压测量板、跨接器触发板、变送器配置检查、整流桥风机马达开关设置检查;整流桥 Subber 电阻测量。

(4)绝缘检查:CT 二次回路绝缘检查;电源及控制回路绝缘检查;变压器绝缘检查;风机绝缘检查。

(5)接触器及辅助设备检查;风机马达断路器性能检查;整流桥风机性能检查;DO 回路继电器校验;DI 回路继电器校验;变送器校验;分压器校验;CT 特性检查;电源模块及电源监视继电器检查校验。

(6)转子接地保护装置 PCS - 985RE 校验。

(7)功能检查:发电机 CT、PT 回路采样精度检查;励磁电流采样检查、励磁电压及同步电压采样检查;数字输入量测试;数字量输出测试;跨接器测试。

(8)逻辑检查:整流桥风机功能测试;起励功能检查;远方操作功能检查;过励限制器、低励限制器、定子电流限制器及伏赫兹限制器定值检查及校验;小电流试验。

(9)主控室 PL19 屏上励磁相关操作把手、位置指示器和指示灯回路检查;励磁电压表、电流表校验。

(10)励磁报警信号、外部跳闸等信号的传动试验。

(11)发电机励磁系统整流柜风机更换。

(12)70% 功率台阶 PSS 阻尼比试验。

(13)励磁起励试验;自动通道切换及自动/手动控制切换试验;发电机空载阶跃响应等试验。

3. 励磁系统4C运维项目

(1)更换励磁屏CJN11内AVR装置电源模块。

(2)更换励磁屏CJN11内中间继电器。

(3)更换励磁屏CJN11、CJN21内变送器。

(4)更换励磁屏CJN21内电容

(5)检查励磁屏CJN21内熔断器。

(6)励磁起励试验;自动通道切换及自动/手动控制切换试验;发电机空载阶跃响应等试验。

### 4.4.5　典型案例分析

励磁系统典型案例分析如表4.5所示。

表4.5　励磁系统典型案例分析

| 事件 | 事件经过 | 原因及纠正行动 |
| --- | --- | --- |
| 1号机组励磁系统报警,2GA整流柜故障 | 2006年5月9日17:59主控出现窗报WN19-6(Excitation Malfunction)和CI1071(5101PL5001 EXCTIN SYS MINOR FAIL)报警,就地检查发现2GA整流柜盘台上有U0674失效报警,闭锁灯和失效灯亮以及显示屏上有ALARM065:Conduction Monitoring level 1和ALARM097:Convert Bridge 1 Disable,其他三个整流柜运行正常,没有报警。主控和就地检查发电机励磁系统电流、电压、无功功率等参数正常且稳定。经维修初步检查为2GA整流柜柜内A01模块内卡件故障,导致脉冲停发,2GA整流柜自动退出运行 | 直接原因:通过相关检查和分析可以确定,导致AVR故障的直接原因为2GA整流柜的A01卡件故障。根本原因:根据励磁生产厂家ABB公司对故障卡件的分析,A01卡件故障的直接原因为脉冲放大回路中的电容C35失效。类似电容问题导致设备故障的情况以前也曾发生过,作为预防措施,对可能存在问题的电容都进行了更换。励磁卡件上的电容元器件不是由ABB公司生产的,因此厂家也表示很难从根本上避免类似故障的再次发生。作为应对措施,维修处电气科已准备在104大修中对所有整流柜内的A01卡件进行更换 |
| 3号机组并网过程中,励磁机故障导致汽轮机跳机 | 2010年9月16日9:50,二期扩建工程3号励磁机,在起机过程中,当电压达到15 kV左右时,指针开始出现摆动,指针在14 kV到15 kV左右摆动数次后开始下降,然后又上升到12 kV左右时,励磁断路器FCB分闸。随后发现电子显示屏ECT上出现报警,查看"事件"页面有报警和故障。通道一有"-Q02 manualy tripped"的报警和"Rot. Rectifier SC旋转整流器短路"故障,通道二有"Standby trip备用通道跳闸"报警。在FCB分闸后,电气人员发现磁场接地检测装置显示器上没有显示,所有光字信号均不亮,经检查发现磁场接地检测装置电源板卡已经烧毁,另外其他板卡上也有烧黑痕迹。经过现场检查,发现定子线圈短路,从发电机端向永磁机端看,主励定子右边2点钟、4点钟方位的定子线圈烧熔 | 综合录波图信息,造成此次3号励磁机故障的原因首先是整流盘正盘处发生相间短路,引起放电拉弧,导致励磁机11号轴瓦振动高跳汽轮机,放电拉弧产生的高温使事故进一步扩大,最终使整流盘内5处整流组件底座绝缘碳化、导电片烧熔。夹杂碳粉、金属离子的高温气体流经正负整流盘之间,造成两盘间放电拉弧灼伤,高温气体使整流盘风罩上的滤网烧毁,近故障定子侧全部烧穿。该设备不存在设计制造工艺的根本性缺陷,本次故障属于偶发性事件 |

表 4.5(续)

| 事件 | 事件经过 | 原因及纠正行动 |
| --- | --- | --- |
| 1号机组发电机励磁系统保护动作联锁停机停堆 | 2020年8月5日1号机组正常运行,11:30,主控CB531盘发“励磁系统异常”“转子一点接地”报警,运行值班员到现场对发电机小室励磁柜检查。11:40现场值班员汇报:发电机转子接地保护装置显示屏存在转子接地报警。11:42现场值班员汇报励磁出线柜内有烟飘出,并逐渐扩大。值长决策机组紧急快速降功率并启动机组瞬态响应,启动消防干预。11:46励磁系统保护自动动作跳开发电机出口开关2001B,联锁停机停堆 | 非原厂发电机碳刷不满足现场使用要求,碳刷混用,导致集电环-碳刷装置故障损坏。(1)SPV设备的物料管理不到位。SPV设备的备件分级错误、采购需求不明确,导致采购了不满足现场使用要求的备件。(2)程序执行不到位。未按照程序要求升版《主发电机周检规程》;未按照程序要求对主发电机周检工作包分级,也未对碳刷物资编码进行正确分级 |

### 课后思考题

1. 何谓同步发电机的励磁系统,其作用是什么?
2. 分析发电机失磁后对电力系统的影响。
3. 分析发电机失磁后对发电机本身的影响。
4. 欠励限制的作用是什么?
5. 励磁系统由哪几部分组成?
6. 励磁系统的同步是指什么意思?
7. 在可控硅整流桥中,串联电抗器的作用是什么?
8. 简述常规励磁PID调节的含义。

## 4.5 同期装置

同期装置是一种在电力系统运行过程中执行并网时使用的指示、监视、控制装置,它可以检测并网点两侧的电网频率、电压幅值、电压相位是否达到条件,以辅助手动并网或实现自动并网。

### 4.5.1 概述

随着负荷的波动,电力系统中发电机运行的台数经常要变动。另外,当系统发生某些事故时,也常要求将备用发电机组迅速投入电网运行。因此,将同步发电机并入电网是电厂的一项重要操作。由于某种原因,需将解列运行的电网联合运行,两电网间需要实行并网操作。此时需要用到同期装置实现并网操作。

### 4.5.2 原理与结构

1. 原理

自动准同期装置是利用线性三角形脉动电压，按恒定导前时间发出合闸脉冲，能完成发电机并列前的自动调压、自动调频和在满足同期并列条件的前提下，于发电机电压系统电压相位重合前的一个恒定导前时间发出合闸脉冲。

2. 构成及其作用

同期装置主要由合闸、调频、调压、电源四部分组成。

(1) 合闸部分的作用：在频率差和电压差均满足准同期并列的前提下，于发电机电压系统电压相位重合前的一个导前时间发出合闸脉冲。上述条件不满足则闭锁合闸脉冲回路。

(2) 调频部分的作用：判断发电机频率是高于还是低于系统频率，从而自动发出减速或增速调频脉冲，使发电机频率趋近于系统频率。

(3) 调压部分的作用：比较待并发电机的电压与系统电压的高低，自动发出降压或升压脉冲，作用于发电机励磁调节器，使发电机电压趋近于系统电压，且当电压差小于规定数值时，解除电压差闭锁，允许发出合闸脉冲。

(4) 电源部分的作用：除了将系统电压和发电机电压变成装置所需要的相应电压外，还为逻辑回路提供直流电源。

3. 准同期的要求

(1) 准同期并列的条件，不同期并列的影响

- 准同期并列的条件：待并发电机的电压和系统的电压大小相等、相位相同、频率相等。
- 不同期并列的影响：会引起冲击电流或系统振荡。电压的差值越大，无功冲击电流就越大；相位差值越大，有功冲击电流就越大；频率的差值越大，越不容易把发电机拉入同步，越容易导致系统振荡。冲击电流的振荡周期越短，经历冲击电流的时间就越长，而冲击电流对发电机和电力系统都是不利的。
- 在进行准同期时，一般都是在同期点之前发出合闸脉冲，这就存在一个导前时间的概念。导前时间是指准同期装置发出合闸脉冲到发电机电压和系统电压达到同期点的时间。导前时间应与待并列断路器的合闸固有时间相同，以保证无冲击电流。发电机可能在接近系统频率而又不完全相等的频率下并入系统，而断路器合闸固有时间一定，这就要求导前时间不应随频率差的变化而变化。

(2) 同期并列的方式

实现发电机并列的方法有准同期并列和自同期并列两种。

- 准同期并列的方法：发电机在并列合闸前已经投入励磁，当发电机电压的频率、相位、大小分别和并列点处系统侧电压的频率、相位、大小接近相等时，发电机断路器合闸，完成并列操作。
- 自同期并列的方法：先将未励磁、接近同步转速的发电机投入系统，然后给发电机加上励磁，利用原动机转矩、同步转矩把发电机拖入同步。自同期并列的最大特点是并列过程短、操作简单，在系统电压和频率降低的情况下，仍有可能将发电机并入系统，且容易实现自动化。但是，由于自同期并列时发电机未经励磁，相当于把一个有铁芯的电感线圈接入系统，会从系统中吸取很大的无功电流而导致系统电压降低，同时合闸时的冲击电流较大，所以自同期并列方法仅在系统中的小容量发电机及同步电抗较大的水轮发电机上采用。大中型发电机均采用准同期并列方法。

这里利用图4.32分析并列操作：一台发电机组在未投入系统运行之前，它的端电压 $U_G$ 与并列母线电压 $U_X$ 的状态量往往不等，须对待并发电机组进行适当的调节，使之符合并列条件，并将断路器 $Q_F$ 合闸做并网运行的一系列操作。

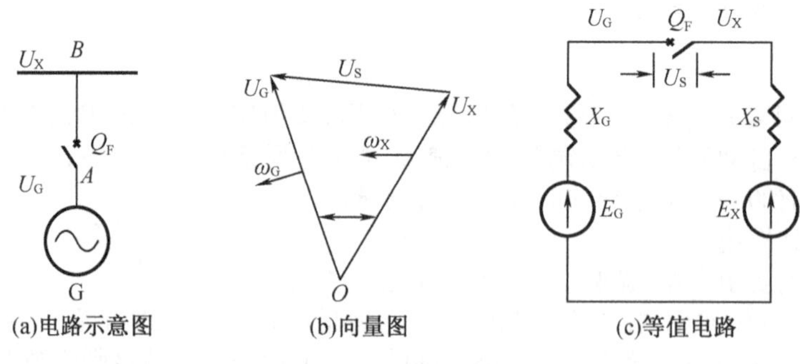


(a)电路示意图　(b)向量图　(c)等值电路

**图 4.32　准同期并列**

(3) 同步发电机组并列时应遵循的原则

- 断路器合闸时,冲击电流应尽可能小,其瞬时最大值一般不超过 1 ~ 2 倍的额定电流。
- 发电机组并入电网后,应能迅速进入同步运行状态,其暂态过程要短,以减小对电力系统的扰动。

4 . 同期点及同期点的选择

(1) 同期点

发电厂(或变电站)中每个有可能进行同期操作的断路器,称为同期点。也就是说当断路器两侧有可能出现非同一系统电源时,此断路器是同期点。

(2) 同期点选择

- 发电机出口断路器及发电机 - 双绕组变压器出口断路器,都是同期点。因为各发电机的并列操作,通常均是利用各自的断路器进行的。
- 母联断路器都是同期点。它们是同一母线上的所有电源元件的后备同期点。
- 自耦变压器或三绕组变压器的三侧断路器都是同期点。这些同期点是为了减少并列时可能出现的倒闸操作,以保证出现事故情况下迅速可靠地恢复供电。
- 系统联络线的线路断路器都是同期点。
- 旁路断路器也是同期点,因为它可以代替联络线断路器进行并列。
- 不同的厂用变压器引至不同系统,也是同期点。

5. 准同期并列的实际条件

(1) 待并发电机电压与系统电压应接近相等,其差值 $\leqslant \pm(5\% \sim 10\%)$ 系统额定电压。

(2) 待并发电机频率与系统频率应接近相等,其差值 $\leqslant \pm(0.2\% \sim 0.5\%)$ 系统额定频率。

(3) 并列断路器触头应在发电机电压与系统电压的相位差接近 0°时刚好接通,故合闸瞬间该相位差一般 $\leqslant \pm 10°$。

### 4.5.3　标准规范

- 《自动准同期装置》(JB/T 3950—1999)
- 《继电保护和安全自动装置通用技术条件》(DL/T 478—2013)
- 《电气继电器 第 5 部分:量度继电器和保护装置的绝缘配合要求和试验》(GB/T 14598.3—2006)
- 《量度继电器和保护装置 第 26 部分:电磁兼容要求》(GB/T 14598.26—2015)
- 《继电保护和安全自动装置基本试验方法》(GB/T 7261—2016)
- 《电气继电器 第 21 部分:量度继电器和保护装置的振动、冲击、碰撞和地震试验 第 1 篇:振动试验(正弦)》(GB/T 11287—2000)
- 《继电保护和安全自动装置技术规程》(GB/T 14285—2006)

- 《量度继电器和保护装置的冲击与碰撞试验》(GB/T 14537—1993)
- 《输电线路保护装置通用技术条件》(GB/T 15145—2017)

### 4.5.4 运维项目

1. 同期装置1C运维项目

(1)对屏内外设备进行清洁,对接线端子进行紧固。

(2)对屏内PT和电源回路进行绝缘检查。

(3)对同期继电器进行校验。

(4)对主控屏上的操作把手进行清洁,对接线端子进行紧固。

(5)对主控屏上的指示器的指示位置进行检查,看是否正确反映开关状态。

(6)对主控屏上的电压表和频率表进行校验。

(7)对同期系统进行传动试验。

2. 同期装置2C运维项目

(1)对屏内外设备进行清洁,对接线端子进行紧固。

(2)对屏内PT和电源回路进行绝缘检查。

(3)对同期继电器进行校验。

(4)对屏内的中间继电器进行校验。

(5)对屏内变送器进行校验。

(6)对主控屏上的操作把手进行清洁,对接线端子进行紧固。

(7)对主控屏上的指示器的指示位置进行检查,看是否正确反映开关状态。

(8)对主控屏上的电压表和频率表进行校验。

(9)对同期系统进行传动试验。

### 课后思考题

1. 简述准同期并网的条件。
2. 解释发电机非同期合闸及其危害性。
3. 什么是准同期并列?

## 4.6 故障录波装置

故障录波装置主要用于电力系统故障动态过程的记录,其主要任务是记录系统大扰动发生后的有关系统电参量的变化过程及继电保护与安全自动装置的动作行为。各发电厂、220 kV及以上变电所和110 kV重要变电所都配置故障录波器,便于分析电力系统故障及继电保护和安全自动装置在事故过程中的动作情况,迅速判断线路故障的位置。

### 4.6.1 概述

根据故障录波装置记录的数据或波形,推算出一次电流、电压数值,由此计算出故障点位置,使巡线范围大大缩小,省时、省力,对迅速恢复供电具有重要的作用。根据录波资料,可以正确评价继电保护与安全自动装置工作情况(正确动作、误动、拒动),尤其是发生转换性故障时,录波装置提供的准确资料,可帮助发现继电保护与安全自动装置的不足,有利于进一步改进和完善这些装置。同时,录波装置真实记录了断路器的情况(跳、合闸时间,拒动、跳跃、断相等),据此可发现断路器存在的问题,从而消除隐患。

录取量的选择包括模拟量和开关量,选择哪些录取量应根据所监测的电气设备的要求。一般被监测的电气设备有发电机、变压器、输电线路等,所以录取的模拟量可以是与这些设备有关的电压、电流、有功功率、无功功率、阻抗、谐波分量、温度等,录取的开关量是重要的断路器、隔离开关及保护装置的状态等。

### 4.6.2 结构与原理

1. 故障录波装置的主要优点

(1)功能完整,自成体系:录波器具有 16 路模拟量输入、16 路开关量输入,还可以由 2~3 台录波器组屏构成 32 路或 48 路的故障录波屏,具有扩展灵活、工作相对独立的特点。

(2)软件启动录波,录波时间长,录波完整、不间断。

(3)故障录波装置具有完善的智能化打印绘图功能,打印输出时能够对录波数据进行分析,自动确定绘图比例,自动选择电气量有变化的部分。打印输出的信息报告内容包括故障时刻、故障元件、故障地点、故障类型、自动重合闸动作情况、开关量动作顺序等。

(4)对于故障录波数据后期处理,可在计算机上用专用的软件进行离线处理,可实现录波数据全过程模拟量的每一部分及开关量的放大、缩小、定格、重新排列、打印输出等,还可利用通信网卡远传录波数据到调度中心进行分析处理。

(5)故障录波装置具有掉电保护功能,掉电时,实时时钟及录波数据等信息不丢失。

(6)故障录波装置具有人机对话功能,定值、时钟和各种操作指令均可通过面板上的按键和显示器进行直接观察和操作。

2. 故障录波装置的工作原理

(1)基础知识

a. 电力系统的动态记录分三种不同的功能

• 高速故障记录(暂态扰动过程记录)

这种功能实现对由短路故障或系统操作引起的、由线路分布参数参与作用在线路上出现的电流及电压暂态过程记录,主要用于检测新型高速继电保护与安全自动装置的动作行为,也可用于记录系统操作过电压和可能出现的铁磁谐振现象。其特点是:采样速度快,一般采样频率不小于 5 kHz;全程记录时间短,例如不大于 1 s。

• 故障动态过程记录

这种功能实现对由大扰动引起的系统电流、电压及其导出量,如有功功率、无功功率以及系统频率的全过程变化现象的记录,主要用于检测继电保护与安全自动装置的动作行为,了解系统暂(动)态过程中各电参量的变化规律,校核电力系统计算程序及模型参数的正确性。其特点是采样速度允许较低,一般不超过 1 kHz,但记录时间长,要直到暂态和频率大于 0.1 Hz 的动态过程基本结束时才终止。

• 长过程动态记录

在发电厂,这种功能主要用于记录诸如气流、气压、气门位置,有功功率及无功功率输出,转子转速或频率以及主机组的励磁电压;在变电所,则用于记录主要线路的有功潮流、母线电压及频率、变压器电压分接头位置以及自动装置的动作行为等。其特点是采样速度低(数秒一次),全过程时间长。

b. 电力系统故障动态过程记录的基本要求

电力系统故障动态过程记录的主要任务是,记录系统大扰动,如短路故障、频率崩溃、电压崩溃等发生后的有关系统电参量的变化过程及继电保护与安全自动装置的动作行为。

- 当系统发生大扰动,包括在远方故障时,装置能自动地对扰动的全过程按要求进行记录,当系统动态过程基本终止后,装置自动停止记录。
- 存储容量应足够大,当系统连续发生大扰动时,装置应能无遗漏地记录每次系统大扰动发生后的全过程数据,并按要求输出历次扰动后的系统电参数及继电保护与安全自动装置的动作行为。

- 所记录的数据可靠安全,满足要求,不失真。其记录频率(每一工频周期的采样次数)和记录间隔(连续或间隔一定时间记录一次),以每次大扰动开始时为基准,宜分时段满足要求。其选择原则是:适应分析数据的要求;满足运行部门故障分析和系统分析的需要;尽可能只记录和输出满足实际需要的数据。

(2)故障录波装置测量判断原理

电气量算法如下。

三相有功功率的一般计算公式:(设一个工频周期采样 24 点)

$$P = \frac{1}{24}\sum_{k=1}^{24}(u_a i_a + u_b i_b + u_c i_c)_k$$

三相无功功率的算法:将上述有功功率公式中的电压移相 90°,得

$$Q = \frac{1}{24}\sum_{k=1}^{24}[u_{a(k-6)} i_a + u_{b(k-6)} i_b + u_{c(k-6)} i_c]_k$$

式中 $u_a$、$u_b$、$u_c$、$i_a$、$i_b$、$i_c$——三相电压、电流采样值;

$P$——有功功率;

$Q$——无功功率;

$k$——采样点数。

(3)启动方式

故障录波装置的启动方式有以下几种,任何系统中电参量的改变都可以启动装置进行录波,支持手动启动和远方触发启动。

a. 交流电压各相和零序电压突变量启动;

b. 交流电流各相和零序电流突变量启动;

c. 线路相电流变化越限启动;

d. 交流电压过限启动;

e. 正、负序分量启动;

f. 频率越限与变化率启动;

g. 开关量启动;

h. 系统振荡启动;

i. 手动启动。

(4)记录方式

故障录波装置采取分段不同速率的记录方式,目的是使记录的信息既能满足分析的要求又能适当控制波形文件的大小。按照系统扰动过程的不同阶段,故障录波装置在录波时采取下述的记录顺序:

在 $t=0$ ms 系统扰动开始时刻,记录时段顺序如图 4.33 所示。

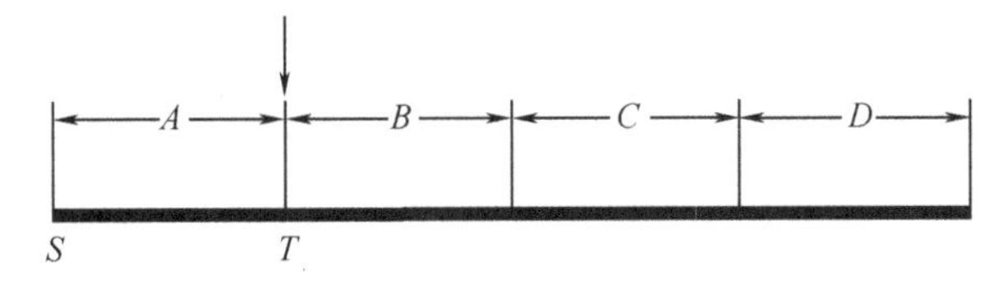


图 4.33 记录时段顺序

a. $A$ 时段:系统大扰动开始前的状态数据,输出原始记录波形,记录时间≥40 ms。

b. $B$ 时段:系统大扰动后初期的状态数据,输出原始记录波形,记录时间≥0.1 s。

c. $C$ 时段:系统大扰动后的中期动态过程数据,输出连续工频有效值,记录时间≥1 s。

d. $D$ 时段:系统动态过程的数据,每 0.1 s 输出一个工频有效值,记录时间≥20 s。

e. 第一次启动: 符合任一启动条件时,由 $S$ 开始按 $ABCD$ 顺序执行。

f. 重复启动：在已经启动记录的过程中，有开关量或突变量输出时，若在 $B$ 时段，则由 $T$ 时刻开始沿 $BCD$ 时段重复执行；否则应由 $S$ 时刻开始沿 $ABCD$ 时段重复执行。

g. 终止记录条件：所有启动量全部复归，记录时间 >3 s。

(5)数据存储方式

录波数据采用两种录波、三地存储方式：

- 暂态录波数据录波和存储；
- 稳态录波数据录波和存储；
- 录波分析子站存储。

系统发生扰动后，故障录波装置以最高 4.8 kHz 的采样速率进行录波，并存储在本地 CF 卡（容量 2 GB）中，所存储的数据称为暂态录波数据；同时无论是否有扰动发生，装置始终以 1.2 kHz 的采样速率不间断进行录波，并存储在本地 CF 卡（容量 32 GB）中，所存储的数据称为稳态录波数据。暂态和稳态录波数据通过以太网上传到录波分析子站分析和存储。CF 卡或硬盘存满后，新数据自动覆盖旧数据。录波数据的两种录波、三地存储的方式，确保了录波数据存储的安全可靠性。

暂态录波和稳态录波采用不同的插件完成，在硬件和软件上保持了相对的独立性，提高了录波装置的整体可靠性。

3. 故障录波装置的组成

新一代全面支持数字化变电站的故障录波系统如图 4.34 所示。录波装置支持电子式互感器和常规互感器，支持新一代《变电站通信网络和系统》(IEC 61850)系列标准。硬件配置 32 位高性能的 CPU 和 DSP 芯片、内部高速总线、智能 I/O。硬件和软件均采用模块化设计，灵活可配置，具有通用、易于扩展、易于维护的特点，可集中式安装，也可分布式安装。操作系统采用主流 Linux 开源操作系统，具有内核小、安全稳定性高、网络通信能力强大等优点，非常适合于对可靠性、通信等要求较高的工业控制领域；可支持多种 GPS 对时方式，包括脉冲对时和 IRIG - B 码对时。录波方式兼有暂态录波和长录波两种：暂态录波可以最高 9.6 kHz 的速率记录暂态扰动过程；长录波以 1 Hz ~ 1.2 kHz 的速率连续记录电力系统的状态过程。装置自身具有大容量高速 FLASH 存储卡（≥32 GB），保证了动态数据记录和存储的安全性。

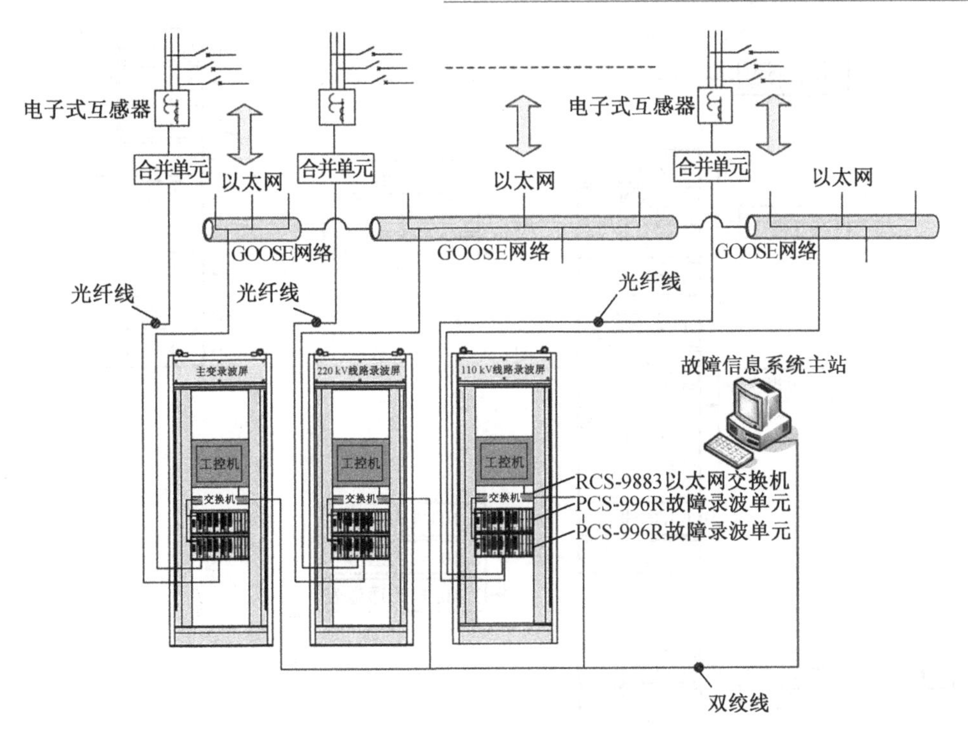


图4.34 数字化变电站故障录波系统图

4. 故障录波装置的人机界面与波形

(1) 典型菜单结构

故障录波装置主菜单结构如图4.35所示,其中103规约指《继电保护设备信息接口标准》(IEC 60870-5-103)。

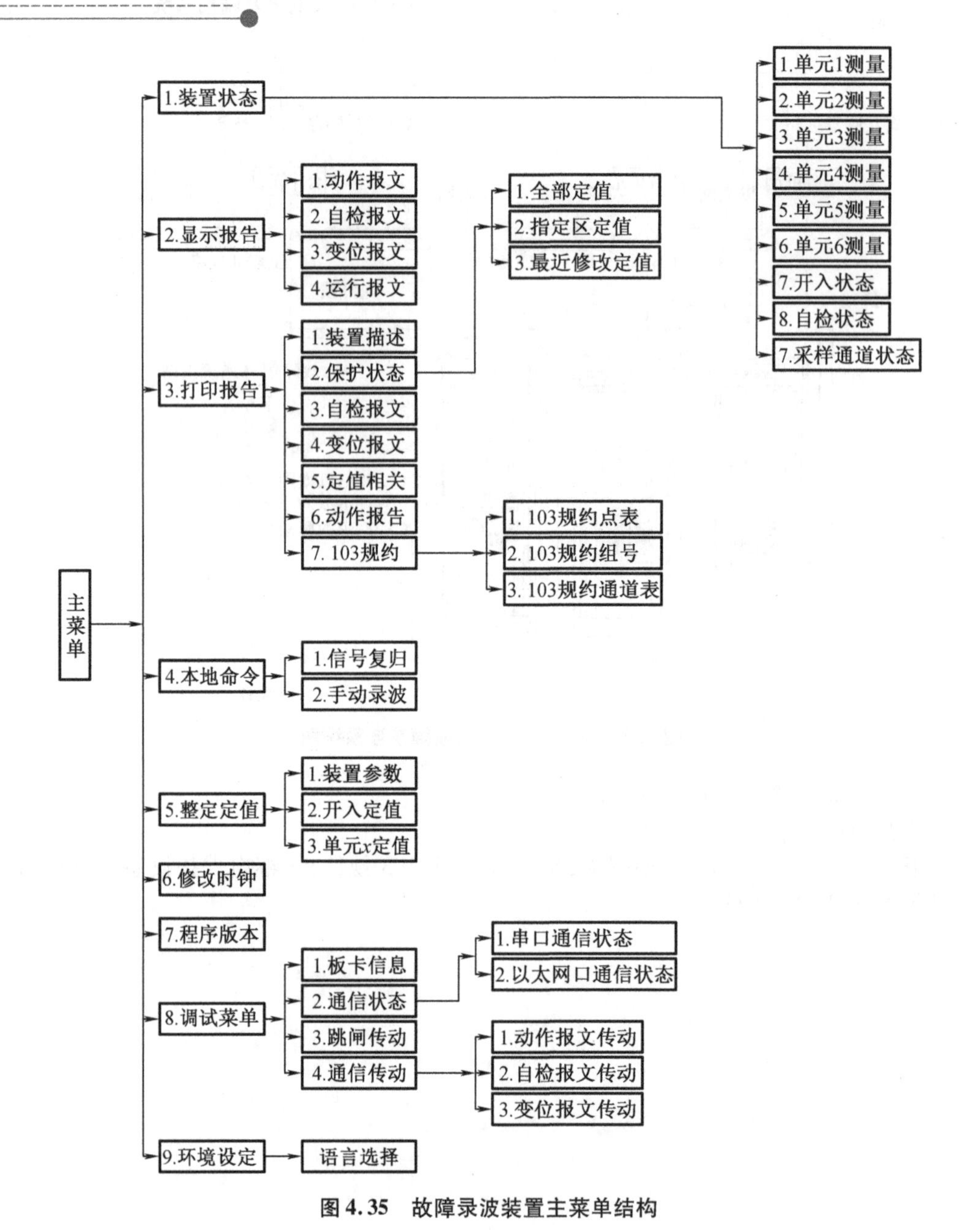


**图 4.35　故障录波装置主菜单结构**

(2)典型录波图

典型录波图如图 4.36 所示。

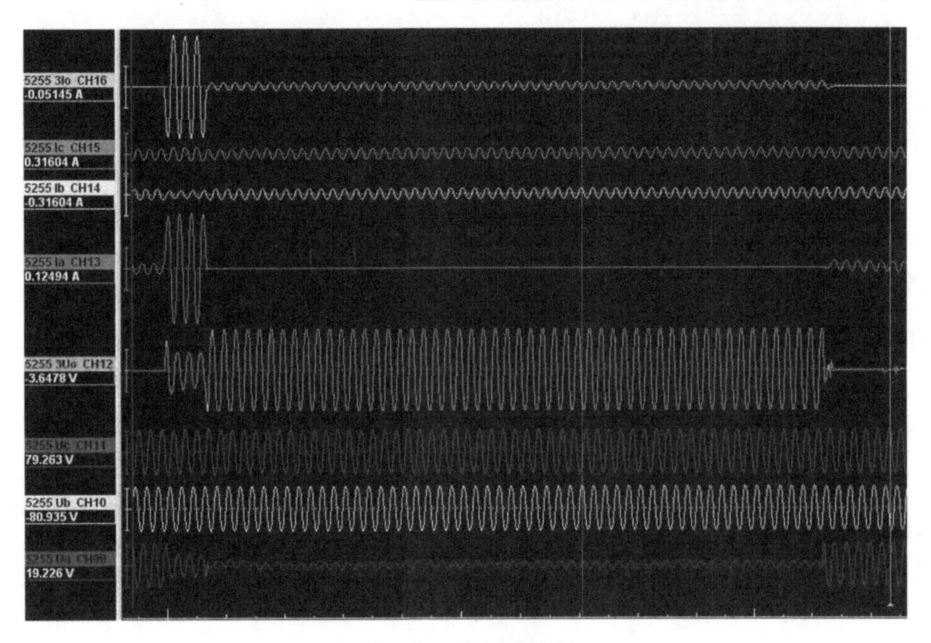


图 4.36 典型录波图

## 4.6.3 标准规范

- 《电力系统连续记录装置技术要求》(GB/T 14598.301—2020)
- 《高压直流输电系统控制与保护设备 第 6 部分:换流站暂态故障录波装置》(GB/T 22390.6—2008)
- 《继电保护和安全自动装置通用技术条件》(DL/T 478—2013)
- 《电气继电器 第 5 部分:量度继电器和保护装置的绝缘配合要求和试验》(GB/T 14598.3—2006)
- 《量度继电器和保护装置 第 26 部分:电磁兼容要求》(GB/T 14598.26—2015)
- 《继电保护和安全自动装置基本试验方法》(GB/T 7261—2016)
- 《电气继电器 第 21 部分:量度继电器和保护装置的振动、冲击、碰撞和地震试验 第 1 篇:振动试验(正弦)》(GB/T 11287—2000)
- 《继电保护和安全自动装置技术规程》(GB/T 14285—2006)
- 《量度继电器和保护装置的冲击与碰撞试验》(GB/T 14537—1993)

## 4.6.4 运维项目

1. 故障录波器 1C 运维项目

(1)外观检查。

(2)装置清洁。

(3)屏内端子排接线紧固。

(4)确认屏内 CT、PT 回路及电源回路的绝缘良好。

(5)数字量通道的传动。

(6)装置上电运行,装置录波试验。

(7)检查装置内部接线牢固可靠。

2. 故障录波器 2C 运维项目

(1)外观检查。

(2)装置清洁。

(3)屏内端子排接线紧固。
(4)确认屏内 CT、PT 回路、电源回路的绝缘良好。
(5)模拟测量通道的校验,数字量通道的传动。
(6)DFR 启动量的校验和传动。
(7)装置上电运行,装置录波试验。
(8)检查装置内部接线牢固可靠。

### 4.6.5 典型案例分析

故障录波装置典型案例分析如表 4.6 所示。

**表 4.6 故障录波装置典型案例分析**

| 事件 | 原因及纠正行动 |
| --- | --- |
| 故障录波器屏Ⅰ第 0 通道频繁启动 | 故障录波器屏Ⅰ第 0 通道为正序突变量,属装置计算通道,实际无该突变量定值。<br>修改计算通道的定值,从 1 A 改为 2 A |

### 课后思考题

1. 试根据思考题图 4.1 所示波形图分析变压器区内、区外发生了何种故障,以及此时变压器差动保护的动作行为。IH 为 220 kV 主变高压侧的 ABC 三相电流,IM 为 110 kV 中压侧的 ABC 三相电流,变压器绕组的接线方式为 Y0/Y0,220 kV 直接接地,110 kV 经中阻接地,CT 的接线方式为 Y/Y。

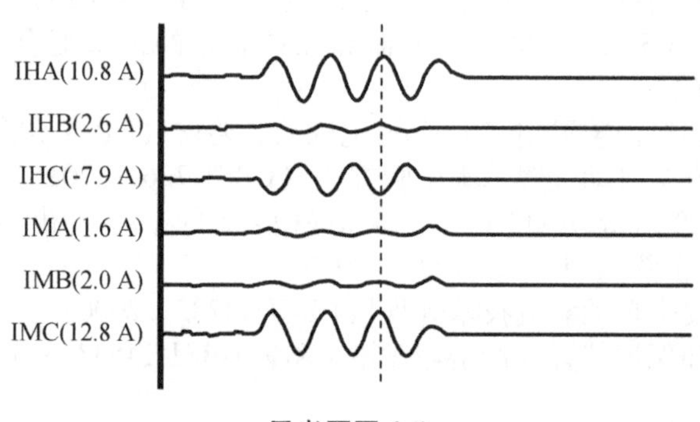


**思考题图 4.1**

2. 某 220 kV 线路 MN,如思考题图 4.2 所示,配置闭锁式纵联保护及完整的距离、零序后备保护。线路发生故障并跳闸,经检查:一次线路 N 侧出口处 A 相断线,并在断口两侧接地。N 侧保护距离Ⅰ段($Z_1$)动作跳 A 相,经单重时间重合不成后加速跳三相。M 侧保护纵联零序方向($O_{++}$)动作跳 A 相,经单重时间重合不成后加速跳三相。N 侧故障录波在线路断线时启动。试通过 N 侧故障录波图(思考题图 4.3),分析两侧保护的动作行为。(注:N 侧为母线 TV,两侧纵联保护不接单跳位置停信,投单相重合闸。纵联保护通道在 C 相上。二段时间 $t_2=0.5$ s。)

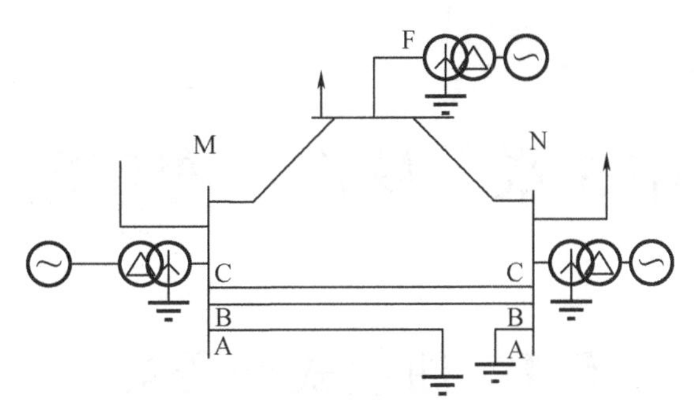


思考题图 4.2

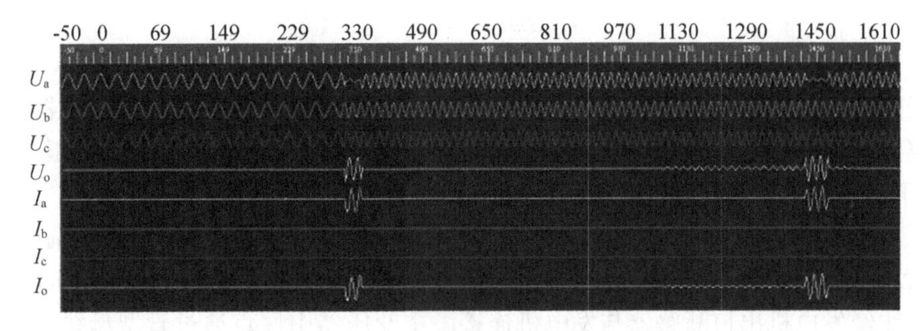


思考题图 4.3

# 第5章　核电厂变压器

## 5.1　油浸式变压器

### 5.1.1　概述

油浸式变压器在核电厂应用广泛，尤其对于大型电力变压器，如电厂主变压器，油浸式变压器属于标准产品。本章基于秦二厂变压器运行特点展开介绍，鉴于大型变压器为标准产品，以下内容可推广用于其他各电厂和单元。

秦二厂主变压器及其备用相均为户外式单相、强迫油循环风冷却、无励磁调压电力变压器，布置在常规岛厂房外。主变压器高压侧与500 kV开关站（GIS）相连，低压侧通过离相封闭母线经发电机出口断路器与发电机连接。主变压器中性点通过管型母线、钢芯铝绞线直接接地。

厂用变压器分为常规厂用变压器和核岛厂用变压器，是户外式三相、油浸风冷式有载调压双分裂变压器。高压厂用变压器位于常规岛汽轮机房外，变压器高压侧由发电机出口离相封闭母线分支引入，常规岛高压厂用变压器低压侧连接至常规岛6 kV LGA、LGB段开关柜；核岛高压厂用变压器低压侧连接至核岛6 kV LGC、LGD段开关柜。

### 5.1.2　结构与原理

核电厂大型电力变压器作为核电厂输电系统能量转换与传输的核心设备，体积庞大、结构复杂、资产价值高，其安全、可靠和稳定运行对整个核电厂与外部电网系统至关重要，是核电厂安全、经济发电和实现卓越绩效的关键设备。核电厂电力变压器故障会造成设备不可用、反应堆自动停堆、电力系统瞬态以及火灾爆炸等事故，给核电厂的安全稳定运行带来极大的挑战。因此，核电厂需全面提升电力变压器的可靠性水平，最大限度地防止变压器事故和减少故障的发生。

电力变压器是一种静止的电气设备，它利用电磁感应原理，把两个独立的电路用磁场紧密联系起来，电能由一次绕组转换为磁场能后经铁芯传递到二次绕组，磁场能再在二次绕组中转换为电能，它将一种电压等级的交流电能转变成同频率的另一种电压等级的交流电能，从而满足高压输电、低压配电以及其他用途的需要。其种类很多，但各类变压器的基本结构大体相同，都是在构成磁路的铁芯上分别装有一次和二次绕组，实现电能的传输和转换。

核电厂大型电力变压器的基本结构有铁芯、绕组、绝缘套管、油箱及其他附件等，其中铁芯和绕组是变压器的主要部件，称为器身。图5.1所示为油浸式变压器组成。图5.2所示为秦二厂变压器外形构造图。

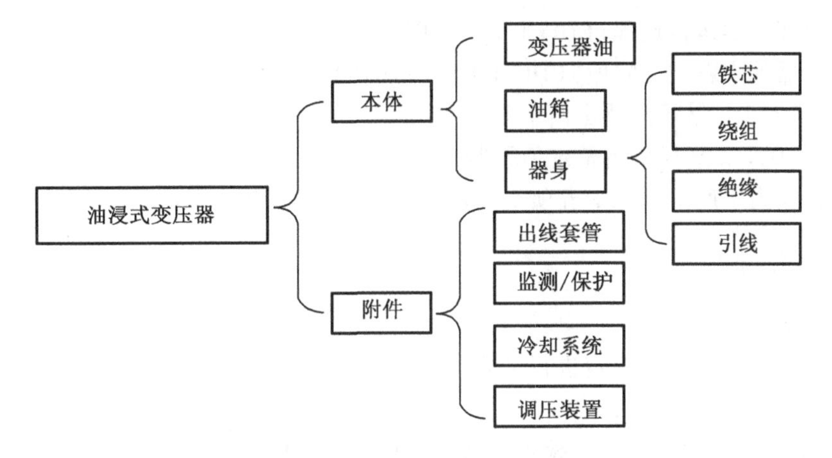


图5.1 油浸式变压器组成

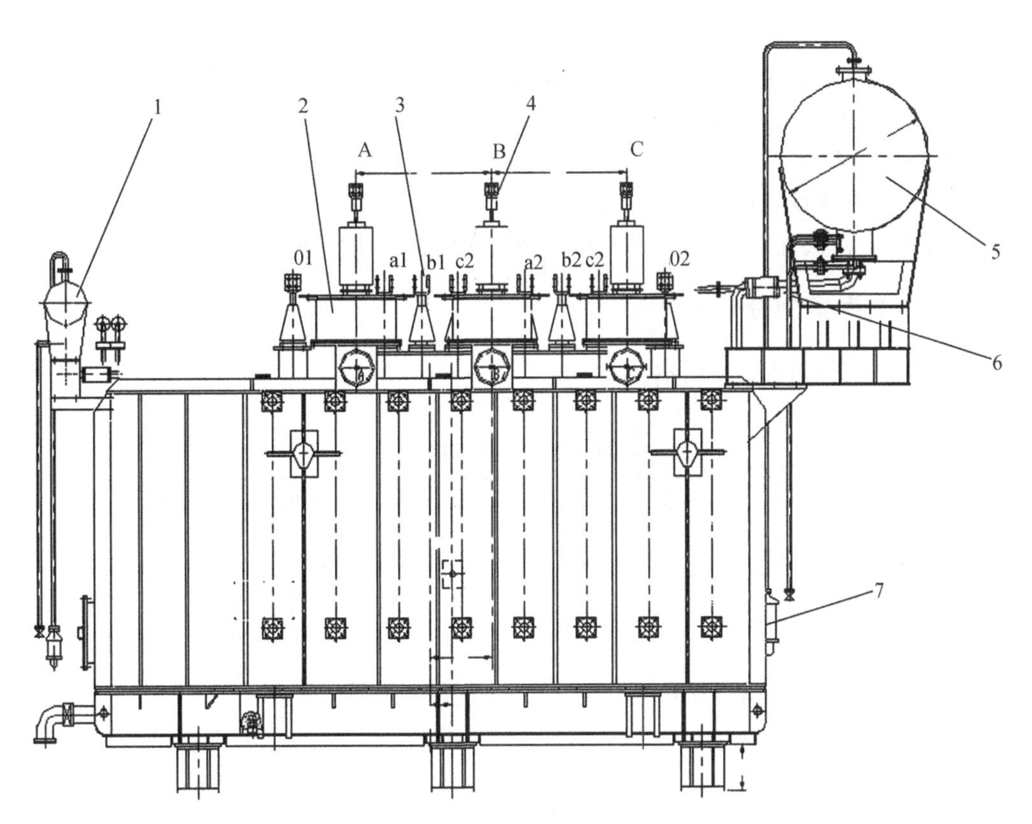


1—有载调压油枕;2—升高座;3—低压套管;4—高压套管;5—本体油枕;6—瓦斯继电器;7—呼吸器。

图5.2 秦二厂变压器外形构造图

### 5.1.3 标准规范

- 《电站主变压器预防性维修模板参考》(QS-5EQ-MNEQ-0154)
- 《油浸式电力变压器技术参数和要求》(GB/T 6451—2015)
- 《运行中变压器油质量》(GB/T 7595—2017)
- 《电力变压器检修导则》(DL/T 573—2021)

- 《电力变压器运行规程》(DL/T 572—2021)
- 《变压器油中颗粒度限值》(DL/T 1096—2018)
- 秦二厂3、5、8号机组整定值手册
- 秦二厂0、1、2、9号机组整定值手册
- 《防止电力生产事故二十五项重点要求》(国能安全[2014]161号)

### 5.1.4 运维项目

1. 1C(含大修)项目

(1)按预防性试验规程规定进行试验(绝缘、直流电阻、介质损耗等);

(2)检修冷却油泵、风扇;

(3)检修全部阀门和放气塞,检查全部密封状态,处理渗漏油;

(4)检查油箱和附件,必要时进行补漆;

(5)检查套管和检查导电接头(包括套管将军帽);

(6)检查温度计、油位计、瓦斯继电器等测量保护装置;

(7)检修油保护装置(净油器、吸湿器);

(8)检查接地系统。

2. 非1C(含大修)项目

变压器内部检查、瓦斯继电器校验、压力释放阀校验、温度计校验、绕组变形试验等。

### 5.1.5 典型案例分析

变压器典型案例如表5.1所示。

**表5.1 变压器典型案例**

| 事件 | 事件经过 | 原因及纠正行动 |
| --- | --- | --- |
| 主控触发3GEV006AA变压器[主变压器(表中以下称“主变”)压力释放]报警 | 2014年7月28日,主控触发3GEV006AA变压器报警,就地保护柜上检查为主变A相压力释放动作报警,主变本身未发现异常 | 3号主变A相压力释放报警2BP接点误动,导致主控触发3GEV006AA变压器报警。确认故障报警根源为触点氧化,由于主变功率运行,在304大修期间更换3号主变压力释放报警2BP接点及电缆 |
| 3号主变A相油温高 | 2014年6月6日巡检发现3号机主变A相油温偏高,021EU和024EU显示将近70℃,而B、C相温度只有五十几摄氏度,相差10℃左右,绕组温度也偏高,查看三相负荷,电流一致。观察几天后,发现A相温度仍有上涨趋势 | 根据对变压器绝缘油进行化学成分分析、对冷却风机运行电流测量、对风扇电机风速测量,利用管窥镜检查变压器顶部阀门开启状态及冷却器散热片外观状态检查等,以及兄弟电厂类似缺陷的处理情况的经验反馈,确认A相变压器本体无重大缺陷,相关冷却系统冷却性能降低是引起A相温度升高的主要原因。增加冷却器的临时吹风装置,可以降低A相温度升高速率,对A相冷却器叶片进行水冲洗,可改善冷却性能,达到降低温度的目的 |

表 5.1(续 1)

| 事件 | 事件经过 | 原因及纠正行动 |
| --- | --- | --- |
| 2 号机组主变 C 相温度 2GEV034EU 大幅波动 | 2014 年 2 月 16 日,2 号主控电站计算机系统(KIT)频繁触发"主变 C 相线圈温度高"报警,查看为 2GEV034EU 大幅波动,在 2GEV034EU 波动到高点时超过报警定值从而触发 KIT 报警。查看主变 C 相运行无明显异常,主变 C 相其他温度正常,继续保持对相关参数的密切监视 | 主变绕组温度计采用模拟组合显示技术,由于油温在短时间内不可能大幅度波动,因此排除变压器油温波动可能。此类问题近年来发生数次,结合以往情况,判断为绕组温度计信号回路传导异常,如接线松动及接触不良等,导致铂电阻回路信号时大时小,进而导致主控 KIT 中显示剧烈波动 |
| 3 号机组主变 C 相冷却器在工作位置重复启停 | 2013 年 12 月 28 日中班,主控出现 3 号机组主变 C 相备用冷却器投入报警。查看后发现 3 号机组主变 C 相油温及绕组温度正常但第三组冷却器在工作位置重复启停;放在辅助位置的第一组冷却器一直没有启动;主变 C 相备用冷却器投入指示灯亮 | 检查发现对应油泵电机故障引起冷却器风扇频繁起停,进一步检查发现油泵电机本体接线端子上 A 相接线鼻子烧断,造成电机缺相故障、停止运行,引起冷却风扇频繁起停;根据现场缺陷情况分析,确定压接电缆的接线鼻子型号与实际需要不匹配是故障的直接原因,即原接线鼻子的材质较薄,在长期运行过程中发热积累引起熔断,造成断相。对现场主变油泵电机的接线鼻子进行摸底排查,消除隐患 |
| 1 号机组触发 1GEV005AA(主变冷却器 C 相故障) | 2013 年 7 月 5 日 08:26 分 1 号机组主控室触发 1GEV005AA 故障,主控查看 KIT,发现 C 相线圈温度缓慢上涨并已超过高报定值(65 ℃),检查主变及主变冷却器运行情况,加强对主变相关参数的监视,主变冷却风扇和冷却器运行均正常,确认就地主变 C 相线圈温度已超过整定值,但温度相对 A 相和 B 相并无明显升高 | 2013 年 7 月 6 日至 8 日,对 1 号主变及 2 号主变的温度进行了持续跟踪,结合主变实测温度及温度计显示数值等,进行综合分析,确定造成该现象的原因如下:(1)表计老化,经再次校验,确认性能下降;(2)近期天气温度高,造成主变箱体温度高,该部分热量经温度计座向温包传导,形成热量积聚,导致温包温度高于油温,此种可能性较高。判断依据如下:(1)主变本体实际油温与温度计显示数值相差10 ℃左右。(2)阴天时,在同样机组满功率情况下,温度计的数值则比高温天气明显降低 10 ℃左右 |
| 1 号主变 B 相冲击合闸出现乙炔 | 2013 年 4 月 28 日,1 号主变冲击合闸后的离线油样化验显示,色谱中出现 0.36ppm($1ppm = 10^{-6}$)的乙炔。初步分析判断为冲击合闸时,变压器励磁涌流过大导致结构件放电引起的局部油分解。2013 年 4 月 22 日 17 时 35 分,1 号主变冲击合闸时,主变 B 相冲击合闸电流有效值达 2 150 A,B、C 两相约为 460 A。针对该问题,通过在线监测和离线取样方式进行跟踪 | 结合以往主变冲击合闸情况,1 号机组主变产生乙炔的原因基本确定为冲击合闸励磁涌流过大,造成铁芯结构件之间放电。由于该系列产品为 DFP250000/500TH 系列设计,在铁芯结构件接触面去漆方面存在缺陷,使得这种半绝缘变压器在冲击合闸时,结构件接触面漆膜两侧励磁产生不同电位,导致漆膜瞬间击穿,产生裸金属点烧熔连接。乙炔属于放电特征气体,从乙炔的产生条件来看,主要是冲击合闸瞬间产生。伴随着稳态运行的出现,线圈电流相对稳定,流过局部烧熔点的电流则小得多。但是这个电流在通过烧熔连接点时,仍然高温过热,使得缺陷面进一步扩大,甚至产生微量乙炔,但主要是烷烃类过热气体在增加 |

表 5.1(续 2)

| 事件 | 事件经过 | 原因及纠正行动 |
| --- | --- | --- |
| 2 号主变运行声音偏大 | 2013 年 4 月 22 日 13 时 30 分,2 号主变运行状态下电磁噪声异常偏大,噪声存在间歇性增大、减小现象。对此结合以往主变运行经验,初步判断为附近电网换流站存在单级运行情况,并咨询电网,确定上海奉贤区附近换流站单级运行 | 上海奉贤区附近换流站单级运行。针对此情况,对变压器中性点直流分量和变压器振动进行测量,并进行色谱跟踪 |
| 2 号常规岛主变 A 相第二组风扇异音 | 2013 年 3 月 4 日早班,2 号常规岛执行主变风扇定期切换时,主变 A 相第二组风扇启动后有异音,确认为主变 A 相第二组风扇 2GEV122ZV 和 2GEV123ZV 存在异音,决定启动主变 A 相第三组风扇,停运主变 A 相第二组风扇 | 经过检查确认,2 号常规岛主变 A 相第二组风扇的电机存在故障。对故障风扇电机进行了解体检修,发现电机非驱动端轴承状态正常润滑良好,但驱动端轴承已有明显发黑,油脂干涸,盘动卡涩,确认是该轴承存在缺陷引起的电机故障 |
| 2 号主变 A 相中性点套管头部连接处发热 | 2012 年 8 月 15 日 10 时,2 号主变 A 相中性点套管头部连接处温度为 55 ℃,较 B、C 相略高(B 相 45 ℃,C 相 42 ℃),红外成像显示该套管中性点存在明显热点 | 209[①] 大修之前,对 2 号主变三相中性点套管的温度进行了持续跟踪检查,A 相轻微偏高;209 大修期间进行了重点检查,检查期间没有发现异常情况。主变中性点套管温度属于正常 |
| 4 号常规岛厂变压器(表中以下称“厂变”)有载调压开关油位高异常 | 4 号常规岛厂变有载调压开关油位在 2011 年 6 月为 5.6,之后油位缓慢上升,至 2012 年 3 月达到 9.1,接近报警值 10;2012 年 6 月机组小修后,油位调整至 4.4,至 10 月,油位缓慢升高到 6,持续偏高 | 401 大修中,移出有载调压开关后对有载调压开关油室进行打压试验(20 kPa),最终发现 C 相油室内放油塞垫圈上有一很小的异物,并且垫圈上有一细微裂纹,由此导致渗油。现场已对此放油塞垫圈进行了更换,并紧固了相关螺栓,更换后缺陷消除。异物来源不明 |
| 2 号常规岛高压厂变低压侧渗油 | 2012 年 11 月 20 日上午 10 时,2 号常规岛高压厂变有渗油现象。现场检查发现该变压器低压侧存在大面积油污。经进一步检查确认,渗油缺陷为常规岛厂变低压套管室渗油,套管室排水管和变压器顶部箱沿均存在滴油现象 | 更换低压套管密封圈,缺陷消除 |

① 指机组大修编码,类似还有 401 大修等。

**表 5.1**(续3)

| 事件 | 事件经过 | 原因及纠正行动 |
|---|---|---|
| 4 号常规岛厂变油位就地指示为0 | 巡检发现4 号常规岛厂变油位就地指示为0 | 拆除旧油位计,检查发现油位计浮球表面有较大的裂纹,浮球中已经浸油,予以更换,缺陷消除 |
| 3 号机组主变风扇冷却能力不足 | 从巡检数据中发现 3 号机组主变风扇冷却能力不足 | 1 号、2 号主变每相冷却器功率为 315 ×4 W,3 号主变冷却器功率为 400 ×3 W,冷却器功率较小;<br>1 号、2 号主变短路损耗为 438 kW,但 3 号机组短路损耗为 493.9 kW,短路损耗较大;<br>1 号、2 号主变出厂温升值为 20.6 K,3 号主变出厂温升值为 31.6 K;<br>根据设计和分析,该现象属于正常现象,联系厂家计算并试验冷却器消音罩对冷却器冷却效率的影响程度,得到厂家认可后,已将 3 号、4 号机组主变冷却器消音罩拆除 |
| 2 号机组主变 B 相第二组冷却器跳闸 | 2009 年 12 月 2 日 17:47:42 主控 P07 盘出现 2GEV004AA(主变 B 相冷却器故障)报警,查看 KIT 中出现 2GEV023EC(主变 B 相冷却器加热器控制电源消失),现场查看主变 B 相冷却器状态和继电保护间信号,发现主变 B 相第二组冷却器跳闸,控制柜中 Q2 空气开关跳开,且在备用位置的第四组冷却器没有自动启动,将备用的第四组风扇放到工作位置启动,第二组风扇暂时放备用,并监视主变 B 相油温和线圈温度等参数 | 现场检查发现 2 号主变 B 相第二组冷却器油泵 A 相接线烧断,分析认为,A 相电源线接线鼻子氧化,油泵的接线柱接线面较小,而且该相电源线的接线鼻子压接时把电源线压断几股,导致接线处发热,电源线烧断,进而造成单相接地,该组冷却器跳闸 |
| 2GEV033EU(主变 B 相线圈温度)阶跃变化 | 2009 年 9 月 8 日,05:50,2 号主控 KIT 中,主变压器 B 相线圈温度由 58.3 ℃阶跃到 80.1 ℃(现场温度正常),之后又恢复,之前也有过阶跃变化,影响主控监视 | 运行时间过久,2GEV005MT 线圈温度计及电流变换器工作不稳定,造成 2GEV003EU 模拟量有短暂的温升变化。206 大修中,更换 2GEV005MT 线圈温度计 |
| 1 号机主变 A 相第三组冷却器油流继电器指针抖动 | 2009 年 8 月 26 日,凌晨 01:47,巡检 1 号机主变过程中,发现主变 A 相第三组冷却器油流继电器指针,有较大抖动 | 分析确认为油流继电器的转动板扭力不够,导致冷却器油流继电器指针有较大抖动。该问题属于设备缺陷,在 107 大修期间更换该油流继电器 |

表5.1(续4)

| 事件 | 事件经过 | 原因及纠正行动 |
| --- | --- | --- |
| 1号主变C相油流继电器烧毁 | 2009年8月3日,12:35,1号主控闪发1GEV005AA(C相冷却器故障)报警,当时按计划正对1号机组主变C相风扇进行切换,现场启动第四组风扇后不久第四组风扇自动停运,现场发现控制柜内一小开关自动跳开,第四组风扇油流继电器烧毁 | 通过分析及现场检查,判断由于连续多日的降雨天气,导致第四组油流继电器内进水受潮,使油流继电器内的微动开关短路烧毁,进而第四组冷却器电源开关跳闸。在107大修期间更换该油流继电器 |
| 1号主变C相近期油样分析异常 | 1号主变C相在2009年2月11日的油样中出现乙炔(0.06ppm)(总烃5.43ppm);2009年4月29日通过油样化验,再次确认了乙炔的出现(0.13ppm)(总烃10.1ppm),且各气体含量呈增长趋势;最近一次取样是2009年5月19日,乙炔0.12ppm,总烃10.43ppm,与4月份的报告相比无明显变化 | 经分析并咨询变压器厂,1号主变C相气体含量出现异常应该与该相高压中性点套管发热有一定的关系,但不排除其他原因导致油中出现乙炔。专家分析认为:由气体增长的速度看,变压器可以保持正常运行到今年11月份,乙炔的产生初步分析是由“穿缆碰铜管”造成的 |
| 1号主控触发1GEV004AA(主变B相冷却器故障)报警 | 2009年2月23日20:26,主控触发1GEV004AA报警,就地检查发现主变B相风扇仍是1/3/4运行,而且油温等参数均无异常,就地冷却器控制箱上出现“辅助冷却器投入”报警 | 1GEV004AA报警为综合报警,就地冷却器控制箱上“辅助冷却器投入”指示灯亮。2009年2月23日20:26,电网受到雷击影响,1号主变过流,其中A、C相电流约0.56A,B相电流0.63 A,持续60 ms,刚好超过冷却器辅助控制回路中过流继电器002XI动作定值0.624 A。所以主控会闪发报警。此过流继电器002XI返回系数较差,且为型号较老的电磁型继电器,精度可能变差,因此在目前的负荷下它没有返回。后续进行技术改造更改定值 |
| 启动1SEN201PO电源时,主控出现1GEV003AA(主变A相冷却器故障)报警 | 2008年9月15日夜班在执行SEN泵定期切换,当启动1SEN201PO电源时,主控出现1GEV003AA报警,同时KIT中触发1GEV017EC(主变A相工作电源2故障)。现场检查发现:主变A相冷却风扇油泵由工作电源1供电仍在运行。经进一步检查发现就地控制柜中KX2电压继电器、K6继电器动作。由于主变A相工作电源2与1SEN201PO电源同为1LKR母线,怀疑在启动1SEN201PO时,因1LKR母线电压短时波动导致KX2电压继电器动作,从而触发主变A相冷却器故障报警。由于K6动作,当主变A相工作电源1故障时将闭锁向工作电源2的自动切换,导致主变A相工作电源失去备用电源 | 2008年9月16日现场查看,1号机主变A相冷却器控制柜内KX2电压继电器低电压动作灯亮。查看上游380 V电源电压正常,确认KX2继电器低电压定值偏移导致误动;<br>对KX2电压继电器低电压定值适当调低后,主控1GEV003AA“主变A相冷却器故障”报警消失,KIT中1GEV017EC“主变A相工作电源2故障”报警消失 |

**表5.1(续5)**

| 事件 | 事件经过 | 原因及纠正行动 |
| --- | --- | --- |
| 2GEV005AA 闪发(主变C相冷却器故障)报警 | 2008年8月20日早班2CVI101PO备用电源启动，同时主控闪发2GEV005AA报警。现场检查主变运行无异常，电气检查结果为主变C相电源1的电压继电器KX1低定值偏高漂移 | 2CVI101PO启动时，2LKQ母线电压会相对下降，现场观察是从380 V下降到360V左右。2LKQ母线下带着2号主变冷却器A相电源A和C相电源A。如果主变冷却器控制箱内电源监视继电器KX1低电压定值漂移(偏高)，当母线电压下降时，便会超过其动作值使电压监视继电器动作，进而使两组电源从1组切换到2组供电。当2CVI101PO启动后，母线电压恢复正常，电压监视继电器返回，电源又重新切回到1组供电。所以该继电器低电压定值漂移使2CVI101PO启动时刻两组电源切换一次 |
| 主控KIT闪发1GEV11EC(主变A相冷却器工作电源断相)和018EC(主变A相冷却器全停延时跳闸)报警 | 2006年1月2日14:30，主控的KIT闪发1GEV11EC和018EC报警，主控无其他异常，现场检查主变风扇和工作电源工作正常，继电保护间也无异常信号 | 经检查主控闪发1GEV11EC报警是接地继电器KE动作所致，该继电器是电磁型电流继电器，其动接点动作是由轴承联动，本身抗震能力不强，而且安装在户外，所以当震动较大时其机械式接点瞬间抖动闭合；另外也有可能是当时曾出现了冷却器电源短时电压不平衡，继电器动作电流太灵敏而造成动作，2号主变的此类继电器经过调整间隙和整定值后已无此现象发生。在104大修期间更换整个冷却器端子箱，4月12日1号机并网运行，冷却器端子箱没有出现类似的异常情况 |
| 主变B相线圈2GEV033EU 温度高 | 2006年1月2日17:30，主控巡盘时发现主变B相线圈温度高达81.5 ℃(在综合变量曲线中)，在这之前，B相线圈温度曾多次波动 | 2006年1月13日下午，在KIT系统检查2GEV033EU信号：<br>该信号为4～20 mA，用万用表测量其值为8.25 mA，KIT显示值为39.9 ℃(量程：0～150 ℃)，其精度在允许范围内；<br>紧固该信号端子(2KIT081AR817BN13通道)，无松动现象。<br>经10天左右跟踪，信号一直显示正常 |
| 1号主变C相备用风扇自动投入 | 2005年8月31日19:10，主控触发报警1GEV005AA(主变C相冷却器故障)，现场检查发现1号主变C相四组风扇均正常运行，备用的第一组风扇自动启动，但第四组风扇的运行指示灯不亮，将第一组风扇置启动，第四组风扇置备用后，报警1GEV005AA消失 | 经检查发现，原来变压器冷却器是2号、3号、4号组运行，1号组备用，故障后1号组备用冷却器启动，而2号、3号、4号继续运行，但发现4号冷却器的运行指示灯不亮，手动将4号冷却器停下；进一步检查发现，4号冷却器的油流指示器有问题，在4号冷却器运行时，其油流指示器的常开触点没有闭合、常闭触点没有打开，从而导致备用冷却器投入，并使其运行时指示灯不亮。<br>将1号、2号、3号冷却器置运行，4号冷却器置备用状态，次日处理4号冷却器的油流指示器 |

表 5.1(续 6)

| 事件 | 事件经过 | 原因及纠正行动 |
| --- | --- | --- |
| 1GEV003AA(主变 A 相冷却器故障)闪发 | 2005 年 8 月 29 日 01:04 分,主控闪发 1GEV003AA,同时 KIT 报警监视中显示主变 A 相冷却器工作电源断相和主变 A 相冷却器全停延时跳闸。就地控制箱和常规岛继电保护间检查,现场检查后汇报无异常,风扇运行正常 | 经检查主控闪发 1GEV003AA 是接地继电器 KE 动作所致,该继电器是电磁型电流继电器 KA,其动接点动作是由轴承联动,本身抗震能力不强,而且安装在户外,所以当震动较大时其机械式接点瞬间抖动闭合;另外也有可能是当时曾出现了冷却器电源短时电压不平衡,继电器动作电流太灵敏而造成动作。2 号主变的此类继电器经过调整间隙和整定值后已无此现象发生。为了彻底消除隐患,整个冷却器端子箱大修时更换 |
| 2 号主控闪发 2GEV004AA(主变 B 相冷却器故障)报警 | 2005 年 8 月 22 日 18:00,2 号主控闪发 2GEV004AA,检查相关参数,发现主变 B 相温度无异常,冷却器电源正常。现场检查后发现主变冷却器 B 相控制箱背门不明原因打开,2/3/4 组风扇开关及两个电源开关被雨淋湿。关闭柜门防止雨水进一步淋湿电气设备,最后检查主变风扇运行正常 | 检查主电源、端子排,没有发现异常情况,但发现 2 号主变冷却器 B 相端子箱底部有少量积水,继电器、接触器及二次线上有水珠,由此确定是下雨时端子箱背门不明原因打开造成端子箱进水,从而引发 2 号主变冷却器 B 相故障报警。<br>为避免造成冷却器全停,对柜内的积水、水珠稍做处理,投入加热器,并加强监视,排查其他变压器端子箱柜门。为避免此类情况的再次发生,要求专业人员在恶劣天气到来之前检查室外的电气柜的柜门并确认其完全关好。后续更换了控制箱 |
| 2GEV007AA(主变油温、油位、油气套管压力异常)报警 | 2005 年 5 月 13 日 02:35,主控室出现 2GEV007AA 报警,KIT 显示 2GEV081EC 触发(主变油位低),2MX8m 继电保护间有主变 A 相油位上限报警。但现场读取主变油位正常且无漏油现象,将其复位 | 经过检查 2 号主变本体 B、C 相油位计指示有问题,更换备件,经检查油位计指示正常 |
| 主控闪发 GEV005AA(主变 C 相冷却器故障) | 2005 年 2 月 4 日下午,接到状态报告后(编号为 CROPO20050072/CROPO20050074),对状态报告所对应的炮次(编号为 GG137、GG132)爆破设计表和震动监测报表进行分析和审查,发现上述炮次爆破设计表中各项参数均符合要求,爆破产生的震动值均在安全控制阈值范围内,爆破震动最大加速度值为 0.0165$g$,安全控制阈值为 0.025$g$,满足设计控制要求,是安全的 | 经分析认为 2 号主变 C 相冷却器信号闪发是施工爆破震动较大致使工作电源断相继电器接点抖动所造成的。该继电器是电磁型电流继电器,其动接点动作是由轴承联动,本身抗震能力不强,而且安装在户外,因此易发生误动作。建议在施工爆破期间加强运行监视 |

表 5.1(续 7)

| 事件 | 事件经过 | 原因及纠正行动 |
| --- | --- | --- |
| 2 号主变检修改冷备用 5041 和 5042 开关跳闸 | 在 2 号机组做完失去主、辅厂外电源试验后,临时将主变改为检修状态以处理 2GSY001JA 非全相保护辅助继电器故障问题。问题处理结束后,在投运 2 号主变过程中,按照电网调度指令,根据典型操作票,首先将 2 号主变由检修状态改为冷备用。当执行至合上 2LGC/2LGD 进线侧 100TU 的二次开关时,5041 和 5042 开关跳闸 | 经过分析确认原因为典型操作票存在缺陷:没有考虑到发电机保护压板投入而且 5041 和 5042 开关在合闸位置的情况下,2LGC/2LGD 进线侧电压低信号与 2LGC/2LGD 进线侧 PT 完好信号相符,导致 5041 和 5042 开关同时跳闸。而电网调度下令要求将主变从检修改为冷备用时,主变还未投运,合上 2LGC/2LGD 进线侧 100TU 的二次开关即会产生 2LGC/2LGD 进线侧电压低信号 |
| 1 号主变 A 相油色谱异常 | 2004 年 7 月 14 日对 1 号主变进行油色谱分析中发现 A 相的总烃、氢气、甲烷三种气体的含量较 2004 年 3 月 26 日的油色谱分析有较大的增加。次日复检,与前一天结果类似。2004 年 7 月 23 日油样送检,发现乙炔。7 月 27 日—7 月 30 日连续四天对油样进行化验,没有发现明显的变化,随后 1 号主变处于稳定状态 | 根据油样分析和趋势对比,判断为变压器内部环流系统过热 |
| 主变 B 相 1 号风扇跳闸,3 号备用风扇未启 | 2003 年 7 月 29 日,机组功率运行。15:00,主控巡盘发现主变 B 相线圈温度上涨,就地查看,发现 1 号风扇跳闸,备用的 3 号风扇未启,后主控启动 3 号风扇 | 因 1 号机主变 B 相第一组冷却器的电源开关 Q1 热保护动作跳闸,在设计上此种情况并不能启动备用风扇。由于天气过于炎热,调大了 Q1 的整定值 |
| 2 号主变 C 相第三组风扇跳闸 | 2003 年 7 月 26 日,巡检发现 2 号主变 C 相第三组风扇(原来是 1 号、3 号风扇运行)跳闸,重合后仍无法启动,处于辅助位置的第四组风扇没有自动启动,手动也无法启动,最后启动第二组风扇,运行正常 | 因 2 号主变 C 相第三组冷却器的油泵热继电器烧坏导致跳闸。冷却器电源联络开关跳闸,导致第四组冷却器失去电源,因此无法手动启动。处于辅助位置的冷却器风扇是不会因其他冷却器故障跳闸而自动启动的。更换热继电器;更换新型冷却器端子箱 |
| 核岛厂变 2 号冷却器故障停运 | 2003 年 7 月 2 日 11:10,主控室发现 KIT 中出现核岛厂变冷却器故障报警,立即通知现场运行人员检查。现场人员发现核岛厂变 2 号冷却器停运,控制柜内风扇故障指示红灯亮,其他 4 台冷却器运行正常 | 对 2 号冷却器热继电器复位后,2 号冷却器自动启动,风扇故障指示灯熄灭,但主控 KIT 中核岛厂变冷却器故障报警仍然存在。目前 5 台冷却器全部手动投运,核岛厂变温度 40 ℃左右 |

国内其他核电站变压器相关的重大事件及建议如表5.2所示。

**表5.2 国内其他核电站变压器相关的重大事件及建议**

| 事件 | 事件概述 | 原因及后续行动 | 建议 |
| --- | --- | --- | --- |
| 某核电厂2号机组主变高压侧T区差动保护误动导致反应堆自动停堆 | 2008年7月14日19:16，某核电厂2号机组主变高压侧第一T区差动保护动作，导致机组丧失主外电源，反应堆自动停堆，机组自动切换至辅助外电源供电，运行人员按照事故处理规程I2.1控制机组状态。查明故障原因是第一T区差动保护装置误动，2008年7月15日08:45主变恢复送电。反应堆停堆后，控制棒棒位显示R棒组有2束棒卡在24步 | 原因：保护继电器寿期管理策略不完善<br>后续行动：TDB11型继电器出口卡件老化失效，对于开关站其他T区的TDB11型继电器根据重要性制定改造计划并实施 | 建议开展继电保护的寿期老化管理 |
| 2号机主变压器C相故障导致停机停堆 | 2002年3月12日01:09，2号主变压器C相发生内部故障，发变组和主变差动保护动作出口，发电机与电网解列，反应堆自动停堆。故障时，发变组大差保护、主变差动、主变重瓦斯保护均正确动作；主变过流保护、主变零序保护、发电机负序保护启动正常。<br>事后检查发现：主变C相压力释放阀动作，上、下人孔门破裂，消防喷淋系统正确动作，没有造成火灾。<br>主变故障前，主控室无主变异常报警信号，主变高、低压绕组温度也未见异常；主控室无相关操作；电网无重要操作；无雷雨天气 | 原因：主变C相内部低压侧发生相间短路和接地短路。<br>后续行动：对运行变压器油取样并进行微粒度检查；增加对变压器油含气量检测项目 | 建议该厂对主变压器油微粒度进行建档管理 |
| 主变零序差动保护动作，反应堆自动停堆 | 2000年2月28日17:46，1号主变压器C相中性点套管引出线处发生引出线熔断、拉弧，主变压器零序差动保护动作出口，主变高、低压侧开关跳闸，失去主电源，导致反应堆自动停堆，汽轮机发电机组自动解列，所有保护均正确动作 | 原因：中性点套管接触面铜铝材质间在潮湿大气中存在电化学腐蚀；维修规程没有对该中性点套管的检修提出明确要求。<br>后续行动：评估对铜铝连接的中性点出线进行改造，并实施改造计划；制定电气连接点过热检查大纲 | 建议变压器检修中增加中性点套管及接线端子恢复后的直流电阻测量并明确标准 |

表 5.2(续 1)

| 事件 | 事件概述 | 原因及后续行动 | 建议 |
| --- | --- | --- | --- |
| 某核电厂2号机主变C相高压套管绝缘层击穿 | 2007年4月10日21:51某核电厂2号机主变C相高压套管绝缘层击穿,绝缘失效,套管对法兰放电,即主变C相接地。2007年4月10日21:51:16主变过流、差动等保护动作,40 ms后,超高压断路器0GEW320/330JA断开;21:51:16:840发电机断路器断开,汽机跳闸,反应堆自动停堆 | 原因:套管试验规程存在缺陷;对高压套管的参数及技术特性认识不足;在执行和审查环节缺少质疑的工作态度;套管的设计、制造方面存在缺陷。<br>后续行动:明确套管的介质损耗因数和电容量的测量要求 | 建议当怀疑套管有缺陷时,增加测量套管介质损耗因数随电压变化的允许增量的辅助判断[《电力变压器检修导则》(DLT 573—2021)] |
| 某核电厂2号机主变第一次送电不成功 | 2007年4月20日14:33,在完成2号主变C相套管故障抢修后,按计划对主变进行送电操作,主变高压侧开关0GEW330JA合闸0.2 s后立即跳开,主变第一次送电不成功 | 原因:主变瓦斯继电器跳闸整定值偏小;主变直流电阻测量在铁芯中残留剩磁。<br>后续行动:建议将主变的瓦斯继电器更换为型号为3DF/HF2的瓦斯继电器,流速定值为1.3 m/s;直流电阻测量试验完成后,对变压器进行消磁处理 | 核实1号、2号机组主变重瓦斯流速定值[参考《电力变压器检修导则》(DL/T 573—2021)以及《浙江省变压器非电量保护管理规程》] |
| 某核电站2号变压器TF02磁屏蔽紧固螺栓断裂 | 2007年1月6日,某核电站2号机组第4次换料大修期间,在对2号主变C相L2GEV301TP进行内部检查时,发现低压侧一块磁屏蔽的最下部一个紧固螺栓(柱)断落在变压器油箱底部,螺栓上带有两个垫片、一个均压帽和一个螺母。根据该磁屏蔽上油漆痕迹和其他磁屏蔽紧固螺栓的垫圈配置情况等判定,原始装配时还应该有两个更大的金属垫片安装在螺栓上。但是,在电站人员和制造厂专家等的多次查找中,均未发现失落的垫片。<br>鉴于磁屏蔽紧固螺栓断落,影响到磁屏蔽的紧固和接地,如有金属垫片遗失在变压器内部,对变压器的安全运行将构成很大威胁,因此决定用备用相变压器(TF05)更换该C相变压器,并对更换下来的变压器做进一步的处理和根本原因分析 | 原因:该螺栓焊接质量存在缺陷;磁屏蔽装配程序不完善,没设见证点等。<br>后续行动:焊接一个新的螺栓,恢复磁屏蔽的安装,使变压器恢复可用;对返厂进行改造性维修的变压器,在磁屏蔽的清理和回装过程中应按照程序要求的力矩19.9 N·m进行装配,并且在程序中应设有相应的见证点 | 建议参照《电力变压器检修导则》(DL/T 573—2021)、《电力变压器手册》以及制造厂方案完善变压器内检或解体大修的检查内容 |

**表 5.2**(续 2)

| 事件 | 事件概述 | 原因及后续行动 | 建议 |
| --- | --- | --- | --- |
| 2 号主变 B 相油中含有乙炔 | 2004 年 1 月 22 日,发现 2 号主变 B 相油中含有乙炔,跟踪分析后认为内部存在过热性故障。2 月 2 日停 2 号主变,用已修好的备用相 217892 - 03 对其进行更换。2 月 11 日完成安装、试验,对主变进行充电,14 日机组并网 | 在线圈夹件和铁芯拉板之间的绝缘块附近发现油漆已变成黄色,怀疑由过热造成。按照共模故障维修结果反馈,更换了夹件和拉板之间的绝缘块,同时更换了夹件之间绝缘连接处安装的螺栓和绝缘部件。<br>检查铁芯下部的固定螺栓,发现两侧的六块绝缘垫块全部松脱,其中五块已经脱落,另外一块已移位。重新进行安装并做防退措施。<br>吊罩后测量两半铁芯之间的绝缘值为 0,用压缩空气吹扫后,绝缘升至兆欧级 | 建议参照《电力变压器检修导则》(DL/T 573—2021)、《电力变压器手册》以及制造厂方案完善变压器内检或解体大修的检查内容 |
| 某核电 1 号机组主变 A 相故障导致反应堆自动保护停堆 | 2009 年 10 月 31 日 02:34,1 号机主变 A 相重瓦斯动作跳闸导致失去正常交流电源,反应堆停堆保护动作,汽轮机停机动作 | 原因:根据故障前检查维护和运行状态分析,1 号主变压器 A 相在故障前未发现有明显的异常征兆,判断本次故障系变压器突发性故障引起。经对外部故障现象和保护动作情况初步分析,判断变压器内部存在内部局部放电故障,属于变压器本身内部问题。<br>后续行动:对故障的 1 号主变 A 相在变压器生产厂家进行解体检查,确认最终的故障原因分析结论以制定后续措施;对故障的 1 号主变 A 相变压器在变压器生产厂家实施更换全部线圈的技术改造 | 从该主变 B 相烧毁以及其他一些严重的变压器故障事件来看,增加变压器油色谱在线装置是很有必要的,目前秦二厂主变均装有油色谱在线监视装置,考虑到电厂的实际情况,厂变与主变存在同等的重要作用,建议该厂变增加油色谱在线监视装置 |

表5.2(续3)

| 事件 | 事件概述 | 原因及后续行动 | 建议 |
| --- | --- | --- | --- |
| 1号主变压器C相中性点GIS与变压器连接处的导电杠及触指均严重烧损 | 2009年2月21日,在T102大修期间拆开1号主变压器C相中性点GIS后,发现中性点GIS与变压器连接处的导电杠及触指均严重烧损,屏蔽罩烧损脱落,中性点附近的GIS罐体内部油漆表面均熏黑。<br>事件后果:该缺陷若未发现,设备继续运行,可能造成1号主变压器故障,进而引起1号机组停机 | 原因:与1号主变C相中性点套管相连的GIS触头部位接触不良是C相变压器中性点GIS导电杠及触头烧损的直接原因。<br>后续行动:全部更换A、B、C三相中性点GIS与变压器套管连接处导电杆与触头,使导通能力由2 000 A提高到3 150 A;<br>完善《ZF6-126主变中性点SF6气体绝缘母线安装程序》;规定厂家安装过程中必须进行导电杆和触头间直流电阻的测量,对导电杆插入深度进行检查,要求不小于35 mm | 无 |
| 1号机组主变B相故障导致反应堆自动保护停堆 | 2008年8月26日17:32 1号机组主变B相发生故障,相关电气报告动作,主变切除,反应堆根据四段厂用电母线电压低于5.04 kV延时1.4 s触发自动停堆保护。<br>主要失效:1号主变B相及其中性点GIS、高压侧小GIS烧毁;1号主变B相中性点母线及其支撑架有不同程度的损坏或变形;1号主变B相低压侧软连接和部分24 kV封闭母线有不同程度的烧毁。1号主变B相及其上述部件需要更换 | 原因:主变B相高压绕组上部调压区线圈绝缘工艺存在制造缺陷,是发生线圈匝间短路的潜在因素;主变B相油箱内部存在较多的可以导致局部放电的异物,这是导致绕组突发性匝间放电和短路的根本原因。<br>后续行动:对1号、2号主变共6台变压器进行线圈更换处理;升版油务监督大纲,将变压器油取样检测频率改为每月一次;开展调研,重新选择和安装油色谱在线监视设备;在变压器区域加装工业监视设备 | 从该主变B相烧毁及其他一些严重变压器故障事件来看,增加变压器油色谱在线装置很有必要,目前主变均装有油色谱在线监视装置,考虑到电厂的实际情况,厂变与主变存在同等的重要作用,建议厂变增加油色谱在线监视装置 |
| 1号主变C相控制柜内交流控制电源开关QF4进线烧损 | 2011年7月3日19:00,运行人员巡检发现1号主变C相控制柜上HF4灯(加热器电源消失)亮,运行人员打开柜门,发现控制柜内交流控制电源开关QF4进线烧损,并且QF4开关跳开 | 原因:《主变冷却控制系统检验程序》中未规定检查断股现象,断股现象没有被及时发现。<br>后续性行动:在1号、2号主变冷却控制箱体加装空调降温或采取其他永久降温措施;升版CAE-X-BAT00-003《主变冷却控制系统检验程序》,增加对控制箱内电缆检查,看是否有断股现象,对端子全部紧固 | 执行目前规程中所有相关检查。建议继续加强冷却器控制箱的维护;考虑柜内元件定期更换(易老化元件、单个元件功能丧失等)、检查柜门密封性 |

表 5.2(续4)

| 事件 | 事件概述 | 原因及后续行动 | 建议 |
|---|---|---|---|
| 秦三厂1号机组主变A相中性点温度高手动解列 | 2003年12月11日,1号机组运行于满功率状态。维修人员监测到1号机组主变A相中性点温度高达60 ℃并有继续升高趋势。<br>2003年12月11日13:00,因1号机组主变A相中性点温度高,经组织会议专题讨论决定:降功率,发电机与电网解列,反应堆功率维持在60% FP | 原因:中性点套管内导电杆因发热导致氧化变黑,电阻增大,进一步促进了发热。中性点套管出线连接件材料与引出线材料不匹配,安装中导线被压变形,接触面积变小等复合因素导致发热逐步恶化,温度呈现上升趋势。<br>后续行动:主变中性点连接件变更并定期红外测温 | 建议变压器检修中增加中性点套管及接线端子恢复后的直流电阻测量并明确标准 |
| 秦三厂2号机组厂变(UST)共箱母线故障导致停机停堆 | 2004年5月14日18:13,高压厂变UST2低压侧11.6 kV共箱母线故障导致零序差动保护动作,2号主变开关52GT跳闸,UST2低压侧开关5314-BUA/11和5314-BUB/05跳闸,机组失去一路外电源。同时厂用电源快速切换成功,厂用负荷自动切换至SST2供电 | 原因:2号高压厂变UST2低压侧共箱母线室外段绝缘一定程度受潮,检查发现一根加热器电缆软管靠近高压共箱母线A相母线。这两个因素是造成单相接地故障的直接原因。<br>后续行动:UST2低压侧共箱母线室外段加装防雨外罩,去掉临时防雨棚。并在1号机组大修期间完成UST1低压侧共箱母线室外段彻底检查和加装防雨外罩的工作;UST2低压侧共箱母线室外段箱体内通入4路仪用压缩空气的变更工作;考虑到室内段母线设计布置在汽轮机厂房房顶部位,日常维护和检修极为困难,且由于其绝缘结构设计特点,存在逐步降级问题,故对共箱母线整体进行改造,以便于今后的维护和检修。结合1号机组SST共箱母线室外段改造的成功经验,提出共箱母线整体改造的建议方案 | 秦三厂共箱目前结构与秦二厂1号、2号机组类似,目前1号、2号机组对支持绝缘子进行了改造。建议1号、2号机组继续关注运行状况,必要时更换成3号、4号机组的电缆母线 |

## 课后思考题

1. 两台变压器并列应具备哪些条件?
2. 变压器的冷却方式有哪几种?
3. 什么叫分级绝缘?分级绝缘的变压器在运行中要注意什么?
4. 分列绕组变压器与双绕组变压器相比有哪些优点?
5. 新安装或大修后的变压器投入运行前应做哪些试验?

参考文献

[1] 董宝骅. 大型油浸电力变压器应用技术[M]. 北京:中国电力出版社,2014.

[2] 韩金华、张建壮. 大型电力变压器典型故障案例分析与处理[M]. 北京:中国电力出版社,2012.

[3] 国家电网公司运维检修部编. 国家电网公司十八项电网重大反事故措施 -9 防止大型变压器损坏事故[M]. 北京:中国电力出版社,2013.

[4] 王维俭,王祥珩,王赞基. 大型发电机变压器内部故障分析与继电保护[M]. 北京:中国电力出版社,2014.

[5] 许艳阳. 变电设备现场故障与处理典型实例[M]. 北京:中国标准出版社,2010.

## 5.2 干式变压器

### 5.2.1 概述

变压器是一种改变交流电源的电压、电流而不改变频率的电气设备。它是在相同频率下,通过电磁感应将一个系统的交流电压和电流转换为另一个(或两个)系统的交流电压和电流,从而传送电能的电气设备。

厂用电系统的配电一般在 6 kV 以下,电压等级变换由干式变压器来完成,干式变压器引自 6 kV 厂用电母线,经过 6 kV/400 V 电压变换后供厂用负荷用。

### 5.2.2 结构与原理

变压器是一种利用电磁感应工作的交流电气设备,它必须具有作为磁路的铁芯;必须具有作为电路的至少两个通常是匝数不相等的绕组;由于绕组间、绕组的各部分对地存在电位差,因此它必须具有相应的绝缘系统。可以说,这三个部分是变压器必不可少的。

1. 铁芯

作为变压器导磁回路的铁芯由导磁材料构成。铁芯采用优质冷却轧晶粒取向硅钢片、45°全斜接缝、多级阶梯形叠积;芯柱采用拉板和绝缘带绑扎结构;铁芯表面采用防护树脂涂敷以防潮、防锈并降低电磁噪声;夹件和紧固件经表面处理后可长期防止锈蚀。

2. 绕组

变压器的绕组导线几乎无例外地采用铜导线,这是由于工业用金属材料中铜不仅电导率最高,而且具有良好的力学性能,价格也不是很贵。变压器绕组为圆筒式结构,800 kV · A 以上容量变压器低压线圈内部设计通风道以增加散热面积。绕组用脱脂玻璃纤维毡和环氧树脂复合材料作绝缘,环氧树脂采用薄膜脱气静态混合真空浇注技术,固化后绕组内部无空穴和气泡,局放量控制在最小限度(≤5 pC)。由于采用薄绝缘结构,绕组具有优良的散热性能,额定温升低,短时过负荷能力强等特点。

3. 干式变温控制系统

干式变温控制系统由温度控制器和预埋在低压线圈上端部的 Pt100 铂电阻构成,可对变压器线圈的热点温度进行显示和控制。当由发电机过载运行或故障引起变压器线圈温度过高时，温度控器即发出报警信号。如采用强迫风冷系统时，则由温度控制器控制冷却风机的投入和切除。

影响变压器绝缘老化的温度通常是指绕组的热点温度，秦二厂核岛及常规岛的干式配电变压器为 H 级绝缘，绝缘系统最高温度可达到 180 ℃，正常运行下风机自动启动的温度为 100 ℃。

4. 钥匙联锁

干式变压器安装在柜子里，柜子由两把锁锁住前后门，保证人员安全。这两把钥匙放在墙上的盘里，和变压器一次侧的 6 kV 出线开关柜上的接地刀闸钥匙连锁。正常运行时，开关柜上接地刀闸断开，钥匙插入，不能拔出。只有接地刀闸合上，变压器没电时，才能取下钥匙，换下墙上两把钥匙，打开变压器柜前后门。反之亦然。

### 5.2.3 标准规范

- 《干式电力变压器技术参数和要求》(GB/T 10228—2015)
- 《电力变压器 第 11 部分：干式变压器》(GB 1094.11—2007)

### 5.2.4 运维项目

干式变压器的预防性试验运维项目包括以下几项。

1. 变压器绕组的绝缘电阻测量

用 2 500 V 兆欧表测变压器 HV－LV. G 的绝缘电阻，测量 1 min，并进行数据记录，绝缘值应大于 300 MΩ。用 2 500 V 兆欧表测变压器 LV－G 的绝缘电阻，测量 1 min，并进行数据记录，绝缘值应大于 100 MΩ。

2. 变压器铁芯绝缘电阻测量

解开铁芯的接地点，用 2 500 V 兆欧表测量绝缘电阻，测量后恢复，并进行记录。其数值与以前测量的数据应无明显的变化。

3. 变压器的直流电阻测量

用直流电阻快速测试仪测量高压绕组和低压绕组的直流电阻。

各相绕组电阻相间的差别不大于三相平均值的 4%，线间差别不应大于三相平均值的 2%。

### 5.2.5 典型案例分析

2017 年 7 月 13 日，某电厂 2 号机组满功率运行。23 时 06 分，发电机出口断路器至主变低压侧间电气部分出现接地故障(初步判断)，先后触发发电机定子接地保护和主变低压侧接地保护信号，造成发电机出口断路器 2GSY001JA 和 500 kV 断路器(0GEW220JA、0GEW230JA)分别跳闸，汽轮发电机停机并失去主厂外电源，机组自动切换至辅助电源供电。三台主泵由于失去供电而停运，触发“反应堆功率大于 10% $P_n$ 时三台主泵中任意两台主泵转速低低”自动停堆信号，另外控制棒驱动机构电源系统电动发电机(2RAM001、002AP)失去供电，控制棒落棒，反应堆停堆。

经检查现场发现 2 号主变低压侧接地变压器(24 kV)有放电痕迹，初步判定该放电点导致主变保护和发电机保护动作。

针对上述停机停堆事件，主要检查项目推荐如下：

(1)接地变压器检查

主变低压侧未配置接地变压器,同事件电厂是否相同?

发电机中性点是否通过变压器接地?

(2)干式变检查

干式变高压侧进线如为电缆连接,低压侧为硬质铜排布置,则无接地线通过,不会发生接地故障。

### 课后思考题

1. 干式变压器的温升标准是多少?

### 参考文献

[1] 顺特电气有限公司. 树脂浇注干式变压器和电抗器[M]. 北京:中国水利水电出版社,2005.

[2] 工厂常用电气设备手册编写组. 工厂常用电气设备手册[M]. 北京:中国电力出版社,2006.

## 5.3 发电机变压器保护系统

发电机变压器保护系统,是发电机与变压器两种主设备的保护系统的统称。在早期的继电保护系统中,由于发电机出口断路器的使用并不普遍,各发电厂多采用发电机-变压器单元接线方式,只在变压器的高压侧配置出口断路器,或将发电机-变压器以单元接主线方式接入开关站的3/2接线串中。因此,发电机与变压器这两个主设备就成为一体式组合设备,相对应也就产生了发变组保护这一说法。进入21世纪后,由于发电机出口断路器的大量使用,使得发电机与变压器的独立保护成为普遍,最重要的一点就是取消了原有的发变组差动保护。因此本章节的内容也分为发电机保护与主变压器保护两个部分。

### 5.3.1 概述

发电机、变压器的安全运行对保证电力系统的正常工作和电能质量起着决定性的作用,同时发电机、变压器本身也是一个十分贵重的电器元件,因此,应该针对各种不同的故障和不正常运行状态,装设性能完善的继电保护装置。

### 5.3.2 发电机结构与原理

1. 发电机保护配置与原理

(1)发电机的故障类型及不正常运行状态

a. 发电机的故障类型

- 定子绕组相间短路:危害最大。
- 定子绕组一相匝间短路:可能发展为单相接地短路和相间短路。
- 定子绕组单相接地:较常见,可造成铁芯烧伤或局部融化。
- 转子绕组一点接地或两点接地:一点接地时危害不严重,两点接地时,因破坏了转子磁通的平衡,可能引起发电机的强烈震动或烧损转子绕组。

- 转子励磁回路励磁电流急剧下降或消失:从系统吸收无功功率,造成失步,从而引起系统电压下降,甚至可使系统崩溃。

b. 不正常运行状态

- 由外部短路引起的定子绕组过电流:温度升高,绝缘老化。
- 由负荷等超过发电机额定容量而引起的三相对称过负荷:温度升高,绝缘老化。
- 由外部不对称短路或不对称负荷而引起的发电机负序过电流和过负荷:在转子中感应出 100 Hz 的倍频电流,可使转子局部灼伤或使护环受热松脱,而导致发电机重大事故,此外,还可引起发电机 100 Hz 的振动。
- 由突然甩负荷引起的定子绕组过电压:调速系统惯性较大,发电机在突然甩负荷时可能出现过电压,造成发电机绕组绝缘击穿。
- 由励磁回路故障或强励时间过长而引起的转子绕组过负荷。
- 由汽轮机主气门突然关闭而引起的发电机逆功率:当机炉保护动作或调速控制回路故障以及某些人为因素造成发电机转为电动机运行时,发电机将从系统吸收有功功率,即逆功率。

(2)发电机的保护类型

a. 发电机纵差保护:对定子绕组及其引出线的相间短路保护。

b. 横差动保护:对定子绕组一相匝间短路的保护。

c. 单相接地保护:对发电机定子绕组单相接地短路的保护。

d. 发电机的失磁保护:表现为转子励磁回路励磁电流急剧下降或消失。

e. 过电流保护:表现为外部短路引起的过电流,同时兼作纵差保护的后备保护。

f. 负序电流保护:不对称短路或三相负荷不对称时,发电机定子绕组中出现的负序电流。

g. 过负荷保护:发电机长时间超过额定负荷运行时作用于信号的保护。

h. 过电压保护:表现为发电机突然甩负荷而出现的过电压。

i. 转子一点接地保护和两点接地保护:励磁回路的接地故障保护。

j. 转子过负荷保护:发电机机组承受负序电流的能力主要由转子表层发热情况来确定,特别是大型发电机,设计的热容量裕度较低,对承受负序电流能力的限制更为突出,必须装设与其承受负序电流能力相匹配的负序电流保护,又称为转子表层过热保护。

k. 逆功率保护:当汽轮机主汽门误关闭而发电机出口断路器未跳闸,发电机失去原动力而变为电动机运行,从电力系统中吸收有功功率,使汽轮机尾部叶片有可能过热而造成事故。

(3)发电机的保护配置

如图 5.3 所示发电机变压器单元,A、B 屏配置两套保护装置 RCS－985C,分别取自不同的电流互感器 TA,每套 RCS－985C 包括一个发变组单元全部电量保护,C 屏配置非电量保护装置、失灵启动、非全相保护以及 220 kV、110 kV 断路器操作箱。本配置方案也适用于 600 MW 以下相同主接线的发电机变压器单元。图中只画出了励磁机的主接线方式,配置方案也适用于励磁变的主接线方式。

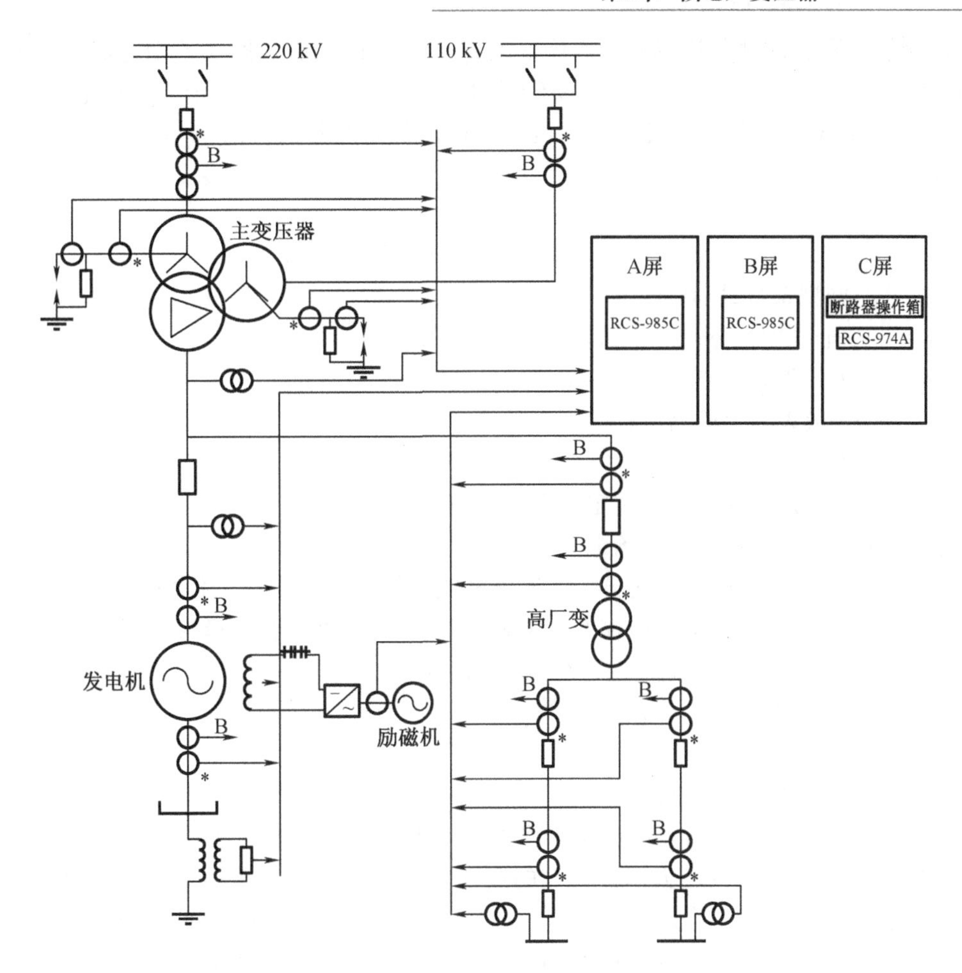


图 5.3 发变组保护典型方案配置图

2. 发电机保护的原理

(1)发电机纵差保护

a. 纵差保护的原理:纵差保护是指纵向差动保护,即发电机机端与机尾 CT 范围内的设备。图 5.4 所示为典型的发电机纵差保护的单相原理图,两组 CT 特性、变比一致。

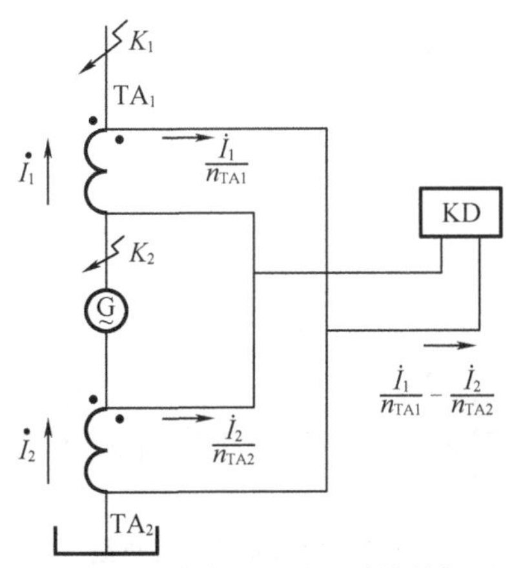


图 5.4 典型的发电机纵差保护的单相原理图

正常情况下,机端侧与机尾侧一次侧电流 $I_1=I_2$,所以二次回路的差动电流为 $I_j=I'_1-I'_2\approx0$,因为一次电流 $I_1=I_2$,所以两侧的 CT 特性应选得尽量一致,由于不平衡电流比变压器小,所以动作电流的设置一般只考虑两侧 CT 的测量误差,再加上一定的可靠系数,一般为

$$K_{unp}=K_{tx}K_{er}\frac{I_{d.max}}{n_{TA}}$$

式中 $K_{tx}$——同型系数,取 0.5;

$K_{unp}$——非周期性分量影响系数,取为 1 ~1.5;

$K_{er}$——TA 的最大数值误差,取 0.1;

$I_{d.max}$——最大不平衡电流;

$n_{TA}$——CT 变比。

在进行发电机差动保护定值整定计算时,需满足两个条件:

避开外部短路时的最大不平衡电流 $I_{d.max}$;

在正常运行情况下,电流互感器二次回路断线时保护不应误动,因此需配置 *CT* 二次断线保护,断线监视继电器的动作电流原则上越灵敏越好,根据经验选择为

$$I_{set}=0.2\,I_e/n_{TA}$$

式中 $I_{set}$——动作值;

$I_e$——发电机额定电流;

$n_{TA}$——电流互感器变比。

比率制动特性的差动保护原理:基于保护的动作电流 $I_{op}$ 随着外部故障的短路电流而产生的最大不平衡电流 $I_{unp}$ 的增大而按比例的线性增大,且比 $I_{unp}$ 增大得更快,使在任何情况下发生外部故障时,保护不会误动作。这时把外部故障的短路电流作为制动电流 $I_{brk}$,而把流入差动回路的电流作为动作电流 $I_{op}$。比较这两个量的大小,$I_{op}\geqslant I_{brk}$,保护动作;反之,保护不动作。其比率制动特性折线如图 5.5 所示。

动作条件分两段:

$$I_{op}\geqslant I_{op.min},I_{brk}\leqslant I_{brk.min}$$

$$I_{op}\geqslant K(I_{brk}-I_{brk.min})+I_{op.min},I_{brk}>I_{brk.min}$$

其中,$I_{op.min}$ 为最小动作电流值,$K$ 为制动特性曲线的斜率(也称为制动系数),$K=\tan\theta$。

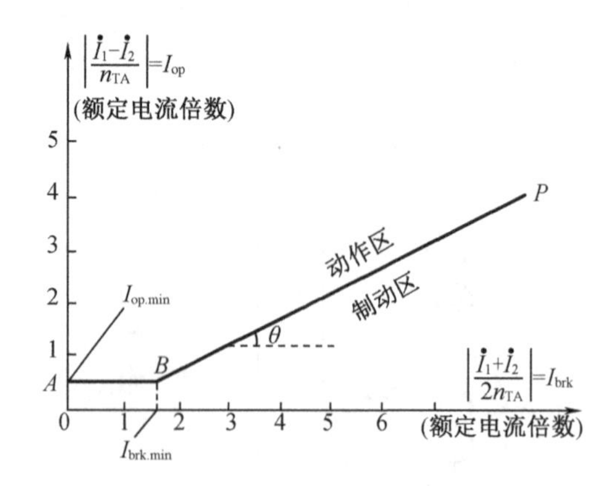


图 5.5 比率制动特性折线

(2)发电机的模差动保护

发电机定子绕组的横联差动电流保护原理:对于定子绕组为双“Y”或多“Y”形接线的发电机,广泛采用横联差动保护。横联差动保护的原理如图5.6所示,图中画出了各种匝间短路时电流的方向,即当发生任何一种定子绕组的匝间短路时,就有短路电流流进两中性点连线上,这是由于A、B、C三相对中性点之间的电势平衡被破坏,两中性点的电位不等。利用流入两中性点连线的零序电流,可实现单继电器式横联差动保护,即在两分支绕组的中性点的连线上装一只电流互感器,保护就装在此电流互感器的二次侧。

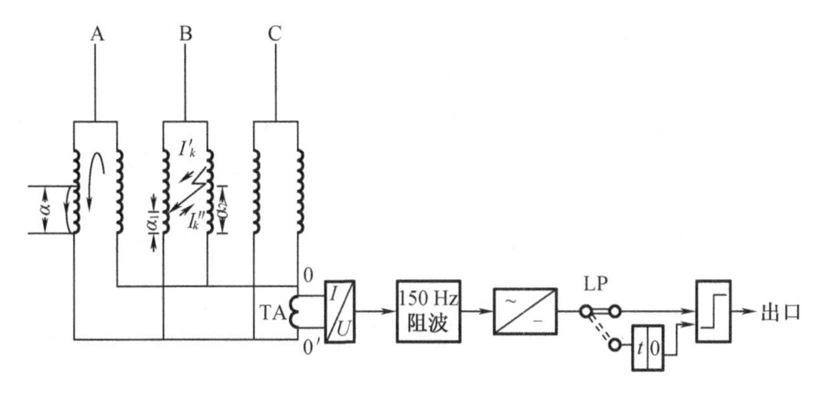


$I$—电流;LP—连片;$t$—时间;$\alpha$—短路绕组百分比。

**图5.6 横联差动保护原理图**

当正常运行时,每个并联分支的电势是相等的,三相电势是平衡的,则两中性点无电压差,连线上无电流流过(或只有数值较小的不平衡电流),保护不会动作。当发生任何一种类型的匝间短路时,两中性点的连线有零序电流通过,保护反应于这一电流而动作。这就是发电机横联差动保护的原理。

由于发电机电流波形即使是在正常运行时也不是纯粹的正弦波,尤其是当外部出现故障时,波形畸变较严重,从而在中性点的连线上出现以三次谐波为主的高次谐波分量,给保护的正常工作造成影响,为此,保护装设了三次谐波滤过器,消除其影响,从而提高保护的灵敏度。

当转子回路发生两点接地故障时,转子回路的磁势平衡被破坏,则在定子绕组并联分支中所感应的电势不同,三相电势平衡被破坏,从而使并联分支中性点连线上通过较大的电流,造成横差动保护误动作。若此两点接地故障是永久性的,则这种动作是允许的(最好是由转子两点接地保护切除故障,这有利于查找故障),但若两点接地故障是瞬时性的,则这种动作瞬时切除发电机是不允许的。因此,需增设0.5~1 s的延时,以躲过瞬时两点接地故障。也就是当出现转子一点接地时,即将切换至延时回路,为转子永久性两点接地故障做好动作准备。根据运行经验,保护的动作电流为

$$I_{op}=(0.2-0.3)\frac{I_N}{n_{TA}}$$

式中 $I_N$——发电机的额定电流;

$n_{TA}$——电流互感器变化。

这种保护的灵敏度是较高的。

(3)发电机的定子绕组单相接地保护

发电机定子绕组单相接地的特点:发电机定子绕组的单相接地故障是发电机的常见故障之一,这是因为发电机外壳及铁芯均是接地的(保护要求),所以只要发电机定子绕组与铁芯间绝缘在某一点上遭到破坏,就可能发生单相接地故障。

发生定子绕组单相接地故障的主要原因是,高速旋转的发电机,特别是大型发电机(轴向增长)的振动,造成机械损伤而接地;对于水内冷发电机(大型机组均采用这种冷却方式),由于漏水致使定子绕组接地。

发电机定子绕组单相接地故障时的主要危害:接地电流会产生电弧烧伤铁芯,使定子绕组铁芯叠片烧结在一起,造成检修困难;接地电流会破坏绕组绝缘,扩大事故,若一点接地而未及时发现,很有可能发展成绕组的匝间或相间短路故障,严重损伤发电机。

大中型发电机定子绕组单相接地保护应满足以下两个基本要求:对绕组有100%的保护范围;在绕组匝内发生经过渡电阻接地故障时,保护应有足够的灵敏度。

a. 基波零序电压保护

发电机定子绕组中性点接地一般采用中性点非直接接地方式,即小电流接地方式。发电机电压系统定子绕组单相接地时接线如图5.7(a)所示,设发电机每相定子绕组对地电容为$C$,外接每相对地电容为$C_1$,当A相绕组距发电机三相绕组中性点处约$\alpha$(百分比)处接地短路时,三相电压的相量图如图5.7(b)所示。

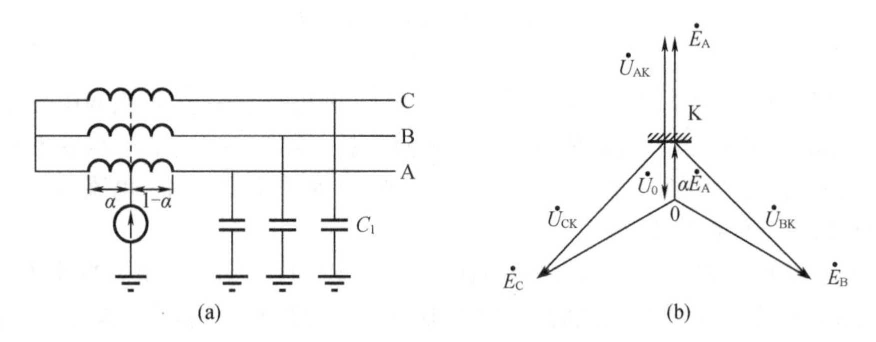


$U$—各相电压;$E$—发电机各相电动势;$\alpha$—短路绕组百分比。

**图5.7　定子单相接地图**

如图5.7所示,假设A相在距离发电机三相绕组中性点处故障,则机端各相对地电压近似(忽略零序电容电流的压降)为

$$\dot{U}_{AK}=\dot{E}_A-\alpha\dot{E}_A$$

$$\dot{U}_{BK}=\dot{E}_B-\alpha\dot{E}_A$$

$$\dot{U}_{CK}=\dot{E}_C-\alpha\dot{E}_A$$

$$3\dot{U}_0=\dot{U}_{AK}+\dot{U}_{BK}+\dot{U}_{CK}=-3\alpha\dot{E}_A$$

$$\dot{U}_0=-\alpha\dot{E}_A$$

$$\dot{U}_0=\alpha U_{\varphi}$$

式中，$U_{\varphi}$ 为平均额定相电压。

由于电压互感器二次开口三角形绕组的输出电压 $U_{mn}$ 在发电机正常运行时近似为零，而在发电机出口端（机端）单相接地时为 $U_{mn}=100$ V。因此，当故障发生在 $0<\alpha<1$ 的位置时，$U_{mn}=\alpha\cdot 100$ V，上式所表示的关系，在图5.7中为一直线，零序电压保护继电器的动作电压应躲开正常运行时的不平衡电压（主要是三次谐波电压），其值为15～30 V，考虑采用滤过比高的、性能良好的三次谐波滤过器后，其动作值可降至5 V，则保护的死区为 $\alpha=0.05\sim0.1$。若定子绕组是经过渡电阻单相接地时，则死区更大，这对于大、中型发电机是不允许的，因此，在大、中型发电机上应装设能反应于100%定子绕组单相接地的保护。

b. 三次谐波零序电压保护

• 正常运行时的三次谐波电压

正常运行时相电势中会有三次谐波电势 $\dot{E}_3$，机端及中性点侧的三次谐波电压分别为 $\dot{U}_S$ 和 $\dot{U}_N$，其等效图如图5.8所示。

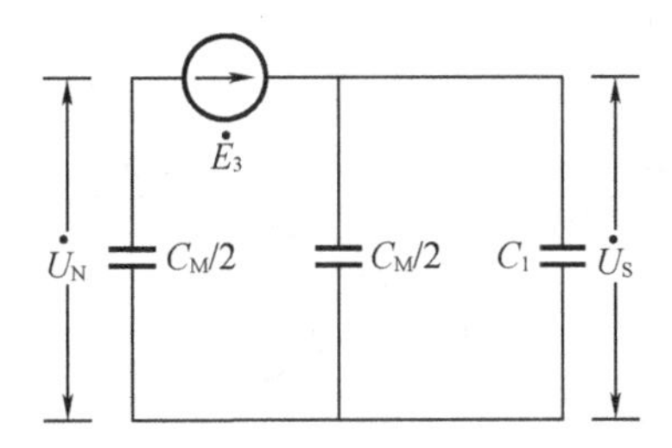


$C_M$—发电机单相对地电容；$C_1$—发电机端引出线、升压变、厂用变及电压互感器的每相对地电容；$E_3$—三次谐波电动势。

**图5.8 中性点不接地发电机等值零序网络**

机端电压：

$$\dot{U}_S=\dot{E}_S\frac{C_M/2}{C_M+C_1}$$

中性点端电压：

$$\dot{U}_N=\dot{E}_S\frac{C_M/2+C_1}{C_M+C_1}$$

所以：

$$\frac{\dot{U}_S}{\dot{U}_N}=\frac{C_M}{C_M+2C_1}<1$$

当发电机中性点经高阻抗接地时，上式仍然成立。

• 当定子绕组单相接地时的三次谐波电压

当定子绕组单相接地时也会有三次谐波电压，其等效图如图5.9所示。

$$\dot{U}_S=(1-\alpha)\dot{E}_3$$

$$\dot{U}_N=\alpha\dot{E}_3$$

$$\frac{|\dot{U}_S|}{|\dot{U}_N|}=\frac{1-\alpha}{\alpha}$$

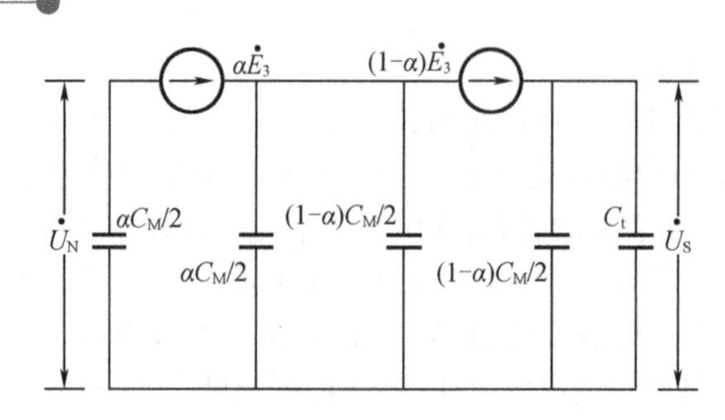


**图 5.9　定子绕组单相接地时的等值零序网络**

当 $\alpha>50\%$ 时，$|\dot{U}_S|<|\dot{U}_N|$，当 $\alpha\leq50\%$ 时，$|\dot{U}_S|\geq|\dot{U}_N|$，其关系如图 5.10 所示。如果以此作为动作条件，则这种原理保护的"死区"为 $\alpha>50\%$，但若将这种保护与基波零序电压保护组合起来，就可以构成保护区为 100% 的定子绕组单相接地保护。

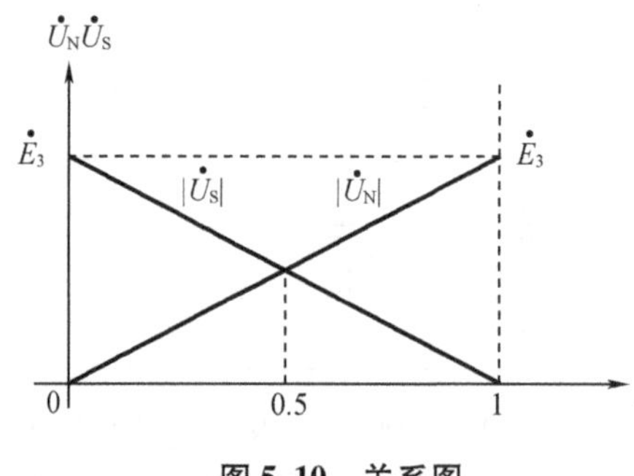


**图 5.10　关系图**

(4)发电机的负序过流保护

发电机机组承受负序电流的能力主要由转子表层发热情况来确定，特别是大型发电机，设计的热容量裕度较低，对承受负序电流能力的限制更为突出，必须装设与其承受负序电流能力相匹配的负序电流保护，又称为转子表层过热保护。

a. 转子发热特点及负序电流反时限动作判据

• 发电机长期承受负序电流的能力

发电机正常运行时，由于输电线路及负荷不可能三相完全对称，因此，总存在一定的负序电流 $I_2$，但数值较小，通常不超过 2% ~3% 额定电流。

我国有关规程规定为：在额定负荷下，汽轮发电机持续负序电流 $I_2\leq(6\%\sim8\%)I_N$（$I_N$ 为发电机额定电流），对于大型直接冷却式发电机相应值更低一些。

负序电流保护通常依据发电机长期允许承受的负序电流值来确定启动门槛值，当负序电流超过长期允许承受的负序电流值后，保护延时发出报警信号。

• 发电机短时承受负序电流的能力

在发电机异常运行或系统发生不对称故障时，$I_2$ 将大大超过允许的持续负序电流值，这段时间通常不会太长，但因 $I_2$ 较大，更需考虑防止对发电机可能造成的损伤。

若假定发电机转子为绝热体（即短时内不考虑向周围散热的情况），则发电机允许负序电流与允许持续时间的关系可用下式来表示：

$$I_{*.2}^2 t = A$$

式中 $I_{*.2}$——以发电机额定电流 $I_N$ 为基准的负序电流标幺值；

$A$——与发电机型号及冷却方式有关的常数；

$t$——允许时间。

在确定转子表面过热保护的负序电流能力判据时，引入一个修正系数 $K_2$，有下述判据：

$$(I_{*.2}^2 - K_2^2)t \geqslant A$$

修正系数 $K_2$ 与发电机允许长期负序电流 $I_{*.2}^{2\infty}$ 有关，为了将温升限制在一定范围内，要求 $K_2^2 \leqslant I_{*.2}^{2\infty}$，即

$$K_2^2 = K_0 I_{*.2}^{2\infty}$$

式中，$K_0$ 为安全系数，一般为0.6。

可以得到在负序电流 $I_{*.2}^2$ 条件下，允许运行时间的动作判据为

$$t \geqslant \frac{A}{I_{*.2}^{2\infty} - K_0 \leqslant I_{*.2}^{2\infty}}$$

这就是在负序电流保护中所采用的反时限动作判据。

保护动作判据为

$$I_{*.2}^{2\infty} + K_{dc}\int_0^t I_{dc}^* \mathrm{d}t \geqslant A$$

式中 $I_{dc}^*$——非周期分量标幺值；

$K_{dc}$——与计算发热量有关的系数。

b. 转子表层过热保护方案

动作电流门槛值整定为

$$I_{d1*} = \frac{K_{rel}}{K_{re}} I_*^{2\infty} \cdot 2$$

式中，$K_{rel}$、$K_{re}$ 为电流系数。

整定计算式：

$$I_{d*} = \sqrt{\frac{A}{t_{d1}} + K_0 I_{*.2}^{2\infty}}$$

$$I_{d*} \geqslant I_{d1*}$$

式中，$t_{d1}$ 为发电机的时间常数。

转子表层过热保护方案框图如图5.11所示。负序反时限过电流继电器反时限特性如图5.12所示。

(5) 发电机的失磁保护

发电机低励失磁：通常是指发电机励磁异常下降超过了静态稳定极限所允许的程度或励磁完全消失。前者称为部分失磁或低励故障，后者则称为完全失磁。

造成低励故障的原因：通常是由于主励磁机或副励磁机故障，励磁系统有些整流元件损坏或自动调节系统不正确动作以及操作上的错误等，这时的励磁电压很低，但仍有一定的励磁电流。

完全失磁：是指发电机失去励磁电流，通常是由于自动灭磁开关误跳闸，励磁调节器整流装置中自动开关误跳闸，励磁绕组断线或端口短路以及副励磁机励磁电源消失等。失磁后，发电机将由同步运行逐渐转入异步运行。在一定的条件下，异步运行将破坏电力系统的稳定，并威胁发电机本身的安全。

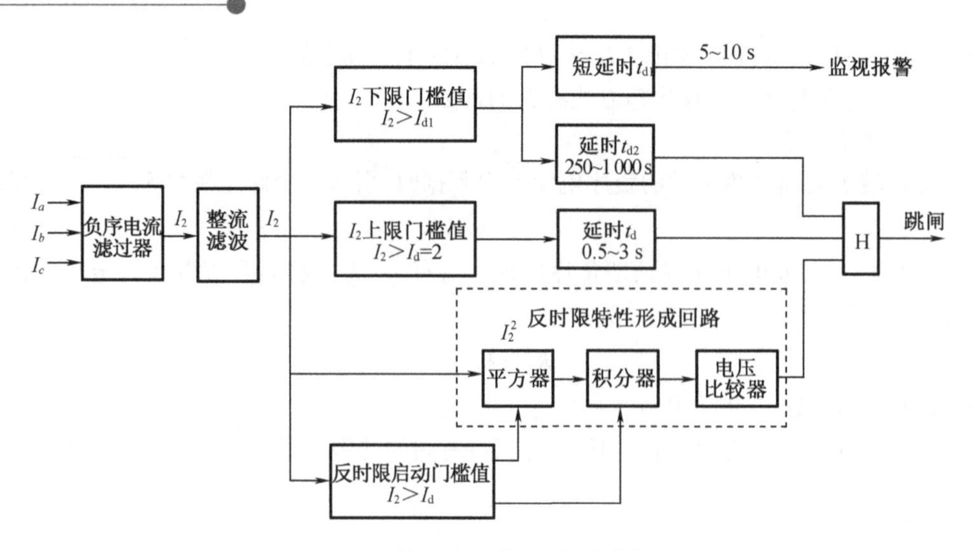


图 5.11　转子表层过热保护方案框图

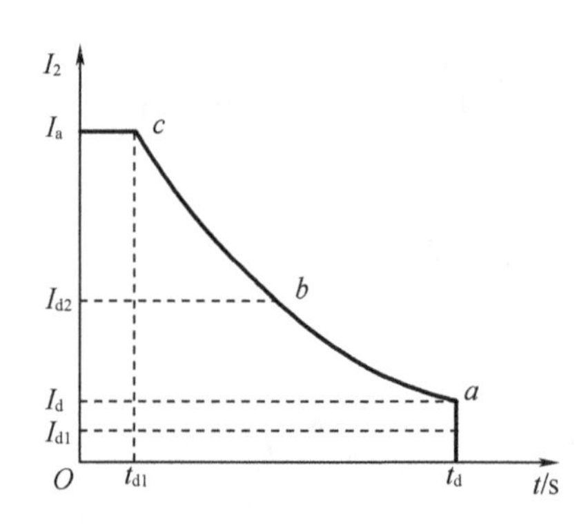


图 5.12　负序反时限过电流继电器反时限特性

a. 失磁过程中各主要电气量的变化情况

同步发电机同步运行时，若忽略电阻分量，则同步发电机的功角特性为

$$P=\frac{EU_S}{X_d+X_S}\sin\delta$$

$$Q=\frac{EU_S}{X_d+X_S}\cos\delta-\frac{U_S^2}{X_d+X_S}$$

式中　$P$、$Q$——发电机送至系统的有功功率、无功功率；

$U_S$、$E$——系统电压、发电机电势；

$X_S$、$X_d$—— 系统联系电抗、发电机电抗（纵轴）；

$\delta$——$U_S$ 与 $E$ 的角度，称为功角。

描述同步发电机变化规律的转子运动方程式为

$$T_J\frac{d^2\delta}{dt^2}=P_T-P-P_{as}$$

式中　$P_T$——原动机机械功率；

$P$——发电机同步电磁功率；

$P_{as}$——发电机异步功率（正常时为0）；

$\frac{d^2\delta}{dt^2}$——电气角加速度；

$T_J$——转子的惯性时间常数。

发电机与系统的简化网络如图5.13所示。

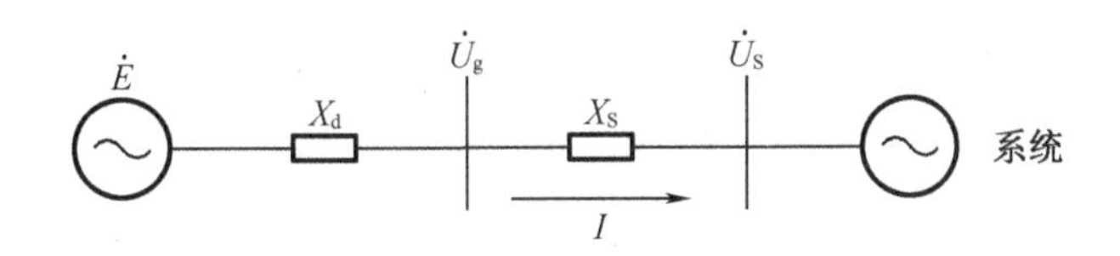


**图5.13 发电机与系统的简化网络**

功角特性曲线如图5.14所示。

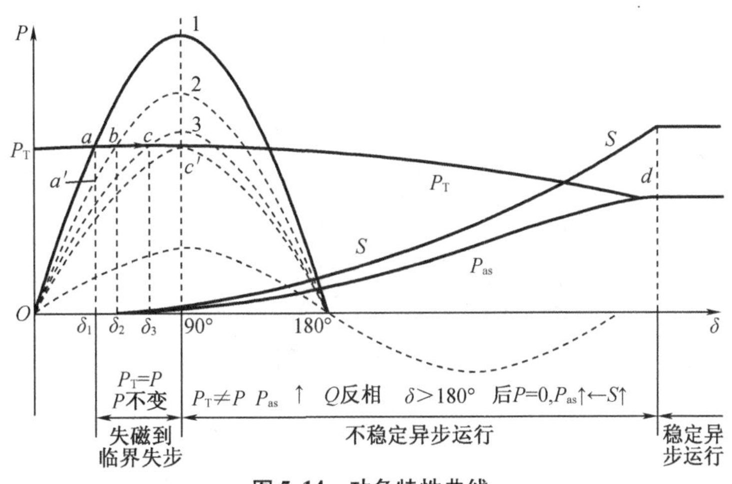


**图5.14 功角特性曲线**

发电机正常运行时，发电机输入机械功率 $P_T$ 与电磁功率 $P$ 相平衡，以 $\delta_1$ 功角稳定运行在图中的 $a$ 点。这时，发电机通常向系统送出有功功率和无功功率，故定子电流滞后于定子电压，称为滞后运行。下面分三个阶段进行分析，并设完全失磁。

- 失磁到临界失步阶段($\delta \leqslant 90°$)

在失磁开始初瞬，$P_{as}=0$，随着失磁时间的增长，励磁电流逐渐减少，发电机电势 $E$ 随之按指数规律减小，电磁功率 $P(E、\delta)$ 曲线逐渐变低。为了维持 $P_T$ 与 $P$ 之间的功率平衡，运行点发生改变($a \to b \to c$)，功角 $\delta$ 则逐渐增加($\delta_1 \to \delta_2 \to \delta_3$)，使发电机输出的有功功率基本保持不变，所以，这个阶段称为“等有功过程”。

“等有功过程”一直持续到临界失步点($c'$)$\delta=90°$，这一阶段所经历的时间与励磁电流(即电势 $E$)的衰减时间常数成正比。失磁故障的方式不同，这阶段的时间就不同；此外，发电机正常运行时的系统储备系数越大(失磁发电机所带负荷越小)，该时间越长。此阶段因滑差 $S$ 很小，异步功率极小，可忽略不计。对于无功功率 $Q$，随着 $\delta$ 的增大将缓慢减小，当 $Q=0$ 时，无功功率开始反向，当 $\delta=90°$，$Q=\frac{U_S^2}{X_d+X_S}$，这说明发电机完全从系统吸收无功功率。

当 $\delta \leqslant 90°$时，电势 $E$ 在失磁后衰减可表示为 $E=E_0 e^{-\frac{1}{t_d}}$，该无功功率开始减少，以 $Q=0$

为临界点，机端无功功率开始反向，机端无功功率电流随之开始反向，机端电流相量 $I$ 由原来滞后机端电压 $U_g$ 转为超前机端电压 $U_g$，发电机变为进相运行，开始从系统吸收无功功率，在这个过程中，由于 $E$ 不断下降，$U_g$ 也呈不断下降趋势。所不同的是 $I$ 从机端无功功率 $Q_g$ 过零点之前到 $Q_g=0$，无功电流不断减小，而有功电流基本不变。

所以，$I$ 逐渐略有减小，$Q_g$ 过零点之后，反向无功电流不断增大，机端电流 $I$ 将不断增大，这期间因发电机仍然同步运行，$X_d$ 保持不变，故为

$$\dot{E}=\dot{U}+\mathrm{j}\dot{I}(X_d+X_S)=\dot{U}_g+\mathrm{j}X_d\dot{I}$$

失磁后有关相量的变化如图 5.15 所示。

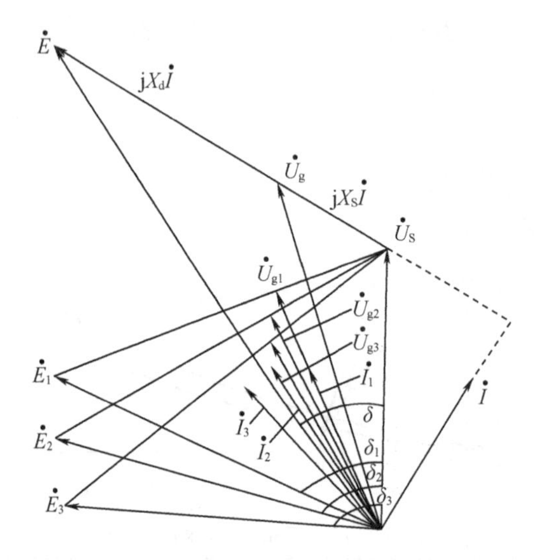


**图 5.15　失磁后有关相量的变化**

- 不稳定运行阶段($\delta>90°$)

当 $\delta>90°$时，不可能出现 $P_T=P$，随着 $\delta$ 的增大，$P_T-P$ 的值越大。于是，转子加速，滑差 $S$ 不断增大，转子回路中感应的差频电流不断增大，异步功率(转矩)$P_{as}$ 也随之增大。特别是当 $\delta>180°$后，随着励磁电流和 $P$ 的完全衰减，$S$ 和 $P_{as}$ 增大得更快；另一方面，调速器也开始反应，作用于减少 $P_T$ 使转速减慢，这一阶段 $P$、$P_{as}$、$S$、$P_T$ 是变化的。

若发电机为完全失磁，当 $\delta\geqslant180°$时，同步有功功率为零，靠异步功率向系统输出有功功率；若为部分失磁，则在此时期内励磁电流并不会衰减至 0，尚有剩余的带振荡的同步功率。当它与异步功率叠加后，使发电机输出的有功功率时大时小地摆动，这对发电机非常不利。

- 稳定的异步运行阶段

当滑差 $S$ 达到一定数值，使 $P_{as}$ 达到能与所减少的 $P_T$ 相平衡，即图 5.14 中的 $d$ 点，转子停止加速，$S$ 不再增大，发电机便转入稳定的异步运行阶段。

异步状态时发电机输出功率的变化情况如图 5.16 所示。

总结发电机的失磁过程，可以得出以下结论：

发电机失磁后到失步前，输出有功功率基本不变，无功功率的减小和 $\delta$ 的增大都比较缓慢。

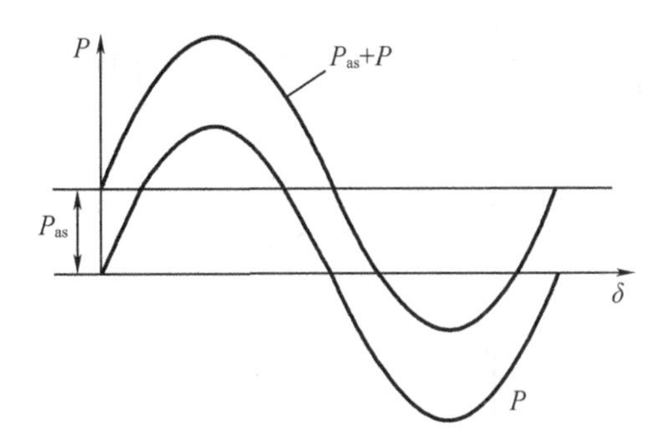


图 5.16 异步状态时发电机输出功率的变化情况

失磁发电机由失磁前向系统送出无功功率 $Q_1$ 转为从系统吸收无功功率 $Q_2$，则系统将出现 $Q_1+Q_2$ 的无功缺额，尤其是满负荷运行的大型机组 $Q$ 较大，会引起系统无功功率大量缺额，若系统无功功率容量储备不足，将会引起系统电压严重下降，甚至导致系统电压崩溃。对于同容量水轮发电机，由于它的同步电抗较小，较汽轮发电机吸收的无功功率就更多，造成的影响更严重。

失磁引起的系统电压下降会使发电机增加其无功输出，引起有关发电机、变压器或线路过流，甚至使后备保护动作，扩大故障范围。

失磁引起有功功率摆动和励磁电压的下降，可能导致电力系统某些部分之间失步，使系统发生振荡，甩掉大量负荷。

由于出现转差，在转子回路出现的差频电流产生的附加损耗，可能使转子过热而损坏。

失磁发电机进入异步运行后，等效阻抗降低，定子电流增大而使定子过热。失磁失步后转差越大，等效电抗越小，过电流越严重。

失磁失步后发电机有功功率剧烈周期性摆动，变化的电磁转矩周期性地作用到轴系上，并通过定子传给机座，引起剧烈振动。

失磁运行时，发电机定子端部漏磁增加，将使端部的部件和边段铁芯过热。由于低励失磁故障会引起上述危害，因此，在发电机上（特别是大型发电机上）须装设性能完善的失磁保护。

b. 失磁发电机机端测量阻抗的变化特性

● 等有功阻抗图（$\delta<90°$）

如上所述，发电机由失磁开始至临界失步是一个等有功过程，即 $P$ 恒定，则机端测量阻抗为

$$Z=\frac{\dot{U}_{g}}{\dot{I}}=\frac{\dot{U}_{S}+\mathrm{j}\dot{I}X_{S}}{\dot{I}}=\frac{\dot{U}_{S}}{\dot{I}}+\mathrm{j}X_{S}=\frac{\dot{U}_{S}^{2}}{P-\mathrm{j}Q}+\mathrm{j}X_{S}$$

$$\frac{U_{S}^{2}\cdot 2P}{2P(P-\mathrm{j}Q)}+\mathrm{j}X_{S}=\frac{U_{S}^{2}}{2P}\frac{(P-\mathrm{j}Q)+(P+\mathrm{j}Q)}{P-\mathrm{j}Q}+\mathrm{j}X_{S}$$

$$\frac{U_{S}^{2}}{2P}\left(1+\frac{P+\mathrm{j}Q}{P-\mathrm{j}Q}\right)+\mathrm{j}X_{S}=\frac{U_{S}^{2}}{2P}(1+\mathrm{e}^{\mathrm{j}\theta})+\mathrm{j}X_{S}=\left(\frac{U_{S}^{2}}{2P}+\mathrm{j}X_{S}\right)+\frac{U_{S}^{2}}{2P}\mathrm{e}^{\mathrm{j}\theta}$$

式中，$\theta=2\arctan\dfrac{Q}{P}$。

因为 $P$ 不变，假设 $X_S$、$U_S$ 均为恒定，只有角度 $\theta$ 为变数，故在阻抗复平面上的轨迹为一

圆,其圆心坐标为$\left(\frac{U_S^2}{2P},X_S\right)$,半径为$\frac{U_S^2}{2P}$,如图 5.17 所示。此圆称为等有功阻抗圆。

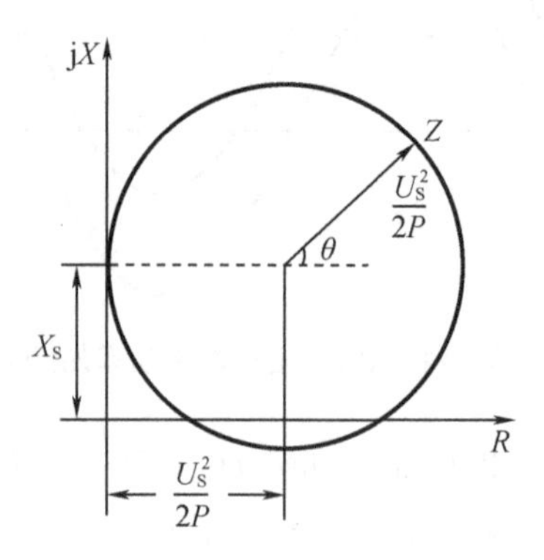


图 5.17　等有功阻抗圆

分析以上内容,可以得出以下结论:

一定的等有功阻抗圆与某一确定的 $P$ 相对应,其圆半径与 $P$ 成反比(圆周上各点 $P$ 为恒量而 $\theta$ 为变量),即发电机失磁前的有功负荷 $P$ 越大,相应的圆越小。

发电机正常运行时,向系统送出有功功率和无功功率,$\theta$ 角为正,测量阻抗在第一象限。发电机失磁后无功功率由正变负,$\theta$ 角逐渐由正值向负值变化,测量阻抗也逐渐向第四象限过渡。失磁前,发电机送出的有功功率越大(圆越小),测量阻抗进入第四象限的时间就越短。

等有功阻抗圆的圆心坐标与联系电抗 $X_S$ 有关,在同一功率下,不同的 $X_S$ 对应不同的轨迹圆。如 $X_S=0$ 则圆心坐标在 $R$ 轴上,测量阻抗很易进入第四象限,$X_S$ 较大(即机组离系统较远),圆心坐标上移,则其测量阻抗不易进入第四象限。可以看到,失磁发电机的机端测量阻抗的轨迹最终都是向第四象限移动的。

- 等无功阻抗圆($\delta=90°$)

这时的 $Q=-\frac{U_S^2}{X_d+X_S}$,即发电机从系统吸收无功功率,发电机机端测量阻抗为

$$
\begin{aligned}
Z &= \frac{\dot{U}_S^2}{P-jQ}+jX_S \\
&= \frac{U_S^2}{2jQ}\,\frac{-2jQ}{P-jQ}+jX_S \\
&= j\frac{U_S^2}{2Q}\times\frac{P-jQ-jQ-P}{P-jQ}+jX_S \\
&= j\frac{U_S^2}{2P}\left(1-\frac{P+jQ}{P-jQ}\right)+jX_S \\
&= j\frac{U_S^2}{2Q}(1-e^{j\theta})+jX_S
\end{aligned}
$$

将 $Q=-\frac{U_S^2}{X_d+X_S}$代入上式,可得

$$\left.\begin{aligned}Z &= -\mathrm{j}\frac{X_{\mathrm{d}}-X_{\mathrm{S}}}{2}+\mathrm{j}\frac{X_{\mathrm{d}}+X_{\mathrm{S}}}{2}\mathrm{e}^{\mathrm{j}\theta}\\ \theta &= 2\arctan\frac{Q}{P}\end{aligned}\right\}$$

式中，$U_{\mathrm{S}}$、$X_{\mathrm{S}}$ 和 $Q$ 为常数时，上式是一个圆的方程。圆心$\left(0,-\mathrm{j}\dfrac{1}{2}(X_{\mathrm{d}}-X_{\mathrm{S}})\right)$，半径$\dfrac{X_{\mathrm{d}}+X_{\mathrm{S}}}{2}$，如图5.18所示。此圆称为等无功阻抗圆，也称临界失步阻抗圆或静稳极限阻抗圆。圆外为稳定工作区，圆内为失步区，圆上为临界失步。该圆的大小与 $X_{\mathrm{d}}$、$X_{\mathrm{S}}$ 有关系。$X_{\mathrm{S}}$ 越大，圆的直径越大，且在第一、二象限部分增加，但无论 $X_{\mathrm{d}}$、$X_{\mathrm{S}}$ 为何值，该圆都与点$(0,-\mathrm{j}X_{\mathrm{d}})$相交。

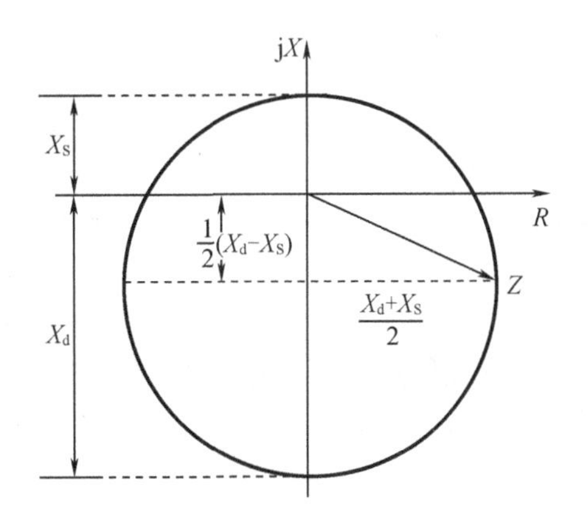


**图5.18　临界失步（或静稳极限阻抗圆）**

• 稳态异步运行阻抗圆

失步后的阻抗轨迹最终将稳定在第四象限，这是因为进入稳态异步运行后，同步发电机成为异步发电机，其等效电路与异步电动机类似。如图5.19所示，圆中的 $X_1$ 为定子绕组漏抗，$X_2'$为转子绕组的归算电抗，$X_{\mathrm{ad}}$为定子、转子绕组间的互感电抗（即电枢反应电抗），$R_2'$为转子绕组的计算电阻，$S$ 为转差率$\left(S=\dfrac{\omega_0-\omega}{\omega_0}\right)$，$R_2'\dfrac{1-S}{S}$则表示发电机功率大小的等效电阻。由图5.19可得，此时发电机的测量阻抗为

$$Z=\frac{\dot{U}_{\mathrm{g}}}{I}=-\left[-\mathrm{j}X_1+\frac{\mathrm{j}X_{\mathrm{ad}}\left(\dfrac{R_2'}{S}+\mathrm{j}X_2'\right)}{\dfrac{R'}{S}+\mathrm{j}(X_{\mathrm{ad}}+X_{\mathrm{S}}')}\right]$$

上式表明，此时发电机的测量阻抗与转差率 $S$ 有关。

考虑两种极端情况：

发电机空载运行失磁时，$S\to 0$，$\dfrac{R_2'}{S}\to\infty$，此时测量阻抗最大，即

$$Z=-(\mathrm{j}X_1+\mathrm{j}X_{\mathrm{ad}})=-\mathrm{j}X_{\mathrm{d}}$$

发电机在其他运行方式失磁时，取极限情况，$S\to\infty$，$\dfrac{R_2'}{S}\to 0$，此时测量阻抗最小，即

$$Z=-\mathrm{j}\left(X_1+\mathrm{j}\frac{X_{\mathrm{ad}}X_2'}{X_{\mathrm{ad}}+X_2'}\right)=-\mathrm{j}X_{\mathrm{d}}'$$

以 $-\mathrm{j}X_{\mathrm{d}}$ 和 $-\mathrm{j}X_{\mathrm{d}}'$ 为两个端点，并取 $X_{\mathrm{d}}-X_{\mathrm{d}}'$ 为直径，也可以构成一个圆，如图 5.20 所示。它反映稳态异步运行时 $Z=f(S)$ 的特性，简称异步运行阻抗圆，也称抛球式阻抗特性圆。发电机在异步运行阶段，机端测量阻抗进入临界失步阻抗圆内，并最终落在 $-\mathrm{j}X_{\mathrm{d}}'\sim \mathrm{j}X_{\mathrm{d}}$。

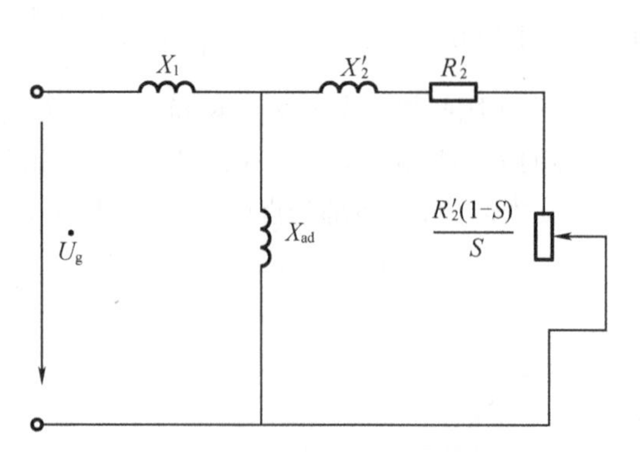


图 5.19　发电机异步运行等值电路

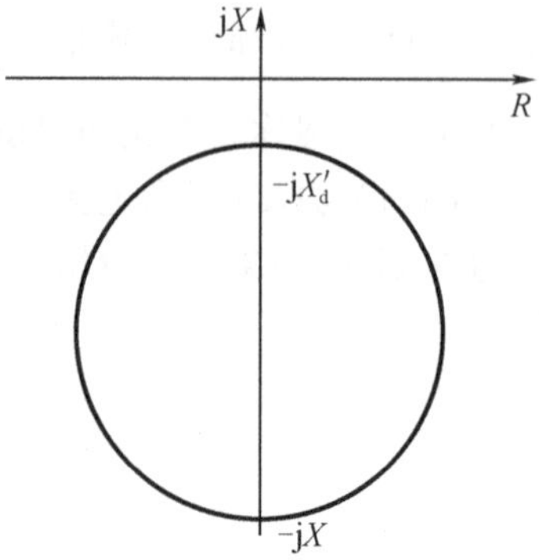

图 5.20　异步运行阻抗圆

• 临界电压阻抗圆

为了保证在发电机失磁后系统稳定及厂用电安全，要求机端电压 $U_{\mathrm{g}}$ 不得低于某一定值，这一电压定值称为临界电压值。在临界电压一定的条件下，机端测量阻抗的轨迹同样可用阻抗圆描述。

在图 5.21 所示的简化网络图中，当发电机失磁后，若 $\dot{U}_{\mathrm{h}}$ 下降到等于或小于系统电压 $\dot{U}$ 的 $K$ 倍，即 $U_{\mathrm{h}}\leqslant KU(K<1)$，则危及系统及厂用电的安全。由网络图可得

$$\dot{U}_{\mathrm{h}}=\dot{U}_{\mathrm{g}}-\mathrm{j}\dot{I}X_{\mathrm{st}}$$

$$\dot{U}=\dot{U}_{\mathrm{g}}-\mathrm{j}\dot{I}(X_{\mathrm{st}}+X_{\mathrm{sl}})$$

上两式两端同除以 $\dot{I}$，得

$$Z_{\mathrm{h}}=Z-\mathrm{j}X_{\mathrm{st}}$$

$$Z_{\mathrm{s}}=Z-\mathrm{j}(X_{\mathrm{st}}+X_{\mathrm{sl}})$$

式中　$Z_{\mathrm{h}}$——主变高压侧阻抗；

$Z_{\mathrm{s}}$——系统阻抗；

$X_{\mathrm{st}}$——主变电抗；

$X_{\mathrm{sl}}$——主变以外的系统电抗。

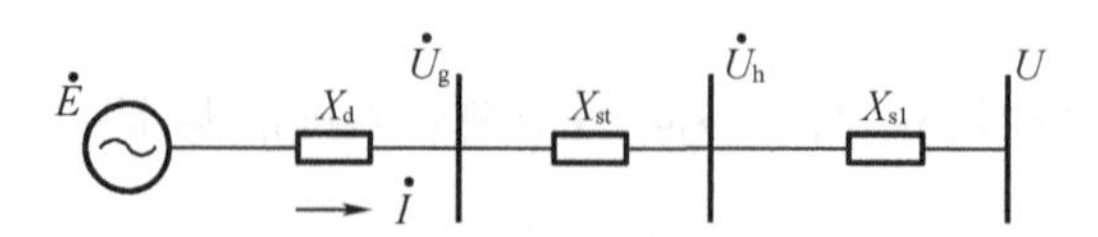


$X_{\mathrm{st}}$—主变电抗；$X_{\mathrm{sl}}$—主变以外的系统电抗；$\dot{U}_{\mathrm{h}}$—主变高压侧电压。

图 5.21　发电机与系统的简化网络图

两电压大小的比值等于两阻抗比值的绝对值，即

$$\frac{U_{\mathrm{h}}}{U}=\left|\frac{Z_{\mathrm{h}}}{Z_{\mathrm{S}}}\right|=\frac{|Z-\mathrm{j}X_{\mathrm{st}}|}{|Z-\mathrm{j}(X_{\mathrm{st}}+X_{\mathrm{sl}})|}$$

用 $Z=R+\mathrm{j}X$，代入上式得

$$R^2+\left[X-\left(X_{\mathrm{st}}-\frac{K^2}{1-K^2}X_{\mathrm{sl}}\right)\right]^2=\left(\frac{K}{1-K^2}X_{\mathrm{sl}}\right)^2$$

式中，$X_{\mathrm{sl}}$、$X_{\mathrm{st}}$、$K$ 均为已知系数。机端测量阻抗的轨迹为一圆，称临界电压阻抗圆，圆心坐标为$\left(0,-\mathrm{j}\left(X_{\mathrm{st}}-\frac{K^2}{1-K^2}X_{\mathrm{sl}}\right)\right)$，半径为$\frac{K}{1-K^2}X_{\mathrm{sl}}$；对于确定的 $R$ 值，均有一个确定的临界电压阻抗圆与之对应（图 5.22）。当机端测量阻抗进入该圆时，说明主变高压侧电压低于允许值，应将失磁发电机切除。汽轮发电机通常可用此圆来确定跳闸动作区。

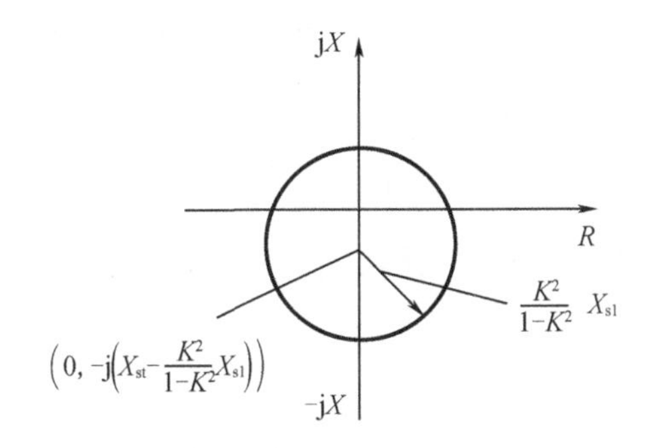


**图 5.22 临界电压阻抗圆**

c. 失磁保护的构成方式

构成失磁保护时，应考虑两种功能：一是发电机虽失磁，但对发电机和系统尚未构成严重威胁时，应能发出报警或减负荷；二是当其后果危及发电机或系统安全运行时，应及时动作切除失磁发电机。对于汽轮发电机，如果系统无功功率足够，失磁后将允许无励磁运行，这时，失磁保护应瞬时或经短延时动作报警信号和减负荷，或切换至备用励磁系统，并以发电机允许无励磁运行时限切除发电机，其动作区如图 5.23(a)所示。如果系统无功功率不足，电压严重下降，发电机失磁后保护应立即动作于报警信号发出时，而在临近失磁或机端电压下降到临界值附近时，保护应使失磁发电机与系统解列，其动作区如图 5.23(b)所示。

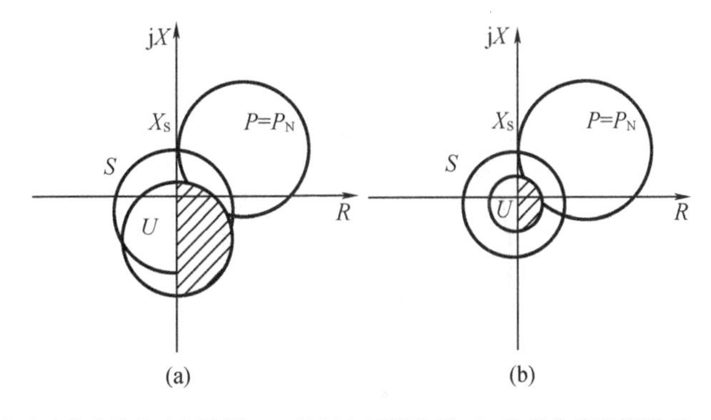


$P_{\mathrm{N}}$—额定有功功率的等有功阻抗圆；$U$—临界电压阻抗圆；$S$—临界失步阻抗圆；$X_{\mathrm{s}}$—系统电抗。

**图 5.23 允许无励磁运行发电机失磁保护的动作区**

d. 失磁保护的构成原理

这里以汽轮发电机失磁保护为例来进行说明。

• 反映机端阻抗变化的测量元件

阻抗元件可采用临界失步阻抗圆或异步运行阻抗圆特性来作为动作边界以实现动作判据。

• 反映临界失步阻抗元件阻抗变化的动作方程

反映静稳边界的阻抗元件阻抗变化的动作方程应与发电机的静稳边界相符合。其动作方程为

$$Z=-\mathrm{j}\frac{X_{\mathrm{d}}-X_{\mathrm{S}}}{2}+\mathrm{j}\frac{X_{\mathrm{S}}+X_{\mathrm{d}}}{2}\mathrm{e}^{\mathrm{j}\theta}$$

幅值比较式：

$$\left|Z+\mathrm{j}\frac{1}{2}(X_{\mathrm{d}}-X_{\mathrm{S}})\right|\leqslant\left|\mathrm{j}\frac{1}{2}(X_{\mathrm{d}}+X_{\mathrm{S}})\right|$$

相位比较式：

$$90^{\circ}\leqslant\arctan\frac{Z-\mathrm{j}X_{\mathrm{S}}}{Z+\mathrm{j}X_{\mathrm{d}}}\leqslant270^{\circ}$$

若取 $\delta=90°$ 作为静稳极限，则幅值比较式：

$$\left|Z+\mathrm{j}\frac{1}{2}X_{\mathrm{d}}\right|\leqslant\left|\mathrm{j}\frac{1}{2}X_{\mathrm{d}}\right|$$

相位比较式：

$$90^{\circ}\leqslant\arctan\frac{Z}{Z+\mathrm{j}X_{\mathrm{d}}}\leqslant270^{\circ}$$

或

$$90^{\circ}\leqslant\arctan\frac{Z+\mathrm{j}X_{\mathrm{d}}}{Z}\leqslant270^{\circ}$$

$\delta=90°$ 时的阻抗圆如图 5.24 中的圆 1 所示，圆 1 不能避开外部短路以及进相运行振荡的影响，以静态极限角 $\delta_{\mathrm{g}}=90°$ 所作出的圆虽然能避开其影响，但动作区缩小了，实际中常采用苹果圆特性的阻抗元件，使其特性逼近静稳边界，且减去 $R$ 轴以上的动作区，图 5.24 中的圆 2 实际上是以 $\delta_{\mathrm{g}}=90°$ 所作出的圆，以原点为轴心分别顺时针和逆时针旋转 $\gamma_0$ 角度位置，分别得到两圆，再将两圆的直径扩大至 $\frac{X_{\mathrm{d}}}{\sin\gamma_0}$，使两圆周在虚轴上相交于 $-\mathrm{j}X_{\mathrm{d}}$ 所得。取两圆内区域相并可得到新的动作区，该区为两圆相连的外周线，其形状似苹果，故称为苹果圆。

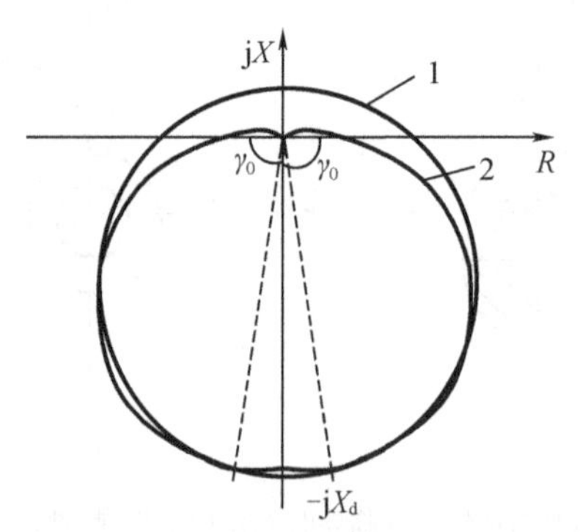


**图 5.24　圆及苹果圆阻抗特性**

根据苹果圆上任意一点与割线相对的圆周角,可直接写出苹果圆阻抗元件相位比较式动作方程为

$$2\pi-\gamma_0\geqslant\arctan\frac{Z+\mathrm{j}X_{\mathrm{d}}}{Z}\geqslant\gamma_0$$

$$2\pi-\gamma_0\geqslant\arctan\frac{Z}{Z+\mathrm{j}X_{\mathrm{d}}}\geqslant\gamma_0$$

- 反映失磁异步运行阻抗元件的动作方程

其动作特性如图5.20所示,但实际中考虑阻尼回路的影响,取圆的上半周过 $-\mathrm{j}\frac{X'_{\mathrm{d}}}{2}$,则圆的动作方程为

$$\left|Z+\frac{1}{2}\left(X_{\mathrm{d}}+\frac{1}{2}X'_{\mathrm{d}}\right)\right|\leqslant\left|\mathrm{j}\frac{1}{2}\left(X_{\mathrm{d}}-\frac{1}{2}X'_{\mathrm{d}}\right)\right|$$

$$90°\leqslant\arctan\frac{Z+\mathrm{j}X_{\mathrm{d}}}{Z+\mathrm{j}\frac{1}{2}X'_{\mathrm{d}}}\leqslant270°$$

- 反应于 $\dot{E}$ 和 $\dot{I}$ 随时间变化率的测量元件

根据前面的分析,在失磁后的等有功过程中,发电机电势 $\dot{E}$ 随时间不断减少,而定子电流 $\dot{I}$ 则在短暂下降后持续上升。这个规律是发电机失磁等有功过程中所特有的,利用这种原理来构成失磁保护的另一个测量元件。

由于在定子侧直接测量发电机电势 $\dot{E}$ 有一定困难,需要找一个与 $X_{\mathrm{d}}$ 有相同变化规律的模拟电势 $\dot{E}_{\mathrm{m}}$。在失步前 $X_{\mathrm{d}}$ 保持不变,选择一个不变的模拟电抗 $X_{\mathrm{m}}$ 来取代 $X_{\mathrm{d}}$,就可保证新产生的电势与 $\dot{E}$ 变化规律相同,故令

$$\dot{E}_{\mathrm{m}}=\dot{U}_{\mathrm{g}}+\mathrm{j}\dot{I}X_{\mathrm{m}}$$

$$\Delta IX_{\mathrm{m}}=|\dot{I}(t+\Delta t)X_{\mathrm{m}}|-|\dot{I}(t)X_{\mathrm{m}}|=|\dot{I}(t+\Delta t)|-|\dot{I}(t)|X_{\mathrm{m}}$$

$$\Delta E_{\mathrm{m}}=|\dot{E}_{\mathrm{m}}(t+\Delta t)|-|\dot{E}_{\mathrm{m}}(t)|$$

测量元件的动作判据为

$$\frac{-\Delta E_{\mathrm{m}}}{\Delta t}\geqslant C_1$$

$$\frac{\Delta IX_{\mathrm{m}}}{\Delta t}\geqslant C_2$$

式中,$C_1$、$C_2$ 皆为常数阈值。系统短路时,发电机可用暂态电抗 $\dot{X}_{\mathrm{d}}$ 和该电抗后的电势 $\dot{E}'$ 来表示,即 $\dot{E}'=\dot{U}_{\mathrm{g}}+\mathrm{j}\dot{I}\dot{X}_{\mathrm{d}}$,则有

$$\dot{E}_{\mathrm{m}}=\dot{U}_{\mathrm{g}}+\mathrm{j}\dot{I}X'_{\mathrm{m}}=\dot{E}'+\mathrm{j}\dot{I}(X_{\mathrm{m}}-X_{\mathrm{d}})$$

- 失磁保护的工作原理

在图5.25中,符号 $K_1$ 为低电压元件,按临界电压阻抗圆整定;$K_2$ 为阻抗元件,可按静稳边界整定,一般为苹果圆阻抗特性;$K_3$ 为反映 $E$ 和 $I$ 随时间变化率的测量元件。

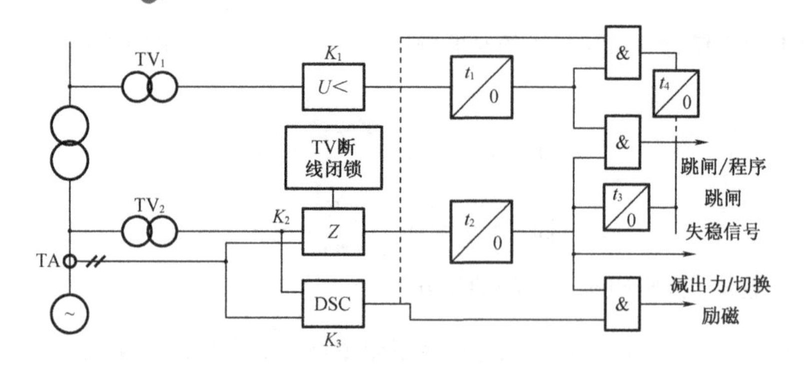


图 5.25　失磁保护构成方案

汽轮发电机失磁后转差小，平均异步转矩较大，异步运行时振动较小。发生失磁故障后，测量阻抗进入动作边界，但只要未达到低电压元件的定值，则失磁保护只动作于减出力，通常减到额定功率的 40% ~50% ，其平均滑差随之减少，这种情况一般可允许发电机短时运行 2 ~15 min。若在失磁后母线电压低于允许值，则应迅速动作于跳闸。

(6)发电机失步运行保护

发电机发生失步时，伴随出现发电机的机械量和电气量与系统之间的振荡。这种持续的振荡将对发电机组和电力系统产生如下具有破坏性的影响：

a. 单元接线的大型发变组的电抗较大，而系统规模的增大使系统等效电抗减小，因此，振荡中心往往落在发电机附近或升压变压器内，使振荡过程对机组的影响大为加重。由于机端电压周期性严重下降，使厂用辅机工作稳定性遭到破坏，甚至导致停机、停炉和全厂停电这样的重大事故。

b. 发电机失步运行时，发电机电势与系统等效电势的相位差为 180°的瞬间，振荡电流的幅值将接近机端三相短路时流经发电机的电流值。对于三相短路故障均有快速保护切除，而振荡电流则要在较长的时间内反复出现，若无相应保护会使定子绕组遭受热损伤或端部遭受机械损伤。

c. 振荡过程中产生对轴系的周期性扭力，可能造成大轴严重机械损伤。

d. 振荡过程中，周期性转差变化使转子绕组中感生电流，引起转子绕组发热。

e. 大型机组与系统失去同步，还可能导致电力系统解列甚至崩溃事故。

对于失步保护的基本要求：

失步保护应能鉴别短路故障、稳定振荡和非稳定振荡，且只在发生非稳定振荡时可靠动作，而在发生短路故障和稳定振荡情况下，不应当误动作。另外，失步保护动作于跳闸时，如在 $\delta=180°$时使断路器断开，则会因遮断电流太大而对断路器熄弧最为不利，因此失步保护应尽量避开这种情况。

失步保护基本的原理之一是以机端测量阻抗运行轨迹及其随时间的变化特征来构成失步保护判据。

如图 5.26 所示，若假设 $E$ 超前 $U$ 的功角为 $\delta$，则有

$$\left.\begin{aligned}\dot{U}&=\dot{E}_{\mathrm{B}}-\dot{I}Z_{\mathrm{SB}}=\dot{E}_{\mathrm{A}}+\dot{I}Z_{\mathrm{SA}}\\ I&=\frac{1}{Z_{\Sigma}}(\dot{E}_{\mathrm{B}}-\dot{E}_{\mathrm{A}})\end{aligned}\right\}$$

式中　$\frac{1}{Z_{\Sigma}}$为外部总阻抗。

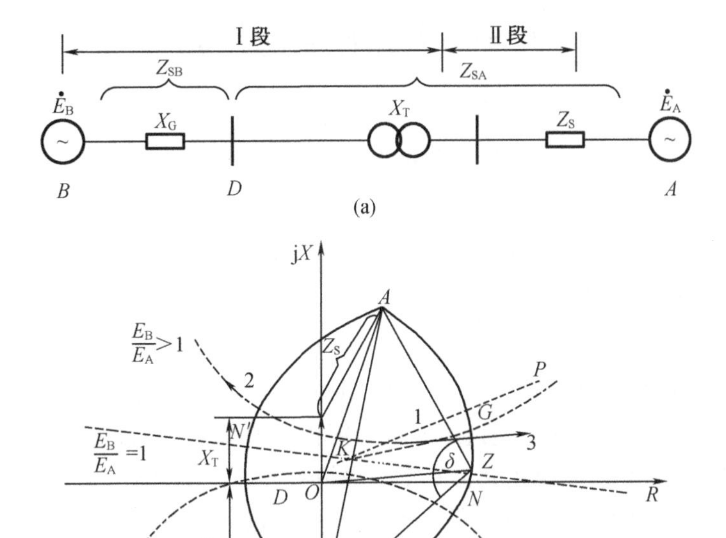


$E_B$—B 系统发电机电动势;$E_A$—A 系统发电机电动势;$Z_{SB}$—B 系统发电机阻抗;$Z_{SA}$—A 系统阻抗;

$X_T$—A 系统中变压器阻抗;$Z_S$—A 系统发电机阻抗。

**图 5.26 两机系统失步阻抗振荡轨迹**

机端测量阻抗 $Z$ 可表示为

$$Z=\frac{\dot{U}}{\dot{I}}+Z_{SA}=\frac{-Z_{\Sigma}}{1-\frac{E_B}{E_A}e^{j\delta}}+Z_{SA}$$

$$Z=\frac{\dot{U}}{\dot{I}}=\frac{\dot{E}_B}{\dot{I}}-Z_{SB}=\frac{\dot{E}_B Z_{\Sigma}}{\dot{E}_B-\dot{E}_A}+Z_{SB}=\frac{Z_{\Sigma}}{1-\frac{\dot{E}_A}{\dot{E}_B}e^{j\delta}}-Z_{SB}$$

当发生振荡时,电势夹角 $\delta$ 不断增大。若假设$\frac{E_B}{E_A}$不变,仅 $\delta$ 发生变化,上式所示的测量阻抗 $Z$ 的轨迹在复平面上为一圆,指向圆心的相量 $Z_C$ 及圆半径 $R$ 分别为

$$\left.\begin{aligned} Z_C&=\frac{Z_{\Sigma}}{\left(\frac{E_B}{E_A}\right)^2-1}+Z_{SA}\\ R&=|Z_{\Sigma}|\frac{E_B}{E_A}/\left[\left(\frac{E_B}{E_A}\right)^2-1\right] \end{aligned}\right\}$$

利用可测量的量来实现上述透镜形阻抗特性。根据最初的定义,应有

$$360°-\delta_0\geqslant\arctan\frac{\dot{E}_B}{\dot{E}_A}\geqslant\delta_0$$

由图 5.26 的系统等效电路不难确定:

$$\dot{E}_B = \dot{U} + \dot{I}Z_{SB}, \dot{E}_A = \dot{U} - \dot{I}Z_{SA}$$

于是,可得

$$360° - \delta_0 \geqslant \arctan \frac{\dot{U} + \dot{I}Z_{SB}}{\dot{U} - \dot{I}Z_{SA}} \geqslant \delta_0$$

$$360° - \delta_0 \geqslant \arctan \frac{Z + Z_{SB}}{Z - Z_{SA}} \geqslant \delta_0$$

(7)发电机定子绕组对称过负荷保护

发电机对称过负荷通常是由系统中切除电源,生产过程出现短时冲击性负荷,大型电动机自启动,发电机强行大励磁、失磁运行,同期操作,以及振荡等引起的。对于大型机组,由于其线负荷大、材料利用率高、绕组热容量与铜损比值减小,因而发热时间常数较低。为了避免绕组温升过高,必须装设较完善的定子绕组对称过负荷保护。

定子绕组过负荷保护的设计取决于发电机在一定过负荷倍数下允许的过负荷时间,而这一点是与具体发电机的结构及冷却方式有关的。汽轮发电机的允许过负荷倍数与允许时间关系如表5.3所示,其中过负荷倍数用过电流倍数表示。

**表5.3　发电机过电流倍数与允许时间**

| 过电流倍数 $I_*$ | 1.5 | 1.3 | 1.15 |
|---|---|---|---|
| 允许时间/s | 30 | 60 | 120 |

定时限元件通常按较小的过电流倍数整定,动作于减出力,如按在允许的长期持续电流下可靠返回整定。反时限元件在启动后即报警,然后按反时特性动作于跳闸。分析表明,若不考虑散热过程,定子对称过负荷反时限动作特性为

$$t = \frac{K}{I_*^2 - 1}$$

式中　$I_*$——用标幺值表示的过电流倍数,$I_* = I/I_N$;

$K$——对于具体发电机为一常数。

在实际计算时,应考虑过负荷过程绕组散热效应,尤其对于长延时更应加以考虑。为此,在保证发电机安全的前提下,对定子绕组对称过负荷反时限动作特性公式适当修改为

$$t = \frac{K}{I_*^2 - \alpha}$$

式中,$\alpha$ 为修正系数,可近似取为1.02。

当电流 $I_*$ 较大时,$\alpha$ 的影响很小;$I_*$ 较小时,$\alpha$ 的修正使允许过负荷时间显著增大,这正符合散热影响的实际情况。

在反时限动作特性中,保护动作时限的上限(即最大跳闸时间)一般按过负荷10%考虑,即 $I_* = 1.1$,将前述 $K$ 值及 $I_*$ 代入定子对称过负荷反时限动作特性公式,得最大动作时限为

$$t = \frac{37.5}{(1.1)^2 - 1.02}_{max}$$

另外,在反时限元件中,通常还包括一个报警信号门槛,在过负荷5%时经短延时

(10 s)动作于报警信号,以便运行人员采取措施。

### 5.3.3 主变压器结构与原理

1. 变压器保护配置与原理

变压器是电力系统重要的主设备之一。发电厂通过升压变压器将发电机电压升高,由输电线路将发电机发出的电能送至电力系统中;变电站通过降压变压器再将电能送至配电网络,然后分配给各用户。发电厂或变电站,通过变压器将两个不同电压等级的系统连起来,该变压器称作联络变压器。

(1)变压器的故障及不正常运行方式

a. 变压器的故障

若以故障点的位置对故障分类,变压器的故障有油箱内的故障和油箱外的故障。

- 油箱内部的故障:主要有各侧的相间短路,大电流系统侧的单相接地短路及同相部分绕组之间的匝间短路。
- 油箱外的故障:系指变压器绕组引出端绝缘套管及引出短线上的故障,主要有相间短路(两相短路及三相短路)故障、大电流侧的接地故障、低压侧的接地故障。

b. 变压器的不正常运行方式

- 由于系统故障或其他原因引起的过负荷;
- 由于系统电压的升高或频率的降低引起的过激磁;
- 不接地运行变压器中性点电位升高;
- 变压器油箱油位异常;
- 变压器温度过高及冷却器全停等。

(2)根据故障类型和不正常运行状态,对变压器应装设的保护类型

a. 瓦斯保护

对于变压器油箱内的各种故障以及油面的降低,应装设瓦斯保护,它反应于油箱内部所产生的气体或油流。其中轻瓦斯保护动作于信号,重瓦斯保护动作于跳开变压器各电源侧的断路器。

装设瓦斯保护的变压器容量界限是:800 kVA 及以上的油浸式变压器和 400 kVA 及以上的车间内油浸式变压器。对于带负荷调压的油浸式变压器的调压装置,也应装设瓦斯保护。

b. 纵差保护或电流速断保护

对于变压器绕组、套管及引出线上的故障,应根据变压器容量的不同,装设纵差保护或电流速断保护。

纵差保护适用于:并列运行的变压器,容量为 6 300 kVA 以上;单独运行的变压器,容量为 10 000 kVA 以上;发电厂厂用工作变压器和工业企业中的重要变压器,容量为 6 300 kVA 以上。

电流速断保护用于容量为 10 000 kVA 以下的变压器,且其过电流保护的时限大于 0.5 s。对于容量为 2 000 kVA 以上的变压器,当电流速断保护的灵敏性不能满足要求时,也应装设纵差保护。

对于高压侧电压为 330 kV 及以上的变压器,可装设双差动保护。

上述各保护动作后,均应跳开变压器各电源侧的断路器。

c. 外部相间短路时,应采用的保护

对于外部相间短路引起的变压器过电流,应采用下列保护作为后备保护:

- 过电流保护,一般用于降压变压器,保护装置的整定值应考虑事故状态下可能出现的过负荷电流;
- 复合电压起动的过电流保护,一般用于升压变压器、系统联络变压器及过电流保护灵敏度不满足要求的降压变压器;
- 负序电流及单相式低电压起动的过电流保护,一般用于容量为63 MVA及以上的升压变压器和系统联络变压器。

当采用后两种保护不能满足灵敏性和选择性要求时,可采用阻抗保护。在500 kV系统联络变压器高、中压侧均应装设阻抗保护。保护可带两段时限,较短的时限用于缩小故障影响范围;较长的时限用于断开变压器各侧断路器。

(4)外部接地短路时,应采用的保护

对于中性点直接接地的电力网内,由外部接地短路引起过电流时,如变压器中性点接地运行,应装设零序电流保护。零序电流保护可由两段组成,每段可各带两个时限,并均以较短的时限动作,以缩小故障影响范围,或动作于本侧断路器;以较长的时限动作于断开变压器各侧断路器。

对于自耦变压器和高、中压侧中性点都直接接地的三绕组变压器,当有选择性要求时,应装设零序方向元件。

当电力网中部分变压器中性点接地运行,为防止发生接地短路,中性点接地的变压器跳开后,中性点不接地的变压器(低压侧有电源)仍带接地故障继续运行,应根据具体情况,装设专用的保护装置,如零序过电压保护,中性点装放电间隙加零序电流保护等。

(5)过负荷保护

对于400 kV · A以上的变压器,当数台并列运行,或单独运行并作为其他负荷的备用电源时,应根据可能过负荷的情况,装设过负荷保护。过负荷保护接于一相电流上,并延时作用于信号。对于无经常值班人员的变电站,必要时过负荷保护可动作于自动减负荷或跳闸。

(6)过励磁保护

高压侧电压为500 kV及以上的变压器,对于由频率降低和电压升高引起的变压器励磁电流升高,应装设过励磁保护。在变压器允许的过励磁范围内,保护作用于信号,当过励磁超过允许值时,可动作于跳闸。过励磁保护反应于实际工作磁密和额定工作磁密之比(称为过励磁倍数)而动作。

(7)其他保护

对于变压器温度及油箱内压力升高和冷却系统故障,应按现行变压器标准的要求,装设可作用于信号或动作于跳闸的保护装置。

2. 变压器保护的配置

变压器发生短路故障时,将产生很大的短路电流,将使变压器严重过热,烧坏变压器绕组或铁芯,特别是变压器油箱内的短路故障,伴随电弧的短路电流可能引起变压器着火。另外短路电流产生电动力,可能造成变压器本体变形而损坏。变压器的异常运行也会危及变压器的安全,如果不能及时发现及处理,会造成变压器故障及损坏变压器。为确保变压器的安全经济运行,当变压器发生短路故障时,应尽快切除变压器;而当变压器出现不正常运行方式时,应尽快发出告警信号及进行相应的处理。因此,对变压器配置整套完善的保护装置是必要的。变压器保护的典型配置为：

- 短路故障的主保护，主要有纵差保护、重瓦斯保护、压力释放保护。另外，根据变压器的容量、电压等级及结构特点，可配置零差保护及分侧差动保护。
- 短路故障的后备保护，目前，电力变压器采用较多种类的短路故障后备保护，主要有复合电压闭锁过流保护、零序过电流或零序方向过电流保护、负序过电流或负序方向过电流保护、复压闭锁功率方向保护和低阻抗保护等。
- 异常运行保护主要有过负荷保护，过激保护，变压器中性点间隙保护，轻瓦斯保护，温度、油位保护及冷却器全停保护等。

(1)构成变压器纵差保护的基本原则

双绕组和三绕组变压器实现纵差保护的原理接线如图 5.27 所示，其中 $K$ 表示短路点。

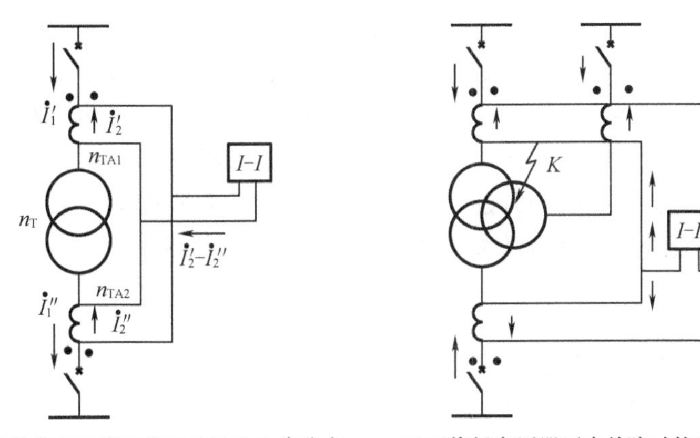


(a)双绕组变压器正常运行时的电流分布　(b)三绕组变压器区内故障时的电流分布

图 5.27　变压器纵差保护的原理接线

由于变压器高压侧和低压侧的额定电流不同，因此，为了保证纵差保护的正确工作，就必须适当选择两侧电流互感器的变比，使得发电机在正常运行和发生外部故障时，两个二次电流相等。所以，两侧电流关系为

$$I_2' = I_2'' = \frac{I_1'}{n_{TA1}} = \frac{I_1''}{n_{TA2}}$$

或

$$\frac{n_{TA2}}{n_{TA1}} = \frac{I_1''}{I_1'} = n_T$$

式中　$n_{TA1}$——高压侧电流互感器的变比；

$n_{TA2}$——低压侧电流互感器的变比；

$n_T$——变压器的变比(高、低压侧额定电压之比)。

由此可知，要实现变压器的纵差保护，就必须适当地选择两侧电流互感器的变比，使其比值等于变压器的变比 $n_T$，这是与前述送电线路的纵差保护不同的。这个区别是由于线路的纵差保护可以直接比较两侧电流的幅值和相位，而变压器的纵差保护则必须考虑变压器变比的影响。

(2)变压器纵差保护的特点

变压器的纵差保护同样需要避开流过差动回路中的不平衡电流。现分别对其不平衡电流的产生原因和消除方法进行讨论。

a. 由变压器励磁涌流 $I_{EF}$ 所产生的不平衡电流

变压器的励磁电流 $I_E$ 仅流经变压器的某一侧，因此，通过电流互感器反映到差动回路中表现为不平衡电流，在正常运行情况下，此电流很小，一般不超过额定电流的 2% ~10%。在发电机发生外部故障时，由于电压降低，励磁电流减小，它的影响就更小。

但是当变压器空载投入和外部故障切除后电压恢复时，则可能出现数值很大的励磁电流（又称为励磁涌流）。这是因为在稳态工作情况下，铁芯中的磁通应滞后于外加电压 90°，如图 5.28(a)所示。如果空载合闸时，正好在电压瞬时值 $u=0$ 时接通电路，则铁芯中应该具有磁通 $-\Phi_m$。但是由于铁芯中的磁通不能突变，因此，将出现一个非周期分量的磁通，其幅值为 $+\Phi_m$，这样在经过半个周期以后，铁芯中的磁通就达到 $2\Phi_m$。如果铁芯中还有剩余磁通 $\Phi_r$，则总磁通将为 $2\Phi_m+\Phi_r$，如图 5.28(b)所示。此时变压器的铁芯严重饱和，励磁电流 $I_E$ 将剧烈增大，如图 5.28(c)所示，此电流就称为变压器的励磁涌流 $I_{EF}$，其数值最大可达额定电流的 6 ~8 倍，同时包含有大量的非周期分量和高次谐波分量，如图 5.28(d)所示。励磁涌流的大小和衰减时间，与外加电压的相位、铁芯中剩磁的大小和方向、电源容量的大小、回路的阻抗以及变压器容量的大小和铁芯性质等都有关系。

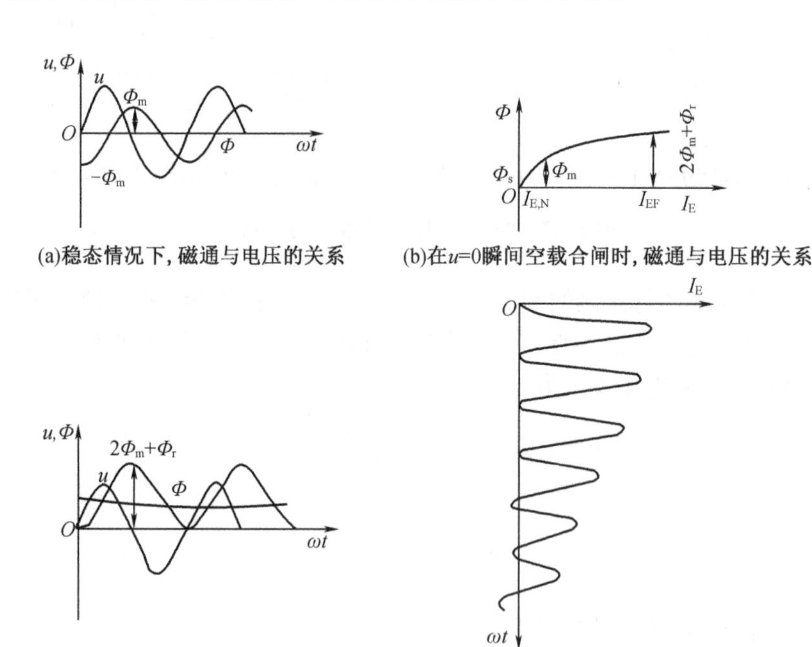


**图 5.28 变压器励磁涌流的产生及变化曲线**

表 5.4 所示的励磁涌流试验数据，是对几次励磁涌流试验数据的分析。由此可见，励磁涌流具有以下特点：

- 包含有很大成分的非周期分量，往往使涌流偏于时间轴的一侧；
- 包含有大量的高次谐波，而以二次谐波为主；
- 波形之间出现间断，如图 5.29 所示，在一个周期中间断角为 $\alpha$。其中 $\theta$ 为相位角度。

表 5.4 励磁涌流试验数据举例

| 励磁涌流/% | 例1 | 例2 | 例3 | 例4 | 励磁涌流/% | 例1 | 例2 | 例3 | 例4 |
|---|---|---|---|---|---|---|---|---|---|
| 基波 | 100 | 100 | 100 | 100 | 四次谐波 | 9 | 6.2 | 5.4 | — |
| 二次谐波 | 36 | 31 | 50 | 23 | 五次谐波 | 5 | — | — | — |
| 三次谐波 | 7 | 6.9 | 9.4 | 10 | 直流 | 66 | 80 | 62 | 73 |

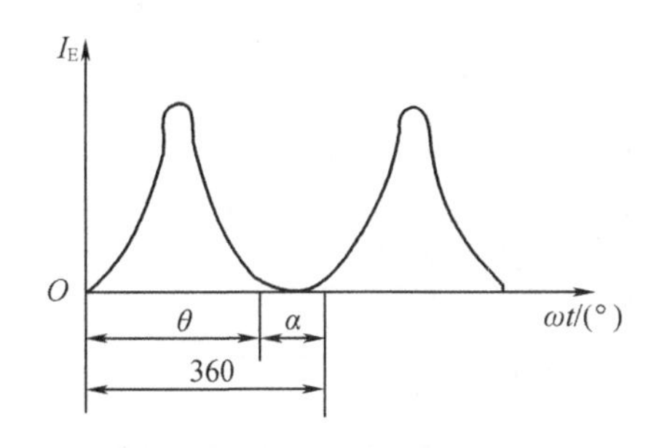


图 5.29 励磁涌流的波形

在变压器纵差保护中防止励磁涌流影响的方法如下：

- 采用具有速饱和铁芯的差动继电器；
- 鉴别短路电流和励磁涌流波形的差别；
- 利用二次谐波制动等。

b. 由变压器两侧电流相位不同而产生的不平衡电流

由于变压器常常采用 Y、d11 的接线方式（Y 表示高压侧星形连接，d 表示低压侧三角形连接，11 表示二次侧电压超一次侧 30°），因此，其两侧电流的相位差 30°。此时，如果两侧的电流互感器仍采用通常的接线方式，则二次电流由于相位不同，也会有一个差电流流入继电器。为了消除这种不平衡电流的影响，通常都是将变压器星形侧的三个电流互感器接成三角形，而将变压器三角形侧的三个电流互感器接成星形，并适当考虑连接方式后即可把二次电流的相位校正过来。在微机保护中，则可以利用软件把它校正过来。

图 5.30(a)所示为 Y、d11 接线变压器的纵差保护接线和矢量图，图中 $\dot{I}_{A1}^{Y}$、$\dot{I}_{B1}^{Y}$、$\dot{I}_{C1}^{Y}$，为星形侧的一次电流，$\dot{I}_{A1}^{\Delta}$、$\dot{I}_{B1}^{\Delta}$、$\dot{I}_{C1}^{\Delta}$ 为三角形侧的一次电流，后者超前 30°，如图 5.30(b)所示。现将星形侧的电流互感器也采用相应的三角形接线，则其副边输出电流为 $\dot{I}_{A2}^{Y}-\dot{I}_{B2}^{Y}$、$\dot{I}_{B2}^{Y}-\dot{I}_{C2}^{Y}$ 和 $\dot{I}_{C2}^{Y}-\dot{I}_{A2}^{Y}$，它们刚好与 $\dot{I}_{A1}^{\Delta}$、$\dot{I}_{B1}^{\Delta}$、$\dot{I}_{C1}^{\Delta}$ 同相位，如图 5.30(c)所示。这样差动回路两侧的电流就是同相位的了。

但当电流互感器采用上述连接方式以后，在互感器接成三角形侧的差动一臂中，电流又增大了$\sqrt{3}$倍。此时为保证在正常运行及外部故障情况下差动回路中没有电流，就必须将该侧电流互感器的变比加大$\sqrt{3}$倍，以减小二次电流，使之与另一侧的电流相等，故此时选择变比的条件是

$$\frac{n_{TA2}}{n_{TA1}/\sqrt{3}}=n_T$$

式中，$n_{TA1}$和 $n_{TA2}$为因适应 Y、d 接线的需要而采用的新变比。

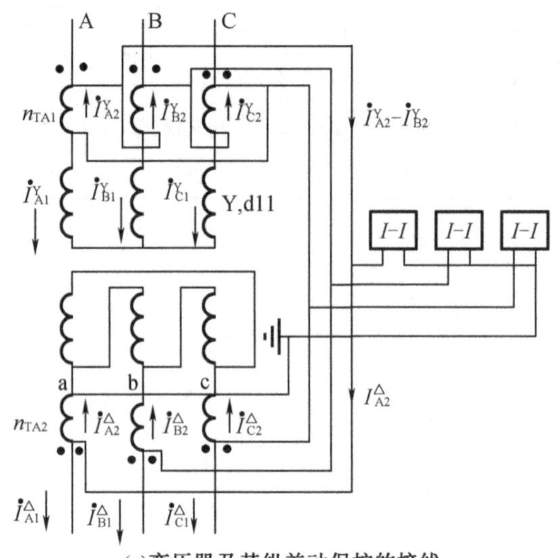


(a)变压器及其纵差动保护的接线

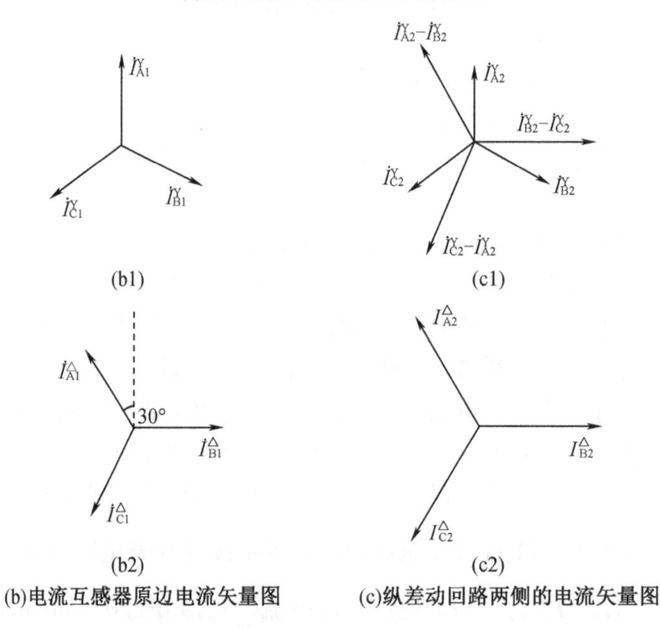


(b)电流互感器原边电流矢量图　　(c)纵差动回路两侧的电流矢量图

**图 5.30　Y,d11 接线变压器的纵差保护接线和矢量图**

（图中电流方向对应于正常工作情况）

c. 由计算变比与实际变比不同而产生的不平衡电流

由于两侧的电流互感器变比都是根据产品目录选取的标准值，而变压器的变比也是一定的，因此，三者的关系很难满足完全相等的要求，此时差动回路中将有电流流过。

d. 由两侧电流互感器型号不同而产生的不平衡电流

由于两侧电流互感器的型号不同，它们的饱和特性、励磁电流（归算至同一侧）也就不同，因此，在差动回路中所产生的不平衡电流也就较大，此时应采用电流互感器的同型系数 $K_{ss}=1$ 来调整。

e. 由变压器带负荷调整分接头而产生的不平衡电流

带负荷调整变压器的分接头，是电力系统中采用带负荷调压的变压器来调整电压的一种方法，实际上改变分接头就是改变变压器的变比 $n_T$。如果差动保护已按照某一变比调整好(如利用平衡线圈)，则当改换分接头时，就会产生一个新的不平衡电流流入差动回路。此时不可能再用重新选择平衡线圈匝数的方法来消除这个不平衡电流，这是因为变压器的分接头经常在改变，而差动保护的电流回路在带电的情况下是不能进行操作的。因此，对由此而产生的不平衡电流，应在纵差保护的整定值中予以考虑。

总的来说，上述第二、三项不平衡电流可用适当选择电流互感器二次线圈的接法和变比，以及采用平衡线圈的方法，来使其降到最小。但其他各项不平衡电流，实际上是不可能消除的。因此，变压器的纵差保护必须避开这些不平衡电流的影响。由于在满足选择性的同时，还要求保证内部故障时有足够的灵敏性，这就成为变压器纵差保护的主要困难。根据上述分析，在稳态情况下，为整定变压器纵差保护所采用的最大不平衡电流 $I_{ub.max}$ 可由下式确定：

$$I_{ub.max} = (K_{ss}10\% + \Delta U + \Delta f_{za}) I_{k.max} / n_{TA}$$

式中 10%——电流互感器容许的最大相对误差；

$K_{ss}$——电流互感器的同型系数，取1；

$\Delta U$——由带负荷调压所引起的相对误差，如果电流互感器二次电流在相当于被调节变压器额定抽头的情况下处于平衡时，则 $\Delta U$ 等于电压调整范围的一半；

$\Delta f_{za}$——由所采用的电流互感器变比或平衡线圈的匝数与计算值不同时，所引起的相对误差；

$I_{k.max}/n_{TA}$——保护范围外部最大短路电流归算到二次侧的数值。

(3)变压器纵差保护的整定计算原则

a. 纵差保护起动电流的整定原则

在正常运行情况下，为防止电流互感器二次回路断线时引起差动保护误动作，保护装置的起动电流应大于变压器的最大负荷电流 $I_{L.max}$。当负荷电流不确定时，可采用变压器的额定电流 $I_{W.T}$，引入可靠系数 $K_{rel}$(一般取1.3)，则保护装置的起动电流为

$$I_{acl} = K_{rel} I_{L.max}$$

避开保护范围外部短路时的最大不平衡电流时继电器的起动电流应为

$$I_{acl} = K_{rel} I_{ub.max}$$

式中 $K_{rel}$——可靠系数，取1.3；

$I_{ub.max}$——保护外部短路时的最大不平衡电流。

无论按上述哪一个原则考虑变压器纵差保护的起动电流，都还必须能够避开变压器励磁涌流的影响。当变压器纵差保护采用波形鉴别或二次谐波制动的原理构成时，它本身就具有避开励磁涌流的性能，一般无须再另作考虑。而当采用具有速饱和铁芯的差动继电器时，虽然可以利用励磁涌流中的非周期分量使铁芯饱和来避越励磁涌流的影响，但根据运行经验，差动继电器的起动电流仍需整定为 $I_{kacl} \geq 1.3 I_{NT}/n_{TA}$($I_{NT}$ 为变压器最大励磁涌流)时，才能躲开励磁涌流的影响。对于各种原理的差动保护，其躲开励磁涌流影响的性能，最后还应经过现场的空载合闸试验加以检验。

b. 纵差保护灵敏系数的校验

变压器纵差保护的灵敏系数 $I_{sen}$ 可按下式校验：

$$I_{sen}=\frac{I_{k.min}}{I_{k.act}}$$

式中 $I_{k.act}$——差动起动电流；

$I_{k.min}$——应采用保护范围内部故障时，流过继电器的最小短路电流。

即在单侧电源供电时，系统在最小运行方式下，变压器发生短路时的最小短路电流。按照要求，灵敏系数一般不应小于2，当不能满足要求时，则需要采用具有制动特性的差动继电器。

必须指出，即使灵敏系数的校验能够满足要求，但对于变压器内部的匝间短路、轻微故障等情况，纵差保护往往也不能迅速而灵敏地动作。运行经验表明，在此情况下，常常都是瓦斯保护首先动作，然后待故障进一步发展，差动保护才动作。显然，差动保护的整定值越大，对变压器内部故障的反应能力也就越低。

(4)过激磁保护

变压器过激磁是设计、制造与运行中常遇到的现象，产生过激磁的原因很多，主要为铁芯结构上的原因：目前都采用冷轧晶粒取向硅钢片作为铁芯导磁材料，铁芯为全斜45°接缝的叠片方式，接缝分两处并有一搭接距离，减小了有效厚度，导致实际截面降低，故在接缝处有过激磁出现。

恒磁通调压的变压器带有负载时，为保持不同负载下的输出电压为恒定值就必须补偿阻抗压降，这时就需要分接位置的变换或增加外施电压。当外施电压大于分接电压时或增加外施电压时会产生过激磁。

自耦变压器采用中点调压方式时，在铁芯中有过激磁现象。自耦变压器的电压比越接近，过激磁越严重。一般电压比大于或等于2时的自耦变压器才能采用中点调压方式。空载变压器在合闸瞬间的过渡过程有过激磁。当铁芯中有剩磁通时，且在外施电压过零时的瞬间合闸，过激磁最大，是最不利的空载合闸状态。这是变压器固有特性所引起的瞬时过激磁现象。当 $f_n=50$ Hz时，在0.01 s内磁通达最大值。目前发展的电子型电压达峰值时合闸的断路器可以减少合闸瞬间过激磁。

三相三柱式铁芯，Yyn0接法变压器，由于负载不平衡引起中点电压浮动，此时铁芯中也会过激磁。

发电机甩负载时会在变压器与发电机连接端子上出现过电压，并引起过激磁。当 $f_n=50$ Hz时，磁通可在0.02 s内达最大值。

在中点接地系统中，在单相接地故障的异常工况下，健全相的相电压会增加，对于110 kV及以上系统，此电压会增加1.3倍。故障期间，铁芯会过激磁。

当电网频率低于额定频率时，感性电压不变时，频率的降低会引起铁芯中磁通的增加，会有过激磁。

过激磁导致的后果如下：

- 空载损耗会增加；
- 变压器的噪声水平将增加；
- 空载电流中高次谐波含量增加；
- 涌流会大于空载电流，引起较大的机械力；
- 过激磁时杂散磁通会离开主磁路，引起结构件中附加损耗；
- 铁芯的温升会增加。

过激磁的同时还会产生过电压，绝缘结构应能承受住这一过电压。

因此,在《电力变压器　第1部分:总则》(IEC 60076－1—2011)对过激磁能力有一规定,要求在设计时要保证变压器具有一定的过激磁能力。在运行中,要保持一定的过激磁水平。如不具有过激磁能力或承受较大过激磁能力,会影响变压器的安全运行。

过励磁时励磁电流波形如图5.31所示。

过励磁倍数计算公式:

$$\left.\begin{aligned} U^* &= \frac{U}{U_{\mathrm{BASE}}} \\ f^* &= \frac{f}{50} \\ n &= \frac{U^*}{f^*} \end{aligned}\right\}$$

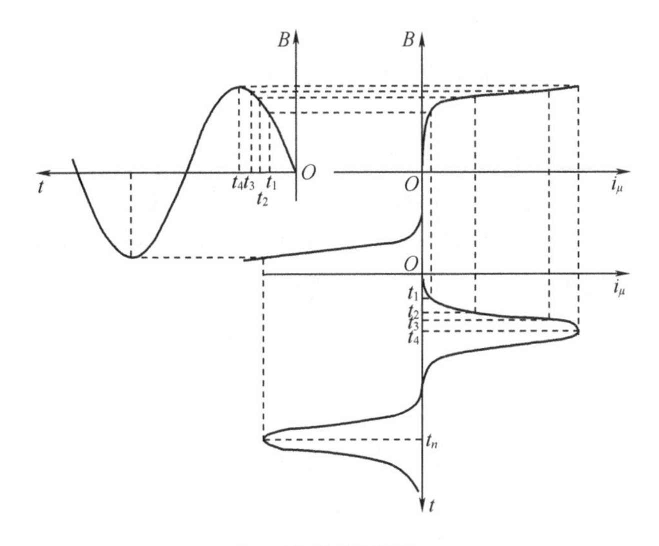


*B*—工作磁感应强度。

**图5.31　过激磁时励磁电流波形**

过激磁保护可配置定时限变压器过激磁保护,反时限变压器过激磁保护。

定时限变压器过激磁保护:定时限过激磁保护通常分为两段,第一段为信号段,过激磁保护的第一段动作值 $N$ 一般可取为变压器额定励磁的1.15～1.2倍,第二段为跳闸段,可整定 $N=1.25\sim1.35$ 倍变压器额定励磁。

反时限变压器过激磁保护:$N=1.1\sim1.4$,动作特性如图5.32所示。

(5)反应于相间短路的后备保护

a.适用范围

- 35～66 kV及以下中小容量的降压变压器,宜采用过电流保护;
- 110～330 kV变压器,过电流保护不能满足灵敏性要求时,宜采用复合电压起动的过电流保护或复合电流保护;
- 330～500 kV变压器,当电压电流不能满足灵敏性要求时,变压器的相间故障可选择阻抗保护,通常配置为全阻抗、偏移圆特性;
- 偏移阻抗一般装设在主变的高压侧,反向偏移比为正向动作阻抗的5%～10%。

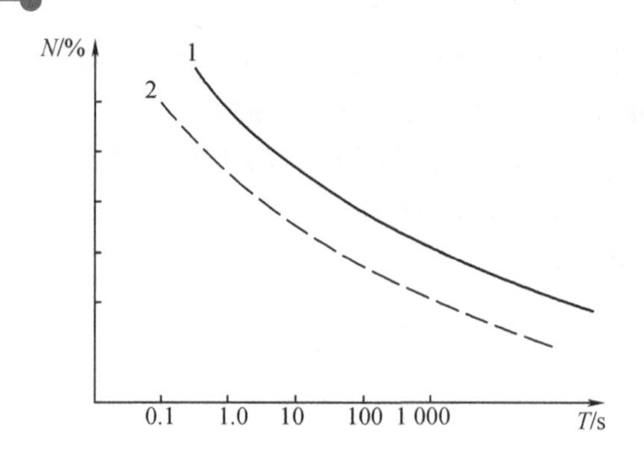


曲线 1—制造厂提供的过励磁曲线;曲线 2—整定的过励磁曲线。

**图 5.32　过激磁曲线**

b. 保护范围

变压器引线、母线、相邻线路的相间故障的后备保护。

c. 基本要求

- 单侧电源变压器,相间短路后备保护宜装于电源侧;
- 多侧电源变压器,相间短路后备保护宜装于变压器各侧;
- 具有 PT 断线检测功能,当断线时可有选择地闭锁或开放相关的保护;
- 为保证方向元件的可靠性,方向电压采用 90°接线,并且可选择相应侧;
- 每侧保护按段配置,每段按要求可配置多个时限。

(6)接地保护

a. 适用范围

对于中性点直接接地电网中的变压器,装设零序(接地)保护。

b. 接地保护

根据绝缘方式,变压器可分为分级绝缘变压器、全绝缘变压器。

- 分级绝缘变压器

为限制此类变压器中性点不接地运行时可能出现的中性点过电压,在变压器中性点应装设放电间隙。此时应装设用于中性点直接接地和经放电间隙接地的两套零序过电流保护。此外,还应增设零序过电压保护。

- 全绝缘变压器

装设零序电流保护,并增设零序过电压保护。当电力网单相接地且失去接地中性点时,零序过电压保护经 0.3 ~0.5 s 时限动作于断开变压器各侧断路器。

保护范围:用作变压器外部接地故障和中性点直接接地侧绕组以及引出线接地故障的后备保护。

基本要求:对于自耦变压器和高、中压侧均直接接地的三绕组变压器,为满足选择性要求,零序电流保护需设置方向。

对于普通变压器的零序电流保护,宜接到变压器中性点引出线回路的电流互感器;零序方向过电流保护宜接到高、中压侧三相电流互感器的零序回路;自耦变压器的零序过电流保护应接到高、中压侧三相电流互感器的零序回路。

具有 PT 断线检测功能,当断线时可有选择地闭锁或开放相关的保护。

为保证方向元件的可靠性,方向电压采用90°接线,并且可选择相应侧。
每侧保护按段配置,每段按要求可配置多个时限。

### 5.3.4 标准规范

- 《电工电子产品环境试验 第2部分:试验方法 试验Db交变湿热(12 h+12 h)循环》(GB/T 2423.4—2008)
- 《继电保护和安全自动装置基本试验方法》(GB/T 7261—2016)
- 《电气装置安装工程盘、柜及二次回路结线施工及验收规范》(GB 50171—2012)
- 《量度继电器和保护装置的冲击与碰撞试验》(GB/T 14537—1993)
- 《继电保护和安全自动装置技术规程》(GB/T 14285—2006)
- 《交流电气装置的接地设计规范》(GB/T 50065—2011)
- 《电力装置的继电保护和自动装置设计规范》(GB/T 50062—2008)
- 《量度继电器和保护装置 第26部分:电磁兼容要求》(GB/T 14598.26—2015)
- 《电气继电器 第21部分:量度继电器和保护装置的振动、冲击、碰撞和地震试验 第1篇:振动试验(正弦)》(GB/T 11287—2000)
- 《计算机场地通用规范》(GB/T 2887—2011)
- 《计算机场地安全要求》(GB/T 9361—2011)
- 《互感器 第2部分:电流互感器的补充技术要求》(GB/T 20840.2—2014)
- 《互感器 第3部分:电磁式电压互感器的补充技术要求》(GB/T 20840.3—2013)
- 《发电机变压器组保护装置通用技术条件》(DL/T 671—2010)
- 《远动设备及系统 第5部分:传输规约 第103篇:继电保护设备信息接口配套标准》(DL/T 667—1999)
- 《继电保护和安全自动装置通用技术条件》(DL/T 478—2013)
- 《火力发电厂、变电站二次接线设计技术规程》(DL/T 5136—2012)
- 《电力系统安全自动装置设计规范》(GB/T 50703—2011)
- 《继电保护及控制装置电源模块(模件)技术条件》(DL/T 527—2013)
- 《电力系统动态记录装置通用技术条件》(DL/T 553—2013)
- 《电气装置安装工程质量检验及评定规程 第8部分:盘、柜及二次回路接线施工质量检验》(DL/T 5161.8—2018)
- 《大型发电机变压器继电保护整定计算导则》(DL/T 684—2012)
- 《"防止电力生产重大事故的二十五项重点要求"继电保护实施细则》
- 《国家电网公司发电厂重大反事故措施(试行)》国家电网生[2007]883号
- 《国家电网公司十八项电网重大反事故措施(修订版)》国家电网生[2012]352号

### 5.3.5 运维项目

1. 发电机变压器保护系统1C项目

(1)发电机保护检修项目

- 屏内设备外观检查、清扫和紧固屏内端子;电源回路检查,开关及熔丝正常,接线端子牢固可靠;测量稳定电阻是否偏移;CT绝缘测试。
- 保护出口继电器校验。

- 保护装置差动保护的定值校验。
- 根据定值单进行继电器整定值核对,装置系统时间设定检查。
- 保护装置传动试验,动作正确。
- 发电机 CT 端子箱小修。

(2)主变保护检修项目

- 屏内设备外观检查、清扫和紧固屏内端子;电源回路检查,开关及熔丝正常,接线端子牢固可靠;测量稳定电阻是否偏移;CT 和 PT 绝缘测试。
- 保护出口继电器校验。
- 主变差动保护装置的定值校验。
- 据定值单进行继电器整定值核对,装置系统时间设定检查。
- 保护装置传动试验,动作正确。
- 主变检修完投运,在空载运行 2 h 后对主变保护屏上相关设备进行空载状态下的目视检查,确认屏上设备工作正常,无异音、异味等异常现象。

(3)厂变保护检修项目

- 屏内设备外观检查、清扫和紧固屏内端子;电源回路检查,开关及熔丝正常,接线端子牢固可靠;测量稳定电阻是否偏移;CT 和 PT 绝缘测试。
- 保护出口继电器校验。
- 厂变差动保护装置的定值校验。
- 据定值单进行继电器整定值核对,装置系统时间设定检查。
- 保护装置传动试验,动作正确。
- 厂变检修完投运,在空载运行 2 h 后对厂变保护屏上相关设备进行空载状态下的目视检查,确认屏上设备工作正常,无异音、异味等异常现象。

(4)启备变保护检修项目

- 检查保护屏内设备外观清洁完好、复位按钮和切换开关正常、电源回路的空气开关正常、屏内接线端子牢固可靠。
- CT、PT 二次回路、直流电源回路绝缘测试。
- 电量保护装置分相差动保护和高、低压侧零序差动保护定值校验,非电量保护装置校验。
- 校验保护出口继电器和中间继电器。
- 保护定值核对、装置系统时间设定检查。
- 220 kV 系统保护传动试验。
- 启备变检修完投运,在空载运行 2 h 后,对 1 号启备变保护屏 A 上相关设备进行空载状态下的目视检查,确认屏上设备工作正常,无异音、异味等异常现象。

2. 发电机变压器保护系统 3C 项目

(1)发电机保护检修项目

- 屏内设备外观检查、清扫和紧固屏内端子;电源回路检查,开关及熔丝正常,接线端子牢固可靠;测量稳定电阻是否偏移;CT 绝缘测试。
- 更换保护装置的电源板卡。
- 保护继电器特性和定值校验。
- 保护出口继电器校验;中间、信号继电器校验;保护定值核对,装置系统时间设定检查;变送器校验。

- 校验表计,清扫、紧固接线端子。
- 伏安特性和负载特性测试。
- 保护装置传动试验,动作正确。
- 发电机 CT 端子箱小修。

(2)主变保护检修项目

- 屏内设备外观检查、清扫和紧固屏内端子;电源回路检查,开关及熔丝正常,接线端子牢固可靠;测量稳定电阻是否偏移;CT 和 PT 绝缘测试。
- 保护继电器特性和定值校验。
- 保护出口继电器校验;中间、信号继电器校验;保护定值核对,装置系统时间设定检查;变送器校验。
- 操作手柄检查、清扫和紧固;校验屏内主变绕组温度远方显示回路的温度变送器,校验主变油温变送器,确保装置精度满足要求;校验表计。
- 保护装置传动试验,动作正确。
- 主变检修完投运,在空载运行 2 h 后对主变保护屏上相关设备进行空载状态下的目视检查,确认屏上设备工作正常,无异音、异味等异常现象。

(3)厂变保护检修项目

- 保护屏内设备外观检查、清扫和紧固屏内端子;电源回路检查,开关及熔丝正常;接线端子牢固可靠;测量稳定电阻是否偏移;CT 和 PT 二次回路绝缘测试。
- 保护继电器特性和定值校验;变送器校验;保护出口继电器校验;中间、信号继电器校验。
- 保护定值核对,装置系统时间设定检查。
- 厂变保护装置内部传动试验。
- 校验表计,清扫、紧固接线端子;操作手柄检查、清扫和紧固。
- 厂变检修完投运,在空载运行 2 h 后对厂变保护屏上相关设备进行空载状态下的目视检查,确认屏上设备工作正常,无异音、异味等异常现象。

(4)启备变保护检修项目

- 检查屏内设备外观清洁完好,复位按钮和切换开关正常;电源回路的空气开关正常,屏内接线端子牢固可靠。
- CT、PT 二次回路,直流电源回路绝缘测试。
- 更换保护屏内保护装置的电源板卡。
- 电量保护装置特性和定值校验,非电量保护装置校验。
- 校验保护出口继电器和中间继电器。
- 保护定值核对,装置系统时间设定检查。
- 220 kV 系统保护传动试验。
- 启备变检修完投运,在空载运行 2 h 后,对 1 号启备变保护屏 A 上相关设备进行空载状态下的目视检查,确认屏上设备工作正常,无异音、异味等异常现象。

### 5.3.6 典型案例分析

发电机变压器保护系统典型案例分析如表 5.5 所示。

表 5.5　发电机变压器保护系统典型案例分析

| 事件 | 事件经过 | 原因及纠正行动 |
| --- | --- | --- |
| 1 号机组 LGD 进线 PT 改造变更后试验导致 1LGD001JA 柜内空开 011JA 跳闸事件 | 2021 年 4 月 7 日 10:16 执行 105 大修 1 号机组 LGD 进线 PT 改造变更后试验 7.2.4 节核相试验过程中，应测 1LGD 进线柜 006BN 的 6、9 端子，实际错误测量 1LGD 进线柜 006BN 的 36、39 端子，导致 1LGD 进线柜 B 相电压单相接地，1LGD 进线柜内空开 011JA 跳闸 | 人员在执行测量过程中，错误测量 006BN 的 36、39 端子，导致 1LGD 进线柜 B 相电压单相接地，1LGD 进线柜内空开 011JA 跳闸。工作人员未严格遵守工作负责人指令，违章操作。组织分析并制定组织机构、管理和人员等全面整改计划。对施工单位遵守和使用“监护”等防人因工具不到位进行违章处罚 |
| 3 号机组厂变 A 有载调压开关保护继电器故障导致停机停堆 | 2021 年 2 月 20 日，3 号机组处于功率运行（RP）模式，反应堆核功率 99.47% FP，一回路平均温度为 309.1 ℃，稳压器压力 15.40 MPa。13:41:49，3 号机组厂变 A 的 C 相有载调压开关保护继电器故障产生重瓦斯信号，触发发变组非电量保护全停 I 动作，发电机出口断路器、灭磁开关跳闸，发电机停机，3 号主变/厂变跳闸，三台主泵失去供电停运，触发“反应堆功率大于 10% FP 时三台主泵中两台主泵转速低低”自动停堆信号，反应堆停堆 | 保护继电器故障，其干簧管引线侧发生断裂，干簧触点失去原有保持支撑导致接通，触发重瓦斯保护导致停机停堆。干簧管单一个体在制造阶段存在应力集中，同时受外部冲击和真空管内外压差长期作用，逐渐发展为断裂。SPV 管理没有对直接触发停机停堆的 SPV 部件内部的零件做出管理要求，管理上存在不足。<br>增加了干簧管的预维。<br>评估可行的防误动技改方案 |
| 2 号机组发电机变压器组接地保护动作导致反应堆停堆事件 | 2017 年 7 月 13 日，福清核电 2 号机组满功率运行。23:06，由于 2 号机组发电机出口断路器至主变低压侧间电气部分存在接地故障（初步判断），先后触发发电机定子接地保护和主变低压侧接地保护信号，造成发电机出口断路器 2GSY001JA 和 500 kV 断路器（0GEW220JA、0GEW230JA）分别跳闸，汽轮发电机停机并失去主厂外电源，机组自动切换至辅助电源供电 | 直接原因是在 2 号机组离相封闭母线的接地变 2GSY002TU 的安装过程中，柔性接地电缆没有采取有效的固定措施，在接地变推入位置时，接地电缆与接地变高压侧绕组连杆搭接。随着投运时间的加长，绝缘材料在电老化和化学老化的双重作用下，绝缘性能逐渐下降，最终引发了接地变连杆与接地电缆搭接处的绝缘击穿放电，接地变设备失效触发接地保护动作停机停堆。根本原因为对于存在停机停堆风险的设备相关的预防性维修规程中的检查内容存在不足，维修人员没有识别出接地电缆与接地变高压侧绕组连杆的距离随设备拉出和推入位置改变，从而引发安全距离不足的电气设备隐患 |

表 5.5(续)

| 事件 | 事件经过 | 原因及纠正行动 |
| --- | --- | --- |
| 给在 1 号主变送电过程中,1 号主变 5001 开关合闸后 1 s 左右由于主变低压侧接地保护 64GB 动作导致跳闸 | 在 1 号主变送电过程中,1 号主变 5001 开关合闸后 1 s 左右由于主变低压侧接地保护 64GB 动作导致跳闸,当时其他保护没有动作。分析故障录波装置的故障记录波形除主变低压侧 3U0 电压信号异常[幅值(RMS)为 140 V AC,半倍频(25 Hz)的波形],检查相关一次设备的参数(主要是绝缘值)均正常 | 经过分析确认本次主变低压侧接地保护 64GB 动作跳闸的原因为主变低压侧 PT 出现谐振所致。在对应的回路并联两个 200 W/220 V AC 的白炽灯后,主变送电成功。为从根本上解决这一问题,后续对主变低压侧 PT 进行变更,改为具有高饱和性能的国产 PT |
| 发变组第 2 套保护装置故障报警无法联机 | 缺陷描述:在校验发变组保护第Ⅱ套装置时,发现其中一组 CT 采样回路 B 相检测失效,检测不出电流,断电重新上电后,这一相仍然失效,并且第Ⅱ套装置故障报警,也无法正常联机 | 厂家解释装置死机的原因可能是录波次数过多,芯片发生溢出,造成装置死机。厂家对发变组保护第Ⅱ套装置重新安装了 Fireware 软件、对装置进行初始化、重新上传定值后,装置恢复正常。纠正结果:厂家对发变组保护第Ⅱ套装置重新安装了 Fireware 软件,进行初始化后,重新上传定值,装置恢复正常 |
| 发电机 1 号保护屏上励磁变过流继电器 50/51ET 的 ALARM 报警黄灯亮 | 发电机 1 号保护屏 1 - 65100 - PL4036 上励磁变过流继电器(50/51ET)的 ALARM 报警黄灯亮,正常工作指示灯 HEALTHLY 绿灯不亮,判断装置因电源故障失效;1 - 65100 - PL4036 上其他继电器运行正常。现场确认状况后,直接将缺陷装置励磁变过流保护装置 KCGG142 的跳闸回路接线拆除,避免装置可能发生的误动作出口导致的机组非停 | 经多年运行后,装置内部电源模块中的部分元器件因热效应失效造成电源模块故障。设备管理者在制定继电保护设备预维时,对设备电源老化这一问题认识不够,初期预维大纲制定不完整,缺少定期更换的内容。修订发变组保护预维大纲 98 - 92000 - TGEQPG - 029,根据国网公司 25 项反措的要求,将“定期(6 年)更换所有保护装置电源模块的项目”增加到预维中去 |

## 课后思考题

1. 发电机常见的内部故障有哪几种?

2. 目前对发电机相间短路和匝间短路有哪几种保护?

3. 发电机的负序电流会在转子中感应出多少频率的交流电流? 此电流对转子有何危害?

4. 怎样利用基波零序电压和 3 次谐波电压构成发电机 100% 定子接地保护?

5. 请列举发电机纵差保护与变压器纵差保护的主要技术差别。

6. 为什么发电机纵差保护对匝间短路没有作用而变压器差动保护对变压器各侧绕组匝间短路有保护作用?

7. 变压器差动保护不平衡电流是怎样产生的?

8. 变压器过激磁后对差动保护有哪些影响,如何克服?

# 第6章 电动机

## 6.1 交流电动机

### 6.1.1 概述

交流电机包含同步电机、异步电机。

1. 同步电机

同步电机是一类非常重要的交流电机。与异步电机不同,同步电机主要用作发电机,用来生产交流电能。现代电力网中的巨大的电能几乎全部由同步发电机提供。同步电机有三种运行方式:发电机、电动机、补偿机。

同步发电机与配套的原动机一起构成发电机机组。在核电厂里,同步发电机主要包含汽轮发电机、柴油发电机等。

2. 异步电机

异步电机中,最广泛应用的是异步电动机,用于驱动水泵、油泵、风机、压缩机、吊车等。在核电厂里,异步电动机主要包含中低和低压电动机,其中部分安全重要的电机有核级、抗震要求。

本章节主要对异步电动机进行介绍。

### 6.1.2 原理与结构

1. 电动机原理

如图6.1所示,在三相异步电动机的定子铁芯中,嵌有三相对称绕组,转子槽内导体经端环闭合构成多相对称绕组。

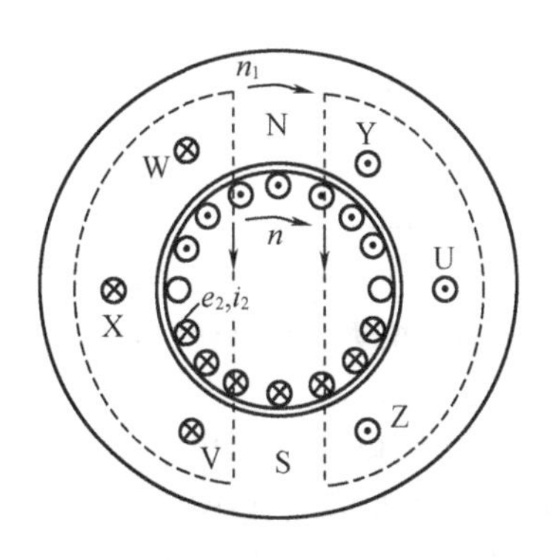


图6.1 异步电动机工作原理

• 当定子绕组(UX、VY、WZ)接至三相对称电源时,注入定子绕组的三相对称电流在电机气隙内将产生一个以同步转速 $n_1$ 旋转的定子旋转磁场。

• 在定子接通电源时，转子开始是静止的，定子旋转磁场与转子导条之间存在相对运行，转子导条切割定子旋转磁场而感应电动势，方向根据右手定则判断，因为转子绕组自成封闭回路，所以在转子导条中形成转子感应电流。一般感应电流滞后于电动势，认为电流中与电动势同相位的为有功电流分量。

• 转子电流中的有功分量与气隙旋转磁相互作用，使转子导体受到切向电磁力 $f$ 的作用，$f$ 的方向用左手定则判断。

• 该切向电磁力对转子形成与定子旋转磁场同方向的电磁转矩，转子将沿着与旋转磁场相同的方向以转速 $n$ 转动。

• 当转子驱动的电磁转矩与转子轴端拖动的机械负载转矩相平衡时，转子将以恒速 $n$ 拖动机械负载稳定运行，从而实现了电能与机械能之间的转换。

机械负载越小，异步电动机的转速 $n$ 越接近旋转磁场的同步转速 $n_1$ 但不可能达到 $n_1$。电机实际转速 $n$ 与同步转速 $n_1$ 之间的差值称为转差，即 $\Delta n$，转差对同步转速 $n_1$ 的比值称为转差率 $s$，即 $s=(n_1-n)/n_1$。

转差率是异步电动机运行的一个重要变量，当电机负载变化时，转差率也随之变化，转子导体中感应的电动势和电流也随之改变，由此驱动电磁转矩也随之改变以适应负载需要。通常异步电动机的空载转差率在 0.5% 以下，满载转差率约在 5% 以下。

根据异步电机的机械特性（图 6.2），在负载阻尼转矩增加时，电机减速，电机驱动电磁转矩增加，直至电磁转矩与负载转矩达成新的平衡，但负载转矩不能超过电机的最大转矩。为了保证电动机不因短时过载而停止运转，在选取电机时，根据《旋转电机 定额和性能》（GB/T 755—2019）的要求，最大转矩至少不低于额定转矩的 1.6 倍，其过载能力（即最大转矩倍数）通常为 1.6 ~ 2.5。

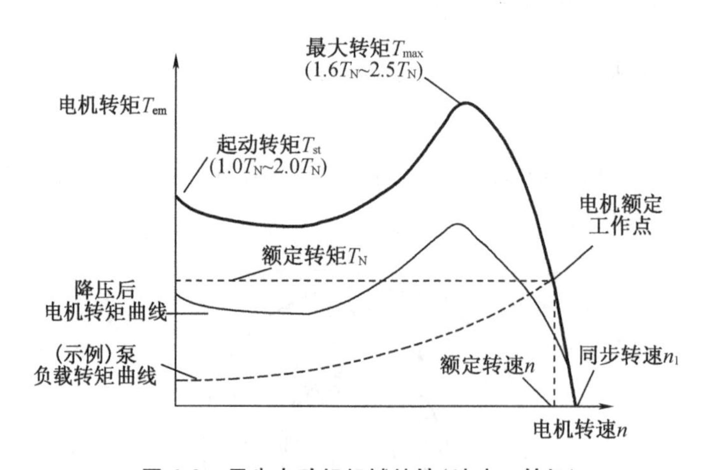


**图 6.2　异步电动机机械特性（速度 – 转矩）**

当电机的电源电压降低时，由于电磁转矩与电压平方成正比，电机的最大转矩和起动转矩、最小转矩都会随电压的降低成平方倍地减小。当负载转矩不变、电压下降、转速下降时，定子、转子电流增大，因此，长期欠压运行，电动机会因过热而缩短使用寿命。根据《旋转电机 定额和性能》（GB/T 755—2019）的要求，电机连续运行时宜在区域 A 范围内，在持续时间等限制条件下可运行于区域 B（图 6.3）。

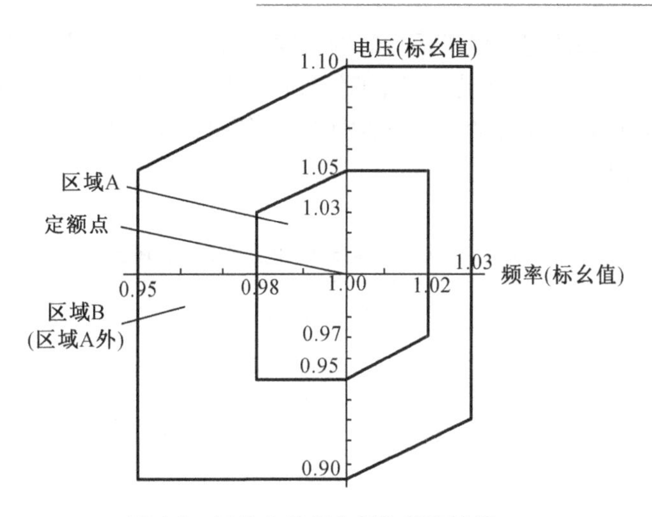


图 6.3 异步电动机电压和频率限值

由电网输入电机定子的功率为 $P_1=\sqrt{3}U_NI_N\cos\varphi$（$U_N$为电机定子线电压，$I_N$为电机定子线电流，$\cos\varphi$ 为电机功率因数），从中扣除电机的定子铁耗、定子铜耗、转子铜耗、机械风摩损耗及附加损耗后，是三相异步电动机输出额定功率：$P_N=\sqrt{3}U_NI_N\eta\cos\varphi$（$\eta$ 为电机效率），通常在额定负载附近功率因数和效率最高。

2. 电动机结构

如图 6.4 所示，三相异步电动机的结构，主要由定子、转子两大部分组成。定、转子间有很小的间隙，称为气隙。

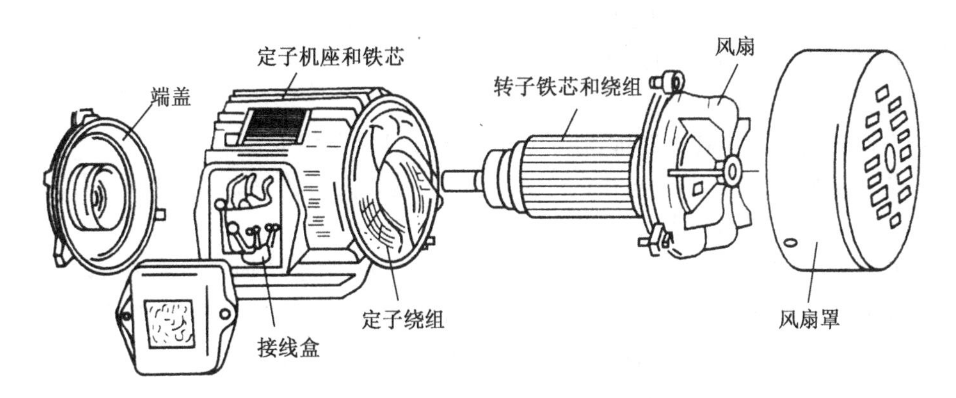


图 6.4 异步电动机结构(示例)

异步电动机的定子主要由定子绕组、定子铁芯、机座(含端盖)等组成。

(1)定子绕组：沿定子铁芯的内圆，均匀分布着许多形状相同的槽，用以嵌放通过三相电流的定子绕组，绕组采用外包绝缘层的铜线绕制。为确保电机绕组能承受在起动、突然短路等工况下电磁力及其他外力作用而不变形或磨损，定子绕组需确保牢固地紧固。

电机绕组绝缘，包括匝间绝缘、槽绝缘、相间绝缘、层间绝缘、对地和端部等各个部位的绝缘等。由于定子绕组在运行中要受到电场力、机械力和热的综合作用，要求其绝缘能在复杂的工作条件下长期可靠地工作，因此，电缆绕组的绝缘可靠性尤其重要，且应有较多的裕度。同时，电机绝缘层应紧密均匀、绝缘漆应结实无空隙。

电机绝缘材料等级决定了电机运行时的温度限值(表6.1)。当电机工作温度超过允许的极限温度时,绝缘材料的热老化加速,工作温度每增加约10 ℃,绝缘材料使用寿期减少1/2。因此,为延长电机绝缘寿命,通常选用较高一等级的绝缘材料,如选用F级绝缘材料,用于按B级材料温度考核的场合。

**表6.1 电机绝缘材料的耐热等级和极限温度**

| 耐热等级 | 最高工作温度/℃ | 耐热等级 | 最高工作温度/℃ |
|---|---|---|---|
| A | 105 | F | 155 |
| E | 120 | H | 180 |
| B | 130 | C(N) | >180 |

(2)定子铁芯:是电机磁路的重要组成部分,它与转子铁芯及定转子之间的气隙一起组成电机的磁路,同时,它还起固定定子绕组的作用。为了增强导磁能力、减少交变磁通在铁芯中所引起的磁滞和涡流损耗(即铁耗),定子铁芯常用高导磁性能的0.5 mm或0.35 mm厚的硅钢片冲制叠压而成,片间以绝缘漆、或经氧化处理使硅钢片表面形成氧化膜。

由于定子电流铜耗和定子铁芯损耗的存在,为便于定子铁芯更好地散热以降低电机温度,对于大中型电机,通常沿轴向每隔一定间距设有径向通风沟(风道),定子铁芯与机座内表面适当隔开形成空腔作为冷却空气的通道。

(3)机座:用于固定和支撑定子铁芯,并通过底脚安装固定电机。机座还包含端盖、风罩、铭牌、接线端子箱、接地端子等部件。机座外壳上的散热筋是电机的主要散热面,中小型异步电机采用铸铁机座,大型电机一般采用钢板焊接机座。

由于转子靠轴承和端盖支撑,为保证转子的正常运转,异步电动机的定、转子之间留有气隙,一般为0.2~2 mm。

异步电动机的转子由转子转轴、转子铁芯和转子绕组等组成:

(1)转子转轴:转子转轴的作用是支撑转子和传递转矩。为保证其强度和刚度,转子转轴一般由低碳钢或合金钢制成。

(2)转子铁芯:转子铁芯是异步电动机磁路的一部分,为了增加导磁能力、减少铁耗,转子铁芯也由0.5 mm或0.35 mm厚的硅钢片冲制叠压而成。其外圆上开槽,用以嵌放转子绕组。转子铁芯与转轴之间必须可靠连接以传递转矩。

(3)转子绕组:转子绕组的作用是感应电动势和电流并产生电磁转矩。转子绕组根据结构的不同,分为鼠笼式(squirrel cage)、绕线式两种。

鼠笼式转子绕组:在转子铁芯的每一个槽中,插有一根裸铜导条,并在转子铁芯两端槽口外用两个端环将全部导条用铜焊或银焊方式短接,形成一个自身闭合的多相绕组。焊接铜转子多用于大型电机或性能要求较高的中小型电机。在中小型电机中,较多采用铝或铝合金铸成笼形绕组,同时铸出转子导条、端环、风叶和平衡柱。对于笼型转子,通常要求转子无断条、裂纹、气孔,导条与端环连接牢固且接触电阻小、导条在槽内无松动、转子同轴度偏差和端面跳动小、转子动静平衡等。

绕线式转子绕组:与定子绕组结构相似,这种转子绕组在转子铁芯槽内,嵌放三相对称绕组,采用星形连接,即三相绕组的末端连在一起,三个首端分别接到转子轴上三个彼此绝缘的集电环上,转子绕组通过集电环和电刷与附加电阻的外电路相连,用于改善电机起动性能或调节电机转速,由于其成本高、维修相对复杂,通常只用于要求起动转矩大、起动电流小、需要调速的场合。

3. 核级电机

对于核级电机,应根据电厂安全设计要求,做到以下几点。

(1)在核电厂正常运行工况或事故工况下执行所规定的功能,并且在假设的使用条件下不存在导致共因故障的失效机理。

(2)根据其正常运行环境条件、事故环境条件的规定,满足相应的耐辐照、耐高温、耐化学腐蚀、抗震、阻燃等电气和机械性能方面的特殊要求。

(3)电机的鉴定寿命满足规定要求(如不低于40年),同时,轴承更换周期、润滑剂更换周期、密封件更换周期满足相应的规定要求。

(4)对于核级电机,在其设计、制造、试验、安装、运行和维修、变更的过程中,都应检查和确保满足相应的安全设计规定、核级电机适用的规范标准、相应的质保规定。

核级电机,应在满足电机性能形式试验的基础上,满足核级电机鉴定要求:

(1)如果制造商已对与产品同形式的电动机进行过1E级鉴定试验,则提供合格试验报告即可,否则,应通过试验和/或分析的方法进行1E级鉴定。

(2)电机试验的样机,应是一个与实际使用规格相同的电动机,或按实际规格按比例制作的包含各种基本部件(包括绝缘系统、绕组类型、工艺、轴承、密封、轴封及其他必要的附属装置和设备)的模型。电动机和附属设备的试验应具有代表性,应与被模拟电动机的材料及设计特性一致,且运行应力和负荷不低于实际情况。

(3)核级(抗震)电动机的鉴定方法,应符合《核电厂1E级连续工作制电动机的型式试验标准》(IEEE 334—2006)、《核电厂1E级设备鉴定》(IEEE 323—2003)、《核电厂1E级设备抗震鉴定的推荐方法》(IEEE 344—2013)或等效标准的要求。核级鉴定试验,通常包括样机功能试验、热老化试验、振动老化试验、正常辐照和事故辐照试验、电应力老化试验、抗震试验、设计基准事故试验、设计基准事故后功能试验等。在电机核级鉴定之前,电机绝缘材料应依据《散绕绕组交流电机绝缘系统的热评价试验程序》(IEEE 117—2015)、《热寿期试验数据的统计分析导则》(IEEE 101—1987)、《绝缘材料系统的安全标准》(UL 1446—2011)或等效标准的要求,完成或等效满足相应的寿期老化鉴定,绝缘材料的模拟老化试验通常包括热老化、振动、冷冲击和湿度试验。

### 6.1.3 标准规范

通用电机标准

- 《旋转电机 定额和性能》(GB/T 755—2019)
- 《三相异步电动机试验方法》(GB/T 1032—2012)
- 《电工电子产品环境试验 第2部分:试验方法 试验Db 交变湿热(12h+12h循环)》(GB/T 2423.4—2008)
- 《轴中心高为56 mm及以上电机的机械振动 振动的测量、评定及限值》(GB/T 10068—2020)
- 《旋转电机噪声测定方法及限值 第1部分:旋转电机噪声测定方法》(GB/T 10069.1—2006)

- 《旋转电机结构型式、安装型式及接线盒位置的分类(IM 代码)》(GB/T 997—2008)
- 《外壳防护等级(IP 代码)》(GB/T 4208—2017)
- 《热带型旋转电机环境技术要求》(GB/T 12351—2008)
- 《小功率电动机 第 1 部分:通用技术条件》(GB/T 5171.1—2014)
- 《旋转电机 - 第 1 部分:定额与性能》(IEC 60034 - 1—2017)
- 《电动机和发电机》(NEMA MG1—2006)
- 《滚珠轴承的定额及疲劳寿命》(ANSI/ABMA 9—2015)
- 《滚柱轴承的定额及疲劳寿命》(ANSI/ABMA 11—2014)
- 《多相感应电动机和发电机的标准试验规程》(IEEE Std 112—2017)
- 《旋转电机噪声测量试验程序》(IEEE 85—1973)
- 《检测旋转电机绝缘电阻的推荐实施规范》(IEEE 43—2000)
- 《电气装置安装工程　旋转电机施工及验收标准》(GB 50170—2018)
- 《电气装置安装工程　电气设备交接试验标准》(GB 50150—2016)

其他制造厂在电机制造过程及试验中所遵循的部分国外标准

- 《旋转电机 第 1 部分:定额和性能》(IEC 60034 - 1—2017)
- 《旋转电机 第 2 部分:(牵引电机除外)确认损耗和效率》(IEC 60034 - 2—2017)
- 《旋转电机 第 5 部分:旋转电机整体结构的防护等级(IP 代码)分级》(IEC 60034 - 5—2017)
- 《旋转电机 第 6 部分:冷却方法(IC 代码)》(IEC 60034 - 1—2017)
- 《旋转电机 第 8 部分:线端标志和旋转方向》(IEC 60034 - 1—2017)
- 《国际电工词汇 第 411 章:旋转电机》(IEC 60050 - 411—1996)
- 《旋转电机 尺寸和输出系列 第 1 部分:机座号 56 ~ 400 和法兰号 55 ~ 1080》(IEC 60072 - 1—2022)
- 《声学 声压法测定噪声源声功率级和声能量级 反射面上方近似自由场的工程法》(ISO 3744—2010)
- 《声学 声压法测定噪声源声功率级和声能量级 采用反射面上方包络测量面的简易法》(ISO 3746—2010)
- 《旋转电机 第 1 部分:定额和性能》(NFC 51 - 111—1999)
- 《爆炸性气体中使用的电气设备 总体要求》(NFEN 50014—2004)
- 《爆炸性气体中使用的电气设备 防爆壳体“d”》(NFEN 50018—2004)
- 《外壳防护等级(IP 代码)》(NFC 20 - 010—1992)

对于核级电机,需进一步遵循以下或等效标准:

- 《核电厂和其他核设施安全的质量保证法规》(IAEA 50 - C/SG - Q—2001)
- 《核设施应用的质量保证要求》(ASME NQA - 1—2017)
- 《核电厂 1E 级电气设备鉴定》(IEEE 323—2003)
- 《核电厂 1E 级设备抗震鉴定的推荐方法》(IEEE 344—2013)
- 《核电厂 1E 级连续工作制电动机的型式试验标准》(IEEE 334—2006)
- 《6 900 V 及以下交流电机 使用预先绝缘成型绕组定子线圈的绝缘系统热评价推荐方法》(IEEE 275—1992)
- 《散绕绕组交流电机绝缘系统的热评价试验程序》(IEEE 117—2015)

- 《热寿期试验数据的统计分析导则》(IEEE 101—1987)
- 《绝缘材料系统的安全标准》(UL 1446—2011)

### 6.1.4 运维项目

表6.2给出了交流电机运维项目。

**表6.2 交流电机运维项目列表**

| 运维项目 | 检修和试验项目 | 验收标准 |
| --- | --- | --- |
| 定期加脂 | 定期加脂隔离要求:在线加油,无隔离安措;1.文件、备件、材料及工器具准备,召开工前会;2.无特殊风险分析;3.到隔离办办理开工手续,领取许可证,与隔离经理就相关事宜进行交流;4.现场验证、核对设备编码及位置;5.清理泄油孔并对卸油孔内油脂进行目测检查;6.清理加油孔,核对润滑脂型号,加油时使用干净的油枪,每次加油量最多不超过50 g,具体的加油量如下:$G=0.004DB$($G$为需添加的润滑脂数量,g;$D$为轴承外径,mm;$B$为轴承宽度,mm);7.加油人员加油时速度不要太快,每一枪油脂尽量多的加进去,以保证加油量尽可能准确;8.清理现场,恢复周边环境;9.到隔离办办理结票手续,归还许可证,向隔离经理汇报;10.召开工后会,向班组长及相关主管汇报;11.填写维修报告,整理纸质工作包并提交;<br>加脂量:根据预维大纲要求 | 预维大纲;<br>《电力设备预防性试验规程》(DL/T 596—2021) |
| 定期维护 | 1.电机表面灰尘清扫;2.接线盒检查(端子紧固、电缆外表检查、密封垫检查等),接地线检查;3.测量绝缘电阻、直流电阻;4.加热器检查(若有) | 《电力设备预防性试验规程》(DL/T 596—2021) |
| 定期解体检查 | 1.电动机解体、抽芯;2.电机部件(定子、转子、接线盒、轴承等部件)的清洗、检查、测量;3.更换轴承、装配;4.接线盒检查(端子紧固、电缆外表检查、密封垫检查等),接地线检查;5.电机修后直阻、绝缘电阻测量;6.加热器检查(若有) | 《电力设备预防性试验规程》(DL/T 596—2021) |

### 6.1.5 典型案例分析

1.外部经验反馈

表6.3给出了交流电机主要经验反馈。

**表6.3 交流电机主要经验反馈**

| 状态报告编号 | 外部典型案例 | 原因分析 |
| --- | --- | --- |
| CR202078987 | 电机定子绕组相间短路跳闸 | 电机烧毁,因电机驱动端定子绕组存在匝间短路导致故障跳闸,直接原因是电机出厂时存在绝缘薄弱部位,随着运行时间的增加绝缘性能逐渐下降 |

表 6.3(续)

| 状态报告编号 | 外部典型案例 | 原因分析 |
| --- | --- | --- |
| CR202017308 | 电机故障跳闸 | 直接原因:电机端部绕组匝间绝缘损坏,出现短路故障。<br>根本原因:电机制造过程中绕组电磁线表面漆膜损伤。<br>促成因素:电机定期检修工作中对绕组匝间绝缘检测手段不足 |
| CR202015823 | 电机非预期跳闸 | 由于轴承的运行工况不佳,导致轴承保持架在运行过程中承受非正常应力作用,加之轴承在运行中因异常磨损产生高温,降低了材料的强度,最终由于应力过载造成保持架在应力集中处断裂,导致电机跳闸 |
| CR201966212 | 电机故障跳闸,现场检查电机烧毁 | 轴承保持架运行过程中与滚动体配合出现异常或保持架异常断裂,造成滚珠碾压、轴承抱死直至电机扫膛 |
| CR202001134 | 电机烧毁 | 运行期间轴承端盖处温度偏高,达 70 ℃左右,较高的轴承温度加快润滑油脂的损耗,最终导致轴承缺少润滑油而烧毁 |
| CR201976701 | 电机故障 | 非驱动端轴承散架损坏,端部绕组损坏,导致电机故障跳闸 |
| CR201737555 | 压缩机因过电流跳闸 | 电机非驱动端轴承滚道磨损划伤,造成轴承堵转,致使轴承烧毁。<br>油脂轴承润滑不足导致轴承烧毁 |

2. A/B 类状态报告

表 6.4 给出了交流电机主要 A/B 类状态报告

表 6.4　交流电机主要 A/B 类状态报告

| 序号 | 类别 | 状态报告编号 | 状态报告主题 | 原因分析 |
| --- | --- | --- | --- | --- |
| 1 | B | CR202003646 | 主变冷却风扇电机故障,解体电机发现故障原因为轴承缺少润滑脂,且油脂已碳化造成轴承卡涩 | (1)直接原因:轴承润滑油脂变质、严重氧化提早失效,导致轴承润滑不足致使轴承磨损产生异音。<br>(2)根本原因:轴承座公差配合不当使得轴承游隙变小温度升高,最终导致轴承故障。<br>(3)促成原因:电机长期在潮湿环境下运行,不良的密封使得轴承润滑脂在水分的作用下,加速了润滑脂氧化的过程;公差带测量不精确,无法保证轴承配合处于正确的公差带范围;没有电机轴承在线温度、振动测量数据,无法获取轴承温度、振动变化趋势,并提早发现轴承故障隐患 |

表 6.4(续)

| 序号 | 类别 | 状态报告编号 | 状态报告主题 | 原因分析 |
| --- | --- | --- | --- | --- |
| 2 | B | CR201960976 | 2RCV003MO(3 号上充泵电机)异音,解体更换轴承 | (1)直接原因:非驱动端轴承磨损导致电机产生异音。<br>(2)根本原因:生产厂家非驱动端轴承安装不当,致使轴承套圈与轴承圆柱滚子碰撞,促使圆柱滚子提前疲劳磨损,疲劳剥落下的磨粒又经润滑油进入轴承内部,在接触表面上进行犁铧而形成划伤和凹坑。<br>(3)促成原因:预防性维修有安排频度六个月一次的上充泵电机定期检查,检查内容包括对液态油润滑的轴承油质外观、油位检查,加油、油质劣化时换油,由化学处专业人员对油质进行分析。但实际执行中,化学处人员只对驱动端轴承油质进行了油质分析,驱动端轴承油箱因抽取油样,润滑油缺少后会及时补充新油,保证了润滑油油质。相比之下非驱端轴承油箱缺少新老油替换的过程,经一定时间的运行,润滑油已变浑浊呈深棕色,油品下降加速了轴承的疲劳磨损 |

课后思考题

1. 在电动机中,需重点关注的敏感部件是哪些?

2. 在电动机检修中,需重点关注的检修项目有哪些?

3. 在电动机运行期间,需重点关注的参数或状态有哪些?有哪些好的电机运行监测方法来预测、预防电机故障的发生?

## 6.2 直流电动机

### 6.2.1 概述

直流电机是电机的主要类型之一。直流电机可作为发电机使用,也可作为电动机使用。用作发电机可以获得直流电源;用作电动机,由于其具有良好的调速性能,而在许多调速性能要求较高的场合广泛使用。直流电机,作为电源用于发电机;作为动力用于电动机;作为信号传递用于测速发电机、伺服电机。

优缺点:

(1)直流发电机的电势波形较好,受电磁干扰的影响小。

(2)直流电动机的调速范围宽广,调速特性平滑。

(3)直流电动机过载能力较强,起动和制动转矩较大。

(4)由于存在换向器,其制造复杂,成本较高。

### 6.2.2 原理与结构

1. 原理图(物理模型图)

直流电机物理模型如图6.5所示,磁极对N、S不动,线圈(绕组)*abcd*旋转,换向片1、2旋转,电刷及出线A、B不动。

2. 直流发电机原理(图6.6)

(1)原动机拖动电枢以转速$n$(r/min)旋转;

(2)电机内部存在磁场;或定子(不动部件)上的励磁绕组通过直流电流(称为励磁电流$I_f$)时产生恒定磁场(励磁磁场,主磁场);

(3)电枢线圈的导体中将产生感应电势$e$,但导体电势为交流电,其经过换向器与电刷的作用可以引出直流电势$E_{AB}$,以便输出直流电能。

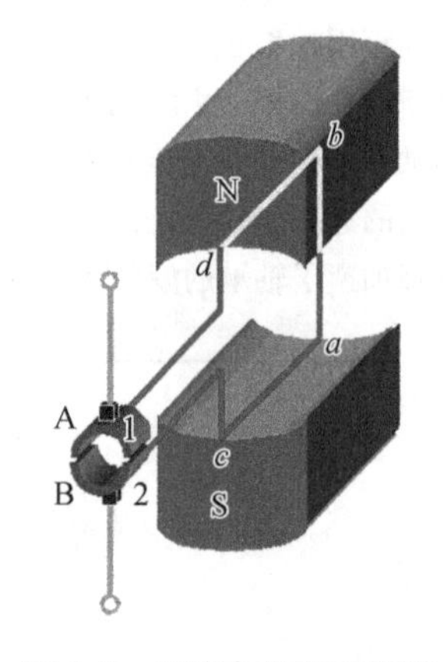

图6.5 直流电机物理模型

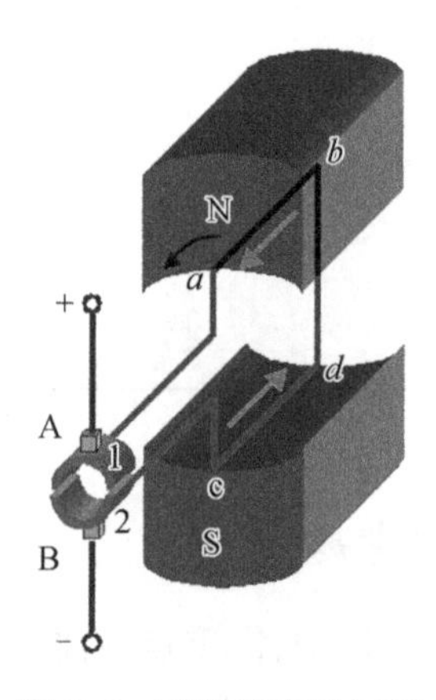

图6.6 直流发电机原理

3. 直流电动机的原理(图6.7)

(1)将直流电源通过电刷和换向器接入电枢绕组,使电枢导体有电流$I_a$通过。

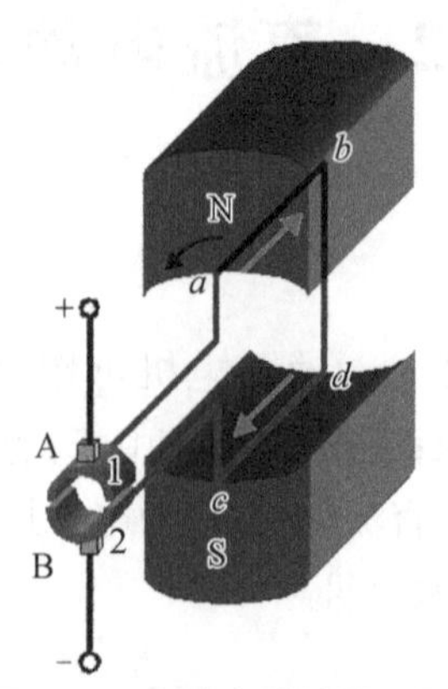

图6.7 直流电动机原理图

(2)电机内部存在磁场。

(3)载流的转子(即电枢)导体将受到电磁力 $f$ 的作用 $f = BlI_a$(左手定则)。

(4)所有导体产生的电磁力作用于转子可产生电磁转矩,以便拖动机械负载以转速 $n$(r/min)旋转。

(5)直流电机的可逆性原理:同一台电机,结构上不做任何改变,可以作发电机运行,也可以作电动机运行。

### 6.2.3 标准规范

国际标准:

- 《旋转电机 第 1 部分:定额和性能》(IEC 60034 - 1—2017)
- 《旋转电机 第 2 部分:(牵引电机除外)确认损耗和效率》(IEC 60034 - 2—2017)
- 《旋转电机 第 5 部分:旋转电机整体结构的防护等级(IP 代码)分级》(IEC 60034 - 5—2017)
- 《旋转电机 第 6 部分:冷却方法(IC 代码)》(IEC 60034 - 1—2017)
- 《旋转电机 第 8 部分:线端标志和旋转方向》(IEC 60034 - 1—2017)
- 《国际电工词汇 第 411 章:旋转电机》(IEC 60050 - 411—1996)
- 《旋转电机 尺寸和输出系列 第 1 部分:机座号 56 ~ 400 和法兰号 55 ~ 1080》(IEC 60072 - 1—2022)
- 《声学 声压法测定噪声源声功率级和声能量级 反射面上方近似自由场的工程法》(ISO 3744—2010)
- 《声学 声压法测定噪声源声功率级和声能量级 采用反射面上方包络测量面的简易法》(ISO 3746—2010)

法国标准:

- 《旋转电机 第 1 部分:定额和性能》(NFC 51 - 111—1999)
- 《爆炸性气体中使用的电气设备 总体要求》(NFEN 50014—2004)
- 《爆炸性气体中使用的电气设备 防爆壳体“d”》(NFEN 50018—2004)
- 《外壳防护等级(IP 代码)》(NFC 20 - 010—1992)

国内标准:

- 《旋转电机 定额和性能》(GB/T 755—2019)
- 《三相异步电动机试验方法》(GB/T 1032—2012)
- 《旋转电机结构型式、安装型式及接线盒位置的分类(IM 代码)》(GB/T 997—2008)
- 《外壳防护等级(IP 代码)》(GB/T 4208—2017)
- 《轴中心高为 56 mm 及以上电机的机械振动 振动的测量、评定及限值》(GB/T 10068—2020)
- 《旋转电机噪声测定方法及限值 第 1 部分:旋转电机噪声测定方法》(GB/T 10069. 1—2006)

### 6.2.4 运维项目

表 6.5 给出了直流电机运维项目。

表 6.5　直流电机运维项目

| 运维项目 | 检修和试验项目 | 验收标准 |
| --- | --- | --- |
| 定期加脂 | 定期加脂隔离要求：在线加油，无隔离安措；1. 文件、备件、材料及工器具准备，召开工前会；2. 无特殊风险分析；3. 到隔离办办理开工手续，领取许可证，与隔离经理就相关事宜进行交流；4. 现场验证. 核对设备编码及位置；5. 清理泄油孔并对卸油孔内油脂进行目测检查；6. 清理加油孔，核对润滑脂型号，加油时使用干净的油枪，每次加油量最多不超过 50 g，具体的加油量如下：$G=0.004DB$（$G$ 为需添加的润滑脂数量，g；$D$ 为轴承外径，mm；$B$ 为轴承宽度，mm）；7. 加油人员加油时速度不要太快，每一枪油脂尽量多的加进去，以保证加油量尽可能准确；8. 清理现场，恢复周边环境；9. 到隔离办办理结票手续，归还许可证，向隔离经理汇报；10. 召开工后会，向班组长及相关主管汇报；11. 填写维修报告，整理纸质工作包并提交；<br>加脂量：根据预维大纲要求 | 《电力设备预防性试验规程》（DL/T 596—2021） |
| 定期维护 | 1. 电机表面灰尘清扫；2. 接线盒检查（端子紧固、电缆外表检查、密封垫检查等），接地线检查；3. 测量绝缘电阻、直流电阻；4. 加热器检查（若有） | 《电力设备预防性试验规程》（DL/T 596—2021） |
| 定期解体检查 | 1. 电动机解体、抽芯；2. 电机部件（定子、转子、接线盒、轴承等部件）的清洗、检查、测量；3. 更换轴承、装配；4. 接线盒检查（端子紧固、电缆外表检查、密封垫检查等），接地线检查；5. 电机修后直流电阻、绝缘电阻测量；6. 加热器检查（若有） | 《电力设备预防性试验规程》（DL/T 596—2021） |

## 课后思考题

1. 在直流电机设备中，需重点关注的敏感部件有哪些？
2. 在直流电机检修中，需重点关注的检修项目有哪些？
3. 在直流电机运行期间，需重点关注的参数或状态有哪些？

# 第7章　开关站设备及保护

## 7.1　开关站介绍

### 7.1.1　概述

当运行机组发电机和500 kV外电网同时失电时，核电厂220 kV开关站一般作为辅助电源的接入口，向厂用电系统供电，为核电厂必须运行的安全厂用设备提供电源。辅助电源系统的安全、稳定、可靠运行对核电厂的安全起着非常重要的作用。220 kV开关站采用封闭组合 $SF_6$ 气体绝缘的电气设备。

以下描述基于秦二厂设备，其结构原理、运维项目设置等方面，可供其他单元和电厂参考。

### 7.1.2　结构与原理

1. 断路器

断路器为立式、单断口，合闸时靠储能弹簧，分闸为压缩空气操作。压缩空气压力低于某一值(1.2 MPa)时，闭锁断路器操作，每相带一个操作柜。断路器外观和断口结构示意图分别如图7.1和图7.2所示。

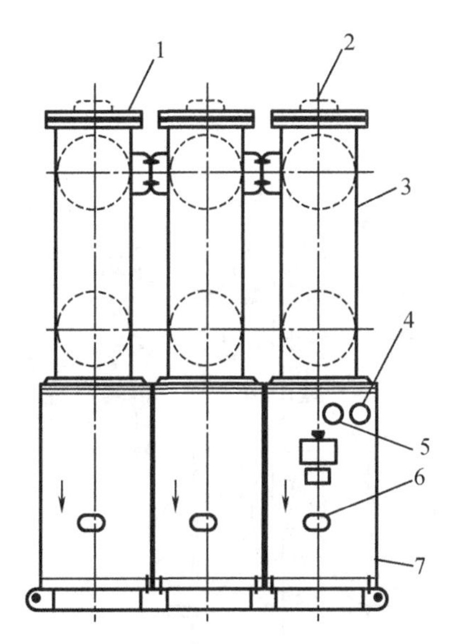


1—人孔盖；2—防爆膜；3—外壳；4—压空表；5—六氟化硫压力表；6—位置指示器；7—运行机构室。

图7.1　断路器外观

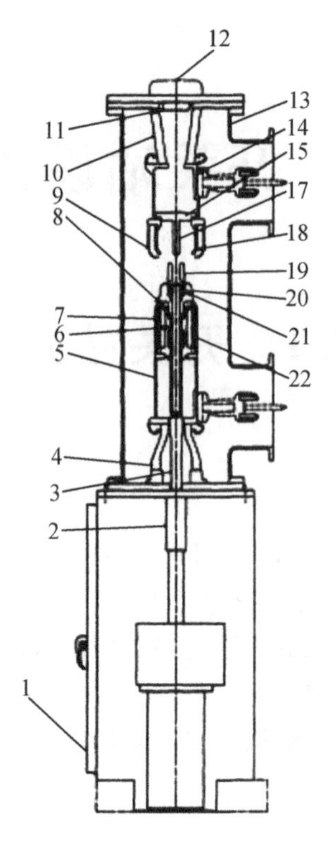


1—运行机构室;2—滑动密封;3—绝缘杆;4—绝缘支撑;5—活塞支撑;6—活塞杆;7—推杆缸;8—活塞;9—绝缘护片;10—绝缘支架;11—吸附剂;13—防爆膜;14—外壳;15—支架;16—梅花触头;17—静弧触头;18—静触头;19—喷口;20—动触头;21—动弧触头;22—固定装置。

**图 7.2 断路器断口结构示意图**

2. 隔离开关

静触头固定在盘式绝缘子上,动触头连杆由旋转绝缘子驱动一个螺杆 - 螺母系统,使动触头杆成轴向运动,而实现隔离开关的开合。操作机构为三相共用,正常为电动压缩空气操作,特殊情况下也可以手动操作。隔离开关内部结构如图 7.3 所示。

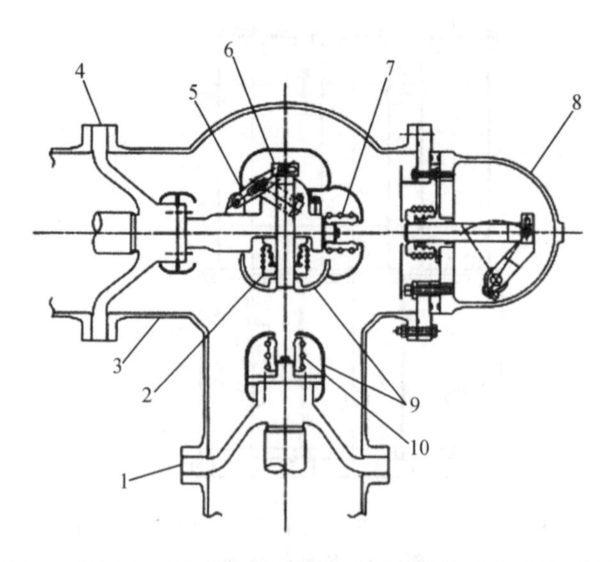


1,4—盆式绝缘子;2—动触头;3—封闭外壳;5—连杆;6—转动轴;7,10—静触头;8—接地开关;9—屏蔽罩。

**图 7.3 隔离开关内部结构图**

3. 接地开关

接地开关分为两类：一类是用于进出线及母线上的接地开关，为快速型接地开关，其由压缩空气操作，具有闭合接地短路电流的能力；另一类是用于断路器两侧及其他位置的接地开关，用于检修接地，为常规型开关，其由手动操作。接地开关内部结构如图7.4所示。

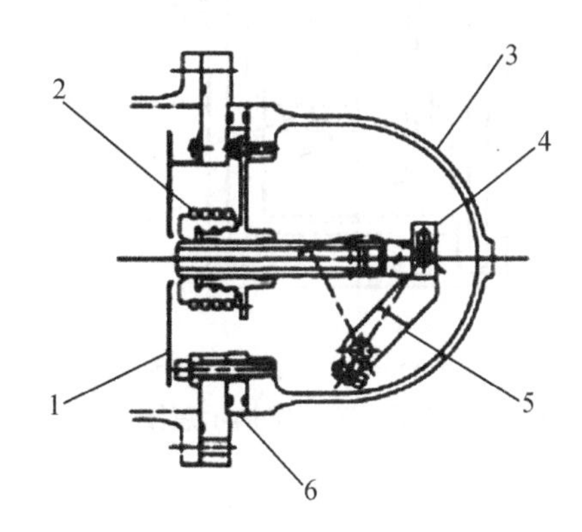


1—屏蔽罩；2—触头；3—封闭外壳；4—传动轴；5—连杆；6—绝缘垫。

**图7.4 接地开关内部结构图**

4. 电流互感器

电流互感器装配在铝外壳的内部，其一次侧为外壳内的母线，二次线圈为环氧树脂浇注，是在工厂内组装在专门的外壳里。电流互感器结构示意图如图7.5所示。

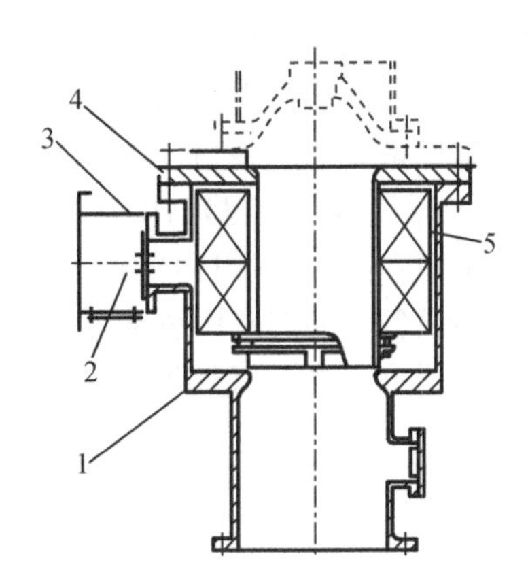


1—外壳；2—端子；3—端子箱；4—连接法兰；5—电流互感器线圈。

**图7.5 电流互感器结构示意图**

5. 电压互感器

二次线圈装设在 $SF_6$ 气体的密封外壳内，为一单独的气室，出厂时已经装配好，现场为整体安装。电压互感器结构示意图如图7.6所示。

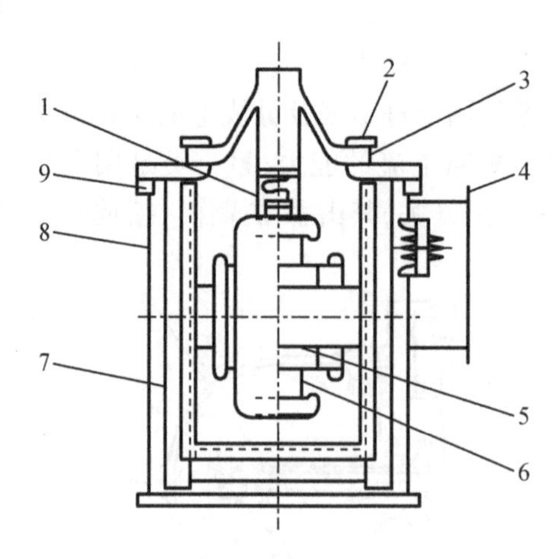


1—导体;2—连接法兰;3—盆式绝缘子;4—接线盒;5—次级线圈;6—高压线圈;7—芯体;8—外壳;9—过渡法兰。

**图7.6 电压互感器结构示意图**

### 7.1.3 标准规范

- 《750 kV 高压电器(GIS、隔离开关、避雷器)》(Q/GDW 123—2005)
- 《电力安全工作规程 发电厂和变电站电气部分》(GB 26860—2011)
- 《外壳防护等级(IP 代码)》(GB/T 4208—2017)
- 《高压交流断路器》(GB 1984—2014)
- 《高压交流隔离开关和接地开关》(GB/T 1985—2014)
- 《高压开关设备型式试验及型式试验报告通用导则》(NB/T 42101—2016)
- 《高压交流开关设备和控制设备标准的共用技术要求》(GB/T 11022—2020)
- 《12 kV ~40.5 kV 户外高压开关运行规程》(DL/T 1081—2008)
- 《高压开关设备和控制设备中六氟化硫($SF_6$)的使用和处理》(GB/T 28537—2012)
- 《高压交流开关设备和控制设备标准的共用技术要求》(GB/T 11022—2020)
- 《防止电力生产事故二十五项重点要求》(国能安全[2014]161 号)

### 7.1.4 运维项目

1. 断路器的检查

(1)外观检查

- 检查螺栓是否紧固
- 检查接地线的状态
- 是否有不正常的噪声
- 是否有锈迹及损伤
- 检查 $SF_6$ 的压力表的指示和压缩空气的压力表的指示
- 检查压缩空气罐的水分,打开排水阀,排出水分

(2)断路器操作机构柜内操作系统的检查

- 检查加热器的状态是否良好
- 检查位置指示器的状态是否良好

- 检查断路器操作次数计数器的状态是否良好
- 检查断路器操动机械柜内是否有锈迹、水及凝露
- 检查柜门是否紧固，如有必要，可更换柜门
- 检查螺栓及端子的紧固状态

2. 隔离开关的检查

(1)外观检查

- 检查隔离开关指示器的指示状态是否正确
- 检查操动机构上是否有锈迹及腐蚀
- 检查螺栓的紧固状态
- 检查关气连杆的锁定
- 检查是否有压缩空气泄漏

(2)隔离开关的动作试验

- 手动对隔离开关的合分操作，检查是否有异常现象发生
- 在操作时检查是否有空气泄漏的声音

3. 快速开关(FES)的检查

(1)外观检查

- 检查快速接地开关指示器的指示状态是否正确
- 检查操动机构上是否有锈迹及腐蚀
- 检查螺栓的紧固状态
- 检查关气连杆的锁定装置
- 检查是否有压缩空气泄漏

(2)快速开关的动作试验

- 手动对快速接地开关的合分操作，检查是否有异常现象发生
- 在操作时检查是否有空气泄漏的声音

4. 接地开关(ES)的检查

(1)外观检查

- 检查接地开关指示器的指示状态是否正确
- 检查操动机构上是否有锈迹及腐蚀
- 检查螺栓的紧固状态

(2)接地开关的动作试验

- 手动对接地开关的合分操作，检查是否有异常现象发生

5. 电压互感器 VT 和电流互感器 CT 的检查

500 kV GIS 上安装的母线电压互感器和电流互感器为免维护设备。

6. 各测试点 $SF_6$ 微水的测量

按照《500 kV GIS $SF_6$ 气体流程图》设置的各气室的检测口，用微水测试仪测试各气室中 $SF_6$ 中水分的含量，并与历次测量值比较，若有增加的趋势，需注意监测(预维规程上的规定为运行中的断路器灭弧室该含量 $<300$ppm，其他气室该含量 $<500$ppm)。

### 7.1.5 典型案例分析

事件1:高压断路器合闸回路中间继电器常闭节点损坏

事件描述:

2014年6月13日,主控室在正常操作后,发现母联2012开关在热备用状态下有“控制回路断线”的报警,经继保检查发现为GIS母联2012间隔就地控制柜内断路器合闸位置继电器动作接点损坏导致。在更换同型号继电器后恢复正常,同日2001M开关也出现同样的报警现象。2012与2001M间隔就地控制柜内断路器合闸位置继电器型号均为DSP2－2A2B。同日2012开关再次出现常闭节点损坏的情况。

秦一厂GIS通过R13与R14的改造,已将2001B间隔、2001M间隔、2012间隔、2000间隔、2424间隔、2P59间隔、2428间隔就地控制柜的断路器合闸位置继电器型号全部更换为DSP2－2A2B。在R14中,2001B间隔与2012间隔的该型号继电器曾出现过动作接点损坏的问题。其中2001B间隔三相的继电器均更换过,2012间隔也因接点问题更换过一个继电器。

原因分析:

(1)GIS 2428间隔、2424间隔、启备变2000间隔的断路器在R13进行了大修,断路器大修中更换了断路器辅助开关,同时更换了2428 GIS就地控制柜、启备变2000 GIS就地控制柜。启备变2000 GIS就地控制柜更换中,ZJ继电器型号由ZJ17更换为南瑞的DSP2－2A2B。DSP2－2A2B继电器为2002年改造的2424线路保护、2428线路保护屏中的ZJ21、ZJ22、ZJ23继电器(型号ST2－2A2B)的替代型号。

(2)GIS 2P59间隔、2424间隔、母联2012间隔、2001B间隔、2001M间隔的断路器在R14进行了大修,断路器大修中更换了断路器辅助开关,同时更换2P59 GIS就地控制柜、2424GIS就地控制柜、2001B就地控制柜、2001M就地控制柜。ZJ继电器型号由ZJ－17更换为南瑞的DSP2－2A2B。

(3) R13、R14大修的2424、2428、2000间隔断路器辅助开关为原厂家产品,2P59、2012、2001B、2001M间隔断路器辅助开关不是原厂家产品。目前出现继电器故障的间隔为2012、2001B、2001M,断路器辅助开关均不是原厂家产品。

(4)目前GIS所有间隔采用的ZJ继电器均为DSP2－2A2B。出现ZJ继电器动作接点损坏的可能原因:断路器辅助开关性能不稳定、ZJ继电器接点断流容量不足够大到断开回路中的电流。

事件2(外部经验反馈):Kalinin核电站发生死亡事故

事件描述:

2018年6月12日,1~4号机组处于功率运行状态。330 kV高压架空线“Kalinin核电站－Novaya电路1”停止运行,并与Kalinin核电站330 kV户外开关站断开连接,以更换该架空线的电压互感器。一家承包商(OJSV“EKSM公司”)正在根据第22/06号工单开展工作,拆装电压互感器。在连接接地隔离开关和一台电压互感器之间的一条软跳线(一条2.17 m长的电线,含端接头)时,一名工作人员触电身亡。

原因分析:

事故发生后对工作现场的调查显示:高压线的各相都通过安装在(从高压线到电压互感器的)软接线上的可移动接地装置接地,架空线路始终保持接地。作业中可移动接地装

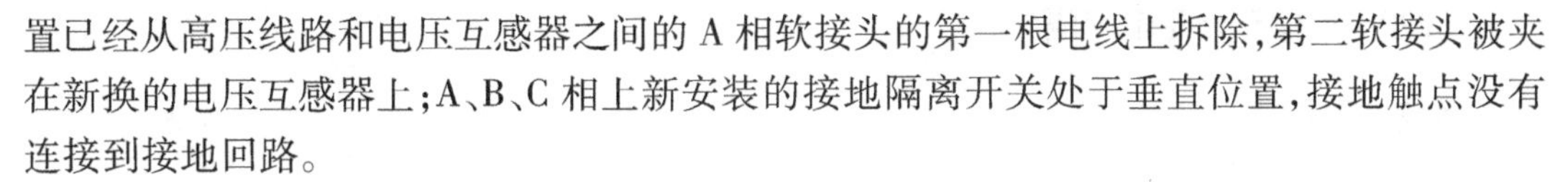

置已经从高压线路和电压互感器之间的A相软接头的第一根电线上拆除,第二软接头被夹在新换的电压互感器上;A、B、C相上新安装的接地隔离开关处于垂直位置,接地触点没有连接到接地回路。

直接原因:

工作人员不遵守安全要求(该工作人员从Kalinin核电站－Novaya电路1的330 kV架空线A相上拆除可移动接地装置时,导致A相的软接线中出现感应电压)。

根本原因:

工作实践存在缺陷(该工作人员工作超出了工单和工作程序中的规定);监护人的监督不力;资质和专业性欠缺(由于对情况理解不到位,导致低估了潜在风险)。

事件3:220 kV GIS开关站压缩空气系统控制屏内压空管线出现漏气

事件描述:

2019年3月26日夜班,由于压缩空气系统控制屏扫负荷使220 kV GIS空压机失电,备用氮气瓶接入,查看备用氮气瓶出口压力时发现在线备用氮气瓶出口压力只有4 MPa,远低于要求的大于8 MPa,且现场能够听到漏气声。

后进行排查,发现漏气点为高压储气罐出口调压阀1－51220－PRV16进口法兰连接处。在漏气缺陷消除后重新更换上新的氮气瓶,现场持续观察空气压缩系统压力和备用氮气瓶出口压力,二者均稳定。

事件处理过程:

(1)对现场漏气点进行排查,现场能听到漏气声,后排查确认现场漏气点为高压储气罐出口调压阀1－51220－PRV16进口法兰连接处。用呆梅扳手在线对称均匀紧固高压储气罐出口调压阀1－51220－PRV16进口法兰连接螺栓,后使用检漏液进行检查,无气泡产生,确认现场漏气缺陷已消除。

(2)更换新氮气瓶,现场持续观察空气压缩系统压力和备用氮气瓶出口压力,二者均稳定。

原因分析:

直接原因,法兰连接处的金属石墨缠绕垫片密封不严,导致压缩空气泄漏。

根本原因,管道内介质压力存在波动,且调压阀1－51220－PRV16投运时间长(无预维及缺陷检修),导致螺栓松动及垫片补偿预紧力能力下降。

纠正行动:

GIS开关空气压缩系统中包括高压储气罐1－51220－TK5及备用氮气瓶1－51220－TK33,均储存有大量高压气体,当高压储气罐1－51220－TK5压力低于限制2.7 MPa时,GIS空压机将会启动运行。设备正常运行及备用状态下,系统法兰连接处泄漏短时内不会造成压缩空气大量泄漏;每日都会对GIS区域进行巡检,其中包括减压阀(1－51220－PRV34)阀后51220－PI35压力及SST断路器压空压力,巡检时若发现压力异常可及时进行反馈处理。

鉴于GIS开关空气压缩系统中有大量高压气体(含氮气)备用、缺陷发生率低、泄漏量小及运行人员日常巡检记录等相关情况,本次不需要采取额外的纠正行动。

## 课后思考题

1.220 kV GIS包含哪些主要部分?

2. 220 kV GIS 分几个间隔?

参考文献

[1] 李建基. 高中压开关设备选型及新技术手册[M]. 北京:中国水利水电出版社,2010.

[2] 郭贤珊. 高压开关设备生产运行实用技术[M]. 北京:中国标准出版社,2006.

[3] 王铁柱. $SF_6$ 气体绝缘金属封闭开关设备验收及运维关键点[M]. 北京:中国电力出版社,2021.

[4] 张英. 介质阻挡放电降解 $SF_6$ 气体研发及应用[M]. 北京:化学工业出版社,2021.

[5] 郑殿春. $SF_6$ 介质特性及应用[M]. 北京:科学出版社,2019.

## 7.2 开关站保护系统

开关站是为提高输电线路运行稳定度或便于分配同一电压等级电力,而在线路中间设置的无主变压器的设施。开关站由断路器、隔离开关、电流互感器、电压互感器、母线、相应控制保护和自动装置以及辅助设施组成,同时也可安装各种必要的补偿装置。开关站中只设一种电压等级的配电装置。开关站用于 220 kV 及以上的输电线路中。一般来说涉及电厂的开关站电压等级为 220 kV 及以上。

### 7.2.1 概述

开关站的保护系统主要包括:线路保护、母线保护、断路器保护(也称开关保护)、自动重合闸等内容。根据国家电网公司发布的标准《变压器、高压并联电抗器和母线保护及辅助装置标准化设计规范》(Q/GDW 175—2013),现阶段对各二次厂家 220 kV 及以上电压等级常规站保护装置进行了输入输出量、压板、端子、报告和定值的"六统一"规范,未来开关站的保护系统的设计,必须满足"六统一"规范。

### 7.2.2 结构与原理

1. 线路保护

(1)线路主要设备及常见故障

线路结构一般为四分裂钢芯铝绞线,三相线加两避雷线,铁塔架设。每相导线采用四分裂形式,目的是减少电流的集肤效应,增大单位面积导线通过电流的能力。采用钢芯的目的是增加导线的强度;采用铝绞线,一方面是为了使承载单位电流的导线分量较轻,另一方面也比较经济。

线路的故障原因主要有以下方面:

- 自然因素:雷击、雾闪、暴风雪、动物活动、植物生长、大气污染等造成电气设备对地闪络放电或相间短路,或倒杆断线对地直接接地短路等故障;
- 人员方面造成的原因:误操作、安装调试运行及维护不良或运行方式不当等,造成电气设备短路、接地、过负荷、过电压等故障,而导致电气设备损坏;

- 设备本身缺陷、绝缘老化或外力破坏等其他原因造成设备故障。

线路的故障类型有:单相接地;两相接地;两相短路及三相短路;断相。

故障后果主要有以下几方面:

- 故障电流的热效应和电动力的机械效应,直接加重故障设备的损坏程度;
- 系统中其他正常设备也因电流增大、电压降低难以继续正常运行;
- 对于近距离故障点或超高压电网内故障,切除时间较长将引起发电厂或发电机之间失去同步,有时导致系统振荡、破坏系统稳定运行;
- 对于大电流接地系统的接地故障,由于接地故障电流电磁互感的影响,对平行的通信线路系统产生干扰,也有可能危及人身和设备的安全。

(2)主要保护配置方案

线路两侧分别配置双套完整的、能独立反应于各种类型故障、具有选相功能的全线速动分相电流差动保护,每套保护均应具有完整的后备保护功能。每一套保护在线路空载、轻载、满载等各种状态下,在保护范围内发生金属性故障(包括单相接地、两相接地、两相不接地短路、三相短路及复合故障、转换性故障等)时,保护应能正确动作;保护范围外发生各种故障时或外部故障切除、功率突然倒向及系统操作等情况下,装置不应误动。

保护整组动作时间不大于 20 ms(不包括通道传输时间),保护装置返回时间(从故障切除到装置跳闸出口元件接点返回)应不大于 30 ms。

保护装置应具有允许 300 Ω 过渡电阻的能力,保证经大电阻接地故障时能有选择性地、可靠地切除故障。

每套主保护应有独立选相功能,选相元件应保证在各种故障条件下正确选相。

a. 光纤差动保护

输电线路保护采用光纤通道,由于通信容量很大,所以线路保护往往做成分相式的电流纵差保护。输电线路分相电流纵差保护本身有选相功能,哪一相纵差保护动作该相就是故障相。输电线路两侧的电流信号编码成码流形式然后转换成光信号经光纤输出。传送的信号可以是包含了幅值和相位信息在内的该侧电流的瞬时值,保护装置收到输入的光信号后先将其转换成电信号,再与本侧的电流信号构成纵差保护。

(a)光纤差动的基本原理

如图 7.7 所示,差动元件通过直接比较两侧电气量来判断是否发生故障,通道通过交换两侧电流量的波形(采样点)或相量,将两侧交流回路联系起来。两侧电流量遵循基尔霍夫电流定律,即流入电流等于流出电流,两侧电流的矢量和为 0。

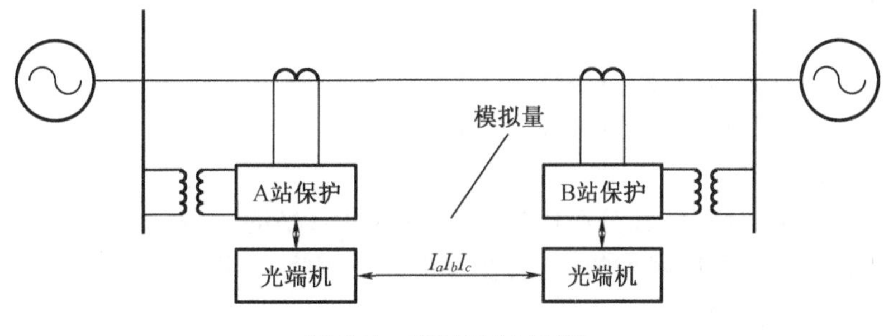


图 7.7 光纤差动原理图

如图7.8所示,当线路发生区内故障时,两侧电流都流向故障点,可得到以下公式:

$$\sum \dot{I} = \dot{I}_M + \dot{I}_N = \dot{I}_{k1}$$

当线路正常运行或发生区外故障时,两侧电流仍保持流进等于流出的正常特点,具体公式:

$$\sum \dot{I} = \dot{I}_M + \dot{I}_N = 0$$

差动的含义:正常运行或者外部故障时,两个电流相减,有"差"的概念,实际上是两侧电流的相量之和;差动保护的优点:有选择性地快速切除故障。

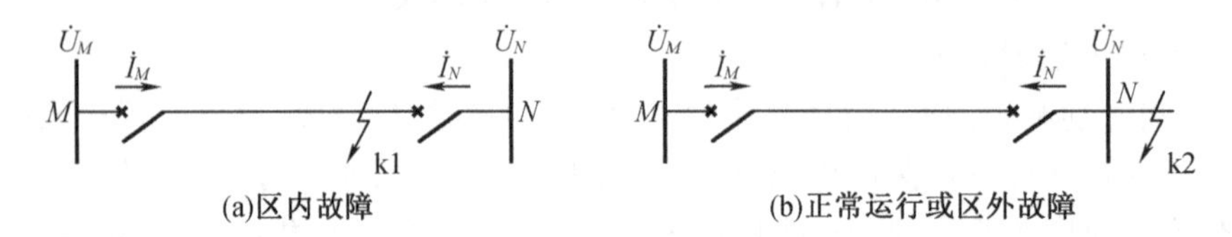


**图7.8 光纤差动电流图**

(b)光纤差动保护的整定

为保证选择性,纵联差动保护继电器的起动电流必须按避开最大不平衡电流来整定。最大不平衡电流越小,保护的灵敏度就越高。应采用型号相同、磁化特性一致,铁芯截面较大的高精度电流互感器。必要时,可采用铁芯磁路中有小气隙的电流互感器,也可采用非常规互感器(如罗氏线圈、光学互感器等)。

整定时,整定电流 $I_{zd}$ 需避开外部短路时的最大不平衡电流:

$$I_{zd} = K_k K_{fzq} K_c K_{tx} I_{d.max}$$

式中 $K_k$——可靠系数,取1.3~1.5;

$K_{fzq}$——非周期分量系数,主要考虑暂态过程中的非周期分量的影响,当差动回路采用速饱和变流器时,值为1,当差动回路是用串联电阻降低不平衡电流时,值为1.5~2;

$K_c$——电流互感器的10%误差系数;

$K_{tx}$——电流互感器的同型系数,两侧线路电流互感器同型系数取0.5,不同型号取1,主要考虑两侧电流互感器不同型号时的特性差异额影响;

$I_{d.max}$——外部短路时流过电流互感器的最大短路电流。

线路正常运行时电流互感器二次断线时差动电流元件中将流过线路负荷的二次值,这时保护不动作,即

$$I_{zd} = K_k I_{L.max}$$

式中 $K_k$——可靠系数,取1.5~1.8;

$I_{L.max}$——线路正常运行时的最大负荷电流。

(c)电容电流的影响

对于高电压长距离输电,其分布电容电流是不可忽略的,有可能导致保护的误动作。但电容电流的精确计算是很困难的,尤其在发生区外故障时,沿线路电压的测量可能不准确,故电容电流估计更不准确。

实际中可采取保守策略,即线路正常运行时,计算 $|\dot{I}_M + \dot{I}_N| = I_C$ 作为纯电容电流。在

进行差动判据计算时,必须满足 $|\dot{I}_M+\dot{I}_N|>2I_C$ 的动作条件。

保护判据:

$$|\dot{I}_M+\dot{I}_N|>I_{zd}$$

缺点:如整定值太小,则区外故障可能误动;如整定值太大,则区内故障可能拒动,一般采用固定门槛值,不具备自适应特性。

保护灵敏度的校验:

$$K_{lm}=\frac{I_{d.min}}{I_{zd}}\geqslant 2$$

式中 $K_{lm}$——保护灵敏度;

$I_{d.min}$——单侧电源作用且被保护线路末端短路时,流过保护的最小短路电流。

若纵差保护不满足灵敏度要求,则可采用灵敏度更高的纵差保护,如带制动特性的纵差保护等。

b. 距离保护

(a)距离保护的作用原理

由于电流保护受系统运行方式的影响很大,在35 kV及以上电压的复杂电网中,其很难满足选择性、灵敏性以及速动性的要求。电力系统发生故障时,一般电压降低、电流变大,如果以"电压/电流"作为特征量,则两个变化趋势相反的物理量相除,能够更为灵敏地反映故障,且具有明确的物理含义:故障距离。

距离保护是反映故障点至保护安装地点之间的距离,并根据距离的远近而确定动作时间的一种保护装置(图7.9)

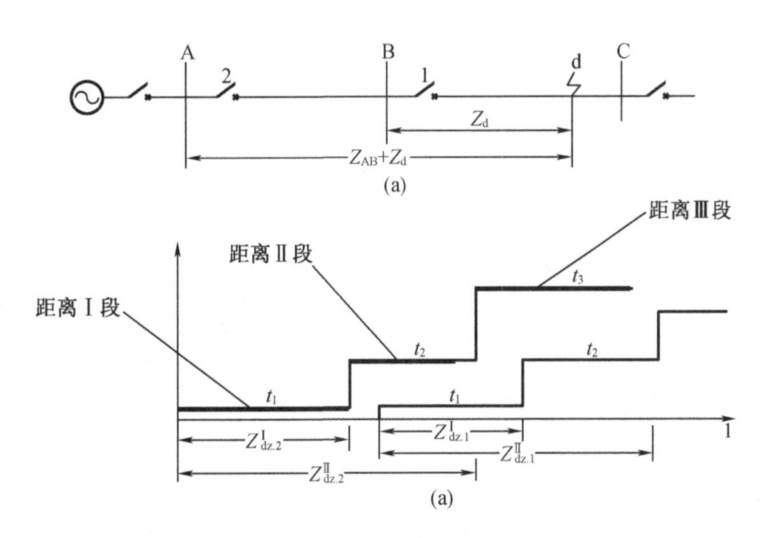


图7.9 距离保护示意图

距离的远近是由输入继电器的电压和电流计算出的阻抗值的大小来反映的,该阻抗称为继电器的测量阻抗。

(b)距离保护的定值整定

距离Ⅰ段:瞬时动作,保护范围为本线路全长的80%~85%,阻抗定值为

$$Z'_{dz.2}=K'_kZ_{AB}$$

式中，$K_k'$为动作可靠系数。

距离Ⅱ段：动作时限和整定值要与下一条线路的距离Ⅰ段或Ⅱ段配合，目的是保护本线路全长，与距离Ⅰ段联合工作可构成本线路的主保护，阻抗值为

$$Z''_{dz.2}=K''_k(Z_{AB}+Z'_{dz.1})$$

距离Ⅲ段：作为相邻元件保护和断路器拒动的远后备保护以及本线路距离Ⅰ段和Ⅱ段的近后备保护，动作时限的整定原则与过电流保护相同，整定值按避开正常运行时的最小负荷阻抗来整定。

(c)不同特性的阻抗继电器

距离保护的实际测量参数为线路的阻抗，因此实现距离保护功能的为阻抗继电器。根据不同的情况，阻抗继电器可分为全阻抗继电器、方向阻抗继电器、偏移阻抗继电器等几种类型。

图7.10所示为全阻抗继电器动作特性。全阻抗继电器的特性为一个中心圆，但没有方向性，不论加入继电器的电压与电流之间的角度有多大，继电器的起动阻抗在数值上都等于整定阻抗。这种继电器优点是构成简单，缺点是无方向性，反方向故障时，继电器会误动。

图7.11所示为方向阻抗继电器动作特性。方向阻抗继电器为一个过坐标轴原点的圆。正方向故障时，测量阻抗在第一象限，反方向故障时，测量阻抗在第三象限；本身具有方向性，起动阻抗随着测量阻抗相角的变化而改变，当测量阻抗相角 $\varphi_J$ 等于整定阻抗的相角时，起动阻抗最大，保护范围最大，继电器最灵敏，这一阻抗相角称为继电器的最大灵敏角 $\varphi_{lm}=\varphi_d$。

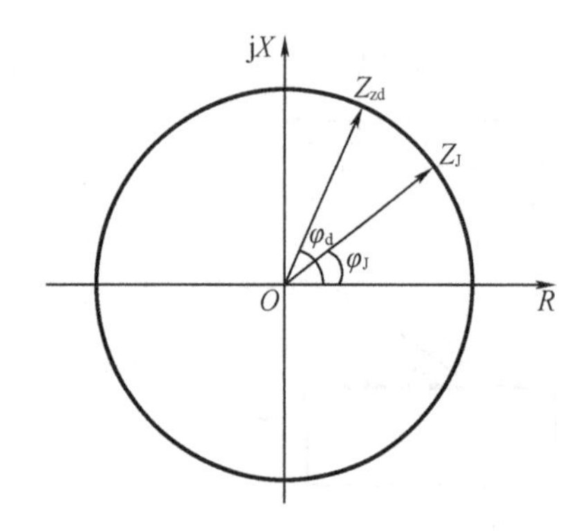


图7.10 全阻抗继电器动作特性

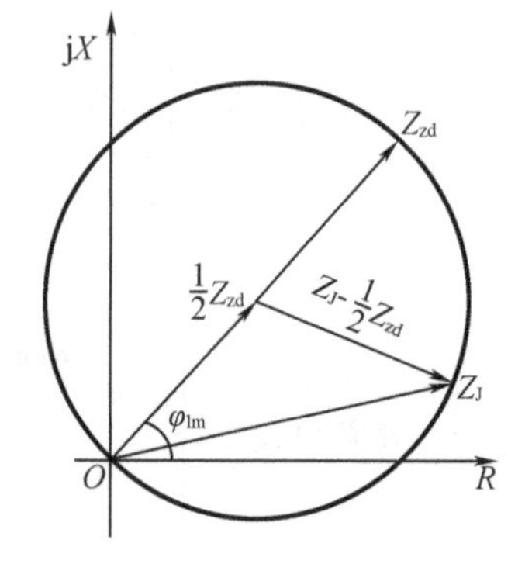


图7.11 方向阻抗继电器动作特性

方向阻抗继电器的优点是：有方向性，反方向故障时，继电器不会误动。其缺点是：正方向母线出口短路时，继电器有死区；继电器的起动阻抗 $Z_{dz}$ 与测量阻抗相角 $\varphi_J$ 有关，对继电器的灵敏性有一定的影响。

图7.12所示为偏移特性阻抗继电器动作特性。正方向的整定阻抗为 $Z_{zd}$，反方向偏移一个 $-aZ_{zd}$ 动作特性圆后，可把圆心包含在圆内，消除方向阻抗继电器的死区。其优点是：有一定的方向性，保护安装处出口短路时，没有死区。其缺点是：在反方向出口短路时会失去方向性。一般用于Ⅲ段距离保护，作为启动元件和后备保护使用。

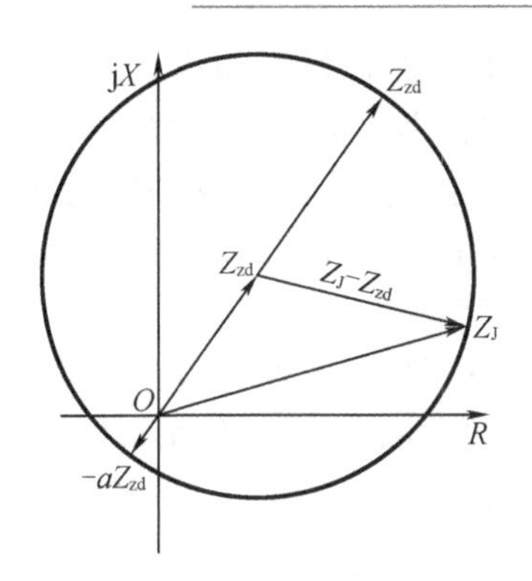


图7.12 偏移阻抗继电器动作特性

此外还有其他如具有透镜形、四边形、苹果形等特性的阻抗继电器。

(d)距离保护的评价

- 选择性:在多电源的复杂网络中能保证动作的选择性。
- 快速性:距离保护的Ⅰ段能保护线路全长的85%,对于双侧电源的线路,至少有30%的范围保护要以Ⅱ段时间切除故障。
- 灵敏性:由于距离保护同时反映电压和电流,比单一反映电流的保护灵敏度高。距离保护Ⅰ段的保护范围不受运行方式变化的影响,保护范围比较稳定。Ⅱ、Ⅲ段的保护范围受运行方式变化影响(分支系数变化)。
- 可靠性:由于阻抗继电器构成复杂,距离保护的直流回路多,振荡闭锁、断线闭锁等使接线复杂,可靠性较电流保护低。

c.零序电流保护

(a)零序电流保护及其作用

在中性点直接接地的高压电网中发生接地短路时,将出现零序电流和零序电压。利用上述的特征电气量可构成保护接地短路故障的零序电流保护。

统计资料表明,在中性点直接接地的电网中,接地故障点占总故障次数的90%左右,而作为接地保护的零序电流方向保护又是高压线路保护中正确动作率最高的一种。在我国中性点直接接地系统不同电压等级电力网线路上,按国家《继电保护和安全自动装置技术规程》(以下简称《技术规程》)规定,都装设了零序电流方向保护装置。

带方向性和不带方向性的零序电流保护是简单而有效的接地保护方式,它主要由零序电流滤过器、电流继电器和零序方向继电器以及与收发信机、重合闸配合使用的逻辑电路所组成。现今,大接地电流系统中输电线路接地保护方式主要有纵联保护、零序电流方向保护和接地距离保护等。它们都与系统中的零序电流、零序电压及零序阻抗密切相关。实践表明,零序电流方向保护在高压电网中发挥着重要作用,成为各种电压等级高压电网接地故障的基本保护。即使在装有接地距离保护作为接地故障主要保护的线路上,为了保护经高电阻接地的故障和对相邻线路保护有更好的后备作用,也为了保证选择性,仍然需要装设完整的成套零序电流方向保护作为基本保护。

(b)零序电流保护的优缺点

带方向性和不带方向性的零序电流保护是简单而有效的接地保护方式,其主要优点如下:

- 经高阻接地故障时,零序电流保护仍可动作。由于本保护反应于零序电流的绝对值,受故障过渡电阻的影响较小。例如,当220 kV线路发生对树放电故障,故障点过渡电阻可能高达100 Ω,此时,其他保护大多数将无法动作,而零序电流保护,即使零序电流 $3I_0$定值高达几百安培尚能可靠动作。
- 系统振荡时不会误动。零序电流方向保护不怕系统振荡是由于振荡时系统仍是对称的,故没有零序电流,因此零序电流继电器及零序方向继电器都不会误动。
- 在电网零序网络基本保持稳定的条件下,保护范围比较稳定。由于线路零序阻抗比正序阻抗一般大3~3.5倍,故线路始端与末端短路时,零序电流变化显著,零序电流随线路保护接地故障点位置的变化曲线较陡,其瞬时段保护范围较大,对于一般长线路和中长线路,可以达到全线的70%~80%,性能与距离保护相近。而且在装用三相重合闸的线路上(这里是指三跳出口方式),多数情况,其瞬时保护段尚有纵续动作的特性,即使在瞬时段保护范围以外的本线路故障,仍能靠对侧开关三相跳闸后,本侧零序电流突然增大而促使瞬时段起动切除故障。这是一般距离保护所不及的,为零序电流保护所独有的优点。
- 系统正常运行和发生相间短路时,不会出现零序电流和零序电压,因此零序保护的延时段动作电流可以整定得较小,这有利于提高其灵敏度。并且零序电流保护之间的配合只决定于零序网络的阻抗分布情况,不受负荷潮流和发电机开停机的影响,只需要零序网络阻抗保持基本稳定,便可以获得良好的保护效果。
- 结构与工作原理简单。零序电流保护以单一的电流量为动作量,只需要用一个继电器便可以对三相中任一相接地故障做出反应,因而运行维护简便,其正确动作率高于其他复杂保护。同样又因为整套保护中间环节少,动作快捷,有利于减少发展性故障,特别是对近处故障的快速切除是很有利的。在Y/Δ接线的降压变压器三角形绕组侧以后的故障不会在星形绕组侧反映出零序电流,所以零序电流保护的动作时限可以不必与该种变压器以后的线路保护配合而可取得较短的动作时限。

零序电流保护的缺点如下:

- 对于短线路或运行方式变化很大的情况,保护往往不能满足系统运行所提出的要求。
- 当采用自耦变压器联系两个不同电压等级的网络时(例如110 kV和220 kV电网),则任一网络的接地短路都将在另一网络中产生零序电流,这将使零序保护的整定配合复杂化,并将增大延时段的动作时限。
- 当电流回路断线时,可能造成保护误动作,运行时要注意防范,如有必要,还可以利用零序电压突变量闭锁的方法来防止这种误动作。
- 当电力系统出现不对称运行时,也会出现零序电流,例如变压器三相参数不对称,单相重合闸过程中的两相运行,三相重合闸和手动合闸时的三相开关不同期以及空投变压器时的不平衡励磁涌流等,都可能使零序电流保护误动作,必须采取措施。
- 地理位置靠近的平行线路,由于平行线间零序互阻抗的影响,可能引起零序电流方向保护的保护区伸长、零序电流方向继电器误动等。

尽管零序电流保护有以上缺点,但总可以采取措施克服,所以在各级高压电网中,零序电流保护以其简单、经济、可靠,而广泛应用。

(c)反时限零序电流保护

随着电力系统网架的快速扩大,500 kV 自耦变压器、220 kV 超短线路及短线路群的投入,零序网随运行方式变化而越发复杂,造成零序电流保护的整定配合困难,应用受到了限制。微机型线路保护在全网线路上的采用,为此提供了可靠、灵活的解决途径。在微机线路保护装置中具备阶段式接地距离保护、阶段式零序电流保护或反时限零序电流保护。

接地距离保护的缺点是受接地电阻的影响太大,过大的接地电阻将造成拒动。《技术规程》明确提出对于220 kV 线路,当接地电阻不大于100 Ω 时,保护应能可靠地切除故障。

- 宜装设阶段式接地距离保护并辅之用于切除经电阻接地故障的一段定时限和/或反时限零序电流保护。
- 可装设阶段式接地距离保护、阶段式零序电流保护或反时限零序电流保护,根据具体情况使用。

为此,一段定时限零序电流或是阶段式零序电流保护的最末段,其动作电流整定值不大于300 A。电网只保留零序电流长延时最末段,对于复杂电网而言在配合上非常困难,在运行中因最末段无法满足时限配合关系,也存在着无选择性跳闸的隐患。因此,采用反时限零序电流保护功能,全网使用统一的启动值和反时限特性,接地故障时按电网自然的零序电流分布以满足选择性。

反时限零序电流继电器的时限-电流特性遵照国际电工委员会标准(IEC255-4)一般反时限特性,其表达式为

$$t=\frac{0.14}{(I/I_{P})^{0.02}-1}t_{P}$$

式中 $t$——继电器的动作时限;

$t_{P}$——时间系数;

$I_{P}$——起始动作电流;

$I$——继电器通入的电流。

(d)零序电流保护的应用

在中性点直接接地电网中,接地故障占总故障次数的绝大部分。零序电流方向保护简单可靠、灵敏度高(特别是在高电阻接地故障时)、保护范围比较稳定,所以在输电线路保护中获得了广泛的应用。《技术规程》和《电网继电保护装置运行整定规程》(以下简称《整定规程》)都对零序电流保护的应用作了原则说明。另外,高压线路继电保护装置统一设计原则的“四统一”(以下简称“四统一”)总结了我国高压线路继电保护多年来的设计、制造和运行经验,具有指导意义。

- 110 kV 线路零序电流保护

单侧电源线路的零序电流保护一般为三段式,终端线路也可以采用二段式。双侧电源复杂电网线路零序电流保护一般为四段式或三段式,在需要改善配合条件,压缩动作时间的线路,零序电流保护宜采用四段式的整定方式;按三段式运行时,可设两个第一段。

- 110 kV 零序后加速段的设置

我国110 kV 线路采用三相重合闸方式。三相重合闸后加速一般应加速对线路末端故障有足够灵敏系数的零序电流保护段,如果躲不开后一侧合闸时,因断路器三相不同步产生的零序电流,则两侧的后加速段在整个重合闸周期中均应带0.1s 延时。

加速段可以独立设置,如同现在的微机保护,定值和延时可独立整定。此外,为防止合

闸于空载变压器时励磁涌流引起零序后加速误动,零序加速段可以由控制字选择是否需要投入二次谐波闭锁,二次谐波的制动比可以选为18%。

必须指出,作为零序电流保护速动段的零序电流Ⅰ段定值若避不开断路器三相触头不同时接通产生的零序电流时,也应在重合闸后延时0.1 s动作。

按三段式运行设两个第一段时,不灵敏一段电流定值可躲过合闸三相不同步引起的零序电流,故在重合闸后不用带延时,只是灵敏一段要带0.1 s延时。

• 220~500 kV线路零序电流方向保护

作为零序电流保护,上述110 kV线路零序电流保护应用中的基本原则,在220~500 kV线路上也是适用的。但在220~500 kV线路上除采用三相重合闸外还普遍采用了单相重合闸、综合重合闸,此时,零序电流保护就还要考虑非全相运行的问题。

200~500 kV线路零序电流保护一般为四段式。根据各地的多年运行经验,大部分线路采用可经方向元件控制的四段式零序电流保护作为接地故障时的基本保护较为适宜。对于三相重合闸线路,零序电流保护可以按四段式运行,或按三段式运行,但其中有两个第一段,灵敏一段重合闸时带延时0.1 s。对于单相重合闸线路,可按三段式运行,其中也有两个第一段或者两个第二段,两个第一段时灵敏一段在重合闸过程中退出运行,两个第二段时灵敏二段在重合闸过程中退出运行。终端输电线路可装设较少段数的零序电流保护。

2. 断路器保护

(1)断路器失灵保护

断路器失灵保护是指故障电气设备的继电保护动作发出跳闸命令而断路器拒动时,利用故障设备的保护动作信息与拒动断路器的电流信息构成对断路器失灵的判别,能够以较短的时限切除同一厂站内其他有关的断路器,使停电范围限制在最小,从而保证整个电网的稳定运行,避免造成发电机、变压器等故障元件的严重烧损和电网的崩溃瓦解事故。在现代高压和超高压电网中,断路器失灵保护作为一种近后备保护方式得到了普遍采用。

a. 失灵保护原理

保护(电气量保护)动作于高压断路器跳闸,但断路器仍有电流通过,仍处于闭合状态。则可判断断路器失灵,应起动断路器失灵保护,以免事故扩大。

图7.13所示为断路器失灵保护逻辑框图,由图可见,断路器失灵保护起动有以下三个条件:

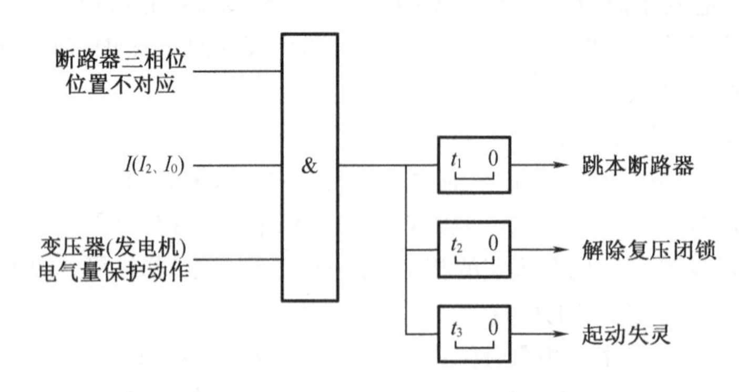


$I$—正序电流;$I_2$—负序电流;$I_0$—零序电流;$t_1$、$t_2$、$t_3$—不同延时。

**图7.13 断路器失灵保护逻辑框图**

- 变压器(发电机)电气量保护动作,变压器(发电机)非电量保护不能起动失灵保护。
- 相电流元件、零序电流元件、负序电流元件仍处于动作状态,三者可以组合。
- 断路器三相位位置不对应,因不考虑断路器三相同时拒动,所以若断路器三相联动,则该判据不使用。

b. 整定计算

(a)相电流元件

整定原则:在灵敏度校验点有灵敏度的基础上,尽可能躲过变压器额定电流。

对于高压侧为双时线或单母线接线的升压变压器,相电流元件灵敏度校验点是系统最小运行方式时,变压器低压侧两相短路;对于发电机变压器线路组(包括扩大单元),灵敏度校验点是线路末端故障或系统最小运行方式时,变压器低压侧相间短路;对于高压侧为3/2接线的升压变压器,边断路器相电流元件灵敏度校验点是系统最小运行方式时,变压器低压侧的两相短路,中断路器相电流元件灵敏校验点是线路末端故障或系统最小运行方式时,变压器低压侧相间短路故障;对于发电机机头断路器,相电流元件灵敏度校验点是主变压器高压侧短路故障。

在这些点发生短路故障时,流过保护安装处的最小短路电流设为$I_{K.min}$,则相电流元件的动作电流$I_{op}$为

$$I_{op}=\frac{I_{K.min}}{K_{sen}}\frac{1}{n_{TA}}$$

式中　$K_{sem}$——灵敏系数,取1.3;

$n_{TA}$——失灵保护用电流互感器变比。

如果$I_{op}$比$I_N/n_{TA}$($I_N$为变压器高压侧额定电流)大得多,则可减小$I_{op}$以提高灵敏度,如取$I_{op}=1.1I_N/n_{TA}$;如果$I_{op}<I_N/n_{TA}$,则可适当降低灵敏度,尽量使$n_{TA}I_{op}>I_N$。

(b)负序和零序电流元件

负序动作电流$I_{2.op}$和零序动作电流按躲过正常运行时域大不平衡电流整定,一般可取

$$I_{2.op}=(15\%\sim20\%)\frac{I_N}{n_{TA}}$$

$$3I_{0.op}=(20\%\sim30\%)\frac{I_N}{n_{TA}}$$

当电流互感器变比过大致使保护装置因$I_{2.op}$、$3I_{0.op}$过小而不能设置时,可适当增大动作值,必要时可进行灵敏系数校核。

(c)动作时限

$t_1$按躲过断路器跳闸时间整定,可取0.1~0.2 s,也可取更短的时间再次跳闸;

$t_2$按可靠躲过断路器跳闸时间、保护返回时间之和整定,可取0.3~0.4 s;

$t_3$略大于$t_2$,$t_3=t_2+\Delta t$,当$\Delta t=0.3$ s时,则$t_3=0.6\sim0.7$ s。

c. 注意事项

(a)变压器非电量保护与电气量保护的动作出口应分开,非电量保护不能作为起动失灵保护的条件之一。

(b)失灵保护中的相电流元件(负序、零序电流元件)应具有返回快的特点,返回时间不应大于20 ms,所以应取P型互感器的二次电流,不应采用TPY型互感器的二次电流。

(c)发电机变压器线路组(包括扩大单元)、发电机变压器组高压母线为一个半断路器

或多角形接线时,线路断路器失灵保护还应起动远跳装置跳线路对侧断路器。

(d)发电机与变压器间机头断路器失灵时,在起动跳变压器高压侧断路器的同时,应起动厂用柴油发电机,以保证厂用电供电的可靠性。

(e)在有的保护装置中,不设跳本断路器的出口,故没有 $t_1$ 延时的整定。

(f)对于三相机械联动的断路带,三相不一致接点不作失灵保护起动条件;对于分相操作的断路器,为简化接线,三相不一致接点也可不作失灵保护起动条件。

(g)失灵保护起动时间与接线形式、断路器是否三相机械联动等因素有关。在双母线接线中,当断路器非三相机械联动且设置非全相保护时,则 $t_2$ 应躲过非全相保护动作时限,此时可取 $t_2=0.5$ s、$t_3=0.8$ s。在3/2 接线中,当断路器可分相操作时,此时三相不一致接点不作失灵保护起动条件,母线保护中没有复合电压元件。所以 $t_2$ 延时出口起动失灵保护,此时可取 $t_3=0.2\sim0.3$ s。在发电机变压器线路组(包括扩大单元)接线中,一般情况下断路器为非三相机械联动,此时三相不一致接点不作失灵保护起动条件,在这种情况下 $t_2$ 延时出口起动失灵保护,可取 $t_2=0.3\sim0.4$ s。

(h)失灵保护必须按断路器装设,否则容易造成不正确动作。如在3/2 主接线或多角形主接线中,线路电流为相邻两个断路器电流之和,若断路器失灵保护取该电流作起动量,则当线路发生故障其中一个断路器失灵时,正确跳闸的断路器会误判失灵,造成事故的扩大。

在图7.14 中,$QF_1$、$QF_2$、$QF_3$ 分别为三绕组变压器 T 高压侧、中压侧、低压侧断路器,$TA_1$、$TA_2$、$TA_3$ 为该变压器差动保护电流互感器。如 $QF_1$ 失灵保护采用变压器高压侧套管电流互感器 TA 二次电流,则 $K$ 点发生短路故障而 $QF_2$ 或 $QF_3$ 拒动时,虽然 $QF_1$(三相机械联跳)已正确三相跳闸,但失灵保护因差动保护不返回、互感器 $TA_4$ 二次侧仍有电流而起动,导致高压侧Ⅰ母线或Ⅱ母线断路器全跳的后果。显然这是 $QF_1$ 失灵保护误起动造成的。同样,图7.14 中 $K$ 点短路故障而 $QF_2$、$QF_3$ 正确三相跳闸时,若 $QF_1$ 真的发生拒动,则因 $TA_4$ 二次侧无电流,导致 $QF_1$ 的失灵保护无法起动,同样造成严重后果。这是失灵保护拒动造成的。

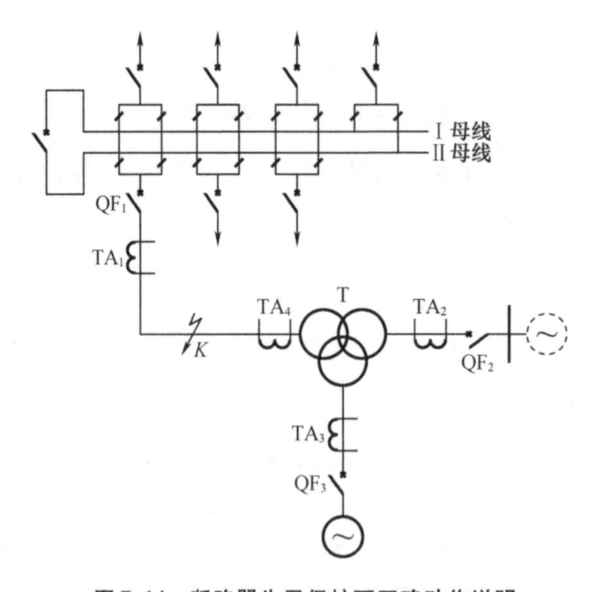


**图7.14 断路器失灵保护不正确动作说明**

由以上分析可见，失灵保护必须按断路器装设，即失灵保护的起动电流应取断路器电流。如在图 7.14 中，$QF_1$ 失灵保护应采用 $TA_1$ 的二次侧电流。

(i)在双母线接线中，注意旁路带电时原断路器中没有电流，需保证旁路断路器失灵保护的正确动作。

(j)在发变组高压侧(如 3/2 接线)断路器失灵保护中，应注意非故障相失灵的动作电流，为保证失灵保护的可靠动作，必要时可引入低功率因数(或负序电流)判据。

### 7.2.3 断路器非全相保护

1. 基本工作原理

高压侧断路器为分相操作时，运行中可能出现各种原因的一相或两相断开，造成断路器的非全相运行。

这种断路器的非全相运行，有负序(零序)电流出现，对于发电机，有负序电流保护（反时限)，但动作时间相对较长；对于降压变压器或联络变压器断路器非全相运行，只能借助后备保护来反应，同样动作时间较长。

较长的保护动作时间使变压器相邻线路上负序(零序)保护有发生误动作的可能，导致故障范围扩大，甚至影响系统的稳定性。因此应安装三相非联动断路器的非全相保护。

图 7.15 所示为高压断路器非全和保护逻辑框图，其中 $QF_A$、$QF_B$、$QF_C$ 为断路器相动合、动断的辅助触点。显而易见，断路器非全相运行时，辅助触点的组合构成了非全相保护动作条件之一。

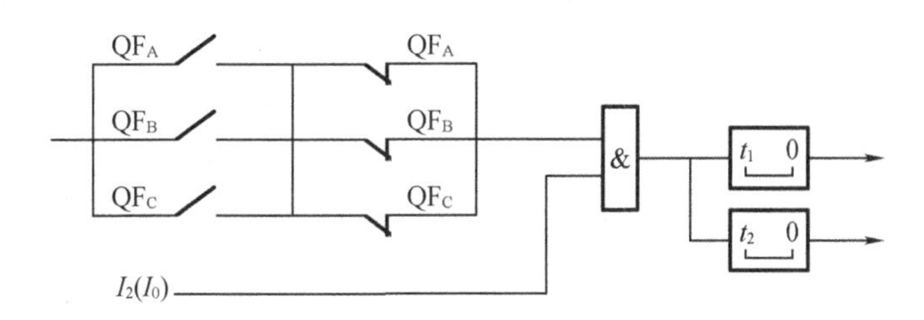


**图 7.15 高压断路器非全相保护逻辑框图**

2. 整定计算

(1)负序动作电流，按躲过正常运行时最大不平衡电流整定：

$$I_{2.\mathrm{op}} = (15\% \sim 20\%)\frac{I_\mathrm{N}}{n_\mathrm{TA}}$$

式中 $I_\mathrm{N}$——变压器高压侧额定电流；

$n_\mathrm{TA}$——电流互感器变比。

如有零序电流起动量，其零序动作电流为

$$3I_{0.\mathrm{op}} = (20\% \sim 30\%)\frac{I_\mathrm{N}}{n_\mathrm{TA}}$$

(2)动作时限 $t_1$、$t_2$。对于不出现非全相运行的断路器，$t_1$ 应躲过断路器三相不同期时间，可取 0.1 ~0.2 s；对于有可能出现非全相运行的断路器，$t_1$ 应躲过单相近合闸最大周期，一般取 $t_1 \geq 2$ s。

若经 $t_1$ 延时重跳本断路器失败，则经 $t_2$ 延时起动失灵保护，故 $t_2 = t_1 + \Delta t$，此时 $\Delta t$ 可取

0.3 ~0.4 s。

3. 有关说明

(1)如电流互感器变比较大，负序电流定值低于装置定值范围的下限值时，可适当增大。

(2)作为起动量的负序电流(零序电流)是通过该断路器的电流。

(3)非全相保护也可将负序电流(零序电流)起动量取消，仅由断路器的辅助触点来判别是否处在非全相状态。

### 7.2.4 开关保护——开关重合闸

1. 自动重合闸(ZCH)在电力系统中的作用

自动重合闸装置是将因故障跳开后的断路器按需要自动投入的一种自动装置。运行经验表明，架空线路大多数故障是瞬时性的，如：

(1)雷击过电压引起绝缘子表面闪络；

(2)大风时的短时碰线；

(3)通过鸟类身体(或树枝)放电。

此时，对于保护动——→熄弧——→故障消除——→合断路器——→恢复供电过程，手动操作(停电时间长)效果不显著，自动重合效果明显。

作用：

(1)对于暂时性故障，可迅速恢复供电，从而能提高供电的可靠性。

(2)对于两侧电源线路，可提高系统并列运行的稳定性，从而提高线路的输送容量。

(3)可以纠正由于断路器或继电保护误动作引起的误跳闸。

1 kV 及以上电压的架空线路或电缆与架空线路的混合线路上，只要装有断路器，一般应装设 ZCH。

但是，ZCH 本身不能判断故障是瞬时性的还是永久性的，所以若重合于永久性故障时，其不利影响为：

(1)使电力系统又一次受到故障的冲击；

(2)使断路器的工作条件恶化(因为在短时间内连续两次切断短路电流)。

据运行资料统计，ZCH 成功率 60% ~90%，经济效益很高，可以广泛应用。

2. 对自动重合闸的基本要求

(1)动作迅速，$t > t_u + t_z$，一般 0.5 ~1.5 s，其中 $t_u$ 为故障点去游离时间，$t_z$ 为断路器消弧室及传动机构准备好再次动作的时间。

(2)不允许任意多次重合，即动作次数应符合预先的规定，如一次或两次。

(3)动作后应能自动复归，准备好再次动作。

(4)手动跳闸时不应重合(手动操作或遥控操作)。

(5)手动合闸与故障线路不重合(多属于永久性故障)。

3. 三相自动重合闸

(1)单侧电源线路的三相一次重合闸

对于线路上故障(单相接地短路、相间短路)——→保护动作跳开三相——→重合闸起动——→合三相这一过程，若故障是瞬时性的，则重合闸成功；若故障是永久性的，则保护再次跳开三相，不再重合闸。

通常三相一次自动重合闸装置由起动元件、延时元件、一次合闸脉冲元件和执行元件四部分组成(图7.16)。

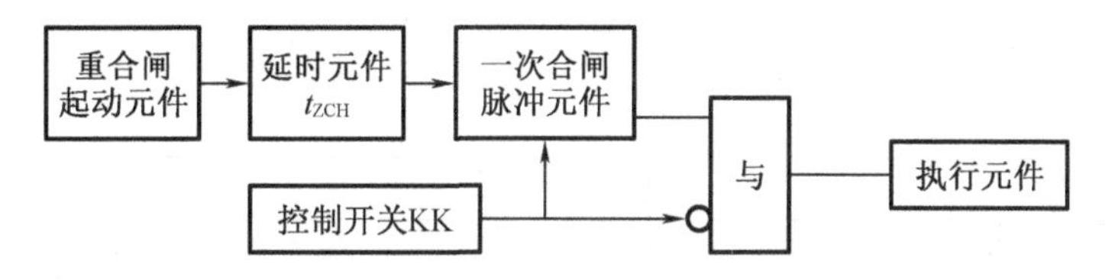


图7.16 三相一次自动重合闸装置组成框图

(a)起动元件:当断路器(DL)跳闸之后,延时元件起动。

起动方式:控制开关KK位置与断路器位置不对应(优先采用);保护装置起动。

(b)延时元件:$t_{ZCH} > t_u + t_z$。

(c)一次合闸脉冲元件:保证重合闸装置只重合一次。

(d)执行元件:启动合闸回路和信号回路,还可与保护配合,实现重合闸后加速保护。

(2)两侧电源线路三相一次重合闸

a. 应考虑的两个问题

(a)时间的配合:考虑两侧保护可能以不同的延时跳闸,此时须保证两侧均跳闸后,故障点有足够的去游离时间。

(b)同期问题:重合闸时两侧系统是否同步的问题以及是否允许非同步合闸的问题。

b. 两侧电源线路上的主要合闸方式

(a)快速自动重合闸方式

当线路上发生故障时,继电保护快速动作而后进行自动重合。其特点是快速,须具备下列条件:

- 线路两侧均装有全线瞬时保护。
- 有快速动作的DL,如快速空气断路器。
- 冲击电流 < 允许值。

(b)非同期重合闸方式

这种方式就是不考虑系统是否同步而进行自动重合闸的方式(期望系统自动拉入同步,须校验冲击电流,防止保护误动)。

(c)检查双回线另一回线电流的重合闸方式。

(d)自动解列重合闸方式

双侧电源单回线上(图7.17)$d$点短路,保护1动⟶1DL跳闸,小电源侧保护动⟶跳3DL,1DL处ZCH检无压后重合,若成功,恢复对非重要负荷供电,在解列点实行同步并列⟶恢复正常供电。

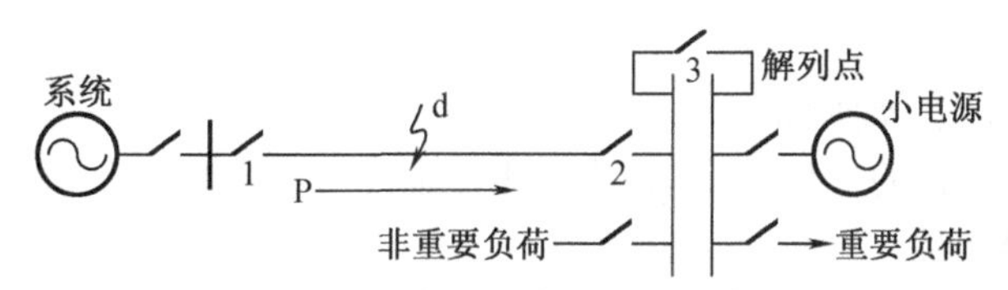


图7.17 自动解列重合闸方式示意图

(e)具有同步检定和无压检定的重合闸

如图 7.18 所示,在两侧的断路器上,除装有单侧电源线路的 ZCH 外,在一侧(*M* 侧)装有低电压继电器,用以检查线路上有无电压(检无压侧),在另一侧(*N* 侧)装有同步检定继电器,进行同步检定(检同步侧)。

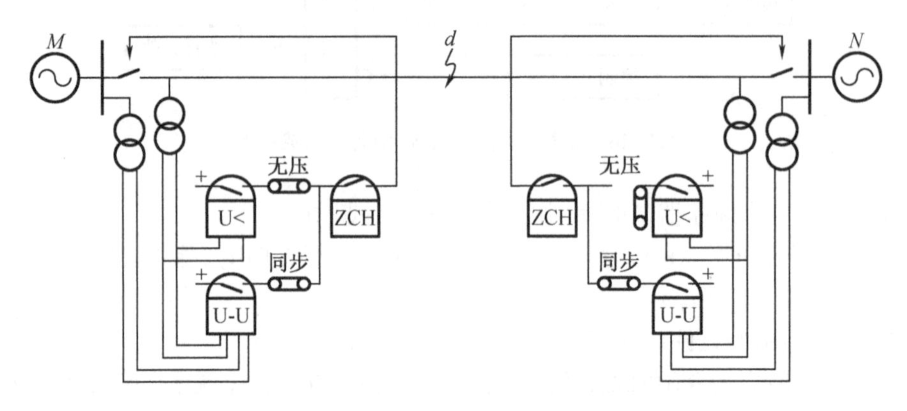


**图 7.18　具有同步检定和无压检定的重合闸方式示意图**

工作过程:

当线路短路时,两侧 DL 断开,线路失去电压,*M* 侧低电压继电器动作,经 ZCH 重合。

- 重合成功,*N* 侧同步检定继电器在两侧电源符合同步条件后再进行重合,恢复正常供电;
- 重合不成功,保护再次动作,跳开 *M* 侧,DL 不再重合,*N* 侧不重合。

两点说明:

- 由上述分析可见,*M* 侧 DL 如重合于永久性故障,就将连续两次切断短路电流,所以工作条件比 *N* 侧恶劣,为此,通常两侧都装设低电压继电器和同步检定继电器,利用联结片定期切换其工作方式,以使两侧工作条件接近相同。
- 在正常工作情况下,由于某种原因(保护误动、误碰跳闸机构等)使在检无压侧(*M* 侧)误跳闸时,因线路上仍有电压,无法进行重合(缺陷),为此在检无压侧也同时投入同步检定继电器,使两者的触点并联工作。这样,在上述情况下,同步检定继电器工作,可将误跳闸的 DL 重新合闸。

注:在使用同步检定的一侧,绝对不允许同时投入无压检定继电器。

4. 重合闸动作时限的选择原则

对于单侧电源线路的三相重合闸,原则上越短越好,但应力争重合成功,保证:

(1)故障点电弧熄灭、绝缘恢复;

(2)断路器触头周围绝缘强度的恢复及消弧室重新充满油,准备好重合于永久性故障时能再次跳闸,否则可能发生 DL 爆炸,如果采用保护装置起动方式,还应加上 DL 跳闸时间。

根据运行经验,这一时限采用 1 s 左右。

对于两侧电源线路的三相重合闸,除上述要求外,还须考虑时间配合,按最不利情况考虑:本侧先跳,对侧后跳。

5. 自动重合闸与继电保护的配合

两者关系极为密切,保护可利用重合闸提供的便利条件,加速切除故障,一般有如下两种配合方式:

(1)重合闸前加速保护(简称“前加速”)

例:如图7.19所示,$L_1$、$L_2$、$L_3$ 上任一点故障,保护1速断动,跳1DL ⟶ZCH重合,若成功,恢复正常供电;若不成功,按选择性动作。

优点:快速切除故障,设备少。

缺点:对于永久性故障,再次切除故障的时间可能很长;装ZCH的DL动作次数多,若DL拒动,将扩大停电范围。

这种方式主要用于35 kV以下的网络。

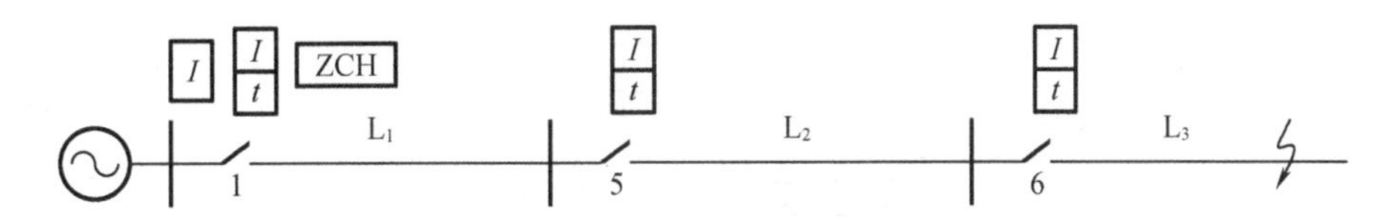


**图7.19 重合闸前加速保护示意图**

(2)重合闸后加速保护(简称“后加速”)

每条线路上均装有选择性的保护和ZCH。

第一次故障时,保护按有选择性的方式动作跳闸,若是永久性故障,重合闸后则加速保护动作,切除故障。

例:如图7.20第一次短路时,保护1、2段动,ZCH重合,之后保护1瞬时动。

优点:第一次跳闸时有选择性,再次切除故障的时间加快,有利于系统并联运行的稳定性。

缺点:第一次动作时间可能对时限有要求。

这种方式应用于35 kV以上的高压网络中。

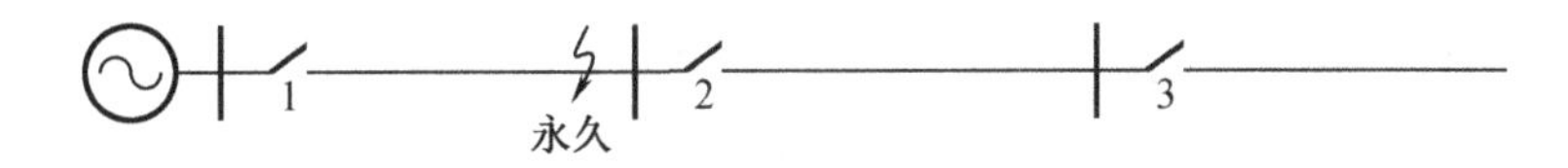


**图7.20 重合闸后加速保护示意图**

6.单相自动重合闸

220~500 kV系统中,由于线间距离大,经验表明,绝大多数故障为单相接地故障$d^{(1)}$。此时,若只跳开故障相,其余两相仍继续运行,可提高供电的可靠性和系统并联运行的稳定性,还可减少相间故障的发生。

单相自动重合闸过程:

$d^{(1)}$⟶ 保护动,跳故障相⟶单相重合;

成功,恢复三相供电;

不成功,允许非全相运行⟶再次跳故障相不重合;

不允许非全相运行⟶再次跳三相不重合;

若是相间短路,跳三相不重合。

特点：

(1)需装设故障判别元件和故障选相元件

判别元件一般为 $I_0$、$U_0$。相间短路无 $I_0$、$U_0$，直接三相跳闸。接地短路，再由选相元件判别 $d^{(1)}$（单相短路）、$d^{(2,0)}$（两相短路）。

选相元件：在 $d^{(1)}$ 时，选出故障相。

(2)应考虑潜供电流的影响

如图 7.21 所示，相间电容、相间电感提供潜供电流，使熄弧时间延长，所以单相重合闸动作时间一般应比三相重合闸的动作时间长。

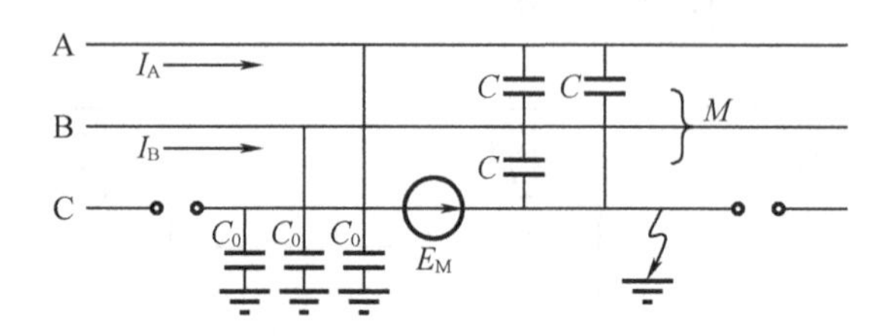


**图 7.21 潜供电流的影响示意图**

(3)应考虑非全相运行状态的影响

此时将出现负序和零序分量的电流和电压，其影响如下。

a. 负序电流对发电机的影响：在转子中产生倍频交流分量，造成附加发热。转子中的偶次谐波也将在定子绕组中感应出偶次电动势，与基波叠加，有可能产生危险的高电压，允许长期非全相运行的系统应考虑其影响。

b. 零序电流对通信的影响：对邻近的通信线路直接产生干扰，可能造成通信设备的过电压，对铁路闭塞信号也会产生影响。

c. 非全相运行状态对继电保护的影响：保护性能变坏，甚至不能正确动作，对会误动的保护采取闭锁措施等。

7. 综合重合闸

单相重合闸和三相重合闸综合在一起即为综合重合闸，过程如下：

单相故障⟶跳单相⟶合单相（单相重合闸方式）。

相间故障⟶跳三相⟶合三相（三相重合闸方式）。

综合重合闸有四种运行方式：单相重合闸、三相重合闸、综合重合闸和停用重合闸（直跳）。

### 7.2.5 母线保护

1. 母线的基本概念

电气装置中引出线的数目一般要比电源数目多，而且当电力负荷减少或电气设备检修时，每一电源都有可能被切除。因此，必须使每一引出线都能从一电源获得供电，以保证供电的可靠性和工作的灵活性。最好的方法是采用母线。母线起着汇总和分配电能的作用。母线是电气装置中的重要部分。

高压母线故障可归纳为三种：一是母线上所连设备（包括开关、电流互感器、电压互感器、避雷器）故障；二是母线瓷瓶（包括隔离刀闸、支持瓷瓶）闪络或母线的带电导线直接闪络;三是某些人为的操作和作业引起的故障。

2. 装设母线保护的基本原则

母线发生故障的概率较线路低,但故障的影响面很大。这是因为母线上通常连有较多的电气元件,母线故障将使这些元件停电,从而造成大面积停电事故,并可能破坏系统的稳定运行,使故障进一步扩大,可见母线故障是最严重的电气故障之一,因此利用母线保护清除和减少故障造成的影响,是十分必要的。

母线保护总的来说可以分为两大类型:一是利用供电元件的保护来保护母线,二是装设母线保护专用装置。一般来说母线故障可以利用供电元件的保护来切除。

如图 7.22 所示,$B$ 处的母线故障,可由 1DL 处的Ⅱ或Ⅲ段切除,或由 2DL 和 3DL 处的发电机、变压器的过流保护切除。

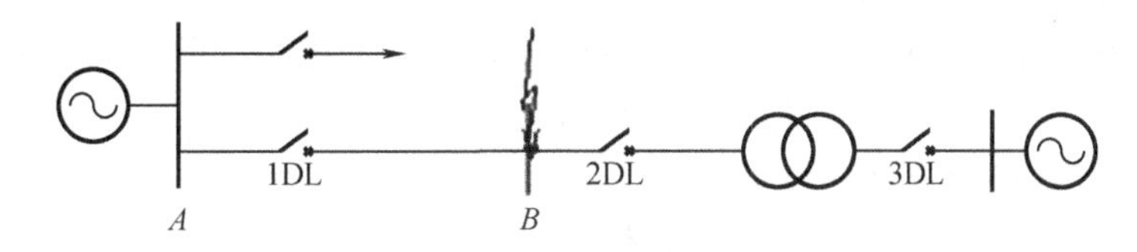


图 7.22 利用供电元件保护的母线保护示意图

缺点:延时太长,当为双母线或单母线时,无选择性,所以下列情况应装设专门的母线保护。

母线保护应特别强调其可靠性,并尽量简化结构。对于电力系统的单母线和双母线保护,差动保护(母差保护)一般可以满足要求,所以得到广泛应用。

母线上连接元件较多,母差保护的基本原则如下。

(1)幅值上看:正常运行和区外故障时,$I_{in}(\neq 0) = I_{out}(\neq 0)$,即 $\sum i = 0$。

母线故障时:$I_{out} = 0$、$\sum i = I_d > I_{dz}$。

(2)相位上看:正常运行和区外故障时,流入、流出电流反相位;母线故障时,流入电流同相位。

母差保护包括:母线完全差动保护;固定连接的双母线差动保护;电流比相式差动保护;母联相位差动保护。

3. 母线完全差动保护

(1)原理

如图 7.23 所示,母线的连接元件都包括在差动回路中,母线的所有连接元件上装设具有相同变比和特性的电流互感器。

a. 正常运行或外部故障时 $I_{in} = I_{out}, I_1 = I_2 = I_3$

所以,$\sum \dot{I} = \dot{I}_1 + \dot{I}_2 - \dot{I}_3 = 0$

二次侧 $\sum I_J = \dot{I}_1 + \dot{I}_2 - \dot{I}_3 = 0$

b. 母线故障时 $\sum \dot{I} = \dot{I}_1 + \dot{I}_2 + \dot{I}_3 = I_d$

二次侧 $\sum I_J = \dot{I}_1 + \dot{I}_2 + \dot{I}_3 = I_d/n_1 > I_{dz}$

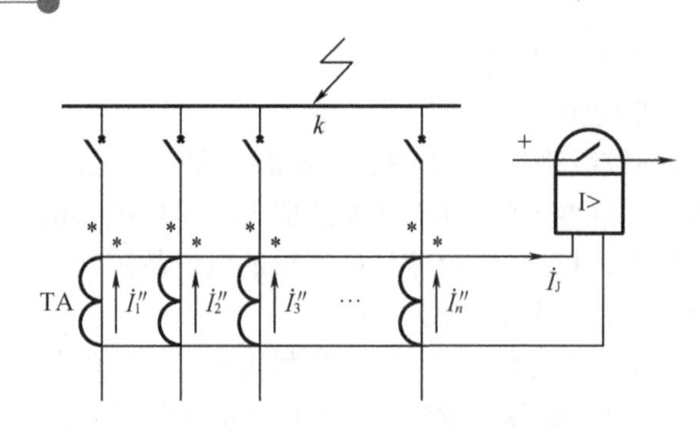


图 7.23　完全电流差动母线保护的原理接线图

(2)整定计算

整定计算需满足两个条件:

躲开外部短路可能产生的外部最大不平衡电流 $I_{bp.max}$ 时的母线差动电流为

$$I_{dz.j}=K_K\times0.1\times I_{bp.max}/n_1$$

CT(LH)二次回路断线时不误动,则

$$I_{dz.j}=K_K\times I_{f.max}/n_1$$

式中　$I_{f.max}$——母线连接元件中,最大负荷支路上最大负荷电流;

$k_K$——可靠系数。

取较大者为定值:

$$K_{lm}=\frac{I_{d.min}}{I_{dz.j}\times n_1}\geqslant2$$

式中　$I_{d.min}$为连接元件最少时的电流动作值。

35 kV 及以上单母线或双母线经常只有一组母线运行的情况,母线故障时,所有连于母线上的设备都要跳闸。

4. 固定连接的双母线差动保护

为提高供电的稳定性,常采用双母线同时运行的方式。按一定要求将引出线和有电源的支路固定连于两条母线上——固定连接母线。任一母线故障时,只切除连于该母线上的元件,另一母线可以继续运行,从而缩小了停电范围,提高了供电可靠性,此时需要母线差动保护具有选择故障母线的能力。双母线母差配置示意图如图 7.24 所示。

这种保护由三部分组成:

(1)1CT、2CT、6CT 和 1CJ——用于选择母线 Ⅰ 的故障;

(2)3CT、4CT、5CT 和 2CJ——用于选择母线 Ⅱ 的故障;

(3)完全差动保护 1CT~6CT 和 3CJ——整套保护的启动元件。

保护原理如下。

(1)正常运行或区外故障时:由图 7.24 中电流分布(图中箭头)情况可知,1CJ、2CJ、3CJ 中均为不平衡电流,保护不动作。

(2)区内故障时:如母线 Ⅰ 故障,由图 7.24 中灰色电流分布情况可见,1CJ、3CJ 中流入全部短路电流,所以 1CJ、3CJ 启动,跳开 1DL、2DL 和 5DL;2CJ 中为不平衡电流,不动,所以母线 Ⅱ 仍可继续运行。当母线 Ⅱ 故障时,分析同上。2CJ、3CJ 起动,跳开 3DL、4DL 和 5DL,母线 Ⅰ 继续运行。

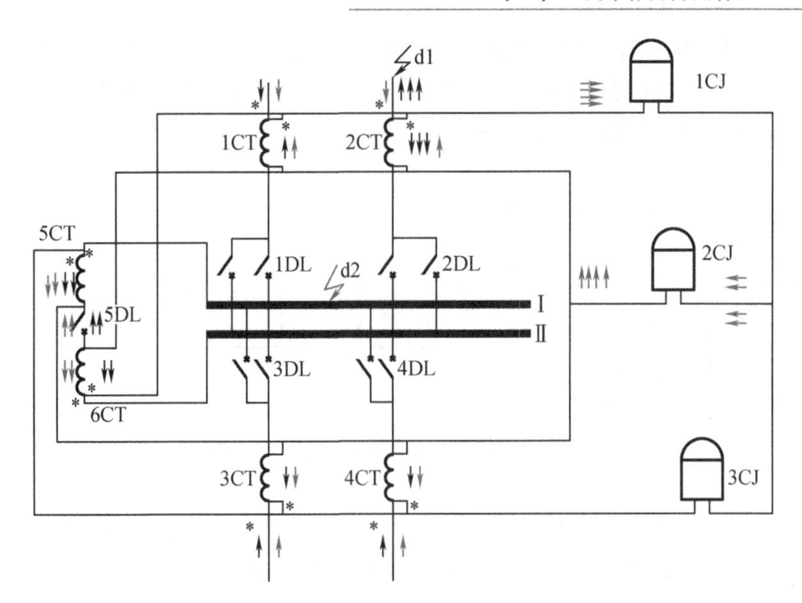


图 7.24　双母线母差配置示意图

固定连接破坏时，如线路 1 由母线Ⅰ切换到母线Ⅱ，因二次回路不能随之切换，所以外部短路时，1CJ、2CJ 中有较大的差动电流误动，但 3CJ 仍流过不平衡电流，不会误动。区内短路时，1CJ、2CJ 都可能动作，3CJ 动作，所以两条母线都可能切除。

该保护的优点：能快速而有选择性地切除母线故障；缺点：当固定连接破坏时，不能选择故障母线，限制了系统运行调度的灵活性。

5. 电流比相式母线保护

完全电流差动母线保护的动作电流必须躲过外部短路时的最大不平衡电流，当不平衡电流很大时，保护的灵敏系数可能不能满足要求。这里介绍一种仅比较电流相位关系的电流比相式母线保护。

电流比相式母线保护的基本原理是根据母线在内部故障和外部故障时各连接元件电流相位的变化来实现的。如图 7.25 所示，假设母线上只有两个连接元件，当母线正常运行和外部短路时（如 $k_1$点），按规定的电流正方向来看，$\dot{I}_1$ 和 $\dot{I}_2$ 大小相等、相位相差 180°；而当母线短路时（如 $k_2$ 点），$\dot{I}_1$ 和 $\dot{I}_2$ 都流向母线，在理想情况下两者相位相同。因此，可以利用电流相位的不同来判断母线是否短路。因为这种保护只比较相位，不管电流的大小，所以无须使所有的电流互感器变比相同。

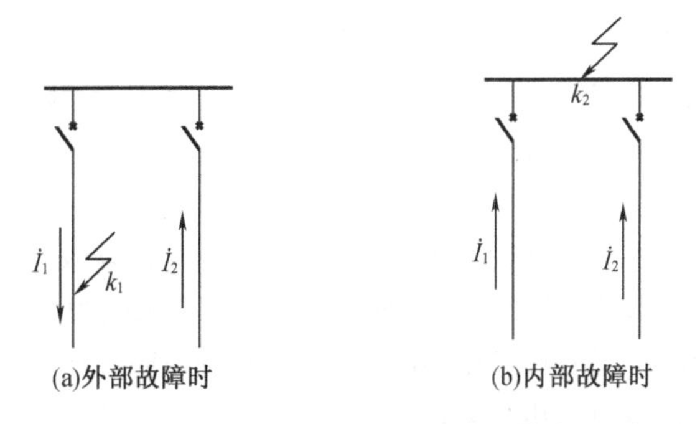


图 7.25　母线外部故障和内部故障时的电流分布

电流比相式母线保护原理框图如图 7.26 所示，由电压形成回路、切换装置、比相积分回路、脉冲展宽回路和出口回路构成。其中切换装置用于双母线时切换保护二次回路，电压形成回路和比相积分回路的原理接线如图 7.27 所示。

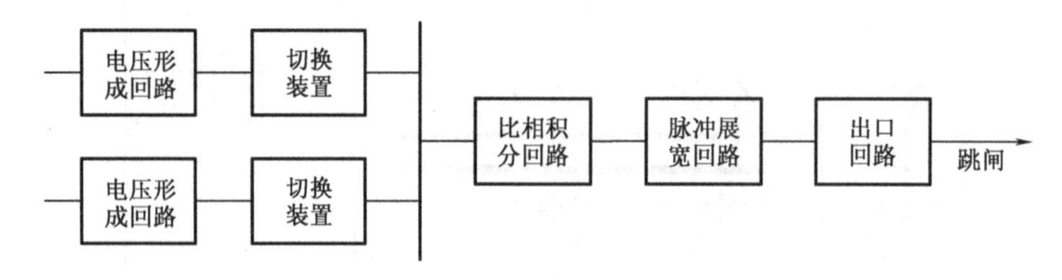


图 7.26 电流比相式母线保护原理框图

三相电流从每个连接元件的 CT 引出，经电压形成回路分别送入各相的小母线，由每相的小母线分别送至本相的比较回路。延时回路的作用是从时间上躲开外部短路时出现的相位误差，脉冲展宽回路的作用是使出口继电器可靠动作。

特点：

(1)保护只与电流相位有关，而与电流的幅值大小无关；

(2)不需考虑不平衡电流的影响，提高了灵敏度；

(3)不要求采用同型号和同变比的 CT，增加了使用的灵活性。

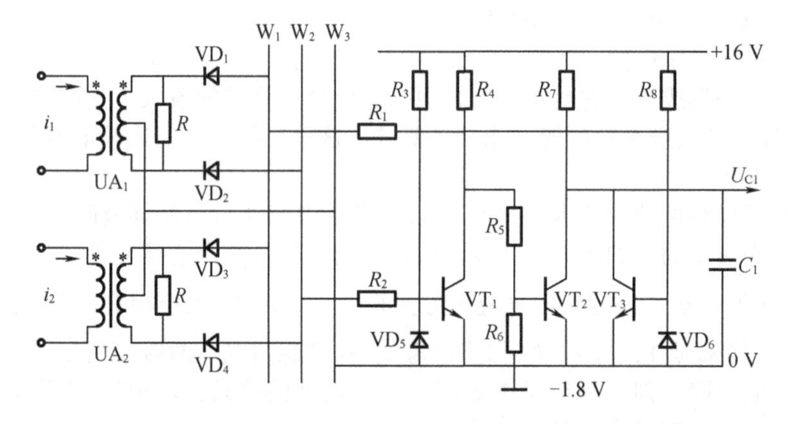


图 7.27 电流比相式母线保护的电压形成回路和比相积分回路原理接线图

6. 双母线的差动保护

对于双母线，经常是以一组母线运行的方式工作，在母线发生故障后，将造成全部停电，需要把所连接的元件倒换至另一组母线上才能恢复供电，这是一个很大的缺点。因此，对于发电厂和重要变电所的高压母线，大多采用双母线同时运行(即母线联络断路器经常投入)，每组母线上连接约 1/2 的供电和受电元件。这样当任一组母线上出现故障时，只需切除故障母线，而另一组母线上的连接元件仍可继续运行，所以大大提高了供电的可靠性。对于这种同时运行的双母线，要求母线保护应能判断母线故障，并具有选择故障母线的能力。

(1)元件固定连接的双母线电流差动保护

元件固定连接的双母线电流差动保护单相原理接线图如图 7.28 所示，整套保护由三组差动保护组成，每组由起动元件和选择元件构成。第一组由选择元件电流互感器 $TA_1$、$TA_2$、$TA_5$ 和差动继电器 $KD_1$ 组成，用以选择母线Ⅰ上的故障，动作后准备跳开母线Ⅰ上所有连接元件的断路器 $QF_1$、$QF_2$；第二组由选择元件电流互感器 $TA_3$、$TA_4$、$TA_6$ 和差动继电器 $KD_2$ 组成，用以选择母线Ⅱ上的故障，动作后准备跳开母线Ⅱ上所有连接元件的断路器 $QF_3$、$QF_4$。第三组是由电流互感器 $TA_1$、$TA_2$、$TA_3$、$TA_4$、$TA_5$、$TA_6$ 和差动继电器 $KD_3$ 组成的一个完全电流差动保护（总保护），它反应于两组母线上的故障，当任一组母线上发生故障时，它都会动作，动作后跳开母联断路器 $QF_5$；而当母线外部故障时，它不会动作；在正常运行方式下，它作为整套保护的起动元件；当固定接线方式被破坏以及保护范围外部故障时，可防止保护的非选择性动作。

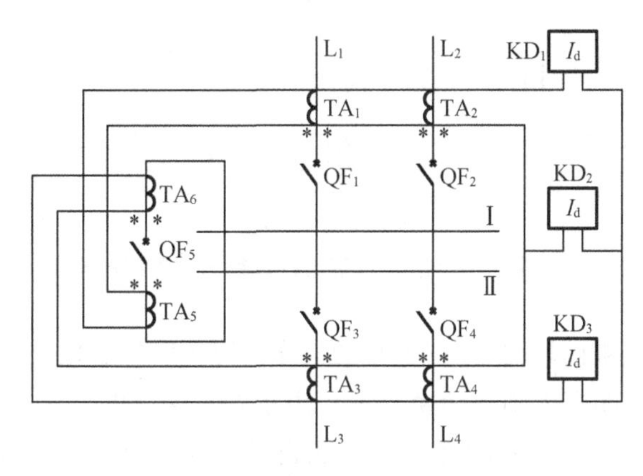


图 7.28 元件固定连接的双母线电流差动保护单相原理接线图

保护的动作情况说明如下：

在元件固定连接方式下，当正常运行及母线外部（如图 7.29 中 $d$ 点）故障时，流经差动继电器 $KD_1$、$KD_2$ 和 $KD_3$ 的电流均为不平衡电流，其值小于保护的整定值，保护不会动作。

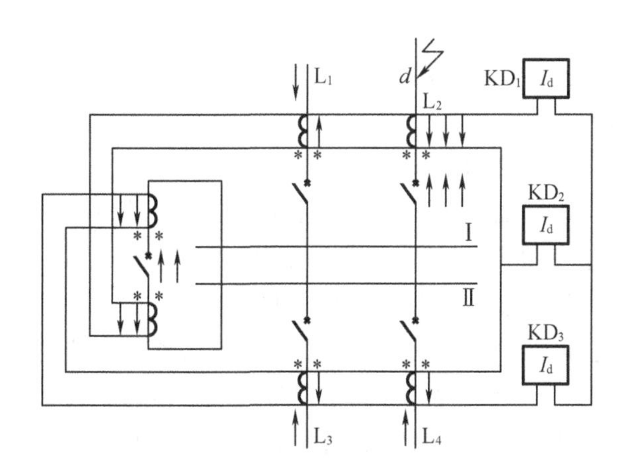


图 7.29 元件固定连接方式下运行母线外部故障时的电流分布

当任一组母线如母线Ⅰ短路时，如图 7.30 所示，由电流的分布情况可见，差动继电器 $KD_1$ 和 $KD_3$ 中流入全部故障电流，而 $KD_2$ 中为不平衡电流，所以 $KD_1$ 和 $KD_3$ 启动。$KD_3$ 动作后，使母联断路器 $QF_5$ 跳闸，$KD_1$ 动作后可使断路器 $QF_1$ 和 $QF_2$ 跳闸，并发出相应的信号。这样就把发生故障的母线Ⅰ从电力系统中切除了,而没有故障的母线Ⅱ仍可继续运行。同理可分析出当母线Ⅱ上某点短路时,只有 $KD_2$ 和 $KD_3$ 动作,使断路器 $QF_3$、$QF_4$ 和 $QF_5$ 跳闸切除故障母线。

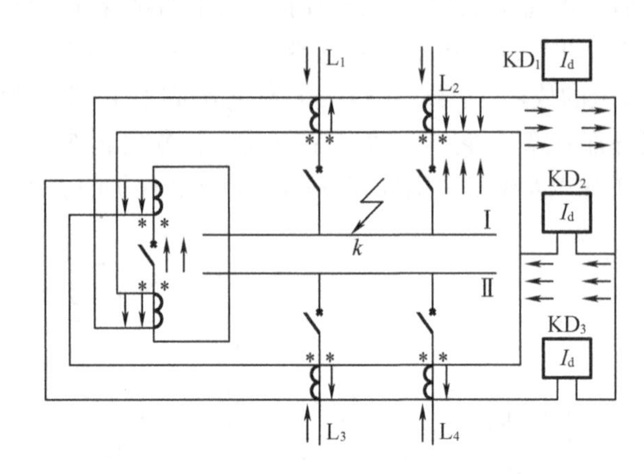


**图 7.30　元件固定连接方式下运行母线Ⅰ故障时的电流分布**

元件固定连接方式被破坏时,保护装置的动作情况将发生变化。如将母线Ⅰ上的 $L_2$ 切换到母线Ⅱ上工作时(图中未画出切换开关),由于差动保护的二次回路不能随着切换,所以按原有接线工作的两母线的差动保护都不能正确反应于母线上实际连接元件的故障电流,在差动继电器 $KD_1$ 和 $KD_2$ 中将出现差电流。在这种情况下,当母线外部故障时,差动继电器 $KD_3$ 中仍通过不平衡电流,所以不动作。当任一组母线故障时,三个差动继电器都通过故障电流,使所有断路器都跳闸,将两组母线都切除,造成保护的非选择性动作。

综上所述,当双母线按照元件固定连接方式运行时,保护装置可以保证有选择性地只切除发生故障的一组母线,而另一组母线仍可继续运行;当元件固定连接方式被破坏时,任一母线上的故障都将导致切除两组母线,使保护失去选择性。所以,从保护的角度看,希望尽量保证元件固定连接方式不被破坏,这就必然限制了电力系统调度运行的灵活性,这是这种母线保护的主要缺点。

(2)母联电流比相式母线差动保护

母联电流比相式母线差动保护是在元件固定连接方式的双母线电流差动保护的基础上改进而来的,它基本上克服了后者缺乏灵活性的缺点,使之更适用于作双母线元件连接方式常常改变的母线保护。其原理接线如图 7.31 所示。

母联电流比相式母线差动保护是利用比较母联断路器中电流与总差动电流的相位来选择故障母线。这是因为当母线Ⅰ故障时,流过母联断路器的短路电流是由母线Ⅱ流向母线Ⅰ的,而当母线Ⅱ故障时,流过母联断路器的短路电流则是由母线Ⅰ流向母线Ⅱ的。在这两种故障情况下,母联断路器的电流相位变化了 180°,而总差动电流是反映母线故障的总电流,其相位是不变的。因此利用这两个电流的相位比较,就可以选择故障母线,并切除所选择的故障母线上的全部断路器。基于这种原理,当母线故障时,不管母线上的元件如何连接,只要母联断路器中有电流流过,选择元件 KD 就能正确工作,所以,对母线上的连接元件就无须提出固定连接的要求。这是母联电流比相式母线差动保护的主要优点。

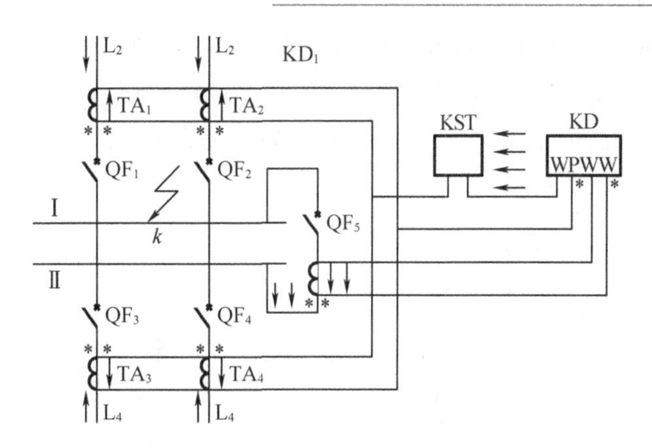


图 7.31 母联电流比相式母线差动保护原理接线图

母联电流比相式母线差动保护主要由启动元件 KST 和一个选择元件(也称比相元件)KD 组成。启动元件接在除母联断路器外所有连接元件的二次电流之和(即总差动电流)回路中,它的作用是区分两组母线的内部和外部短路故障。只有在母线发生短路时,启动元件动作后整组母线保护才得以启动。选择元件 KD 是一个电流相位比较继电器,它有两个线圈:一个线圈 WP 接入除母联断路器之外其他连接元件的二次电流之和(即总差动电流)回路中,以反应于总差动电流 $\dot{I}_d$;另一个线圈 WW 则接在母联断路器的电流互感器的二次侧,以反应于母联电流 $\dot{I}_b$。在正常运行或母线外部短路时,流入启动元件 KST 的电流仅为不平衡电流,KST 不启动,整套保护也不会误动作。

母线短路时如图 7.31 所示,流过 KST 和 WP 的总差动电流 $\dot{I}_d$ 方向不变,且总是由 WP 的极性端流入,KST 启动。若母线Ⅰ短路,母联电流 $\dot{I}_b$ 由 KD 中的工作线圈 WW 极性端流入,与流入 WP 的 $\dot{I}_d$ 相同;若母线Ⅱ短路,且固定连接方式遭到破坏,$\dot{I}_b$ 则由 WW 非极性端流入,恰好与流入 WP 的 $\dot{I}_d$ 相反。所以,比相元件 KD 可用于选择故障母线。

母联电流比相式母线差动保护具有运行方式灵活、接线简单等优点,在 35～220 kV 的双母线上得到了广泛的应用。其主要缺点是:正常运行时母联断路器必须投入运行;保护的动作电流受外部短路时最大不平衡电流影响;在母联断路器和母联电流互感器之间发生短路时,将出现死区,要靠线路对侧后备保护来切除故障。

(3)双母线保护的其他方法

对于双母线同时运行的母线保护,除上述保护方法外,还可以采用以下的方法来实现母线保护。

a. 带比率制动特性的电流差动母线保护

作为 220 kV 及以上同时运行的双母线的保护,可以利用带比率制动特性的差动继电器作为选择元件,每组母线装一套,用以选择故障母线。启动元件根据需要可以是带制动特性或不带制动特性的差动继电器。由于动作速度快,当两组母线相继短路时,保护能相继切除两组母线上所有连接元件。而在母线外部短路时,不论线路电流互感器是否饱和,保护不会误动作。

为保证母线上的元件连接方式改变时保护动作的选择性，需对交流电流回路进行切换，即在辅助变流器 UA 二次侧，通过隔离开关的辅助接点 QS 切换到相应的选择元件回路上，如图 7.32 所示。此外，还需对二次直流回路（如断路器跳闸回路）进行切换。

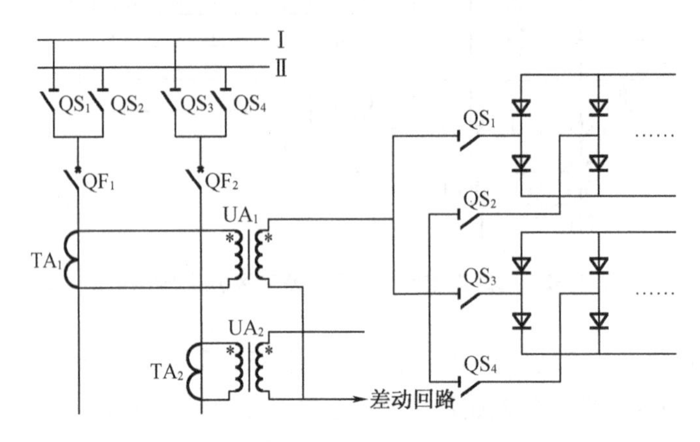


**图 7.32　交流电流回路的自动切换**

b. 电流比相式母线保护

前边所介绍的电流比相式母线保护用于同时运行的双母线时，也可以选择故障母线。但需在每组母线上各装设一套电流比相式母线保护，并通过二次回路的自动换接，使保护适应一次系统连接方式的变化，从而保证动作的选择性。

此外，为保证母线倒闸过程中选择元件不误动作，需设反应于所有连接元件电流之和或其他原理构成的启动元件，如图 7.31 中的差动继电器 KST。

### 7.2.6　标准规范

- 《包装储运图示标志》（GB/T 191—2008）
- 《电气继电器 第 5 部分：量度继电器和保护装置的绝缘配合要求和试验》（GB/T 14598.3—2006）
- 《电气继电器 第 22 - 1 部分：量度继电器和保护装置的电气骚扰试验 1 MHz 脉冲群抗扰度试验》（GB/T 14598.13—2008）
- 《继电保护和安全自动装置基本试验方法》（GB/T 7261—2016）
- 《电气继电器 第 21 部分：量度继电器和保护装置的振动、冲击、碰撞和地震试验 第 1 篇：振动试验（正弦）》（GB/T 11287—2000）
- 《继电保护和安全自动装置技术规程》（GB/T 14285—2006）
- 《量度继电器和保护装置的冲击与碰撞试验》（GB/T 14537—1993）
- 《输电线路保护装置通用技术条件》（GB/T 15145—2017）
- 《量度继电器和保护装置 第 26 部分：电磁兼容要求》（GB/T 14598.26—2015）
- 《电工电子产品环境试验 第 2 部分：试验方法 试验 A：低温》（GB/T 2423.1—2008）
- 《电工电子产品环境试验 第 2 部分：试验方法 试验 B：高温》（GB/T 2423.2—2008）
- 《电工电子产品环境试验 第 2 部分：试验方法 试验 Db 交变湿热（12h + 12h 循环）》

(GB/T 2423.4—2008)
- 《静态电流相位比较式纵联保护装置技术条件(继电部分)》(DL 480—1992)
- 《继电保护和安全自动装置通用技术条件》(DL/T 478—2013)
- 《电力系统微机继电保护技术导则》(DL/T 769—2001)
- 《220 kV ~750 kV 变电站设计技术规程》(DL/T 5218—2012)
- 《火力发电厂、变电站二次接线设计技术规程》(DL/T 5136—2012)
- 《远动设备及系统 第5部分:传输规约 第103篇:继电保护设备信息接口配套标准》(DL/T 667—1999)
- 《500 kV 变电所保护和控制设备抗扰度要求》(DL/Z 713—2000)
- 《电力系统继电保护及安全自动装置柜(屏)通用技术条件》(DL/T 720—2013)
- 《1 000 kV 母线保护装置技术要求》(DL/T 1276—2013)
- 《母线保护装置通用技术条件》(DL/T 670—2010)
- 《线路保护及辅助装置标准化设计规范》(Q/GDW 1161—2014)
- 《电力系统继电保护及安全自动装置反事故措施要点》(电安生[1994]191号)

### 7.2.7 运维项目

1. 开关站保护系统1C运维项目(线路保护、开关保护检修项目)

(1)检查确认屏内设备外观完好,对屏内设备进行清扫。

(2)检查确认按钮、切换开关、压板可用,PT回路和直流回路空气开关可正确分合。

(3)检查确认屏内接线端子牢固可靠,紧固松动的接线端子。

(4)CT和PT二次回路、直流回路绝缘测试。

(5)保护装置检查:装置的上电检查、软件版本检查、GPS对时检查、零点漂移检查、定值核对。

(6)保护通道检查:检查确认专用光纤通道和复用通道连接良好。

(7)传动试验。

2. 开关站保护系统2C运维项目(线路保护、开关保护检修项目)

(1)检查确认屏内设备外观完好,对屏内设备进行清扫。

(2)检查确认按钮、切换开关、压板可用,PT回路和直流回路空气开关可正确分合。

(3)检查确认屏内接线端子牢固可靠,紧固松动的接线端子。

(4)CT和PT二次回路、直流回路绝缘测试。

(5)保护装置检查:装置的上电检查、软件版本检查、GPS对时检查、零点漂移检查、精度检查。

(6)保护装置部分校验:装置的差动保护校验、装置定值核对。

(7)保护通道检查:检查确认专用光纤通道和复用通道连接良好。

(8)传动试验。

3. 开关站保护系统3C运维项目(线路保护、开关保护检修项目)

(1)检查确认屏内设备外观完好,对屏内设备进行清扫。

(2)检查确认按钮、切换开关、压板可用,PT回路和直流回路空气开关可正确分合。

(3)检查确认屏内接线端子牢固可靠,紧固松动的接线端子。

(4)CT 和 PT 二次回路、直流回路绝缘测试。

(5)更换装置的电源板卡。

(6)保护装置检查:装置的上电检查、软件版本检查、GPS 对时检查、零点漂移检查、精度检查、开入/开出回路检查。

(7)保护装置全部校验:装置的差动保护校验、距离保护定值和特性校验、方向零序过流保护定值与特性校验、PT 断线闭锁保护;装置定值核对。

(8)保护通道检查:检查确认专用光纤通道和复用通道连接良好。

(9)传动试验。

### 7.2.8 典型案例分析

表 7.1 所示为开关站保护(SCADA)系统典型案例分析。

**表 7.1 开关站保护系统典型案例分析**

| 事件 | 事件经过 | 原因及纠正行动 |
| --- | --- | --- |
| 5062 开关就地电流互感器端子出现明火 | 2012 年 1 月 13 日下午 15:09 分接到 1 号机组值长电话通知 SCADA 系统中 5421 线路的潮流显示异常,随后运行人员发出零级工单 266298。在取得工作许可后,继保人员立即到达 500 kV 联合开关站网控楼进行检查,17:15 分左右现场发现 5062 开关就地控制屏 0GEW062JA(5062)A 相有轻烟冒出,同时伴有异味,打开 5062 开关就地控制屏 0GEW062JA(5062)A 相柜门发现 TB1 - 22 端子上有火星,立即联系网控楼值班员断开 5062 开关及两侧的隔离刀。运行人员断开 5062 后, SCADA 系统中秦重 5421 线路的潮流显示恢复正常。继保人员对 5062 开关就地控制屏 0GEW062JA(5062)柜内着火端子进行确认,发现 TB1 - 18 到 TB1 - 23 五个端子已严重烧毁,其中 TB1 - 23 端子左边黑线(线号 623C7)导体与端子排上的线鼻子脱离,该 CT 用于主变电度表和 SCADA 系统中 5421 线路的潮流显示 | 根本原因:CT 二次接线端子导线与线鼻子在安装时压接不牢固;在此委托设备的管理中存在缺陷,自从安装调试以来一直没有进行过预防性维修。<br>纠正行动:制定巡检计划每月对联合开关站内 5、6 串的 CT 回路进行巡检。制定巡检计划用红外线成像仪每半年一次对联合开关站内 5、6 串的 CT 回路进行巡检。将联合开关站 5、6 串所有二次设备的检修内容列入联合开关站 5、6 串设备的预防性维修大纲 PMP 中。开关操作箱内 CT 二次端子检查和紧固内容具体为:按照机组的大修周期,每 1.5 年对联合开关站 5、6 串所有开关操作箱内二次端子进行清扫;检查 CT 二次端子上导线与线鼻子的压接是否牢靠,有无松动;检查 CT 二次端子与端子排的连接是否牢靠,紧固螺丝有无松动,并用合适的螺丝刀对端子排上的所有螺丝进行紧固 |

表 7.1(续)

| 事件 | 事件经过 | 原因及纠正行动 |
| --- | --- | --- |
| 3 号、4 号机组厂外辅助电源不可运行 | 2021 年 4 月 28 日 13:37,中控室触发 8LGR110/111/210/211AA(低电压报警),3 号主控触发 3LGA002AA/3LGB002AA/3LGC002AA/3LGD002AA(慢切装置故障),4 号主控触发 4LGA002 AA/4LGB002AA/4LGC002AA/4LGD002AA(慢切装置故障)。中控室 5LGR 220 kV 母线电压(5LGR301ID)变为零, 8LGR001TB 和 8LGR002TB 电压变为零。联系省调,确认立峰变电所立鸽 2406 线开关跳闸。两台辅变失电,厂外辅助电源不可运行,且附加柴油机不可运行 | 立峰变电所立鸽 2406 线开关"三相不一致"回路中继电器性能下降,偶发故障。针对本次事件分析可知,鸽山变辅助电源系统现有继电保护配置存在不足,即辅助变压器"空载"状态下,无法快速检测线路"单相断线"缺陷,故需增加辅助电源系统线路断相保护装置 |
| 杨立 2403 线故障跳闸导致 1 号、2 号机组失去厂外辅助电源 | 2017 年 4 月 13 日 20:04, 1、2 号机组中控室触发 9LGR111AA 和 9LGR210AA(低电压报警),现场检查 9LGR 系统 6 kV 开关和 220 kV 开关均在合闸位置,6 kV 母线电压为零,220 kV 母线电压为零,JX 厂房、TD 区域及继保间辅变相关保护装置无异常报警,联系省调后确认为对侧(立峰变压器)故障跳闸,秦二厂失去 1 号、2 号辅变备用电源 | 外部干扰(可能为吊车触碰高压架空线导致接地故障) |
| 大修期间 2001M 开关跳闸失去一路厂外电源 | 21:02,主控触发高压厂变进线开关 2001M 异常跳闸报警,失去厂外电源。2 号应急柴油机自启动成功,运行当班值按照《海水 A 通道隔离期间全厂失电后恢复供电临时运行规程》手动扫负荷和带载。21:08,运行人员手动合闸 2 号应急柴油机出口开关 620B,恢复 6 kV 安全Ⅱ段及 380 V 安全段供电,后依次恢复相关安全设备运行 | 因第一套母差保护至高压厂变跳闸电缆 GCBC041 母差侧电缆头 1、2 芯绝缘外皮损伤,屏蔽层金属丝分布较乱,在 230 V 控制电源电压下产生弧光放电造成短路,导致 2001M 开关跳闸,失去厂外电源。2003 年此根旧电缆 GCBC041 的电缆头制作施工工艺不规范,电缆头施工应按照《电气装置安装工程 电缆线路施工及验收标准》(GB 50168—2018)要求执行 |
| 220 kV 送出线 2428 开关事故跳闸 | 2017 年 3 月 4 日 10:36 2428 线开关 C 相纵联保护动作单相跳闸,1s 后单相重合闸启动,随即三相永跳。汇报省调,申请机组降负荷,目标 270 MWe(单条出线限额)。确认故障点为 2428 线 34 号杆塔 C 相导线跌落接地。经省调许可,机组升负荷至 285 MWe,控制 2P59 线路负荷小于 270 MW。机组瞬态响应终止 | 2428 线路跳闸,根本原因为 2428 线路距山侧约 9 km 处,34 号杆塔(拉线塔)C 相绝缘子串断裂,导致 C 相导线跌落碰到拉线造成永久性接地故障 |

## 课后思考题

1. 大短路电流接地系统中为什么要单独装设零序保护?

2. 影响阻抗继电器正确测量的因素有哪些?

3. 试回答光纤差动保护目前需要解决的一些问题?

4. 3/2 接线方式下,为什么重合闸及断路器失灵保护须单独设置?

5. 在我国电力系统中,光纤通信网正在迅猛发展。在继电保护中,特别是光纤的差动保护应用非常广泛。请举例说明线路差动保护的基本工作原理及特点。

6. 什么叫断路器失灵保护?

7. 为什么设置母线充电保护?

8. 为什么在有电气连接的母差各 TA 二次回路中只能有一个接地点?

9. 母差保护停用时的影响及如何处理?

10. 在母线电流差动保护中,为什么要采用电压闭锁元件? 怎样闭锁?

# 第8章　核电厂中压配电系统

鉴于中压配电段在各厂配置相似，下面以秦二厂为例进行说明，其他电厂可进行参考。

秦二厂6 kV中压母线段每台机组有正常厂用母线四个段（LGA、LGB 、LGC、LGD）、应急母线两个段（LHA、LHB）、循泵房母线两个段（LGEA、LGEB）、APA核级断路器母线段、两台机组共用母线两个段（LGIA、9LGIB）、备用电源母线两个段（LGR001、9LGR002）第五台柴油机母线段（0LHT）。

## 8.1　概　　述

6 kV中压系统的设备由ABB公司制造，其设备包括ZS1铠装式金属封闭开关柜（简称ZS1开关柜）、VD4真空断路器、F－C真空接触器等。

ZS1开关柜：包括电压互感器柜、电源进线及负荷（额定功率大于1 000 kW的电动机）馈出线用的真空断路器柜、负荷（包括额定功率不大于1 000 kW的电动机和额定容量不大于1 000 kVA的干式变）馈出线用的熔断器－接触器柜。

VD4真空断路器：按额定电流分有1 250 A 、2 000 A、2 500 A、3 150 A四种容量的真空断路器。

F－C真空接触器：按负荷分有电动机接触器、变压器电保持接触器、变压器机械保持接触器。

厂用电设备分以下几类。

单元厂用设备：为电站单元机组正常运行所需要的设备，这些设备分别由LGA 、LGB、LGC、LGD配电装置供电。

常备厂用设备：当单元机组停堆时仍需运行的设备，这些设备分别由LGA 、LGB、LGC、LGD配电装置供电。

两个单元共用的厂用设备：在一个单元停堆时仍需运行的设备，这些设备分别由8/9LGIA 、8/9LGIB配电装置供电。

应急厂用设备：这些设备是核安全和电厂主要设备保护所必需的。正常情况下，应急厂用设备由LGC、LGD分别通过LHA和LHB配电装置供电。

## 8.2　结构与原理

以秦二厂为例，两台机组的中压配电柜，中压厂用电设备分布如下（1号、2号机组，其他类同）。

（1）常规岛厂房：有四个6 kV中压段，1LGA、1LGB、2LGA、2LGB。

四段所接负荷：循泵电机、给泵电机、凝结水泵电机、净凝结水泵电机、闭式冷却水泵电机、汽机房通风变、加氯低压厂变、单元低压厂变、常备低压厂变、网控楼低压厂变、循泵房低压厂变。

(2) 电气厂房: 有八个 6kV 中压段, 1LGC、1LGD、1LHA、1LHB、2LGC、2LGD、2LHA、2LHB。

1LGC、1LGD、2LGC、2LGD 负荷:主泵电机,LKA 、LKB 、LKC、LKD、LKE 、LKJ 干式变及LHA、LHB、9LGIA、9LGIB 的馈线。

1LHA、1LHB、2LHA、2LHB 负荷:设冷泵电机、消防泵电机、高压安注泵电机、安全厂用水泵电机、喷淋泵电机、余热排出泵电机、电动辅助给水泵电机、核岛制冷机电机、低压安注泵电机、柴油发电机 LLA、LLB、LLC、LLD、LLI、LLE、LLJ、LLO、LLN 核岛干式变。

(3)公用厂房有两个 6kV 中压段:9LGIA、9LGIB

9LGIA、9LGIB 负荷:空气压缩机电机、DVN 通风电机、AA1 厂房变压器、ZC 厂房变压器、YA 厂房变压器淡水厂变压器、BX 楼变压器 9LKI 变压器、9LKP 变压器及 0LGS、0LGT 的馈线。

(4)10 kV 中压母线有两个段:0LGS、0LGT

0LGS、0LGT 负荷:检修用房变压器、倒班宿舍变压器、库区变压器、生产办公楼变压器、隧道变压器、取水口变压器、QS 厂房变压器。

(5)辅变 JX 厂房有两个 6 kV 中压段:9LGR001TB 、9LGR002TB

9LGR001TB 、9LGR002TB 负荷:电锅炉、LGA 、LGB、LGC、LGD 备用电源的馈线。

以上各个 6 kV 负荷接线如图 8.1 至图 8.16 所示。

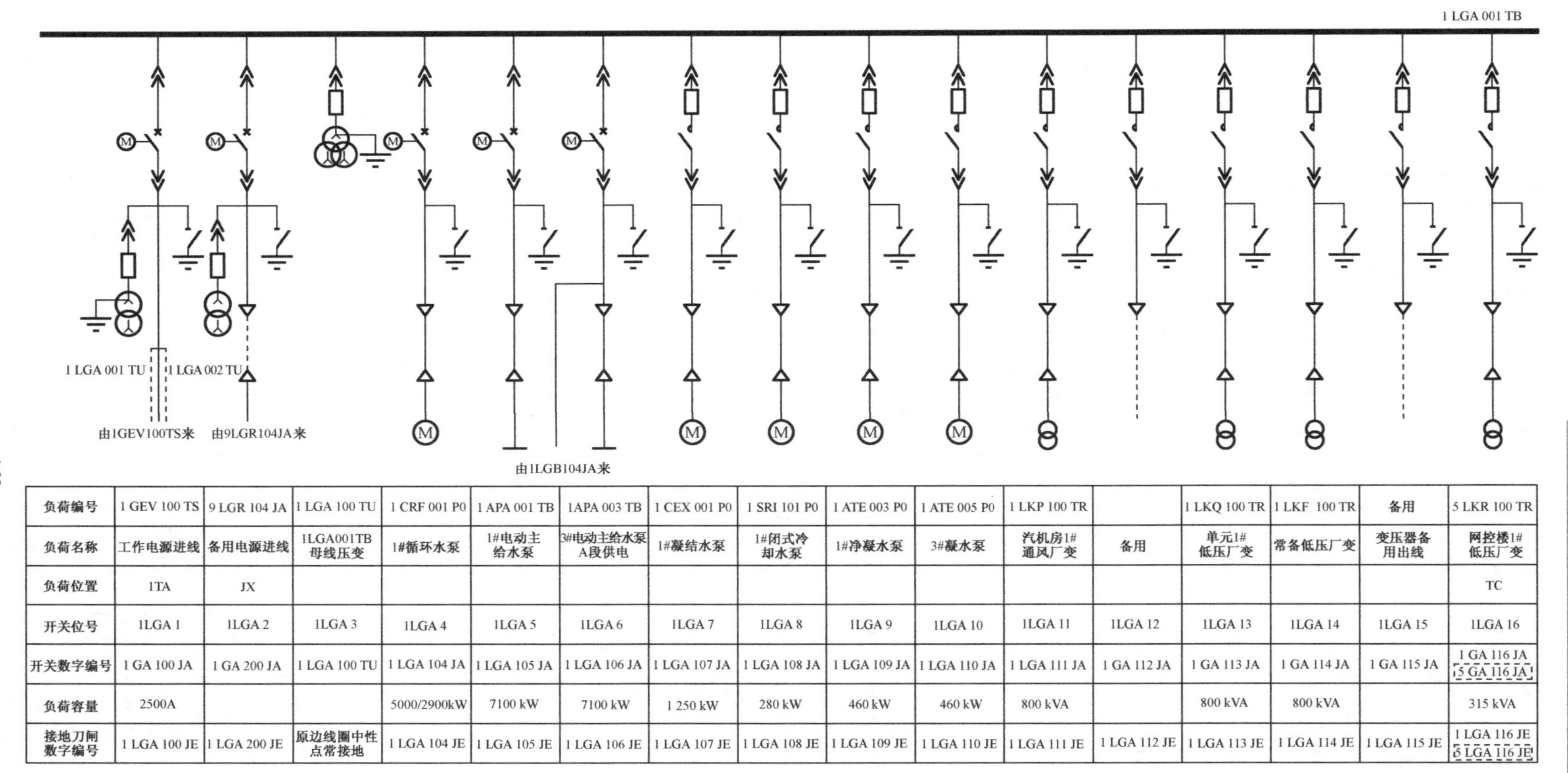


| 负荷编号 | 1 GEV 100 TS | 9 LGR 104 JA | 1 LGA 100 TU | 1 CRF 001 P0 | 1 APA 001 TB | 1APA 003 TB | 1 CEX 001 P0 | 1 SRI 101 P0 | 1 ATE 003 P0 | 1 ATE 005 P0 | 1 LKP 100 TR |  | 1 LKQ 100 TR | 1 LKF 100 TR | 备用 | 5 LKR 100 TR |
|---|---|---|---|---|---|---|---|---|---|---|---|---|---|---|---|---|
| 负荷名称 | 工作电源进线 | 备用电源进线 | 1LGA001TB母线压变 | 1#循环水泵 | 1#电动主给水泵 | 3#电动主给水泵A段供电 | 1#凝结水泵 | 1#闭式冷却水泵 | 1#净凝水泵 | 3#凝水泵 | 汽机房1#通风厂变 | 备用 | 单元1#低压厂变 | 常备低压厂变 | 变压器备用出线 | 网控楼1#低压厂变 |
| 负荷位置 | 1TA | JX |  |  |  |  |  |  |  |  |  |  |  |  |  | TC |
| 开关位号 | 1LGA 1 | 1LGA 2 | 1LGA 3 | 1LGA 4 | 1LGA 5 | 1LGA 6 | 1LGA 7 | 1LGA 8 | 1LGA 9 | 1LGA 10 | 1LGA 11 | 1LGA 12 | 1LGA 13 | 1LGA 14 | 1LGA 15 | 1LGA 16 |
| 开关数字编号 | 1 GA 100 JA | 1 GA 200 JA | 1 LGA 100 TU | 1 LGA 104 JA | 1 LGA 105 JA | 1 LGA 106 JA | 1 LGA 107 JA | 1 LGA 108 JA | 1 LGA 109 JA | 1 LGA 110 JA | 1 LGA 111 JA | 1 GA 112 JA | 1 GA 113 JA | 1 GA 114 JA | 1 GA 115 JA | 1 GA 116 JA<br>5 GA 116 JA |
| 负荷容量 | 2500A |  |  | 5000/2900kW | 7100 kW | 7100 kW | 1 250 kW | 280 kW | 460 kW | 460 kW | 800 kVA |  | 800 kVA | 800 kVA |  | 315 kVA |
| 接地刀闸数字编号 | 1 LGA 100 JE | 1 LGA 200 JE | 原边线圈中性点常接地 | 1 LGA 104 JE | 1 LGA 105 JE | 1 LGA 106 JE | 1 LGA 107 JE | 1 LGA 108 JE | 1 LGA 109 JE | 1 LGA 110 JE | 1 LGA 111 JE | 1 LGA 112 JE | 1 LGA 113 JE | 1 LGA 114 JE | 1 LGA 115 JE | 1 LGA 116 JE<br>5 LGA 116 JE |

图 8.1　6 kV 负荷接线图一

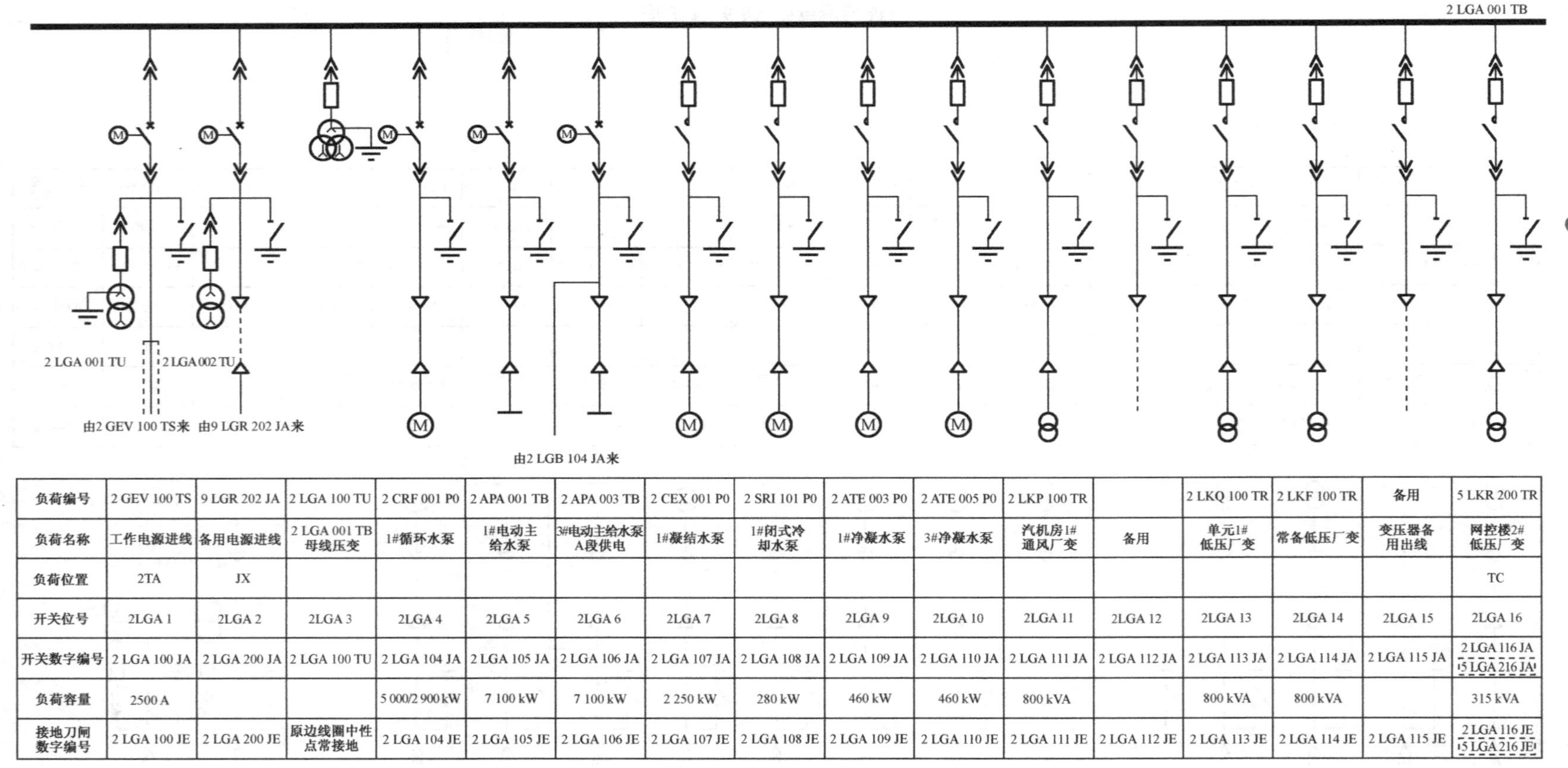


| 负荷编号 | 2 GEV 100 TS | 9 LGR 202 JA | 2 LGA 100 TU | 2 CRF 001 P0 | 2 APA 001 TB | 2 APA 003 TB | 2 CEX 001 P0 | 2 SRI 101 P0 |
|---|---|---|---|---|---|---|---|---|
| 负荷名称 | 工作电源进线 | 备用电源进线 | 2 LGA 001 TB 母线压变 | 1#循环水泵 | 1#电动主给水泵 | 3#电动主给水泵A段供电 | 1#凝结水泵 | 1#闭式冷却水泵 |
| 负荷位置 | 2TA | JX | | | | | | |
| 开关位号 | 2LGA 1 | 2LGA 2 | 2LGA 3 | 2LGA 4 | 2LGA 5 | 2LGA 6 | 2LGA 7 | 2LGA 8 |
| 开关数字编号 | 2 LGA 100 JA | 2 LGA 200 JA | 2 LGA 100 TU | 2 LGA 104 JA | 2 LGA 105 JA | 2 LGA 106 JA | 2 LGA 107 JA | 2 LGA 108 JA |
| 负荷容量 | 2500 A | | | 5 000/2 900 kW | 7 100 kW | 7 100 kW | 2 250 kW | 280 kW |
| 接地刀闸数字编号 | 2 LGA 100 JE | 2 LGA 200 JE | 原边线圈中性点常接地 | 2 LGA 104 JE | 2 LGA 105 JE | 2 LGA 106 JE | 2 LGA 107 JE | 2 LGA 108 JE |

| 负荷编号 | 2 ATE 003 P0 | 2 ATE 005 P0 | 2 LKP 100 TR | | 2 LKQ 100 TR | 2 LKF 100 TR | 备用 | 5 LKR 200 TR |
|---|---|---|---|---|---|---|---|---|
| 负荷名称 | 1#净凝水泵 | 3#净凝水泵 | 汽机房1#通风厂变 | 备用 | 单元1#低压厂变 | 常备低压厂变 | 变压器备用出线 | 网控楼2#低压厂变 |
| 负荷位置 | | | | | | | | TC |
| 开关位号 | 2LGA 9 | 2LGA 10 | 2LGA 11 | 2LGA 12 | 2LGA 13 | 2LGA 14 | 2LGA 15 | 2LGA 16 |
| 开关数字编号 | 2 LGA 109 JA | 2 LGA 110 JA | 2 LGA 111 JA | 2 LGA 112 JA | 2 LGA 113 JA | 2 LGA 114 JA | 2 LGA 115 JA | 2 LGA 116 JA<br>5 LGA 216 JA |
| 负荷容量 | 460 kW | 460 kW | 800 kVA | | 800 kVA | 800 kVA | | 315 kVA |
| 接地刀闸数字编号 | 2 LGA 109 JE | 2 LGA 110 JE | 2 LGA 111 JE | 2 LGA 112 JE | 2 LGA 113 JE | 2 LGA 114 JE | 2 LGA 115 JE | 2 LGA 116 JE<br>5 LGA 216 JE |

图 8.2　6 kV 负荷接线图二

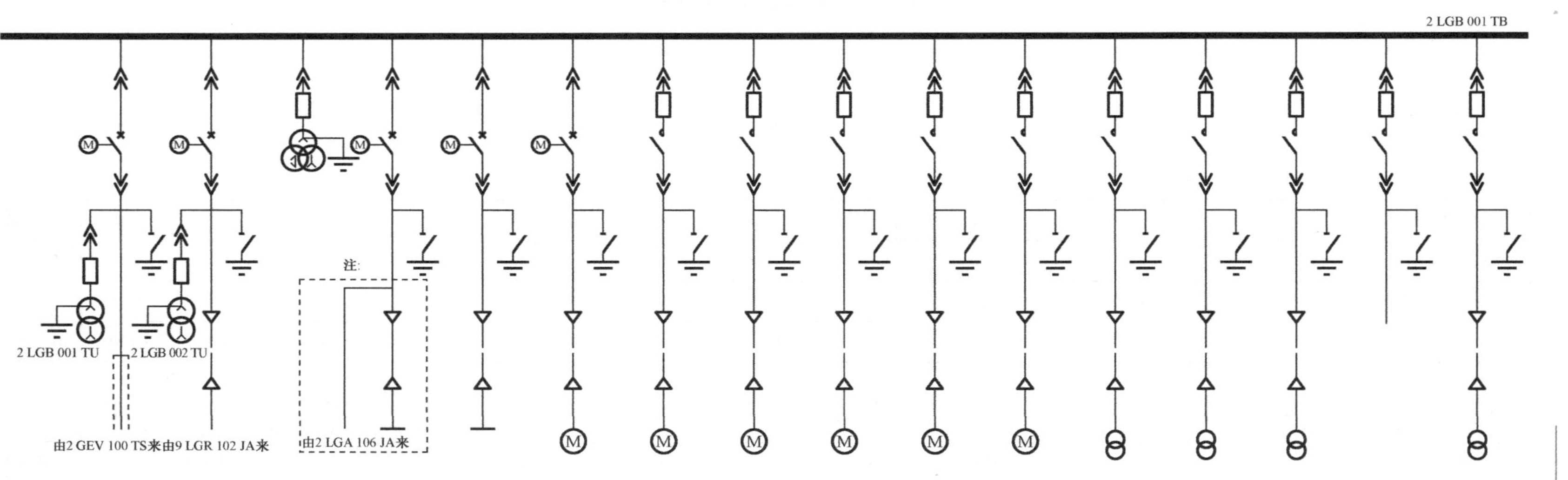


| 负荷编号 | 2 GEV 100 TS | 9 LGR 102 JA | 2 LGB 100 TU | 2 APA 003 TB | 2 APA 002 TB | 2 CRF 002 P0 | 2 SRI 301 P0 | 2 CEX 003 P0 | 2 CEX 002 P0 | 2 SRI 201 P0 | 2 ATE 004 P0 | 2 LKT 100 TR | 2 LKU 100 TR | 2 LKR 100 TR | 备用 | 2 LKH 100 TR |
|---|---|---|---|---|---|---|---|---|---|---|---|---|---|---|---|---|
| 负荷名称 | 工作电源进线 | 备用电源进线 | 2 LGB 001 TB 母线压变 | 3#电动给水泵B段供电 | 2#电动主给水泵 | 2#循环水泵 | 3#闭式冷却水泵 | 3#凝结水泵 | 2#凝结水泵 | 2#闭式冷却水泵 | 2#净凝结水泵 | 单元3#低压厂变 | 汽机房2#通风厂变 | 单元2#低压厂变 | 变压器备用出线 | 2#机组循泵房低压变 |
| 负荷位置 | 2TA | JX | | | | | | | | | | | | | | PX |
| 开关位号 | 2LGB 1 | 2LGB 2 | 2LGB 3 | 2LGB 4 | 2LGB 5 | 2LGB 6 | 2LGB 7 | 2LGB 8 | 2LGB 9 | 2LGB 10 | 2LGB 11 | 2LGB 12 | 2LGB 13 | 2LGB 14 | 2LGB15 | 2LGB16 |
| 开关数字编号 | 2 LGB 100 JA | 2LGB 200 JA | 2LGB 100 TU | 2 LGB 104 JA | 2 LGB 105 JA | 2 LGB 106 JA | 2 LGB 107 JA | 2 LGB 108 JA | 2 LGB 109 JA | 2 LGB 110 JA | 2 LGB 111 JA | 2 LGB 112 JA | 2 LGB 113 JA | 2 LGB 114 JA | 2 LGB 115 JA | 2 LGB 116 JA |
| 负荷容量 | 2 500 A | | | 7 100 kW | 7 100 kW | 5 000/2 900 kW | 280 kW | 1 250 kW | 1 250 kW | 280 kW | 460 kW | 800 kVA | 800 kVA | 800 kVA | | 630 kVA |
| 接地刀闸数字编号 | 2 LGB 100 JE | 2 LGB 200 JE | 原边线圈中性点常接地 | 2 LGB 104 JE | 2 LGB 105 JE | 2 LGB 106 JE | 2 LGB 107 JE | 2 LGB 108 JE | 2 LGB 109 JE | 2 LGB 110 JE | 2 LGB 111 JE | 2 LGB 112 JE | 2 LGB 113 JE | 2 LGB 114 JE | 2 LGB 115 JE | 2 LGB 116 JE |

注:实际下游出线电缆在2 LGA 106 JA间隔。

图 8.3 6 kV 负荷接线图三

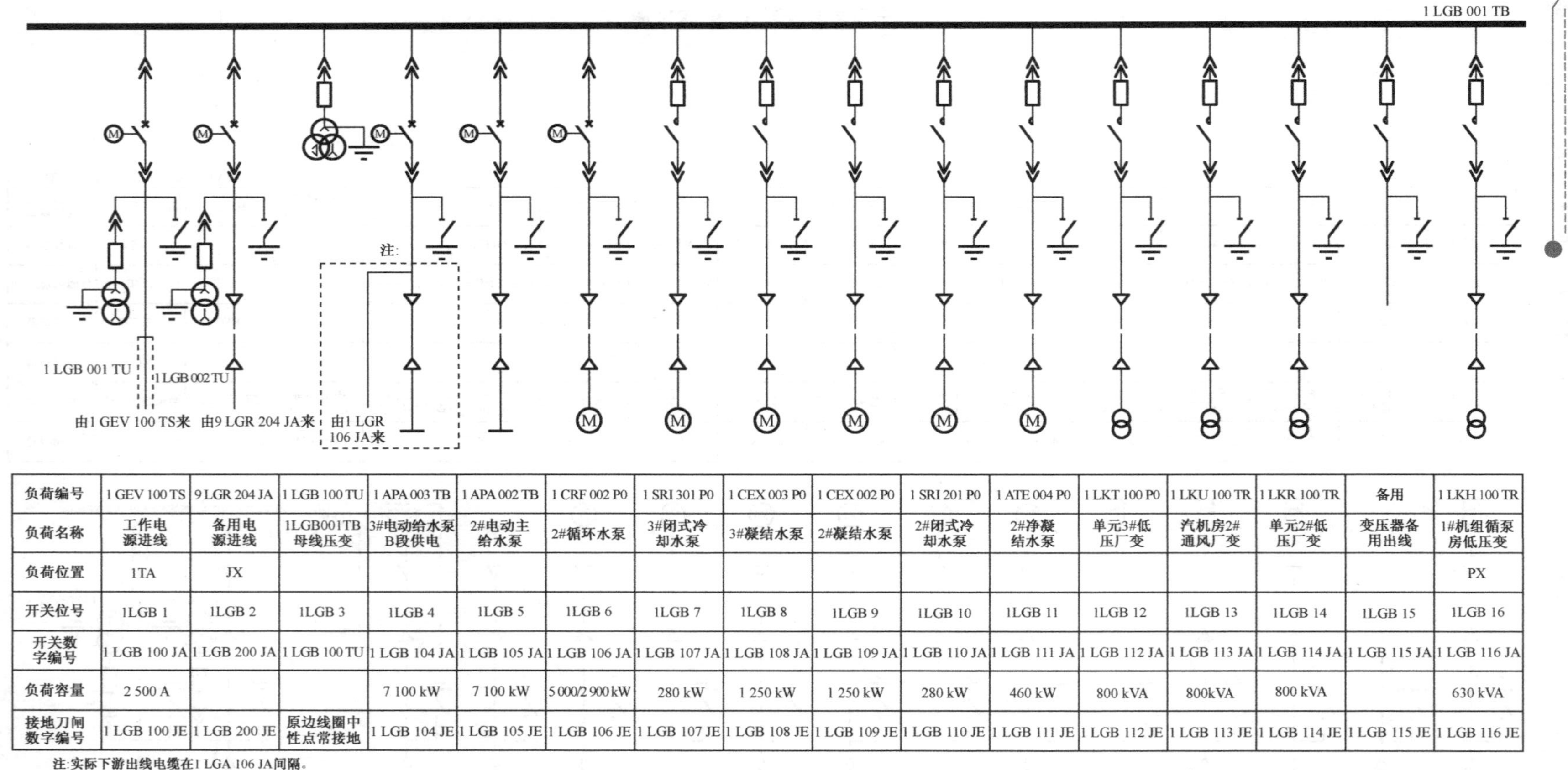


| 负荷编号 | 1 GEV 100 TS | 9 LGR 204 JA | 1 LGB 100 TU | 1 APA 003 TB | 1 APA 002 TB | 1 CRF 002 P0 | 1 SRI 301 P0 | 1 CEX 003 P0 | 1 CEX 002 P0 | 1 SRI 201 P0 | 1 ATE 004 P0 | 1 LKT 100 P0 | 1 LKU 100 TR | 1 LKR 100 TR | 备用 | 1 LKH 100 TR |
|---|---|---|---|---|---|---|---|---|---|---|---|---|---|---|---|---|
| 负荷名称 | 工作电源进线 | 备用电源进线 | 1LGB001TB母线压变 | 3#电动给水泵B段供电 | 2#电动主给水泵 | 2#循环水泵 | 3#闭式冷却水泵 | 3#凝结水泵 | 2#凝结水泵 | 2#闭式冷却水泵 | 2#净凝结水泵 | 单元3#低压厂变 | 汽机房2#通风厂变 | 单元2#低压厂变 | 变压器备用出线 | 1#机组循泵房低压变 |
| 负荷位置 | 1TA | JX | | | | | | | | | | | | | | PX |
| 开关位号 | 1LGB 1 | 1LGB 2 | 1LGB 3 | 1LGB 4 | 1LGB 5 | 1LGB 6 | 1LGB 7 | 1LGB 8 | 1LGB 9 | 1LGB 10 | 1LGB 11 | 1LGB 12 | 1LGB 13 | 1LGB 14 | 1LGB 15 | 1LGB 16 |
| 开关数字编号 | 1 LGB 100 JA | 1 LGB 200 JA | 1 LGB 100 TU | 1 LGB 104 JA | 1 LGB 105 JA | 1 LGB 106 JA | 1 LGB 107 JA | 1 LGB 108 JA | 1 LGB 109 JA | 1 LGB 110 JA | 1 LGB 111 JA | 1 LGB 112 JA | 1 LGB 113 JA | 1 LGB 114 JA | 1 LGB 115 JA | 1 LGB 116 JA |
| 负荷容量 | 2 500 A | | | 7 100 kW | 7 100 kW | 5 000/2 900 kW | 280 kW | 1 250 kW | 1 250 kW | 280 kW | 460 kW | 800 kVA | 800kVA | 800 kVA | | 630 kVA |
| 接地刀闸数字编号 | 1 LGB 100 JE | 1 LGB 200 JE | 原边线圈中性点常接地 | 1 LGB 104 JE | 1 LGB 105 JE | 1 LGB 106 JE | 1 LGB 107 JE | 1 LGB 108 JE | 1 LGB 109 JE | 1 LGB 110 JE | 1 LGB 111 JE | 1 LGB 112 JE | 1 LGB 113 JE | 1 LGB 114 JE | 1 LGB 115 JE | 1 LGB 116 JE |

注:实际下游出线电缆在1 LGA 106 JA间隔。

图 8.4　6 kV 负荷接线图四

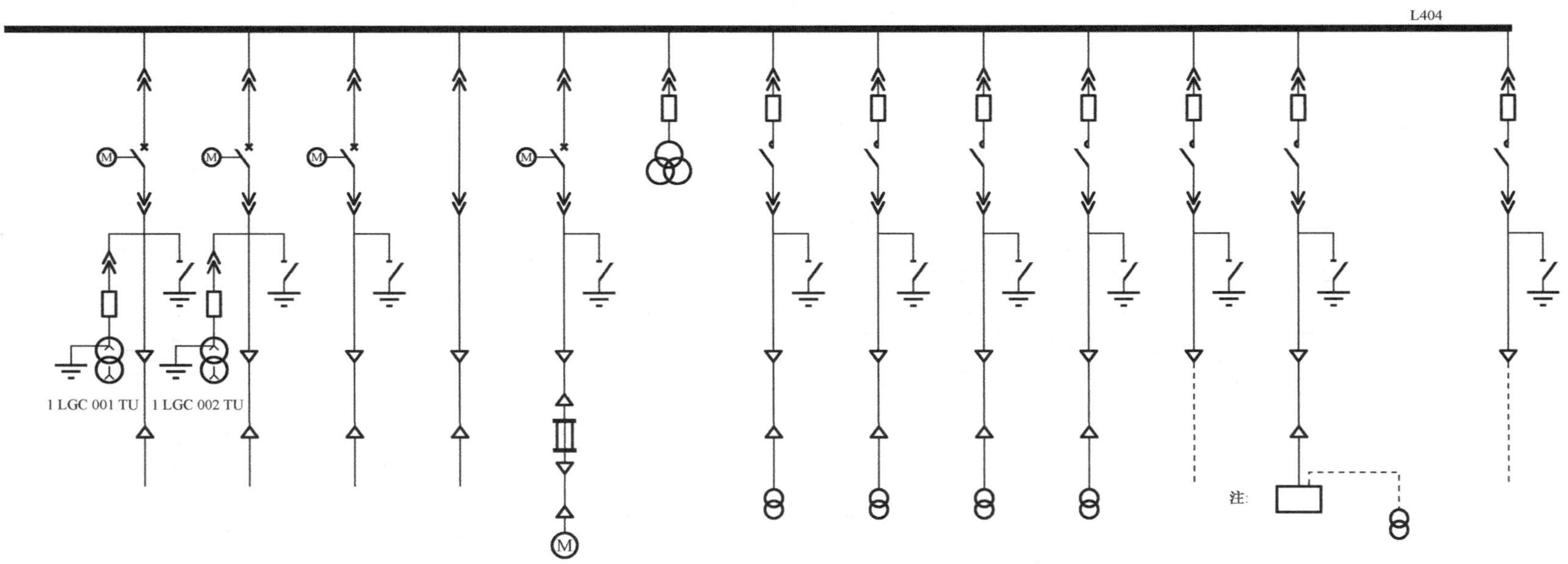

L404

1 LGC 001 TU
1 LGC 002 TU
注:

| 负荷编号 | 1 LGC 100 JA | 1 LGC 200 JA | 9 LGIB 001 TB | 1 LHA 001 TB | 1 RCP 001 P0 | 1 LGC 100 TU | 1 LKA 001 TR | 1 LKD 001 TR | 1 LKJ 001 TR | 1 LKC 001 TR | 备用 | 1 LGC 500 AR | 0 LKG 001 TR | 备用 |
|---|---|---|---|---|---|---|---|---|---|---|---|---|---|---|
| 负荷名称 | 工作电源进线 | 备用电源进线 | 9LGIB001TB进线 | 1 LHA馈线 | 1#主冷却剂泵 | 1 LGC001TB母线压变 | NI厂用变压器 | NI厂用变压器 | NI厂用变压器 | NI厂用变压器 | 变压器备用出线 | 1#机蒸汽发生器水压试验环网柜 | 蒸汽发生器水压试验变压器 | 电动机备用出线 |
| 负荷位置 | 1TA | JX | L 410 | L 401 | R 311 | L 404 | L 401 | L 404 | NC 245<br>NC 247 | L401 | | | | |
| 开关位号 | 1 LGC 1 | 1 LGC 2 | 1 LGC 3 | 1 LGC 4 | 1 LGC 5 | 1 LGC 6 | 1 LGC 7 | 1 LGC 8 | 1 LGC 9 | 1 LGC 10 | 1 LGC 11 | 1 LGC 12 | | 1 LGC 13 |
| 开关数字编号 | 1 LGC 100 JA | 1 LGC 200 JA | 1 LGC 103 JA | 1 LHA 001 JB | 1 LGC 105 JA | 1 LGC 100 TU | 1 LGC 107 JA | 1 LGC 108 JA | 1 LGC 109 JA | 1 LGC 110 JA | 1 LGC 111 JA | 1 LGC 112 JA | | 1 LGC 113 JA |
| 负荷容量 | 2 500 A | | | | 7 460 kW(冷态)<br>5 968 kW(热态) | | 630 kVA | 800 kVA | 800 kVA | 800 kVA | | 1 250 kVA | | |
| 接地刀闸数字编号 | 1 LGC 100 JE | 1 LGC 200 JE | 1 LGC 103 JE | | 1 LGC 105 JE | | 1 LGC 107 JE | 1 LGC 108 JE | 1 LGC 109 JE | 1 LGC 110 JE | 1 LGC 111 JE | 1 LGC 112 JE | | 1 LGC 113 JE |

注:1 LGC 500 AR柜内有闸刀和接地刀。

图 8.5 6 kV 负荷接线图五

Ie=2 500 A　2 LGC 001 TB　(~6 KV)

2 LGC 001 TU　2 LGC 002 TU

注:

| 设备编号 | 2 LGC 001 TB | 2 LGC 001TB | 9 LGIA 001 TB | 2 LHA 001 TB | 2 ZZZL 324 | 2 RCP 001 P0 | 2 LGC 100 TU | 2 LKA 001 TR | 2 LKD 001 TR | 2 LKJ 001 TR | 2 LKC 001 TR | 备用 | 2 LGC500AR | 0 LKG001 TR | 备用 |
|---|---|---|---|---|---|---|---|---|---|---|---|---|---|---|---|
| 设备/线路名称 | 厂用工作电源进线 | 厂外备用电源进线 | 9 LGIA 001TB进线 | 2 LHA 馈线 | 电气贯穿件 | 1#主冷却剂泵 | 电压互感器 | NI厂用变压器 | NI厂用变压器 | NI厂用变压器 | NI厂用变压器 | 变压器备用出线 | 2#蒸汽发生器水压试验环网柜 | 蒸汽发生器水压试验变压器 | 电动机备用出线 |
| 设备容量变压器(KVA,电动机/KW) | | | | | | 7 460(冷态)<br>5 968(热态) | | 630 | 800 | 800 | 800 | | | | |
| 计算电流/A | 2 217 | 1 980 | 584 | 722 | | 816(冷态)<br>648(热态) | | 61 | 77 | 77 | 77 | | | | |
| 断路器/熔断器型号及额定电流/A | VD 4 M 1225-50 2 500 / SIBA-7.2 6 | VD 4 M 1225-50 2 500 / SIBA-7.2 6 | VD 4 M 1212-50<br>1 250 | 1 250 | VD 4 M 1225-50<br>1 250 | | SIBA-7.2<br>6 | 7.2 KVMROSA<br>50 KA 120 | 7.2 KVMROSA<br>50 KA 120 | 7.2 KVMROSA<br>50 KA 120 | 7.2 KVMROSA<br>50 KA 120 | 7.2 KVMROSA<br>50 KA 120 | 7.2 KVMROSA<br>50 KA 120 | | 7.2 KVMROSA<br>50 KA 120 |
| 接触器型号及额定电流/A | | | | | | | | CV-6 HA-2 400 | CV-6 HA-2 400 | CV-6 HA-2 400 | CV-6 HA-2 400 | CV-6 HA-2 400 | CV-6 HA-2 400 | | |
| 电流/电压互感器变比 | 2 500/5A,1 A<br>$\frac{6}{\sqrt{3}}/\frac{0.1}{\sqrt{3}}$ KV | 2 500/1 A<br>$\frac{6}{\sqrt{3}}/\frac{0.1}{\sqrt{3}}$ KV | 1 000/1A | | 3 000/5 A<br>1 000/1 A | 3 000/5A | $\frac{6}{\sqrt{3}}/\frac{0.1}{\sqrt{3}}/\frac{0.1}{3}$KV | 100/1 A | 100/1 A | 100/1 A | 100/1 A | 100/1 A | 100/1 A | | 100/1 A |
| 接地开关型号 | EK6 | EK6 | EK6 | | | | | EK3 | EK3 | EK3 | EK3 | EK3 | EK3 | | EK3 |
| 电缆型号及规格/mm | HXES-C<br>3×3(1×630) | HXES-C<br>3×3(1×500) | HXES-C<br>3(1×630) | HXES-C<br>2×3(1×30) | HXES-C<br>3(1×630) | HXES-C<br>3(1×630) | | HXELS-C<br>3×50 | HXELS-C<br>3×50 | HXELS-C<br>3×50 | HXELS-C<br>3×50 | | | | |
| 电缆编号 | 2 LGCA 001~009 | 2 LGCA 010~018 | 9 LGIA 103~105 | 2 LHAA 200~205 | 2 RCPA 600~602 | 2 RCPA 609~611 | | 2 LKAA 200 | 2 LKAA 200 | 2 LKAA 200 | 2 LKAA 200 | | | | |
| 零序电流互感器变比 | | | 50/1 A | | 50/1 A | | | 50/1 A | 50/1 A | 50/1 A | 50/1 A | 50/1 A | 50/1 A | | 50/1 A |
| 二次接线图号 | 见华东院有关图纸 | 见华东院有关图纸 | 006 | 008 | 009 | | 见华东院有关图纸 | 011 | 010 | 010 | 010 | 010 | 010 | | 010 |
| 开关柜型号 | ←ZS 1→ | | | | | | | ←ZS 1→ | | | | | | | |
| 开关柜宽度 | 1 000 | 1 000 | 800 | 800 | 800 | | 800 | | 325 | 325 | 325 | 325 | 325 | | 325 |
| 接地刀闸编号 | 2 LGC 100 JE | 2 LGC 200 JE | 2 LGC 103 JE | | 2 LGC 105 JE | | | 2 LGC 107 JE | 2 LGC 108 JE | 2 LGC 109 JE | 2 LGC 110 JE | 2 LGC 111 JE | 2 LGC 112 JE | | 2 LGC 113 JE |
| 开关位号 | 2 LGC 1 | 2 LGC 2 | 2 LGC 3 | 2 LGC 4 | 2 LGC 5 | | 2 LGC 6 | 2 LGC 7 | 2 LGC 8 | 2 LGC 9 | 2 LGC 10 | 2 LGC 11 | 2 LGC 12 | | 2 LGC 13 |
| 开关数字编号 | 2 LGC 100 JA | 2 LGC 200 JA | 2 LGC 103 JA | 2 LHA 001 JB | 2 LGC 105 JA | | 2 LGC 100 TU | 2 LGC 107 JA | 2 LGC 108 JA | 2 LGC 109 JA | 2 LGC 110 JA | 2 LGC 111 JA | 2 LGC 112 JA | | 2 LGC 113 JA |

注:2 LGC 500 AR柜内有闸刀和接地刀。

图 8.6　6 kV 负荷接线图六

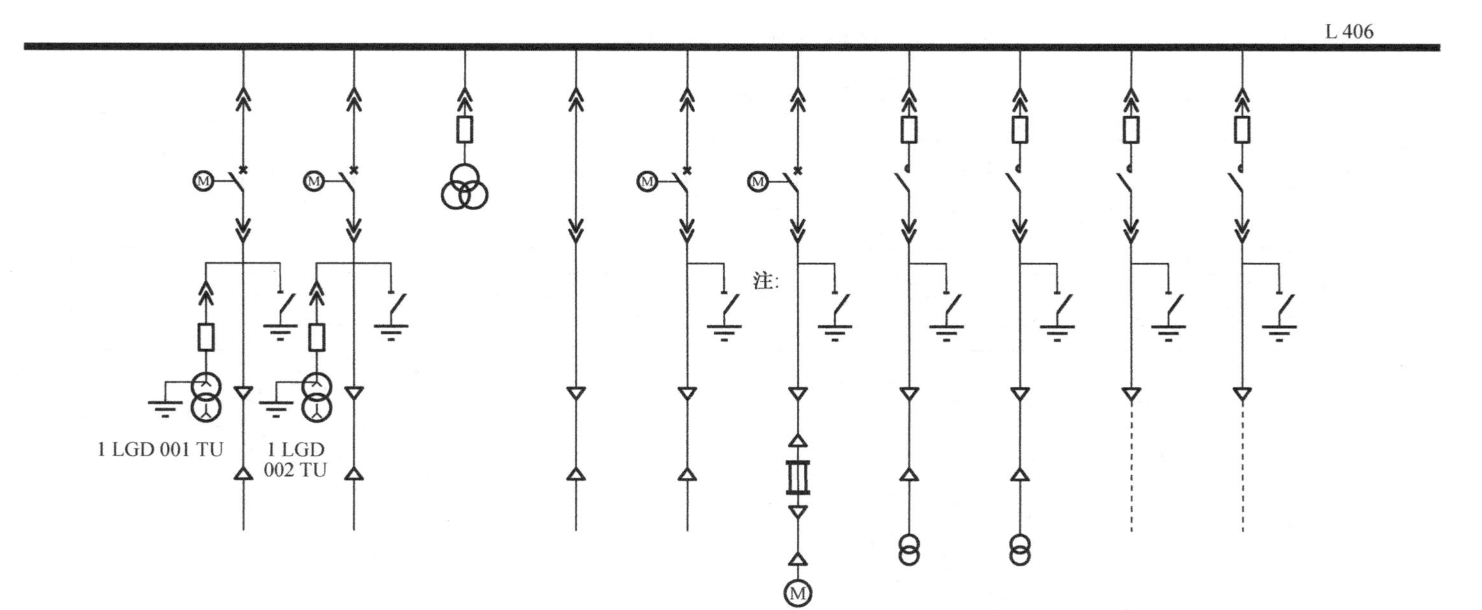


| 负荷编号 | 1 LGD 100 JA | 1 LGD 200 JA | 1 LGD 100 TU | 1 LHB 001 TB | 9LGIA001 TB | 1 RCP 002 P0 | 1 LKB 001 TR | 1 LKE 001 TR | 备用 | 备用 |
| --- | --- | --- | --- | --- | --- | --- | --- | --- | --- | --- |
| 负荷名称 | 工作电源进线 | 备用电源进线 | 1LGD001TB母线压变 | 1 LHB馈线 | 9LGIA001TB进线 | 2#主冷却剂泵 | NI厂用变压器 | NI厂用变压器 | 变压器备用出线 | 变压器备用出线 |
| 负荷位置 | TA | JX | L 406 | L 408 | L 410 | R 321 | L 401 | L 404 |  |  |
| 开关位号 | 1LGD 1 | 1LGD 2 | 1LGD 3 | 1LGD 4 | 1LGD 5 | 1LGD 6 | 1LGD 7 | 1LGD 8 | 1LGD 9 | 1LGD 10 |
| 开关数字编号 | 1 LGD 100 JA | 1 LGD 200 JA | 1 LGD 100 TU | 1 LHB 001 JB | 1 LGD 105 JA | 1 LGD 106 JA | 1 LGD 107 JA | 1 LGD 108 JA | 1 LGD 109 JA | 1 LGD 110 JA |
| 负荷容量 |  |  |  |  |  | 7 460 kW(冷态)<br>5 968 kW(热态) | 630 kVA | 800 kVA |  |  |
| 接地刀闸数字编号 | 1 LGD 100 JE | 1 LGD 200 JE |  |  | 1 LGD 105 JE | 1 LGD 106 JE | 1 LGD 107 JE | 1 LGD 108 JE | 1 LGD 109 JE | 1 LGD 110 JE |

注:1 LGD 105 JE已用螺栓封住了操作孔。

**图 8.7　6 kV 负荷接线图七**

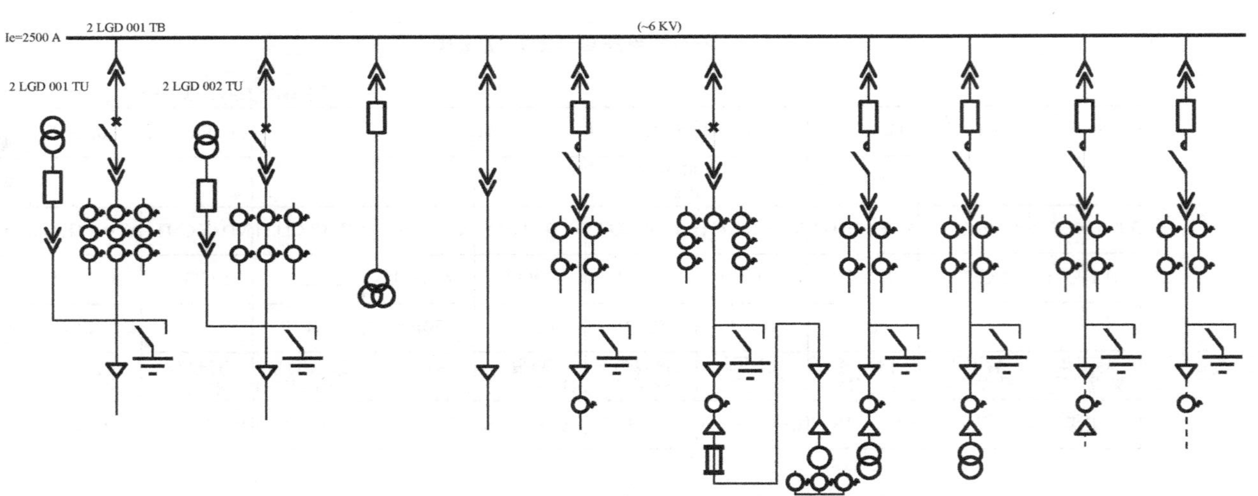


| 设备编号 | 2 LGD 001 TB | 2 LGD 001 TB | 2 LGD 100 TU | 2 LGD 001 TB | 9 LGIB 001 TB | 2 ZZZL 326 | 2 RCP 002 P0 | 2LKB001TR | 2 LKE 001 TR | 备用 | 备用 |
|---|---|---|---|---|---|---|---|---|---|---|---|
| 设备/线路名称 | 厂用工作电源进线 | 厂外设备用电源进线 | 电压互感器 | 2 LHB馈线 | 9LGIB001TB进线 | 电气贯穿件 | 2#主冷却剂泵 | NI厂用变压器 | NI厂用变压器 | 变压器备用出线 | 变压器备用出线 |
| 设备容量变压器(KVA,电动机/KW) | | | | | | | 7 460(冷态)<br>5 968(热态) | 630 | 800 | | |
| 计算电流/A | 1 931 | 1 695 | | 722 | | | 816(冷态)<br>648(热态) | 61 | 77 | | |
| 断路器/熔断器型号及额定电流/A | VD 4 M 1225-50/2 500 / SIBA-7.2/6 | VD 4 M 1220-50/2 000 / SIBA-7.2/6 | SIBA-7.2<br>6 | 1 250 | VD 4 M 1212-50<br>1 250 | VD 4 M 1212-50<br>1 250 | | 7.2 KVMROSA<br>50 KA 250 | 7.2 KVMROSA<br>50 KA 250 | 7.2 KVMROSA<br>50 KA 250 | 7.2 KVMROSA<br>50 KA 250 |
| 接触器型号及额定电流/A | | | | | | | | CV-6HA-2<br>400 | CV-6HA-2<br>400 | CV-6HA-2<br>400 | CV-6HA-2<br>400 |
| 电流/电压互感器变比 | 2 500/5 A,1 A<br>$\frac{6}{\sqrt{3}}/\frac{0.1}{\sqrt{3}}$KV | 2 000/1 A<br>$\frac{6}{\sqrt{3}}/\frac{0.1}{\sqrt{3}}$KV | $\frac{6}{\sqrt{3}}/\frac{0.1}{\sqrt{3}}/\frac{0.1}{3}$KV | | 1 000/1 A | 3 000/5 A<br>1 000/1 A | 3 000/5 A | 100/1 A | 100/1 A | 100/1 A | 100/1 A |
| 接地开关型号 | EK6 | EK6 | EK6 | | EK6 | EK6 | | EK3 | EK3 | EK3 | EK3 |
| 电缆型号及规格/mm | HXES-C<br>3×3(1×630) | HXES-C<br>3×3(1×500) | | HXES-C<br>2×3(1×30) | HXES-C<br>3(1×630) | HXES-C<br>3(1×630) | HXES-C<br>3(1×630) | HXELS-C<br>3×50 | HXELS-C<br>3×50 | HXELS-C<br>3×50 | HXELS-C<br>3×50 |
| 电缆编号 | 2 LGDA 001~009 | 2 LGDA 010~018 | | 2 LHBA 200~205 | 9LGIA203~205 | 2RCPA603~605 | 2RCPA612~614 | 2 LKAA 200 | 2 LKAA 200 | 2 LKAA 200 | 2 LKAA 200 |
| 零序电流互感器变比 | | | | | 50/1 A | 50/1 A | | 50/1 A | 50/1 A | 50/1 A | 50/1 A |
| 二次接线图号 | 见华东院有关图纸 | 见华东院有关图纸 | 见华东院有关图纸 | 008 | 007 | 009 | | 011 | 010 | 010 | 010 |
| 开头柜型号 | ←ZS1→ | | | | | | | ←ZS1→ | | | |
| 开关柜宽度 | 1 000 | 1 000 | 800 | 800 | 800 | 800 | | 325 | 325 | 325 | 325 |
| 接地刀闸编号 | 2 LGD 100 JE | 2 LGD 200 JE | | | 2 LGD 105 JE | 2 LGD 106 JE | | 2 LGD 107 JE | 2 LGD 108 JE | 2 LGD 109 JE | 2 LGD 110 JE |
| 开关柜号 | 2 LGD 1 | 2 LGD 2 | 2 LGD 3 | 2 LGD 4 | 2 LGD 5 | 2 LGD 6 | | 2 LGD 7 | 2 LGD 8 | 2 LGD 9 | 2 LGD 10 |
| 开关数字编号 | 2 LGD 100 JA | 2 LGD 200 JA | 2 LGD 100 TU | 2 LHB 001 JB | 2 LGD 105 JA | 2 LGD 106 JA | | 2 LGD 107 JA | 2 LGD 108 JA | 2 LGD 109 JA | 2 LGD 110 JA |

图 8.8　6 kV 负荷接线图八

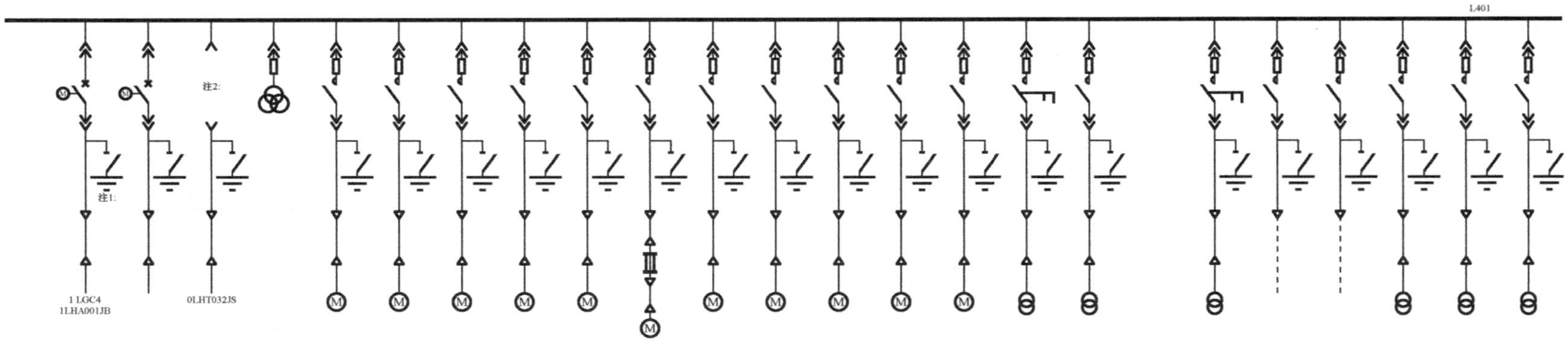

L401

注1:

注2:

1 LGC4
1LHA001JB

0LHT032JS

| 负荷编号 | 1 LHA 001 JA | 1 LHA 002 JA | 1 LHA 003 JA | 1 LHA 001 TU | 1 SEC 001 P0 | 1 SEC 003 P0 | 1 JPP 001 P0 | 1 EAS 001 P0 |
|---|---|---|---|---|---|---|---|---|
| 负荷名称 | 正常电源进线(由1 LGC引来) | 1LHP柴油机进线 | 0LHF柴油机进线 | 1LHA001TB母线压变 | 1#安全厂用水泵 | 3#安全厂用水泵 | 1#消防泵 | 1#安全壳喷淋泵 |
| 负荷位置 | L 404 | 1 DA | DF | L 401 | PX(S044) | PX(S044) | PX | K 110 |
| 开关位号 | 1 LHA 1 | 1LHA 2 | 1LHA 3 | 1LHA 4 | 1LHA 5 | 1LHA 6 | 1LHA 7 | 1LHA 8 |
| 开关数字编号 | 1 LHA 001 JA | 1 LHA 002 JA | 1 LHA 003 JA | 1 LHA 001 TU | 1 LHA 105 JA | 1 LHA 106 JA | 1 LHA 107 JA | 1 LHA 108 JA |
| 负荷容量 | 2500 A | | | | 460 KW | 460 KW | 200 KW | 450 KW |
| 接地刀闸数字编号 | 1 LHA 001 JE | 1 LHA 002 JE | 1 LHA 003 JE | | 1 LHA 105 JE | 1 LHA 106 JE | 1 LHA 107 JE | 1 LHA 108 JE |

| 负荷编号 | 1 RCV 001 P0 | 1 RRA 001 P0 | 1 ASG 001 P0 | 1 RIS 001 P0 | 1 RRI 001 P0 | 1 RRI 003 P0 | 1 DEG 101 C0 | 1 LLA 001 TR |
|---|---|---|---|---|---|---|---|---|
| 负荷名称 | 1#高压安注泵 | 1#余热排出泵 | 1#辅助给水泵 | 1#低压安注泵 | 1#设备冷却水泵 | 3#设备冷却水泵 | 1#核岛制冷机 | NI厂用变压器 |
| 负荷位置 | NA 217 | R 245 | W 128 B | K112 | NE 360 361 | NE 360 361 | W 415 | L 405 |
| 开关位号 | 1LHA 9 | 1LHA 10 | 1LHA 11 | 1LHA 12 | 1LHA 13 | 1LHA 14 | 1LHA 15 | 1LHA 16 |
| 开关数字编号 | 1 LHA 109 JA | 1 LHA 110 JA | 1 LHA 111 JA | 1 LHA 112 JA | 1 LHA 113 JA | 1 LHA 114 JA | 1 LHA 115 JA | 1 LHA 116 JA |
| 负荷容量 | 710 KW | 225 KW | 500 KW | 255 KW | 575 KW | 575 KW | 550 KW | 800 KVA |
| 接地刀闸数字编号 | 1 LHA 109 JE | 1 LHA 110 JE | 1 LHA 111 JE | 1 LHA 112 JE | 1 LHA 113 JE | 1 LHA 114 JE | 1 LHA 115 JE | 1 LHA 116 JE |

| 负荷编号 | 1 LLE 001 TR | 空柜 | 1 LLC 001TR | | | 0 LLX 002 TR | 1 LLN 001 TR | 1 LLI 001 TR |
|---|---|---|---|---|---|---|---|---|
| 负荷名称 | NI厂用变压器 | | NI厂用变压器 | 电动机备用出线 | 变压器备用出线 | 0LHF厂房2号变 | NI厂用变压器 | NI厂用变压器 |
| 负荷位置 | L 406 | | L 405 | | | | L 406 | L 405 |
| 开关位号 | 1LHA 17 | 1LHA 18 | 1LHA 19 | 1LHA 20 | 1LHA 21 | 1LHA 22 | 1LHA 23 | 1LHA 24 |
| 开关数字编号 | 1 LHA 117 JA | | 1 LHA 119 JA | 1 LHA 120 JA | 1 LHA 121 JA | 1 LHA 122 JA | 1 LHA 123 JA | 1 LHA 124 JA |
| 负荷容量 | 800 KVA | | 800 KVA | | | | 800 KVA | 800 KVA |
| 接地刀闸数字编号 | 1 LHA 117 JE | | 1 LHA 119 JE | 1 LHA 120 JE | 1 LHA 121 JE | 1 LHA 122 JE | 1 LHA 123 JE | 1 LHA 124 JE |

注1:1LHA 001 JE已用螺栓封住了操作孔。

注2:接口箱1LHA901CR (L301) 转接箱1LHA902CR (L401)

开启接口箱、转接箱柜门:(1)将把手的盖板向上推,露出钥匙孔;(2)用挂在柜子右侧的专用钥匙开锁;(3)通过把手开启柜门。

现场放置两缆卷盘:(a) "用于中压移动电源"

(b) "用于应急配电盘"

(a)用于将接口箱901CR和移动电源连接。(b)用于将转接箱902CR和1LHA003JA连接。

图 8.9 6 kV 负荷接线图九

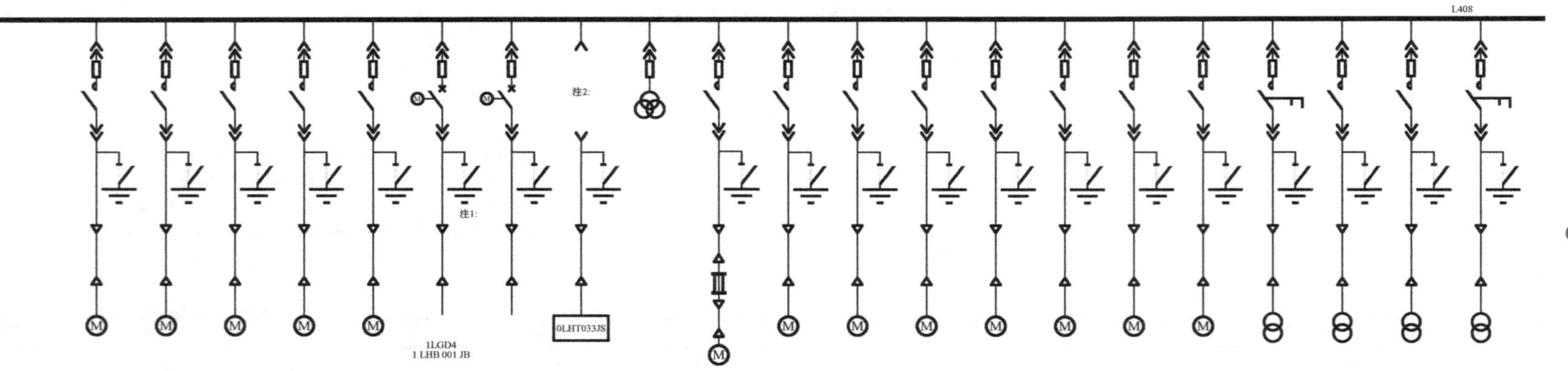


| 负荷编号 | 1 SEC 002 P0 | 1 SEC 004 P0 | 1 JPP 002 P0 | 1 RCV 002 P0 | 1 RCV 003 P0 | 1 LHB 001 JA | 1 LHB 002 JA | 1 LHB 003 JA | 1 LHB 001 TU | 1 RRA 002 P0 |
|---|---|---|---|---|---|---|---|---|---|---|
| 负荷名称 | 2#安全厂用水泵 | 4#安全厂用水泵 | 2#消防泵 | 2#高压安注泵 | 3#高压安注泵 | 正常电源进线(由1LGD来) | 1LHQ柴油机进线 | 0LHF柴油机进线 | 1LHB001TB母线压变 | 2#余热排出泵 |
| 负荷位置 | PX(S045) | PX(S045) | PX | NA 218 | NA219 | L 406 | DB |  | L 408 | R246 |
| 开关位号 | 1LHB 1 | 1LHB 2 | 1LHB 3 | 1LHB 4 | 1LHB 5 | 1LHB 6 | 1LHB 7 | 1LHB 8 | 1LHB 9 | 1LHB 10 |
| 开关数字编号 | 1 LHB 101 JA | 1 LHB 102 JA | 1 LHB 103 JA | 1 LHB 104 JA | 1 LHB 105 JA | 1 LHB 001 JA | 1 LHB 002 JA | 1 LHB 003 JA | 1 LHB 001 TU | 1 LHB 110 JA |
| 负荷容量 | 460 kW | 460 kW | 200kW | 710 kW | 710 kW | 2 500 A |  |  |  | 225 KW |
| 接地刀闸数字编号 | 1 LHB 101 JE | 1 LHB 102 JE | 1 LHB 103 JE | 1 LHB 104 JE | 1 LHB 105 JE | 1 LHB 001 JE | 1 LHB 002 JE | 1 LHB 003 JE |  | 1 LHB 110 JE |

| 负荷编号 | 1 ASG 002 P0 | 1 RIS 002 P0 | 1 RRI 002 P0 | 1 RRI 004 P0 | 1 EAS 002 P0 | 1 DEG 201 C0 | 1 DEG 301 C0 | 1 LLB 001 TR | 1 LL0 001 TR | 1 LLJ 001 TR | 1 LLD 001 TR |
|---|---|---|---|---|---|---|---|---|---|---|---|
| 负荷名称 | 2#辅助给水泵 | 2#低压安注泵 | 2#设备冷却水泵 | 4#设备冷却水泵 | 2#安全壳喷淋泵 | 2#核岛冷冻机 | 3#核岛冷冻机 | NI厂用变压器 | NI厂用变压器 | NI厂用变压器 | NI厂用变压器 |
| 负荷位置 | W128 A | K 113 | NE 360 361 | NE 360 361 | K111 | W415 | W415 | L408 | W403 | L408 | L408 |
| 开关位号 | 1LHB 11 | 1LHB 12 | 1LHB 13 | 1LHB 14 | 1LHB 15 | 1LHB 16 | 1LHB 17 | 1LHB 18 | 1LHB 19 | 1LHB 20 | 1LHB 21 |
| 开关数字编号 | 1 LHB 111 JA | 1 LHB 112 JA | 1 LHB 113 JA | 1 LHB 114 JA | 1 LHB 115 JA | 1 LHB 116 JA | 1 LHB 117 JA | 1 LHB 118 JA | 1 LHB 119 JA | 1 LHB 120 JA | 1 LHB 121 JA |
| 负荷容量 | 500 KW | 255 KW | 575 KW | 575 KW | 450 KW | 550 KW | 550 KW | 800 KVA | 800 KVA | 800 KVA | 800 KVA |
| 接地刀闸数字编号 | 1 LHB 111 JE | 1 LHB 112 JE | 1 LHB 113 JE | 1 LHB 114 JE | 1 LHB 115 JE | 1 LHB 116 JE | 1 LHB 117 JE | 1 LHB 118 JE | 1 LHB 119 JE | 1 LHB 120 JE | 1 LHB 121 JE |

注1:1LHA 001 JE已用螺栓封住了操作孔。

注2:接口箱1LHB901CR (L310)　　接口箱1LHB902CR (L408)

开启接口箱、转接箱柜门:(1)将把手的盖板向上推,露出钥匙孔;(2)用挂在柜子右侧的专用钥匙开锁;(3)通过把手开启柜门。

现场放置两缆卷盘:(a)"用于中压移动电源"

(b)"用于应急配电盘"

(a)用于将接口箱901CR和移动电源连接。(b)用于将转接箱902CR和1LHB003JA连接。

图 8.10　6 kV 负荷接线图十

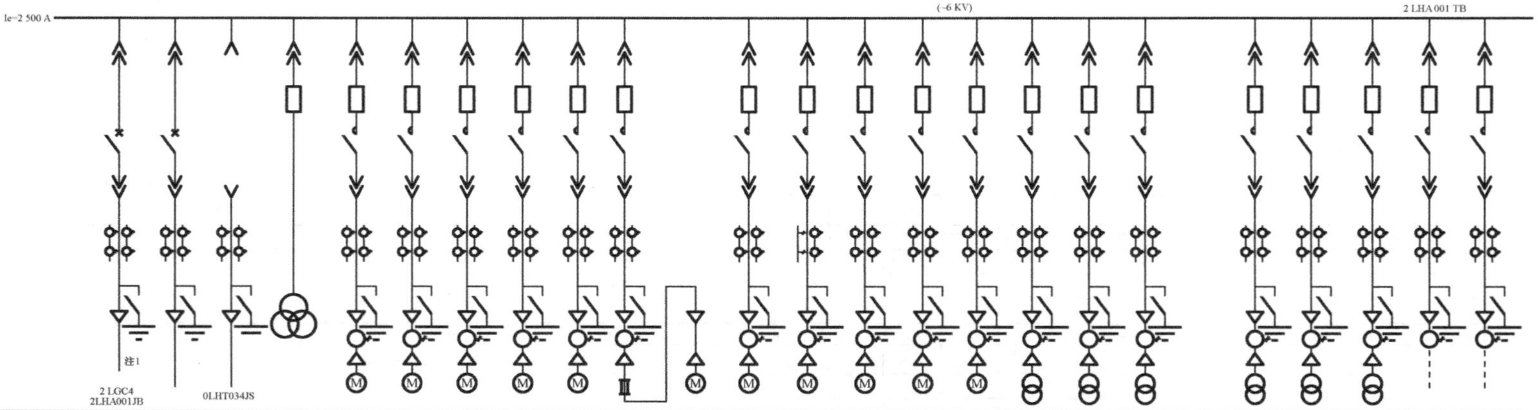

Ie=2 500 A

(~6 KV)

2 LHA 001 TB

注1

2 LGC4
2LHA001JB

0LHT034JS

| 设备编号 | 2 LHA001 JA | 2 LHA002 JA | 2 LHA 003 JA | 2 LHA 003 TU | 2 SEC 001 P0 | 2 SEC 003 P0 | 2 SEC001 P0 | 2 EAS001 P0 | 2 RCV 001 P0 | 2 ZZZL 305 | 2 RRA001 P0 |
|---|---|---|---|---|---|---|---|---|---|---|---|
| 设备/线路名称 | 正常电源进线(由2LGC引来) | 2LHP 柴油机进线 | 0 LHF柴油机进线 | 2 LHA 001 TB 母线电压互感器 | 1#安全厂用水泵 | 3#安全厂用水泵 | 1#消防泵 | 1#安全壳喷淋泵 | 1#高压安注泵 | 电气贯穿件 | 1#余热排出泵 |
| 设备容量变压器(KVA,电动机/KW) |  |  |  |  | 460 | 460 | 200 | 450 | 710 |  | 225 |
| 计算电流/A | 722 | 722 | 722 |  | 52.1 | 52.1 | 22.6 | 54.1 | 80.4 |  | 28.9 |
| 断路器/熔断器型号及额定电流/A | VD4M1212-50 1 250 | VD4H1212-50 1 250 | 1 250 | SIBA-7.2 6 | 72KVMROSA 50 KA 250 | 72KVMROSA 50 KA 250 | 72KVMROSA 50 KA 250 | 72KVMROSA 50 KA 250 | 72KVMROSA 50 KA 250 | 72KVMROSA 50 KA 250 |  |
| 接触器型号及额定电流/A |  |  |  |  | CV-6HA-2 400 | CV-6HA-2 400 | CV-6HA-2 400 | CV-6HA-2 400 | CV-6HA-2 400 | CV-6HA-2 400 |  |
| 电流/电压互感器变比 | 800/1 A | 800/1 A | 800/1 A | $\frac{6}{\sqrt{3}}/\frac{0.1}{\sqrt{3}}/\frac{0.1}{3}$KV | 75/1 A | 75/1 A | 50/1 A | 75/1 A | 100/1 A | 50/1 A |  |
| 接地开关型号 | EK6 | EK6 | EK6 |  | EK3 | EK3 | EK3 | EK3 | EK3 | EK3 |  |
| 电缆型号及规格/mm | HXELS-C 2×3(1×300) | HXELS-C 2×3(1×300) | HXELS-C 2×3(1×300) |  | HXELS-C 3×50 | HXELS-C 3×50 | HXELS-C 3×50 | HXELS-C 3×50 | HXELS-C 3×50 | HXELS-C 3×50 | 电缆型号特定 3×50 |
| 电缆编号 | 2LHA200-205 | 2LHA206-211 | 2 LHA200-205 |  | 2 SECA 200 | 2 SECA 201 | 2 JPPA 200 | 2 EASA 600 | 2 RCVA 600 | 2 RRAA 600 | 2 RRAA 601 |
| 零序电流互感器变化 |  |  |  |  | 50/1 A | 50/1 A | 50/1 A | 50/1 A | 50/1 A | 50/1 A |  |
| 二次接线图号 | 006 | 007 | 008 | 009 | 010 | 010 | 010 | 010 | 010 | 010 |  |
| 开关编号 | 2LHA001 JA | 2LHA002 JA | 2 LHA003 JA | 2 LHA001 TU | 2LHA105 JA | 2LHA106 JA | 2LHA107 JA | 2LHA108 JA | 2LHA109 JA | 2 LHA 110 JA |  |
| 接地刀编号 | 2 LHA001 JE | 2 LHA002 JE | 2 LHA 003 JE |  | 2 LHA105 JE | 2 LHA 106 JE | 2 LHA 107 JE | 2 LHA 108 JE | 2 LHA 109 JE | 2 LHA 110 JE |  |
| 开关柜位置 | 2 LHA 1 | 2 LHA 2 | 2 LHA 3 | 2 LHA 4 | 2 LHA 5 | 2 LHA 6 | 2 LHA 7 | 2 LHA 8 | 2 LHA 9 | 2 LHA 10 |  |

| 设备编号 | 2 ASG001 P0 | 2 RIS 001 P0 | 2 RRI 001 P0 | 2 RRI 003 P0 | 2 DEG 101 C0 | 2 LLA001 TR | 2 LLC001 TR | 备用 | 空柜 | 2 LLI001 TR | 2 LLN 001 TR | 2 LLE 001 TR | 备用 | 备用 |
|---|---|---|---|---|---|---|---|---|---|---|---|---|---|---|
| 设备/线路名称 | 1#辅助给水泵 | 1#低压安注泵 | 1#设备冷却水泵 | 3#设备冷却水泵 | 1#核岛制冷机 | NI厂用变压器 | NI厂用变压器 | 变压器备用出线 |  | NI厂用变压器 | NI厂用变压器 | NI厂用变压器 | 变压器备用出线 | 电动机备用出线 |
| 设备容量变压器(KVA,电动机/KW) | 500 | 255 | 575 | 575 | 550 | 800 | 800 |  |  | 800 | 800 | 800 |  |  |
| 计算电流/A | 60 | 28.9 | 65.1 | 65.1 | 66.2 | 77 | 77 |  |  | 77 | 77 | 77 |  |  |
| 断路器/熔断器型号及额定电流/A | 72KVMROSA 50 KA 250 | 72KVMROSA 50 KA 250 | 72KVMROSA 50 KA 250 | 72KVMROSA 50 KA 250 | 72KVMROSA 50 KA 250 | 72KVMROSA 50 KA 250 | 72KVMROSA 50 KA 250 | 72KVMROSA 50 KA 250 |  | 72KVMROSA 50 KA 250 | 7.2 KVMROSA 50 KA 250 | 7.2 KVMROSA 50 KA 250 | 72KVMROSA 50 KA 250 | 7.2 KVMROSA 50 KA 250 |
| 接触器型号及额定电流/A | CV-6HA-2 400 | CV-6HA-2 400 | CV-6HA-2 400 | CV-6HA-2 400 | CV-6HA-2 400 | CV-6HA-2 400 | CV-6HA-2 400 | CV-6HA-2 400 |  | CV-6HA-2 400 | CV-6HA-2 400 | CV-6HA-2 400 | CV-6HA-2 400 | CV-6HA-2 400 |
| 电流/电压互感器变比 | 75/1 A | 50/1 A | 75/1 A | 75/1 A | 75/1 A | 100/1 A | 100/1 A | 100/1 A |  | 100/1 A | 100/1 A | 100/1 A | 100/1 A | 100/1 A |
| 接地开关型号 | EK3 | EK3 | EK3 | EK3 | EK3 | EK3 | EK3 | EK3 |  | EK3 | EK3 | EK3 | EK3 | EK3 |
| 电缆型号及规格/mm | HXELS-C 3×50 | HXELS-C 3×50 | HXELS-C 3×50 | HXELS-C 3×50 | HXELS-C 3×50 | HXELS-C 3×50 | HXELS-C 3×50 |  |  | HXELS-C 3×50 | HXELS-C 3×50 | HXELS-C 3×50 |  |  |
| 电缆编号 | 2 ASGA 600 | 2 RISA 600 | 2 RRIA 200 | 2 RRIA 201 | 2 DEGA 200 | 2 LLAA 200 | 2 LLCA 200 |  |  | 2 LLJA 200 | 2 LLNA 200 | 2 LLEA 200 |  |  |
| 零序电流互感器变化 | 50/1 A | 50/1 A | 50/1 A | 50/1 A | 50/1 A | 50/1 A | 50/1 A | 50/1 A |  | 50/1 A | 50/1 A | 50/1 A | 50/1 A | 50/1 A |
| 二次接线图号 | 010 | 010 | 010 | 010 | 010 | 010 | 010 | 012 |  | 012 | 012 | 012 | 012 | 012 |
| 开关编号 | 2LHA111 JA | 2LHA112 JA | 2LHA113 JA | 2LHA114 JA | 2LHA115 JA | 2LHA116 JA | 2LHA117 JA | 2LHA118 JA | 2LHA119 JA | 2LHA120 JA | 2LHA121 JA | 2LHA122 JA | 2LHA123 JA | 2 LHA 124 JA |
| 接地刀编号 | 2 LHA 111 JE | 2 LHA 112 JE | 2 LHA 113 JE | 2 LHA 114 JE | 2 LHA 115 JE | 2 LHA 116 JE | 2 LHA 117 JE | 2 LHA118 JE | 2 LHA119 JE | 2 LHA120 JE | 2 LHA121 JE | 2 LHA122 JE | 2 LHA123 JE | 2 LHA 124 JE |
| 开关柜位置 | 2 LHA 11 | 2 LHA 12 | 2 LHA 13 | 2 LHA 14 | 2 LHA 15 | 2 LHA 16 | 2 LHA 17 | 2 LHA 18 | 2 LHA 19 | 2 LHA 20 | 2 LHA 21 | 2 LHA 22 | 2 LHA 23 | 2 LHA 24 |

图 8.11　6 kV 负荷接线图十一

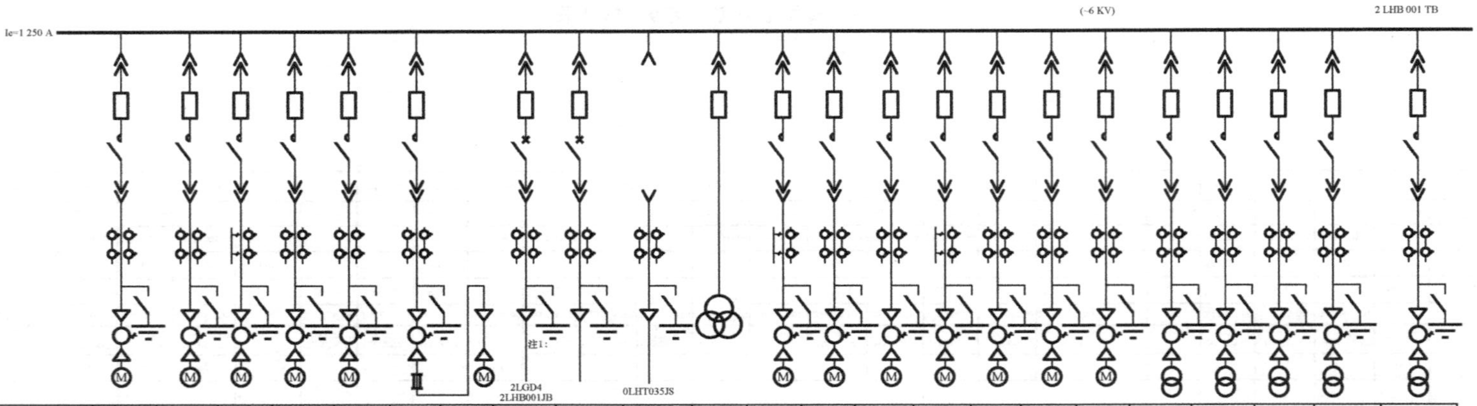

Ie=1 250 A

(~6 KV)

2 LHB 001 TB

注1:

2LGD4
2LHB001JB

0LHT035JS

| 设备编号 | 2 SEC 002 P0 | 2 SEC 004 P0 | 2 JPP 002 P0 | 2 RCV 002 P0 | 2 RCV 003 P0 | 2 ZZZL 349 | 2 RRA 002 P0 | 2 LHB 001 JA | 2 LHB 002 JA | 2 LHB 003 JA | 2LHB001 TU |
|---|---|---|---|---|---|---|---|---|---|---|---|
| 设备/线路名称 | 2#安全厂用水泵 | 4#安全厂用水泵 | 2#消防泵 | 2#高压安注泵 | 3#高压安注泵 | 电气贯穿件 | 2#余热排出泵 | 正常电源进线(由2LGD引来) | 2LHQ柴油机进线 | 0 LHF柴油机进线 | 2 LHB 001 TB 母线电压互感器 |
| 设备容量变压器(KVA,电动机/KW) | 460 | 460 | 200 | 710 | 710 |  | 225 |  |  |  |  |
| 计算电流/A | 52.1 | 52.1 | 22.6 | 80.4 | 80.4 |  | 28.9 | 722 | 722 | 722 |  |
| 断路器/熔断器型号及额定电流/A | 7.2KVMROSA 50 KA 250 | 7.2KVMROSA 50 KA 250 | 7.2KVMROSA 50 KA 250 | 7.2KVMROSA 50 KA 250 | 7.2KVMROSA 50 KA 250 | 7.2KVMROSA 50 KA 250 |  | VD4M1212-50 1 250 | VD4M1212-50 1 250 | 1 250 | SIBA-7.2 6 |
| 接触器型号及额定电流/A | CV-6HA-2 400 | CV-6HA-2 400 | CV-6HA-2 400 | CV-6HA-2 400 | CV-6HA-2 400 | CV-6HA-2 400 |  |  |  |  |  |
| 电流/电压互感器变化 | 75/1 A | 75/1 A | 50/1 A | 100/1 A | 100/1 A | 50/1 A |  | 800/1 A | 800/1 A | 800/1 A | $\frac{6}{\sqrt{3}}/\frac{0.1}{\sqrt{3}}/\frac{0.1}{3}$KV |
| 接地开关型号 | EK 3 | EK 3 | EK 3 | EK 3 | EK 3 | EK 3 |  | EK 6 | EK 6 | EK 6 |  |
| 电缆型号及规格/mm | HXELS-C 3×50 | HXELS-C 3×50 | HXELS-C 3×50 | HXELS-C 3×50 | HXELS-C 3×50 | HXELS-C 3×50 | 电缆型号特定3×50 | HXELS-C 2×3(1×300) | HXELS-C 2×3(1×300) | HXELS-C 2×3(1×300) |  |
| 电缆编号 | 2 SECA 202 | 2 SECA 203 | 2 JPPA 201 | 2 RCVA 601 | 2 RCVA 602 | 2 RRAA 602 | 2 RRAA 603 | 2 LHBA 200~205 | 2 LHBA 206~211 | 2 LHTA 206~211 |  |
| 零序电流互感器变比 | 50/1 A | 50/1 A | 50/1 A | 50/1 A | 50/1 A | 50/1 A |  |  |  |  |  |
| 二次接线图号 | 010 | 010 | 010 | 010 | 010 | 010 |  | 006 | 007 | 008 | 009 |
| 开关编号 | 2 LHB 101 JA | 2 LHB 102 JA | 2 LHB 103 JA | 2 LHB 104 JA | 2 LHB 105 JA | 2 LHB 106 JA |  | 2 LHB 001 JA | 2 LHB 002 JA | 2 LHB 003 JA | 2LHB001 TU |
| 接地刀编号 | 2 LHB 101 JE | 2 LHB 102 JE | 2 LHB 103 JE | 2 LHB 104 JE | 2 LHB 105 JE | 2 LHB 106 JE |  | 2 LHB 001 JE | 2 LHB 002 JE | 2 LHB 003 JE |  |
| 开关柜位号 | 2 LHB 1 | 2 LHB 2 | 2 LHB 3 | 2 LHB 4 | 2 LHB 5 | 2 LHB 6 |  | 2 LHB 7 | 2 LHB 8 | 2 LHB 9 | 2 LHB 10 |

| 设备编号 | 2 ASG 002 P0 | 2 RIS 002 P0 | 2 RRI 002 P0 | 2 RRI 004 P0 | 2 EAS 002 P0 | 2 DEG 201 P0 | 2 DEG 301 C0 | 2 LLB 001 TR | 2 LLD 001 TR | 2 LLJ 001 TR | 2 LL0 001 TR | 0 LLX 003 TR |
|---|---|---|---|---|---|---|---|---|---|---|---|---|
| 设备/线路名称 | 2#辅助给水泵 | 2#低压安注泵 | 2#设备冷却水泵 | 4#设备冷却水泵 | 2#安全壳喷淋泵 | 2#核岛制冷机 | 3#核岛制冷水 | NI厂用变压器 | NI厂用变压器 | NI厂用变压器 | NI厂用变压器 | 第五台柴油机用3号变 |
| 设备容量变压器(KVA,电动机/KW) | 500 | 255 | 575 | 575 | 450 | 550 | 550 | 800 | 800 | 800 | 800 | 800 |
| 计算电流/A | 60 | 28.9 | 65.1 | 65.1 | 54.1 | 66.2 | 66.2 | 77 | 77 | 77 | 77 | 77 |
| 断路器/熔断器型号及额定电流/A | 7.2KVMROSA 50 KA 250 | 7.2KVMROSA 50 KA 250 | 7.2KVMROSA 50 KA 250 | 7.2KVMROSA 50 KA 250 | 7.2KVMROSA 50 KA 250 | 7.2KVMROSA 50 KA 250 | 7.2KVMROSA 50 KA 250 | 7.2KVMROSA 50 KA 250 | 7.2KVMROSA 50 KA 250 | 7.2KVMROSA 50 KA 250 | 7.2KVMROSA 50 KA 250 | 7.2KVMROSA 50 KA 250 |
| 接触器型号及额定电流/A | CV-6HA-2 400 | CV-6HA-2 400 | CV-6HA-2 400 | CV-6HA-2 400 | CV-6HA-2 400 | CV-6HA-2 400 | CV-6HA-2 400 | CV-6HA-2 400 | CV-6HA-2 400 | CV-6HA-2 400 | CV-6HA-2 400 | CV-6HA-2 400 |
| 电流/电压互感器变化 | 75/1 A | 75/1 A | 75/1 A | 75/1 A | 75/1 A | 75/1 A | 75/1 A | 100/1 A | 100/1 A | 100/1 A | 100/1 A | 100/1 A |
| 接地开关型号 | EK 3 | EK 3 | EK 3 | EK 3 | EK 3 | EK 3 | EK 3 | EK 3 | EK 3 | EK 3 | EK 3 | EK 3 |
| 电缆型号及规格/mm | HXELS-C 3×50 | HXELS-C 3×50 | HXELS-C 3×50 | HXELS-C 3×50 | HXELS-C 3×50 | HXELS-C 3×50 | HXELS-C 3×50 | HXELS-C 3×50 | HXELS-C 3×50 | HXELS-C 3×50 | HXELS-C 3×50 |  |
| 电缆编号 | 2 ASGA 601 | 2 RISA 601 | 2 RRIA 202 | 2 RRIA 203 | 2 EAS 601 | 2 DEGA 201 | 2 DEGA 202 | 2 LLBA 200 | 2 LLDA 200 | 2 LLJA 200 | 2 LLOA 200 |  |
| 零序电流互感器变比 | 50/1 A | 50/1 A | 50/1 A | 50/1 A | 50/1 A | 50/1 A | 50/1 A | 50/1 A | 50/1 A | 50/1 A | 50/1 A | 50/1 A |
| 二次接线图号 | 010 | 010 | 010 | 010 | 010 | 010 | 010 | 011 | 011 | 012 | 012 |  |
| 开关编号 | 2 LHB 111 JA | 2 LHB 112 JA | 2 LHB 113 JA | 2 LHB 114 JA | 2 LHB 115 JA | 2 LHB 116 JA | 2 LHB 117 JA | 2 LHB 118 JA | 2 LHB 119 JA | 2 LHB 120 JA | 2 LHB 121 JA | 2 LHB 122 JA |
| 接地刀编号 | 2 LHB 111 JE | 2 LHB 112 JE | 2 LHB 113 JE | 2 LHB 114 JE | 2 LHB 115 JE | 2 LHB 116 JE | 2 LHB 117 JE | 2 LHB 118 JE | 2 LHB 119 JE | 2 LHB 120 JE | 2 LHB 121 JE | 2 LHB 122 JE |
| 开关柜位号 | 2 LHB 11 | 2 LHB 12 | 2 LHB 13 | 2 LHB 14 | 2 LHB 15 | 2 LHB 16 | 2 LHB 17 | 2 LHB 18 | 2 LHB 19 | 2 LHB 20 | 2 LHB 21 | 2 LHB 22 |

注:2LHB001JE已用螺栓封住了操作孔。

图 8.12　6 kV 负荷接线图十二

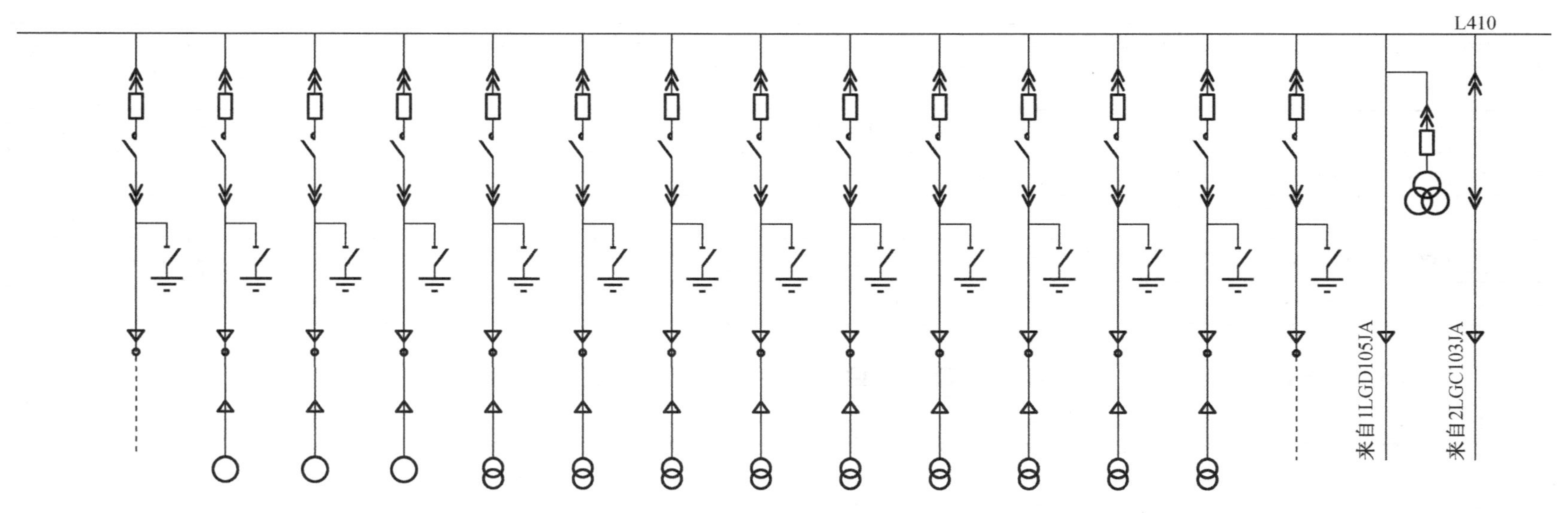


| 负荷编号 | 备用 | 9 DVN 005 ZV | 0 SAP 404 CO | 0 SAP 403 CO | 0 LGS 001 TR | 0 LKX 001 TR | 0 LKO 001 TR | 0 LKZ 001 TR | 9 LKI 001 TR | 0 LKU 001 TR | 0 LKY 001 TR | 0 LKW 001 TR | 0 LKT 001 TR | 备用 | 9 LGIA 100 TU | 9 LGIA 101 JS |
|---|---|---|---|---|---|---|---|---|---|---|---|---|---|---|---|---|
| 负荷名称 | 变压器备用出线 | NAB通风装置 | 4#空气压缩机 | 3#空气压缩机 | 6/10 KV升压站变压器A | BX楼1#变压器 | 淡水厂1#变压器 | AC厂房变压器 | NX厂房变压器 | YA厂房变压器 | AC厂房变压器 | ZC厂房1#变压器 | AA厂房变压器 | 变压器备用出线 | 9LGIA001TB母线PT(母线电源进线) | 9LGIA母线连接小车 |
| 负荷位置 |  | NB 556 | ZC | ZC | DF2 | BX | OF 7 | AC | NC 245 | YA | AC | ZC | AA 1 |  |  | L444 |
| 开关位号 | 9 LGIA 16 | 9 LGIA 15 | 9 LGIA 14 | 9 LGIA 13 | 9 LGIA 12 | 9 LGIA 11 | 9 LGIA 10 | 9 LGIA 09 | 9 LGIA 08 | 9 LGIA 07 | 9 LGIA 06 | 9 LGIA 05 | 9 LGIA 04 | 9 LGIA 03 | 9 LGIA 02 | 9 LGIA 01 |
| 开关数字编号 | 9 LGIA 116 JA | 9 LGIA 115 JA | 9 LGIA 114 JA | 9 LGIA 113 JA | 9 LGIA 112 JA | 9 LGIA 111 JA | 9 LGIA 110 JA | 9 LGIA 109 JA | 9 LGIA 108 JA | 9 LGIA 107 JA | 9 LGIA 106 JA | 9 LGIA 105 JA | 9 LGIA 104 JA | 9 LGIA 103 JA |  |  |
| 负荷容量 |  | 225 KW | 250 KW | 250 KW | 315 KVA | 1 000 KVA | 1 000 KVA | 800 KVA | 800 KVA | 630 KVA | 800 KVA | 800 KVA | 1 000 KVA |  |  |  |
| 接地刀闸数字编号 | 9 LGIA 116 JE | 9 LGIA 115 JE | 9 LGIA 114 JE | 9 LGIA 113 JE | 9 LGIA 112 JE | 9 LGIA 111 JE | 9 LGIA 110 JE | 9 LGIA 109 JE | 9 LGIA 108 JE | 9 LGIA 107 JE | 9 LGIA 106 JE | 9 LGIA 105 JE | 9 LGIA 104 JE | 9 LGIA 103 JE |  |  |

图 8.13　6 kV 负荷接线图十三

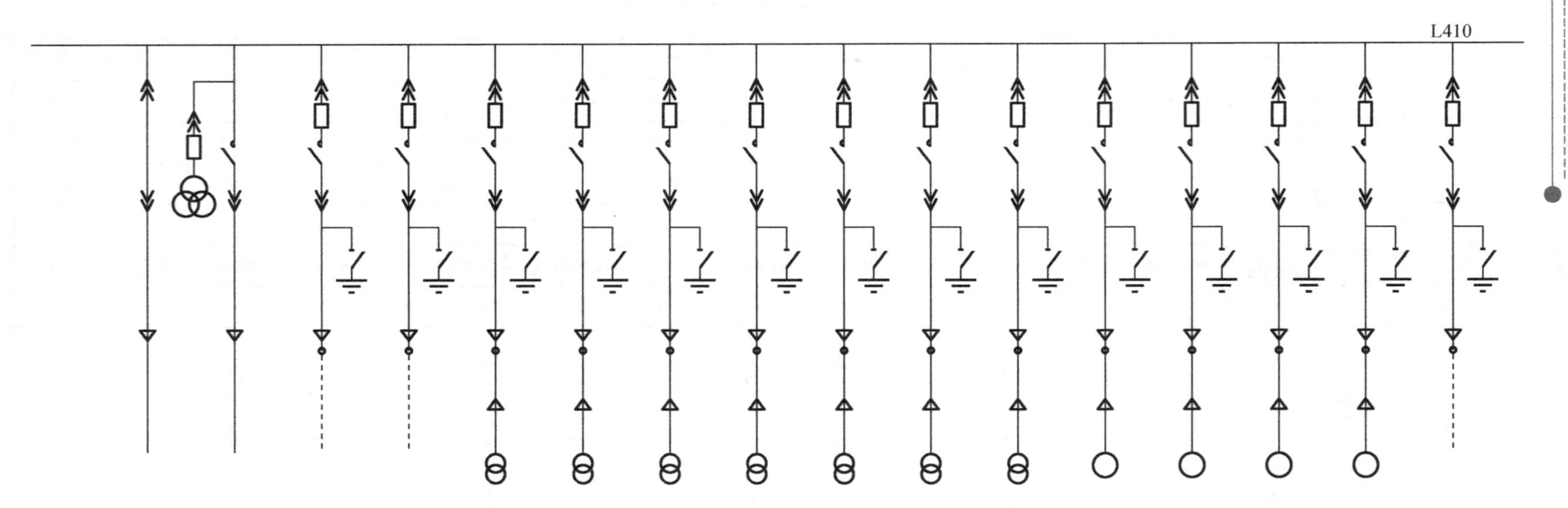


| 负荷编号 | 1LGC 103 JA | 2LGD 105 JA | 备用 | 备用 | 0 LKV 001 TR | 0 LKM 001 TR | 9 LKP 001 TR | 0 LKW 002 TR | 0 LGT 001 TR | 0 LKX 002 TR | 0 LKO 002 TR | 9 DVN 004 ZV | 9 DVN 006 ZV | 0 SAP 401 CO | 0 SAP 402 CO | 备用 |
|---|---|---|---|---|---|---|---|---|---|---|---|---|---|---|---|---|
| 负荷名称 | 1单元厂用电源进线(由1LGC引来) | 2单元厂用电源进线及PT柜(由2LGD引来) | 变压器备用出线 | 变压器备用出线 | YA厂房变压器 | AC厂房变压器 | NX厂房变压器 | ZC厂房2#变压器 | 6/10 KV升压站变压器B | 2#变压器 | 淡水厂2#变压器 | N.A.B.通风装置 | N.A.B.通风装置 | 1#空气压缩机 | 2#空气压缩机 | 变压器备用出线 |
| 负荷位置 | L404 | L446 | | | YA | AC | ND 194 | ZC | DF2 | BX | OF 7 | NB 555 | NB 557 | ZC | ZC | |
| 开关位号 | 9 LGIB 01 | 9 LGIB 02 | 9 LGIB 03 | 9 LGIB 04 | 9 LGIB 05 | 9 LGIB 06 | 9 LGIB 07 | 9 LGIB 08 | 9 LGIB 09 | 9 LGIB 10 | 9 LGIB 11 | 9 LGIB 12 | 9 LGIB 13 | 9 LGIB 14 | 9 LGIB 15 | 9 LGIB 16 |
| 开关数字编号 | 9 LGIB 101 JB | 9 LGIB 100 TU | 9 LGIB 103 JA | 9 LGIB 104 JA | 9 LGIB 105 JA | 9 LGIB 106 JA | 9 LGIB 107 JA | 9 LGIB 108 JA | 9 LGIB 109 JA | 9 LGIB 110 JA | 9 LGIB 111 JA | 9 LGIB 112 JA | 9 LGIB 113 JA | 9 LGIB 114 JA | 9 LGIB 115 JA | 9 LGIB 116 JA |
| 负荷容量 | | | | | 630 KVA | 800 KVA | 400 KVA | 800 KVA | 315 KVA | 1 000 KVA | 1 000 KVA | 225 KVA | 225 KVA | 250 KVA | 250 KVA | |
| 接地刀闸数字编号 | | | 9 LGIB 103 JE | 9 LGIB 104 JE | 9 LGIB 105 JE | 9 LGIB 106 JE | 9 LGIB 107 JE | 9 LGIB 108 JE | 9 LGIB 109 JE | 9 LGIB 110 JE | 9 LGIB 111 JE | 9 LGIB 112 JE | 9 LGIB 113 JE | 9 LGIB 114 JE | 9 LGIB 115 JE | 9 LGIB 116 JE |

**图 8.14　6 kV 负荷接线图十四**

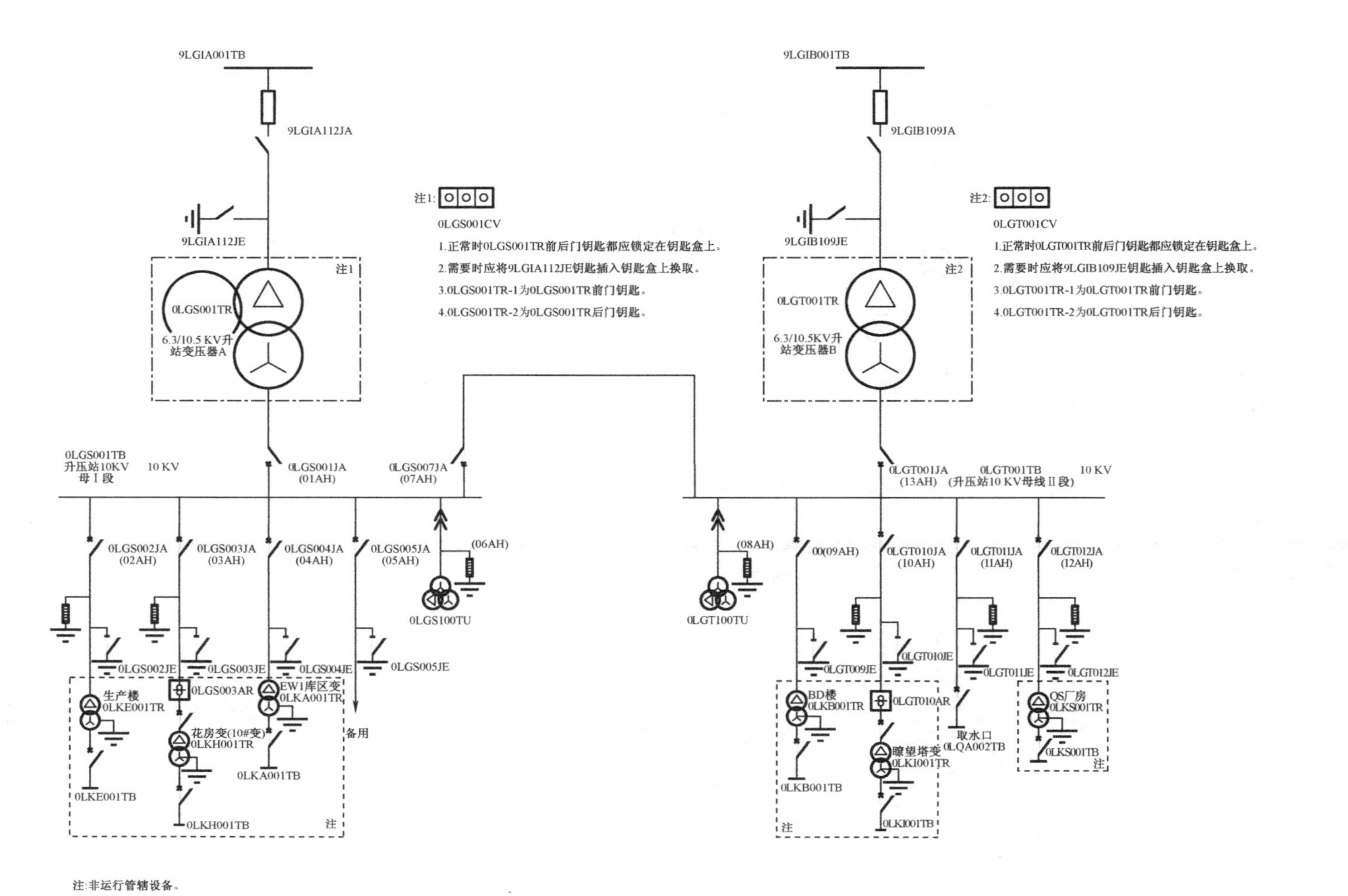


图 8.15 厂用电接线图一

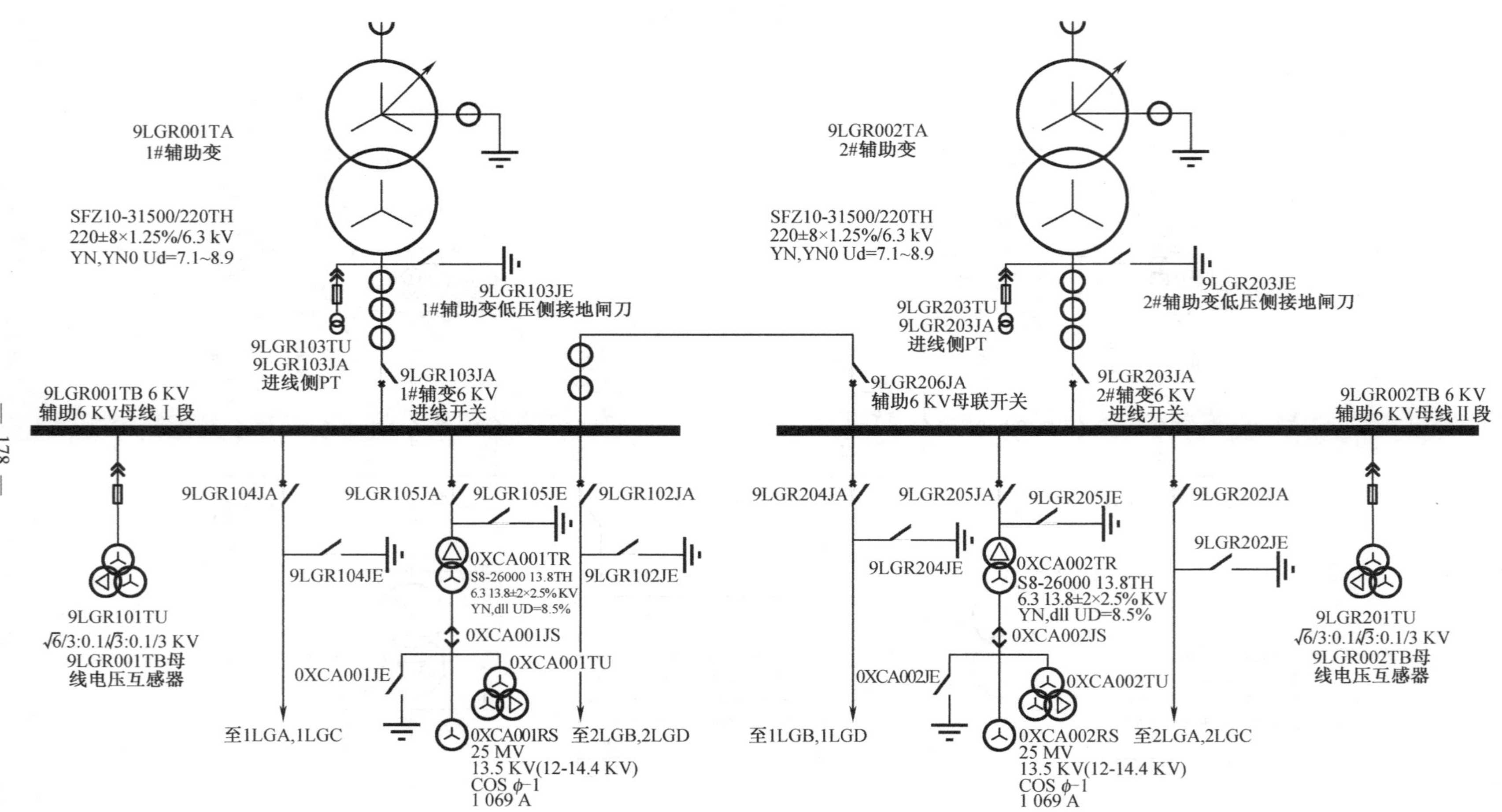

图 8.16　厂用电接线图二

# 8.3　标准规范

《气体绝缘金属封闭开关设备运行维护规程》(DL/T 603—2017)
《气体绝缘金属封闭开关设备技术条件》(DL/T 617—2019)
《气体绝缘金属封闭开关设备选用导则》(DL/T 728—2013)
《高压开关设备和控制设备标准的共用技术要求》(DL/T 593—2016)
《防止电力生产事故的二十五项重点要求》(国能安全[2014]161 号)

# 8.4　运维项目

1. 中压配电的预维 4C(6 年)项目

(1)断路器预维项目:回路电阻、绝缘电阻、机构操作特性试验、分合闸线圈检查、测量分、合闸时间及三相同期性、耐压试验等。

(2)接触器预维项目:回路电阻、绝缘电阻、机构操作特性试验、分合闸线圈检查、耐压试验等。

(3)电压互感器预维项目:绕组直流电阻、绝缘电阻、空载特性试验、熔丝直流电阻等

(4)母线预维项目:预防性清洁检查、绝缘电阻。

2. 6 kV 真空断路器和真空接触器具体测试项目

(1)测量主回路绝缘电阻

在合闸状态下用 2 500 V 兆欧表分相测量,非被试相接地,绝缘电阻值应符合产品技术条件的规定。

(2)测量导电回路的电阻

使用回路电阻测试仪测量,测试电流不小于 100 ADC。微欧计的电流电缆与试品的连接处应有足够的接触面积,且接触良好;电压引线应尽量缩短。实测结果应符合产品技术条件的要求。

(3)测量分、合闸时间及三相同期性

采用开关测试仪测量,在断路器的额定操作电压下进行。实测分、合闸时间应满足产品技术条件的规定,分闸试验为 33 ~ 45 ms,合闸试验为 55 ~ 67 ms,分、合闸不同期时间不应大于 2 ms ,合闸弹跳时间不应大于 2 ms 。操作电压对测量结果有一定影响,应在控制线圈端钮上测量电压。真空接触器的分合闸时间国标中没做要求,制造厂建议为:合闸时间 30 ~ 50 ms,分闸试验 20 ~ 30 ms。

(4)测量分、合闸线圈的绝缘电阻

采用 500V 兆欧表测量分、合闸线圈的绝缘电阻,实测绝缘电阻不应低于 10 MΩ。

(5)测量分、合闸线圈的直流电阻

用万用表测量分、合闸线圈的直流电阻,实测值与出厂值相比应无明显差别,ABB 厂家的建议值为 38.6 ~ 48.4 Ω。

(6)操动机构的试验

控制线圈端钮电压在 85%、100%、110% 额定电压下断路器应可靠合闸,在 65%、100%、110% 额定电压下应可靠分闸,30% 额定电压下分闸不动作,分别操作 3 次,每次操作结果均应符合要求。

(7)交流耐压试验

相间、断口间交流耐压试验的试验电压及持续时间应符合制造厂的规定。相间的交流耐压试验时断路器应在合闸状态,被试相加压,非被试相接地。断口间交流耐压时断路器在分闸状态。

## 8.5 典型案例分析

1. 外部事件:N1LHB 母线失电故障

2019 年 7 月 5 日 04:05:46, 宁德核电 N1LHB001JA 因进线过流保护动作跳闸,N1LHB 母线失电,主控触发 N1LHB010KA(母线单相接地),N1LHB003KA(正常进线开关不可用)和 N1LHB002KA(母线失电),同时,N1LHQ 柴油机起动,但因 N1LHB 母线故障,柴油发电机无法接入,1 号机组按照规程响应手动停堆。

检查 N1LHB802 开关综保装置报文为"接地保护报警"。拉出 N1LHB802 间隔,发现三相熔断器靠母线侧端部和 C 相熔断器到接触器分断处均存在明显放电痕迹,三相熔断器撞针顶出。A、B 相熔断器检查为开路,C 相熔断器测量电阻约为 24 kΩ,且在其上表面有贯穿性的放电痕迹,表面的绝缘层已完全熔穿,使用绝缘表检查该处绝缘接近为 0 Ω。开关内存在多处金属熔融颗粒。

N1SEC004MO 发生 C 相接地、AC 相间短路、BC 相间短路故障时,N1LHB802 开关综保装置正常响应,未达到过流/过载保护动作值,A 相和 B 相熔断器断开,C 相熔断器存在异常(C 相熔断器沿上表面有电弧放电痕迹,绝缘层破坏,形成导电通路)。

2. 外部事件:N1LGA 母线电压互感器故障

2019 年 7 月 5 日 22:19:38,主控触发 N1LHA010KA(LHA 单相接地故障),N1LGA004KA(系统绝缘电阻 ≤ 250 kΩ)、N1LGA005KA(系统绝缘电阻 ≤ 25 kΩ),N1LGA001TB、N1LHA001TB 的母线电压短时下降至 6 146 V;检查 N1LHA0802(N1SEC003PO)间隔白色故障灯亮,综保装置报"接地故障"报警;

22:43:55 停运 N1SEC003PO, N1LHA010KA(LHA 单相接地故障)消失,但 N1LGA001TB、N1LHA001TB 的母线电压开始下降至 6000V 左右,并有 100V 左右波动;

22:56 现场检查 N1LGA001TB 配电盘有焦煳味,N1LGA0101 间隔(N1LGA002TU)003XU 上显示 3.8 kV(线电压);N1LGA0201 间隔(N1LGA001JA)003XU 上报中性点偏移报警;N1LGA0101 间隔(N1LGA002TU)白色故障灯亮;

23:02:48 N1LGA001TB、N1LHA001TB 的母线电压恢复至 6 450 V 左右,N1LGA004KA(系统绝缘电阻≤250 kΩ)、N1LGA005KA(系统绝缘电阻≤25 kΩ)消失;

23:14 主控停运 N1LGA001TB 配电盘的下游负荷 N1RCP002/003PO;

23:18 将 N1LGB/LHA001TB 配电盘切换至辅变供电;

23:28 主控停运 N1LGA001TB 配电盘,检查发现 N1LGA 母线电压互感器 A 相开裂。

打开 N1LGA002TU 电压互感器室,检查发现互感器的 A 相裂开,B、C 相互感器未见明显异常。

N1SEC003MO 的 C 相发生接地时,A/B 相电压上升为线电压,停运电机后,接地故障切除,三相电压突变,激发系统对地电容与 PT 电感产生铁磁谐振,最终导致 PT 损坏。

## 课后思考题

1. 断路器的主要试验项目有哪些?
2. F-C 真空接触器分为哪几类?

## 参考文献

[1] 李建基. 高中压开关设备选型及新技术手册[M]. 北京:中国水利水电出版社,2010.

[2] 郭贤珊. 高压开关设备生产运行实用技术[M]. 北京:中国标准出版社,2006.

[3] 王建华. 电气工程师手册[M]. 3 版. 北京:机械工业出版社,2006.

[4] 工厂常用电气设备手册编写组. 工厂常用电气设备手册[M]. 北京:中国电力出版社,2006.

# 第9章　核电厂低压电气系统与控制

## 9.1　低压配电柜

### 9.1.1　概述

由一个或多个低压开关设备和相应的控制、测量、信号、保护、调节等电气元件或设备，以及所有内部的电气、机械的相互连接和结构部件组装成的一种组合体，称为低压成套开关设备，也可称为低压开关柜或低压配电柜(屏)。一般是指交、直流电压在1 000 V以下的成套电气装置。低压配电柜实体如图9.1所示。

图9.1　低压配电柜实体

### 9.1.2　结构与原理

1. 低压配电柜主要结构

为保护人身和设备安全，开关柜应独立划分成几个隔室，包括：母线室、功能单元室、电缆出线室。低压配电柜主要结构如图9.2所示。

(1)母线室

母线室是用绝缘板或网状(符合IP30防护的等级)的金属隔板封闭，用以装设主母线或垂直母线的空间。母线室包括水平母线室与垂直母线室。水平母线连接进线和多条垂直母线，垂直母线连接在主母线上，并由其向出线单元供电。

(2)功能单元室

功能单元室是用绝缘板或网状(符合IP30防护的等级)的金属隔板封闭，用以装设安装功能单元的空间。功能单元室是成套设备的一个部分，由完成同一功能的所有电气设备和机械部件组成。功能单元包括进线单元和出线单元等。

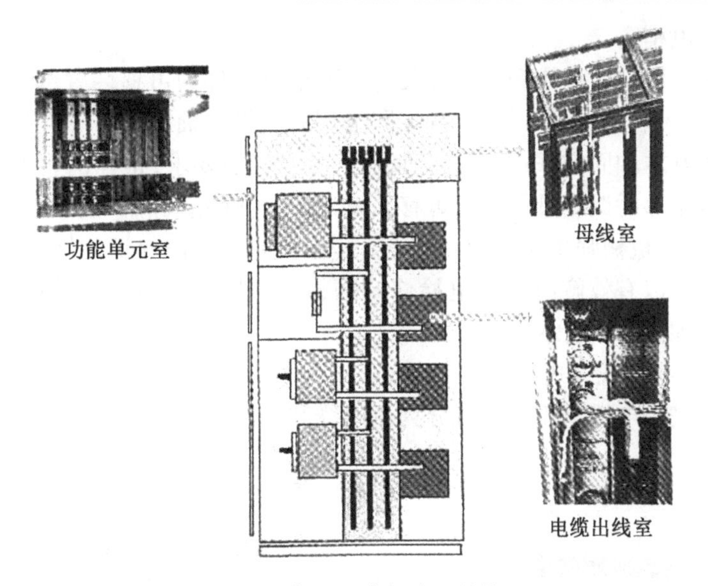

图 9.2 低压配电柜主要结构

(3)电缆出线室

电缆出线室是用绝缘板或网状(符合 IP30 防护的等级)的金属隔板封闭,用以安装电缆的空间。

2. 低压配电柜常见分类

(1)按结构分类

低压配电柜按结构可分为固定式配电柜和抽屉式配电柜。

• 固定式配电柜

这种配电柜能满足各电器元件可靠地固定于柜体中确定的位置,不能随意抽出它的优点是结构简单可靠,经济实用,方便安装。缺点是检修时全套开关柜都需要停电。当功能单元的断路器为抽出式或插入式时,也可以在主电路带电(但主开关分断)情况下直接用手或借助工具安全地将功能单元去除或安装。固定式低压配电柜如图 9.3 所示。

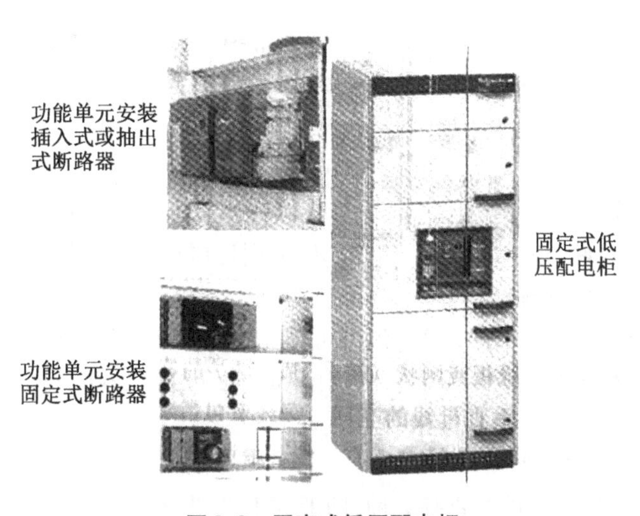

图 9.3 固定式低压配电柜

• 抽屉式配电柜

这种配电柜由固定的柜体和装有开关等主要电器元件的可移装置部分组成，可移部分移换时要轻便，移入后定位要可靠，并且相同类型和规格的抽屉能可靠互换，抽屉式中的柜体部分加工方法基本和固定式中柜体相似。但由于互换要求，柜体的精度必须提高，结构的相关部分要有足够的调整量。至于可移装置部分，为保障既能移换又能够可靠地承装主要元件，需要较高的机械强度和较高的精度，其相关部分还需保证足够的调整量。抽屉式配电柜的优点是可以有效解决不停电检修问题；缺点是价格比较高，结构也相对复杂。抽屉式低压配电柜如图 9.4 所示。

(2)按进出电缆出线方式分类

低压配电柜进出电缆出线方式可分为侧出线和后出线两种，如图 9.5 所示。

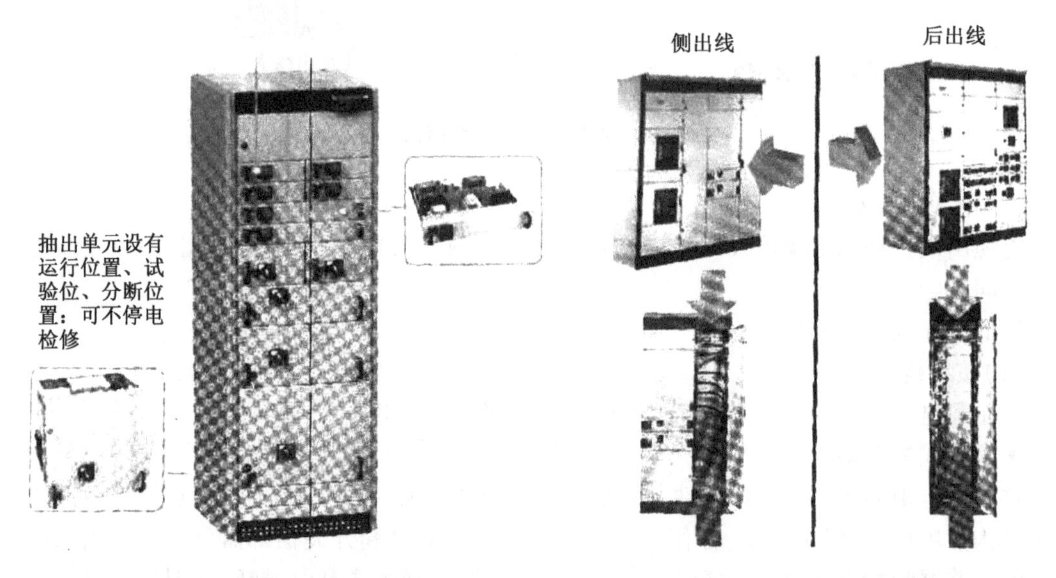


图 9.4　抽屉式低压配电柜　　图 9.5　低压配电柜馈线

• 侧出线

开关柜侧出线时，柜宽加大(800 mm 或 1 000 mm)，柜深减少(600 mm 或 800 mm)。缺点是当出线回路较多时，柜侧出线显得拥挤；采用抽屉柜时，引出线要采用转接头才能达到柜侧，使抽屉复杂，造价增加，接头增多，故障率增加。

• 后出线

后出线柜型结构可减少开关柜的排列宽度，柜子深度一般为 1 000 m，主母线水平安装在开关柜的顶部，散热好，柜后半部分为电缆室，采用抽屉柜时，出线经插接头向柜后直出，大多不必采用转接头，使抽屉结构简化，降低造价。

低压配电柜按照进线和出线电缆的位置可分为上进上出、上进下出、下进上出、下进下出四种方案。根据不同方案，低压配电柜深度和宽度可选取 600 mm、800 mm、100 mm、1 200 mm 多种规格。

(3)按柜内分隔方式分类

低压配电柜柜内分隔方式主要有 7 种，即形式 1、形式 2a、形式 2b、形式 3a、形式 3b、形式 4a、形式 4b。分隔的主要作用是柜内各功能单元故障，不要相互影响。

- 形式1是母线与功能单元及外接导体均不分隔。
- 形式2a是母线与功能单元分隔,外接导体端子不与母线隔离。
- 形式2b是母线与功能单元分隔,外接导体端子与母线隔离。
- 形式3a是母线与功能单元隔离,所有的功能单元相互隔离,外接导体的端子与功能单元隔离,但端子之间相互不隔离。外接导体端子不与母线隔离。
- 形式3b是母线与功能单元隔离,所有的功能单元相互隔离,外接导体的端子与功能单元隔离,但端子之间相互不隔离。外接导体端子与母线隔离。
- 形式4a是母线与功能单元隔离,并且所有的功能单元相互隔离,也包括作为功能单元组成部分的外接导体的端子,外接导体端子与关联的功能单元在同一隔室中。
- 形式4b是母线与功能单元隔离,并且所有的功能单元相互隔离,也包括作为功能单元组成部分的外接导体的端子,外接导体端子与关联的功能单元不在同一隔室中,它位于单独的、隔开的、封闭的防护空间中或隔室中。

3.低压配电柜主要技术参数

(1)额定电压

额定电压包括主电路和控制电路的额定电压 $U_e$,额定绝缘电压 $U_i$ 以及额定冲击耐受电压 $U_{imp}$。

额定电压 $U_e$ 一般使用IEC推荐使用标准限定值。主电路的额定工作电压一般为400 V和690 V,控制电路的额定电压则一般采用220 V交流或直流。主电路的额定工作电压和控制回路的额定电压允许的偏差为±10%。

额定绝缘电压 $U_i$ 是指低压成套开关设备和控制设备的名义电压值,这一电压值与介电强度试验、电气间隙和爬电距离有关,在任何情况下最大的额定工作电压值不应超过额定绝缘电压值(表9.1)。

**表9.1 低压配电柜额定绝缘电压对应的介电试验电压**

| 额定绝缘电压 $U_i$/V | 介电试验电压(交流方均根值)/V |
| --- | --- |
| $U_i \leqslant 60$ | 1 000 |
| $60 < U_i \leqslant 300$ | 2 000 |
| $300 < U_i \leqslant 690$ | 2 500 |
| $690 < U_i \leqslant 800$ | 3 000 |
| $800 < U_i \leqslant 1\,000$ | 3 500 |

额定冲击耐受电压 $U_{imp}$ 在规定的条件下,电器能够耐受而不击穿的具有规定形状和极性的冲击电压峰值,该值与电气间隙有关。电器的额定冲击耐受电压值应等于或大于该电器所处的电路中可能产生的瞬态过电压规定值(表9.2)。

表 9.2　低压配电柜额定冲击耐受电压优先值

| 额定冲击耐受电压 $U_{imp}$/kV | 试验电压和相应的海拔 $U$(1.2/50 μs)/kV | | | | |
|---|---|---|---|---|---|
| | 海平面 | 200 m | 500 m | 1 000 m | 2 000 m |
| 0.33 | 0.35 | 0.35 | 0.35 | 0.34 | 0.33 |
| 0.5 | 0.55 | 0.54 | 0.53 | 0.52 | 0.5 |
| 0.8 | 0.91 | 0.9 | 0.9 | 0.85 | 0.8 |
| 1.5 | 1.75 | 1.7 | 1.7 | 1.6 | 1.5 |
| 2.5 | 2.95 | 2.8 | 2.8 | 2.7 | 2.5 |
| 4 | 4.8 | 4.8 | 4.7 | 4.4 | 4 |
| 6 | 7.3 | 7.2 | 7 | 6.7 | 6 |
| 8 | 9.8 | 9.6 | 9.3 | 9 | 8 |
| 12 | 14.8 | 14.5 | 14 | 13.3 | 12 |

(2)额定电流

低压成套开关设备和控制设备中某支路的额定电流是由流经该支路的主元件决定的，而主元件的额定电流则由该主元件制造厂根据其内部各元器件的额定值、布置方式和应用情况来确定，只有其内部各个部件按照标准规定的试验条件下测试温升不超过限定值才允许承载上述额定电流。

(3)短路电流

在低压开关柜中若有一条电路由于故障或者错误连接而造成短路故障，由此而导致的过电流被称为短路电流。在短路状态下短路电路的阻抗很小，因此短路电流很大，导线和开关电器因此而剧烈发热，有时还伴随着剧烈的电弧放电。变压器容量与短路电流的关系如表 9.3 所示。

表 9.3　变压器容量与短路电流的关系

| 额定容量 $S_n$/kVA | 额定电流 $I_n$/A | 阻抗电压的额定值 $U_{st}$ =4% | | 阻抗电压的额定值 $U_{st}$ =6% | |
|---|---|---|---|---|---|
| | | 持续短路电流 $I_k$/kA | 冲击短路电流峰值 $I_{pk}$/kA | 持续短路电流 $I_k$/kA | 冲击短路电流峰值 $I_{pk}$/kA |
| 630 | 909 | 22.725 | 47.72 | 15.150 | 30.30 |
| 800 | 1 155 | 28.875 | 60.64 | 19.250 | 38.5 |
| 1 000 | 1 433 | 36.075 | 75.76 | 24.050 | 50.51 |
| 1 250 | 1 804 | 45.100 | 94.71 | 30.067 | 63.14 |
| 1 600 | 2 309 | 57.725 | 127.00 | 38.483 | 80.81 |
| 2 000 | 2 887 | 72.175 | 158.79 | 48.117 | 101.05 |
| 2 500 | 3 609 | 90.225 | 198.50 | 60.150 | 132.33 |
| 3 150 | 4 547 | 113.675 | 250.09 | 75.783 | 166.72 |

注：变压器实际铭牌值与此表中的计算值略有偏差，但在允许范围之内。

(4)动稳定性

开关设备的动稳定性是指其所有的最大瞬时机械抵抗能力。冲击短路电流峰值 $I_{pk}$ 是短路电流在低压成套开关设备中产生最大电动力的主因,因此开关设备抵御 $I_{pk}$ 的能力被称为开关设备的动稳定性。

(5)热稳定性

开关设备抵御短路电流的热冲击而不发生机械形变的能力就是热稳定性。短路全电流 $I_{sh}$ 在短路后第一个半周期内的有效值是 $I_s$,$I_s$ 对低压开关设备产生热冲击作用。低压开关设备抵御 $I_s$ 的能力被称为低压开关设备的热稳定性。

4. 低压开关柜主要元件

(1)低压断路器

低压断路器(曾称自动开关)是一种不仅可以接通和分断正常负荷电流和过负荷电流,还可以接通和分断短路电流的开关电器。低压断路器在电路中除起控制作用外,还具有一定的保护功能,如过负荷、短路、欠压和漏电保护等。低压断路器的分类方式很多,按使用类别分,有选择型(保护装置参数可调)和非选择型(保护装置参数不可调),按灭弧介质分,有空气式和真空式(目前国产多为空气式)。低压断路器容量范围很大,最小为 4 A,而最大可达 5 000 A。低压断路器广泛应用于低压配电系统各级馈出线,各种机械设备的电源控制和用电终端的控制和保护。表 9.4 所示为框架断路器主要参数。

**表 9.4 框架断路器主要参数**

| | Schneider MT | ABB Emax |
|---|---|---|
| | 电流等级 | |
| | 630 ~ 6 300 A | 630 ~ 6 300 A |
| | 630 ~ 1 600 A 体积最小 | |
| | 分断能力 | |
| 4 000 A 以下 | H1 型:$I_{cu}$ = 65 kA | N 型:$I_{cu}$ = 65 kA |
| | $I_{cs}$ = 65 kA | $I_{cs}$ = 65 kA |
| | $I_{cw}$ = 65 kA | $I_{cw}$ = 55 kA |
| | H2 型:$I_{cu}$ = 100 kA | H 型:$I_{cu}$ = 100 kA |
| | $I_{cs}$ = 100 kA | $I_{cs}$ = 85 kA |
| | $I_{cw}$ = 85 kA | $I_{cw}$ = 75 kA |
| 4 000 A 以上 | H1 型:$I_{cu}$ = 100 kA | H 型:$I_{cu}$ = 100 kA |
| | $I_{cs}$ = 100 kA | $I_{cs}$ = 100 kA |
| | $I_{cw}$ = 100 kA | $I_{cw}$ = 100 kA |
| | H2 型:$I_{cu}$ = 150 kA | V 型:$I_{cu}$ = 150 kA |
| | $I_{cs}$ = 15 kA | $I_{cs}$ = 125 kA |
| | $I_{cw}$ = 100 kA | $I_{cw}$ = 100 kA |

表 9.4(续 1)

| | Schneider MT | ABB Emax |
|---|---|---|
| 控制单元 | | |
| 测量 | | |
| 电流 | 是 | 是 |
| 电压 $U$ | 是 | 否 |
| 功率 $P$ | 是 | 否 |
| 无功功率 $Q$ | 是 | 否 |
| 功率因数 | 是 | 否 |
| 频率 $F$ | 是 | 否 |
| 电能 $E$ | 是 | 否 |
| 谐波 THD | 否 | 否 |
| 电流和电压歧变因数 | 否 | 否 |
| 相间电流和电压不平衡度 | 否 | 否 |
| 保护 | | |
| 三相不平衡电流 | 是 | 是 |
| 三相不平衡电压 | 是 | 否 |
| 最大/最小电压 | 是 | 否 |
| 最大/最小频率 | 是 | 否 |
| 逆功率 | 是 | 否 |
| 相序保护 | 是 | 否 |
| 长延时保护曲线调整 | 是 | 否 |
| 漏电保护 | 是 | 否 |
| 过电压 | 否 | 否 |
| 欠电压 | 否 | 否 |
| 人机界面 | 可以有全中文汉显菜单 | 英文显示 |
| 操作/维护/管理 | | |
| 优先卸载 | 是 | 是 |
| 逻辑选择性 | 是 | 是 |
| 分断电流值显示 | 是 | 是 |
| 报警记录 | 是 | 是 |
| 故障记录 | 是 | 是 |
| 历史记录 | 是 | 是 |

塑壳断路器(MCCB)参数如表 9.5 所示。

表 9.5　塑壳断路器(MCCB)参数

| | Schneider NS | ABB S |
|---|---|---|
| 电流等级 | | |
| | 80 ~ 630 A | 125 ~ 630 A |
| | 两种体积尺寸 | 六种体积尺寸 |
| 分断能力 | | |
| 160 A | 标准分断:36 kA | 标准分断:35 kA |
| | 中分断:70 kA | 中分断:65 kA |
| | 高分断:150 kA | 高分断:80 kA |
| 400 A | 标准分断:45 kA | 标准分断:35 kA |
| | 中分断:70 kA | 中分断:65 kA |
| | 高分断:150 kA | 高分断:100 kA |
| 脱扣器 | 热磁、磁、电子 | 热磁、磁、电子 |
| 推出年代 | 1994 年 | 1982 年 |
| 设计理念 | Ⅱ类绝缘,独立密闭分断单元,模块化 | 模块化程度较高 |
| 外形尺寸 | 2 种尺寸 (100 ~ 630 A) | 6 种尺寸 (100 ~ 630 A) |
| 长延时保护 | $0.4I_n \sim I_n$ 48 点可调 | $0.4I_n \sim I_n$ 8 点可调 |
| 中性线保护 | 保护可调 | $100\% I_n$ 不可调 |
| 脱扣器互换性 | 现场可更换 | 现场不能更换 |
| 触头技术 | 全新的双旋转触头 | 拍合式单触头 |
| 极限分断能力 | 最大至 150 kA | 最大至 100 kA |
| 使用分断能力 | $I_{cs} = 100\% I_{cu}$ | $I_{cs}$不能全部等于 $I_{cu}$ |
| 脱扣器整定 | 拨钮整定 | 排列组合整定 |
| 跳闸技术 | 脱扣器跳闸,Reflex 压力跳闸系统 | 脱扣器跳闸 |
| 附件 | 全模块化设计,功能强,安装简单 | 附件功能较齐全,但互换性差 |

(2)接触器

在电工学中,因为可快速切断交流与直流主回路和可频繁地接通与关断大电流控制(达 800 A)电路的装置,所以经常运用于电动机作为控制对象, 也可用作控制工厂设备、电热器、工作母机和各样电力机组等电力负载,接触器不仅能接通和切断电路,而且还具有低电压释放保护作用。接触器控制容量大,适用于频繁操作和远距离控制,是自动控制系统中的重要元件之一。

在工业电气中,接触器的型号很多,工作电流在 5 ~ 1 000 A 的不等,其用处相当广泛。

(3)热继电器

热继电器的工作原理是电流入热元件的电流产生热量,使有不同膨胀系数的双金属片发生形变,当形变达到一定距离时,就推动连杆动作,使控制电路断开,从而使接触器失电,主电路断开,实现电动机的过载保护。热继电器作为电动机的过载保护元件,以其体积小,结构简单、成本低等优点在生产中得到了广泛应用。

(4)按钮和指示灯

按钮是一种常用的控制电器元件,常用来接通或断开“控制电路”(其中电流很小),从而达到控制电动机或其他电气设备运行目的的一种开关。

指示灯适用于电器等设备的线路中作指示信号、预告信号、事故信号及其他指示用信号。按钮适用于额定电压交流380 V及以下、频率50 Hz(或60 Hz),直流400 V及以下的电磁启动器、接触器、继电器及其他电气控制电路中作主令控制、信号、联锁等用途。

秦山一期一般采用的按钮和指示灯选用平型钮及平型灯罩指示灯,指示灯目前选用韩国龙升产品,具有结构新颖、安全可靠、安装操作方便、免维护、适用环境温度范围宽、抗震等特点。

(5)端子排

端子排推荐两个合格的供货商,一个是凤凰,一个是维德米勒,根据历年使用的经验反馈,这两个品牌的端子排质量比较稳定,使用比较方便。

(6)其他产品

电流表、电压表等其他产品的选择可以结合1E级开关柜的选择进行,选择参与抗震鉴定过的产品。这样可以更好地进行备件管理。

### 9.1.3 标准规范

核电站低压配电屏所遵循的法律标准体系比较复杂,主要标准如表9.6所示。

**表9.6 低压配电柜主要标准**

| | |
|---|---|
| 核安全法律 | 《放射性污染防治法》《中华人民共和国核安全法》以及与环境保护和安全生产有关的其他国家法律 |
| 国务院条例 | 国务院颁布的核安全管理条例、核领域内的国务院条例以及其他领域的国务院条例,如中华人民共和国国务院第500号令《中华人民共和国民用核设备监督管理条例》 |
| 部门规章(法规)(条例、规定和实施细则) | 部门规章包括国务院条例的实施细则和核安全规定,是由国家核安全局颁布的具有法律约束力的文件,福岛核事故之后国家核安全局还发布了技术要求文件,如HAF001/01《核电厂安全许可证件的申请和颁发》 |
| 核安全导则(指导性文件,法规的说明和补充) | 核安全导则是国家核安全局发布的指导性和推荐性文件,描述执行核安全技术要求行政管理规定采取的方法和程序。在执行中可采用该方法或程序,也可采用等效的替代方法和程序。现有的核安全导则超过60个,很多基于或者等效于相应的IAEA安全导则,如HAD |
| 技术标准(更具体的技术上指导) | 1. 国家标准、行业标准和企业标准;<br>2. 标准一般是推荐性的,但也有部分标准是强制性或者具有强制性内容,特别是与核安全、工业安全和环境保护相关的要求;<br>3. 作为对中国和安全法规标准的补充,其他国家和国际组织应用的标准规范也在设计中作为参考,如ASME,ANSI/ANS,IEC,IEEE,RCC,ISO等标准 |

1. 核电厂电气总体性标准

- 《<核电厂设计安全规定>应用于核供热厂设计的技术文件》(HAF J 0020—1991)
- 《核电厂质量保证安全规定》(HAF 0400—1986)
- Standard criteria for the protection of Class 1E power systems and equipment in nuclear

power generating stations(IEEE 741—1997(R02))

- Criteria for independence of Class 1E equipment and circuits of nuclear power generating station(IEEE 384—1992(R98))
- 《核电厂安全级电气设备和电路独立性准则》(GB/T 13286—2021)
- Criteria for the periodic testing of nuclear power generating station safety systems(IEEE 338—1987(R00))

2. 核电厂低压开关柜适用的法规和标准

- 《电气系统的实体隔离》(RG 1.75—2005)
- 《电机和电动阀门的热过载保护》(RG 1.106—1977)
- 《工业和商业电力系统保护和协调的推荐实施规程》(IEEE 242 —2001)
- 《低压开关设备和控制设备组合装置 第1部分:已通过型式试验和部分型式试验的组合装置》(IEC 60439-1—1999)
- 《低压开关设备和控制设备　第2部分:断路器》(IEC 947-2—2019)
- 《低压开关装置和控制装置　第4-1部分:接触器和电动机起动器　机电接触器和电动机起动器》(IEC 60947-4-1—2018)
- 《电力装置的继电保护和自动装置设计规范》(GB/T 50062—2008)
- 《<核电厂设计安全规定>应用于核供热厂设计的技术文件》(HAF J 0020—1991)
- 《核电厂质量保证安全规定》(HAF 0400-1986)
- 《继电保护和安全自动装置技术规程》(GB/T 14285—2006)
- 《火力发电厂、变电站二次接线设计技术规程》(DL/T 5136—2012)

3. 核电厂1E级低压开关柜核级鉴定所需的法规和标准

- 《核电站安全系统的电气设备抗震性能鉴定的推荐规程》(IEC 60980—1989)
- 《核发电站用1E级发动机控制中心的资格鉴定》(IEEE 649—2006)
- IEEE C37.105 核电厂1E级继电器和其他器件鉴定标准
- Design and qualification of class 1E control boards, panels, and racks used in nuclear power generating stations(IEEE 420—2001)
- 《核电厂1E级开关成套装置鉴定》(IEEE C37.82—1987)
- 《核电厂1E级金属开关成套装置抗震鉴定》(IEEE C37.81—1989)
- 《核电厂1E级保护继电器及辅助器件鉴定》(IEEE C37.105—1987)
- Recommended practices for seismic qualification of Class 1E equipment for nuclear power generating stations(IEEE 344—1987(R93))
- Standard for qualifying class 1E electric equipment for nuclear power generating stations (IEEE 323—1983(R96))

### 9.1.4 运维项目

根据《低压开关柜预防性维修模板》(QS-4DLC-TGEQPT-0001)中的要求,低压配电柜主要预防性维修项目如表9.7所示。

1. 定期维护

(1)任务目的

对低压开关柜开关进行必要的检查维护及校准,确保各项性能完好。

(2)任务详细内容

- 清洁、目视检查、润滑
- 所有一、二次端子/接插件检查、紧固
- 抽屉一次接插件紧力检查(张力测试)、触头表面检查,接插功能验证
- 断路器/刀熔开关通断检查(≤1 Ω),操作机构功能检查
- 接触器主、辅触头检查、通断检查,线圈直流电阻测量
- 接触器吸合试验及返回电压测试(必要时)
- 热继电器校验
- 保护继电器校验
- 中间继电器检查、线圈直流电阻测量
- 按钮、转换开关接点通断情况检查
- 绝缘监视器、电压监视器、馈线状态监测仪、选线器及回路检查
- 保护/报警/测量/指示回路检查,功能验证
- 控制变压器检查
- 稳压电源检查
- CT 检查
- PT 检查
- 仪表、变送器校验
- 熔断器检查
- 防潮加热器、温湿度控制器回路检查
- 电缆头检查、紧固
- 其他各电气元器件检查
- 直流电源回路检查
- 接地连续性检查
- 各电气联锁、机械联锁检查、功能验证
- 抽屉抽插操作
- 一、二次回路绝缘电阻测量
- 电气传动试验

**表 9.7 低压配电柜主要预防性维修项目**

<table>
<tr><td colspan="3">关键度</td><td colspan="4">关键(C)</td><td colspan="4">重要(N)</td><td rowspan="5">大纲任务</td></tr>
<tr><td colspan="3">工作频度</td><td>高<br>(H)</td><td>低<br>(L)</td><td>高<br>(H)</td><td>低<br>(L)</td><td>高<br>(H)</td><td>低<br>(L)</td><td>高<br>(H)</td><td>低<br>(L)</td></tr>
<tr><td colspan="3">工作环境</td><td colspan="2">严酷(S)</td><td colspan="2">良好(M)</td><td colspan="2">严酷(S)</td><td colspan="2">良好(M)</td></tr>
<tr><td colspan="3">综合分级</td><td>CHS</td><td>CLS</td><td>CHM</td><td>CLM</td><td>NHS</td><td>NLS</td><td>NHM</td><td>NLM</td></tr>
<tr><td>分类</td><td>序号</td><td>任务标题</td><td colspan="8">推荐执行周期</td></tr>
<tr><td>红外测温</td><td>1</td><td>红外热像仪检查导体连接点温度(电缆仓)</td><td>N/A</td><td>N/A</td><td>M6</td><td>N/A</td><td>N/A</td><td>N/A</td><td>Y1</td><td>N/A</td><td></td></tr>
</table>

表 9.7(续)

| 关键度 | | | 关键(C) | | | | 重要(N) | | | | 大纲任务 |
|---|---|---|---|---|---|---|---|---|---|---|---|
| 工作频度 | | | 高(H) | 低(L) | 高(H) | 低(L) | 高(H) | 低(L) | 高(H) | 低(L) | |
| 工作环境 | | | 严酷(S) | | 良好(M) | | 严酷(S) | | 良好(M) | | |
| 综合分级 | | | CHS | CLS | CHM | CLM | NHS | NLS | NHM | NLM | |
| 分类 | 序号 | 任务标题 | 推荐执行周期 | | | | | | | | |
| 定期维护 | 1 | 定期维护 | N/A | N/A | Y6 | N/A | N/A | N/A | Y6 | N/A | ☒是 |
| | 2 | 全面维护 | N/A | N/A | Y12 | N/A | N/A | N/A | Y12 | N/A | ☒是 |
| 定期更换 | 1 | 12 年期定期更换 | N/A | N/A | Y12 | N/A | N/A | N/A | Y12 | N/A | ☒是 |
| | 2 | 24 年期定期更换 | N/A | N/A | Y24 | N/A | N/A | N/A | Y24 | N/A | ☒是 |

注:红外热像仪检查导体连接点温度(电缆仓)受限于现场开关柜能否测量到导体连接点,各单元根据实际情况确定是否开展。

2. 全面维护

(1)任务目的

对低压开关柜母线(包括开关柜固定部分、主母线、分支母线等)、低压开关进线单元(适用于低压开关柜进线单元(包括监测单元、联络断路器单元))、低压开关馈线单元(适用于低压交直流 MCC 柜,不包括进线单元及联络单元)进行必要的检查维护及校准,确保各项性能完好。

(2)任务详细内容

低压开关柜母线(包括开关柜固定部分、主母线、分支母线等)相关维修内容包括以下方面。

- 母线仓清洁、检查
- 主母线、分支母线所有螺栓扭力检查
- 母线导电接触面检查(颜色变化、是否错位、是否有异物)
- 所有绝缘子、绝缘衬套检查
- 所有电缆和电缆头检查、直流电阻及绝缘测量(若有则执行)
- 接地连续性检查
- 母线绝缘测量
- 母线耐压试验(必要时)

低压开关柜进线单元、馈线单元相关维修内容包括以下方面。

- 清洁、目视检查、润滑
- 所有一、二次端子/接插件检查、紧固
- 抽屉一次接插件紧力检查(张力测试)、触头表面检查,接插功能验证
- 断路器/刀熔开关通断检查($\leqslant 1\ \Omega$),操作机构功能检查
- 接触器主、辅触头检查、通断检查,线圈直流电阻测量
- 接触器吸合试验及返回电压测试(必要时)
- 热继电器校验

- 保护继电器校验
- 中间继电器检查、线圈直流电阻测量
- 按钮、转换开关接点通断情况检查
- 绝缘监视器、电压监视器、馈线状态监测仪、选线器及回路检查
- 保护/报警/测量/指示回路检查,功能验证
- 控制变压器检查
- 稳压电源检查
- CT 检查
- PT 检查
- 仪表、变送器校验
- 熔断器检查
- 防潮加热器、温湿度控制器回路检查
- 电缆头检查、紧固
- 其他各电气元器件检查
- 直流电源回路检查
- 接地连续性检查
- 各电气联锁、机械联锁检查、功能验证
- 抽屉抽插操作
- 一、二次回路绝缘电阻测量
- 电气传动试验

### 9.1.5 典型案例分析

低压控制回路和动力回路的组成包含两部分,即电气元件及其相互连接的导线,一般电气元件在运行中出现异常有两种可能:一是达到使用寿命正常损坏;二是不正常运行导致其毁坏,上述两种可能所造成的设备损坏。在现实中基本上都是采取整体或部分元件更换的方法恢复正常运行。而正常工作中最常见的故障大多是连接电气设备的导体,或接触不良导致回路开路,或由于某种原因相互搭接造成回路短路,或由于接线错误等造成设备运行异常,由以上原因造成回路运行异常或故障的,都可以通过回路调整或检修恢复电路正常运行。下面对几种常见的严重故障进行分析。

1. 低压配电漏电

在实际的低压配电系统运行过程中,漏电现象是非常常见的故障,造成漏电现象的主要原因就是对低压配电线路中的绝缘或者是与绝缘相关的其他材料老化,导致线路绝缘程度不足,就会出现导线与导线之间存在一定的电流,从而形成漏电。一旦在低压配电系统中出现了漏电现象,就会导致线路中出现火花而产生大量的热,在热量的作用下就会导致线路的火灾,对低压配电系统的运行乃至人们的生命安全造成威胁,因此,对于低压配电系统中的漏电现象要充分的重视起来。另外,在低压配电系统的正常运行时,也会有一定的概率出现漏电现象,造成这些问题的主要原因就是在线路之间、线路与大地之间有电气线路和用电设备绝缘层生成的电容,而这种原因导致的漏电概率是非常小的,并且不会因此而出现电火花的现象。

2. 电气线路短路故障

在低压配电线路中存在很多的老旧设备，这些旧设备在应用过程中会存在一定的安全隐患，而这些设备由于使用的时间过长，造成线路绝缘下降，加之气候条件的影响（空气湿度大），就会很容易出现短路故障。甚至在雷雨天，容易受到雷击的威胁，因此可以选择设置一些防雷击的设备，加强线路防雷击的效果。同时在设备维护时加强对绝缘的监测。

3. 电气回路过负荷

在低压配电回路的电气回路运行中，过负荷运行是其中一项比较常见的故障类型。当前，在低压配电系统的电气回路运行中，由于负载增大导致回路内的电流量越来越大，逐渐超过了回路的承受范围。在回路的正常运行过程中，回路本身也会有一定的电阻，当电流在通过回路时，回路内部的电阻就会在电流的作用下发热。通过相关研究得知，导线发热量会在导线电流值的变化基础上出现变化，导线电流值的增大也会增加导线电阻热量增加，如果热量超出了导线绝缘层的安全承受范围，就会加速绝缘层老化速度，引发故障。

4. 断路故障

在低压配电线路的运行过程中，断路故障也是其中比较常见的故障之一，造成低压配电线路断路故障的主要原因就是线路的回路不通畅，从而出现了断路现象。低压配电线路的断路点并不是统一的，使得线路流经电压极为容易出现电弧，如果情节较为严重便会造成火灾。除此之外，导致出现断路故障的原因还有以下几点：第一，电线处于正常运行状态下，受外部环境影响而造成损坏。如预埋在地板之下的低压配电线路若遭受破坏，便会导致绝缘层破损进而断路；第二，线路电线连接之处没有连接牢固，那么便会受外力影响导致松动，引发断路；第三，连接线路的元件或者开关故障，导致断路。

下面介绍几种低压配电柜中元件常见的故障及解决方法。

(1)断路器不能合闸

- 欠压线圈不工作（电压正常）。解决办法：更换欠压线圈。
- 按下合闸按钮，合闸线圈得电不工作。解决办法：更换欠压线圈。
- 合闸按钮接触不良。解决办法：更换合闸按钮。
- 控制回路熔芯烧坏。解决办法：确认控制回路正常无短路后更换熔芯。
- 断路器未储能。解决办法：检查电动机控制电源电压必须≥85%。
- 合闸电磁铁控制电源电压小于85%。解决办法：合闸电磁铁电源电压必须≥85%。
- 合闸电磁铁已损坏。解决办法：更换合闸电磁铁。
- 抽屉式断路器二次回路接触不良。解决办法：把抽屉式断路器摇出后，重新摇到“接通”位置。检查二次回路是否连接可靠。
- 万能转换开关在停止位。解决办法：将开关转到左送电或右送电处。

(2) 断路器不能分闸

- 分闸按钮接触不良。解决办法：更换分闸按钮。
- 分闸线圈烧坏。解决办法：更换分闸线圈。

(3)抽屉柜表计不准

- 检查二次插件是否接触不良。解决办法：调整二次插件接触片。
- 电流电压正常。解决办法：更换表计。

(4)双电源切换不能自动投切

- 万能转换开关没有转到自动位。解决办法：将开关转到自动位置。

- 手动转换开关没有转换到自动位置。解决办法:把手自动转换开关转向自动位置。
- 欠电压脱扣器没有闭合。解决办法:检查电压与脱扣器电压等级是否一致 $V \geq 85\%$ 。
- 时间继电器没有闭合。解决办法:检查时间继电器 2 号 7 号 接点电压是否正常。
- 断路器分励机构没有复位。解决办法:检查机械联锁是否松动,有无卡涩现象。

课后思考题

1. 低压配电柜在维修方面有哪些可以优化,是否能做得更好?
2. 低压配电柜在预防性维修安排方面有哪些问题,如何安排更好?
3. 对低压配电柜备件是否有更好的管理方法?

## 9.2 不间断电源系统(整流器、充电器、逆变器)

### 9.2.1 概述

不间断电源系统(uninterruptible power supply,UPS)是一种含有储能装置,以逆变器为主要组成部分的恒压、恒频的不间断电源。主要用于给单台计算机、计算机网络系统或其他电力电子设备提供不间断的电力供应。

当市电输入正常时,UPS 将市电稳压后供应给负载使用,此时的 UPS 就是一台交流市电稳压器,同时它还向 UPS 内的充电器充电;当市电中断(事故停电)时,UPS 立即将蓄电池的电能通过逆变转换器向负载提供交流电,使负载维持正常工作并保护负载软、硬件不受损坏,UPS 是一种能为负载提供连续电能的供电系统。

UPS 的电压输入范围宽表明对市电的利用能力强(减少蓄电池放电),UPS 的输出电压、频率范围小,则表明对市电调整能力强、输出稳定(一般的,Gutor UPS 的整流器输入电压范围为 +10% ~ -15% ,频率范围为 ±8%;逆变器的输入电压范围为 -15% ~ +20%,输出电压范围为 ±1%,频率范围为 ±0.01%;旁路输入电压范围为 +10% ~ -15%,频率范围为 ±6%,输出电压范围为 ±2%)。UPS 输出电压的波形畸变率用以衡量输出电压波形的稳定性,而电压稳定度则说明当 UPS 突然由 0 负载加到满负载时,其输出电压的稳定性。UPS 效率、功率因数、转换时间等都是表征 UPS 性能的重要参数,决定了对负载的保护能力和对市电的利用率,UPS 的性能越好,保护能力也越强。

UPS 系统中主要包括整流模块、逆变模块、控制模块等组成。

整流器是一个整流装置,简单地说就是将交流(AC)转化为直流(DC)的装置。主要功能:

第一,将交流电(AC)变成直流电(DC),经滤波后供给负载,或者供给逆变器;

第二,给蓄电池提供充电电压。因此,它同时又起到一个充电器的作用。

逆变器就是一种将低压(12 V 或 24 V 或 48 V)直流电转变为 220 V 交流电的电子设备。通常是将 220 V 交流电整流变成直流电来使用,而逆变器的作用与此相反,因此而得名。我们处在一个“移动”的时代,移动办公,移动通信,移动休闲和娱乐。在移动的状态中,人们不但需要由电池或电瓶供给的低压直流电,同时更需要在日常环境中不可或缺的 220 V 交流电,逆变器就可以满足我们的这种需求。

## 9.2.2 结构与原理

秦山核电9个机组,UPS系统主要用的是Gutor的产品。各个电厂的UPS的控制原理类似,其原理图如图9.6所示。

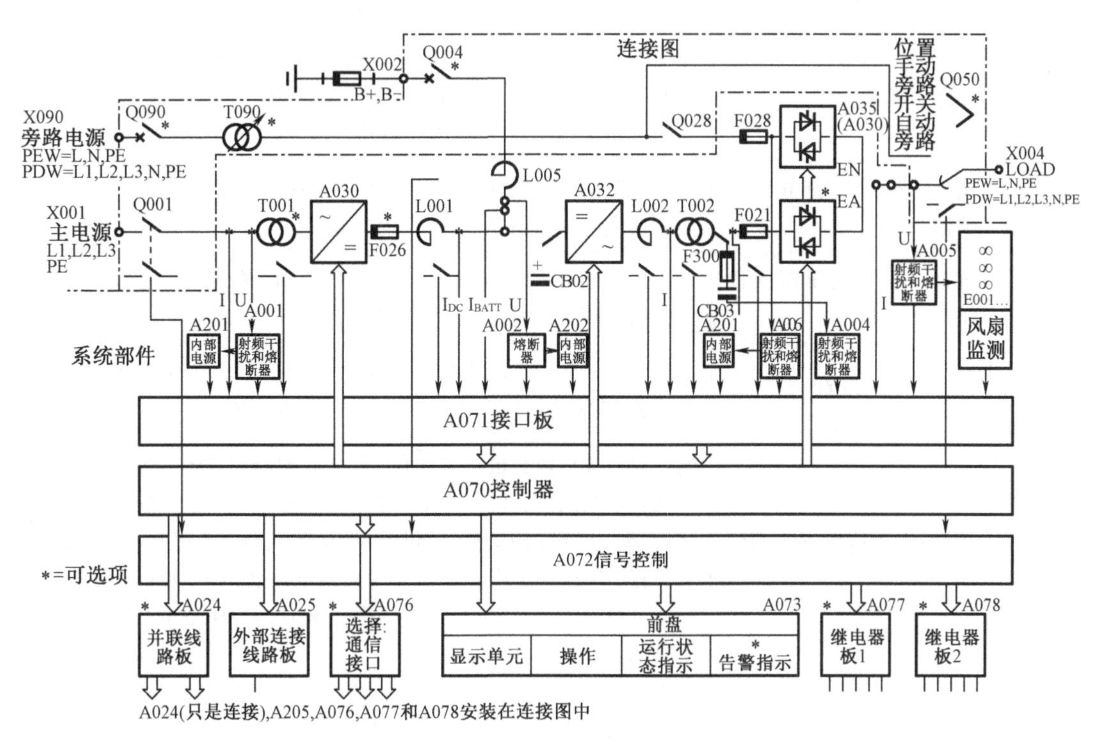


图9.6 不间断电源原理图

## 9.2.3 标准规范

UPS设计成在正常时由交流380 V安全母线供电,经UPS整流-逆变产生不间断220 V电源;当失去交流电源时,由直流220 V母线供电,直接经逆变器产生不间断交流200 V电源。另由交流380 V安全母线经隔离变压器向自动感应调压器供电,由自动感应调压器提供交流220 V电源作为不间断电源的备用电源。正常运行时逆变器和自动感应调压器出口均经静态开关、手动旁路开关接至220 V交流重要仪表电源母线。当逆变器失效时,由静态开关自动转换到由自动感应调压器供电;当静态开关失效时,由手动旁路开关手动转换到由自动感应调压器供电。每台逆变器和自动感应调压器能供给本段母线所需的全部负载。

1. UPS原理

本描述是一个通用说明,原理分为两个部分:连接部分,系统部分。两部分相互隔离以保证维修/维护工作的安全。

根据系统的配置,原理图中的隔离器可以是隔离开关、熔断器开关或断路器,且可以按照用户要求进行设计。

(1)连接部分

不间断电源系统连接部分说明如表 9.8 所示。

**表 9.8 不间断电源系统连接部分说明**

| 代号 | 器件 | 说明 |
| --- | --- | --- |
| X090 | 旁路市电端子 | 用于连接旁路市电，1,2,3 相，中线和地线。连接方式与配置与型号有关(PEW = L, N, PE; PDW = L1, L2, L3, N, PE)。对于三相系统,允许选用公共的整流器和旁路市电端子 |
| Q090 | 选择：隔离开关或电磁断路器 | 用于旁路输入市电的隔离。旁路输入市电必须由外部保护装置 - 熔断器或电磁断路器(按照技术规范)保护 |
| T090 | 选择：旁路变压器或稳压器 | 用于旁路市电输入与负载之间的电流隔离，在旁路市电输入电压与输出电压不同时。也可以采用稳压器 |
| Q028 | 选择：隔离开关 | 当进行维护时用于隔离静态开关 EN。在使用三个位置的手动旁路开关 Q050 时,Q028 的功能可以由 Q050 完成 |
| Q050 | 选择：2 个位置的手动旁路开关 | 选用此开关可以在进行维修和维护工作时隔离系统部分。该开关是先合后断式的，具有两个位置,当开关处于位置“Auto”(正常运行)时，负载由 UPS 系统供电(逆变器或静态旁路)；当开关处于位置“Bypass”，负载直接由旁路市电供电，UPS 可以在不影响负载的情况下进行测试,断开 Q028，Q001，Q004 整个系统可以完全被隔离 |
| Q050 | 可选件:3 位置手动旁路开关 | 选用此开关可以在进行维修和维护工作时隔离系统部分。该开关是先合后断式的，具有三个位置,当开关处于位置“Auto”(正常运行)时，负载由 UPS 系统供电(逆变器或静态旁路)；<br>当开关处于“Test”位置,负载直接由旁路市电供电，UPS 可以在不影响负载的情况下进行测试。<br>当开关处于位置“Bypass”，负载直接由旁路市电供电，静态开关与旁路市电隔离,断开 Q001，Q004 整个系统可以完全被隔离 |
| X001 | 整流器市电端子 | 用于连接整流器的市电,三相和地线。整流器的市电输入必须由外部保护装置保护(按照技术规范选用熔断器或电磁断路器) |
| Q001 | 整流器输入隔离开关 | 用于隔离整流器的市电输入。无脱扣功能。整流器的市电输入必须由外部保护装置保护(按照技术规范选用熔断器或电磁断路器) |
| X002 | 电池端子 | 连接电池正极(B +)和负极(B -)。电池必须由外部保护装置保护(按照技术规范选用熔断器或电磁断路器) |
| Q004 | 选择：两极电池断路器 | (400V 系统选用三极)，如果不采用这种选择，必须安装外部保护装置(按照技术规范选用熔断器或电磁断路器) |

表9.8(续)

| 代号 | 器件 | 说明 |
| --- | --- | --- |
| X004 | 负载端子 | 用于连接负载,(PEW = L, N, PE; PDW = L1, L2, L3, N, PE) |
| A024 | 并联线路板 | 两个以上(最多九台)系统并联运行时使用。<br>在各个系统之间进行通信,保证每台系统知道系统工作于何种运行方式。<br>在每台UPS之间进行负载均分,每台UPS承担同样百分比的实际负载。<br>只有连接器件放置在连接部分,线路板放置于系统部分 |
| A025 | 外部连接线路板 | 是外围设备接口的一部分具有下面的功能/信息:<br>输出<br>• 综合故障延迟:5 s 延迟(可以从0-327 s编程)<br>• 电池运行延迟:30 s 延迟<br>• 系统运行于静态旁路EN方式,继电器<br>• 外部旁路开关禁止,继电器<br>输入<br>• 电池充电电压温度补偿.<br>• 遥远启动/关机<br>• 紧急关机 |
| A076 | 选择:通信接口 | 该接口包括:<br>• 一个RS232串行接口<br>• 一个RS232电流环串行接口<br>• 四个用于AS400/Novell的继电器 |
| A077 | 选择:16个继电器 | 所有告警继电器是故障安全模式,即在告警存在的情况下,继电器处于无电压激励状态。<br>• 整流器市电故障<br>• 直流超限<br>• 整流器熔断器熔断(选择*)<br>• 电池放电<br>• 直流接地(选择1*)<br>• 逆变器熔断器断<br>• 旁路市电故障<br>• 温度过高<br>• 风扇故障<br>• 电源故障<br>• 选择2*, 选择3*, 选择4*, 选择5*, 选择6* |

表 9.8(续)

| 代号 | 器件 | 说明 |
| --- | --- | --- |
| A078 | 选择:16 个继电器 | 所有告警继电器是故障安全模式,即在告警存在的情况下,继电器处于无电压激励状态。<br>• EA 禁止 *<br>• EN 禁止<br>• 手动旁路导通 *<br>• 不同步<br>• 逆变器/旁路过载<br>• 逆变器故障<br>• 电池断开<br>• 电池运行<br>• 整流器故障<br>• EN 运行<br>• EA 运行 *<br>• 逆变器运行<br>• 升压充电<br>• 整流器运行<br>• 外部报警器 |

(2)系统部分

不间断电源系统部分主要器件说明如表 9.9 所示。

表 9.9　不间断电源系统部分主要器件说明

| 代号 | 器件 | 说明 |
| --- | --- | --- |
| T001 | 整流器输入变压器(自耦变压器) | (在 400V 系统中为扼流圈),用于变换整流器的市电输入电压至整流器适合的电压 |
| A030 | 6 脉冲晶闸管整流桥 | 转换交流电压至直流电压<br>(A031 = 可选的 12 脉冲整流桥 = 选择) |
| F026 | 可选:熔断器 | 整流桥输出端的功率熔断器 |
| L001 | 滤波电抗器 | 滤除直流电压中的谐波 |
| L005 | 电池扼流圈 | 减少单相逆变器在电池中产生的脉动 |
| CB02 | 直流电容组件 | 向逆变器提供无功功率, 直流电流滤波,保护电池不受过高开关电流的损害 |
| A032 | 脉宽调制逆变器 | (TSM, 半导体开关组件)/(PM,功率组件), IGBT 功率器件,转换直流电压至交流电压 |
| L002 | 滤波电抗器 | 与 CB03 一起滤除来自逆变器的 PWM 输出中的谐波电压, 以在逆变变压器 T002 输出端获得低非线性失真的正弦波 |

表 9.9(续)

| 代号 | 器件 | 说明 |
|---|---|---|
| T002 | 逆变功率变压器 | 电流隔离负载与电池，同时是滤波器的一部分,变换比例决定输出电压 |
| F300 | 熔断器 | 交流电容组件 CB03 分为几个部分。每部分由一个熔断器保护,一旦一部分出现故障,此部分将被隔离。 |
| CB03 | 交流电容组件 | 与 L002 一起滤除来自逆变器的 PWM 输出中的谐波电压，以在逆变变压器 T002 输出端获得低失真的正弦波 |
| F021 | 逆变输出熔断器 | 当逆变器出现严重故障时保护负载，一旦逆变器出现故障，系统将转换至旁路运行，F021 将被熔断而不中断输出电压. 告警信息将送至前盘 |
| A035<br>(A030) | 静态旁路开关 EN | 由自然换相的三组反向并联晶闸管组成。静态开关 EN 用于过载或逆变器因其他原因导致输出超出范围时自动转换负载至旁路或如果操作人员从前门键盘上将输出手动转向旁路。自动或手动向旁路的转换只能在旁路市电电压和频率在允许的范围内才能完成 |
| F028 | 熔断器 | 在短路时保护静态开关 A035 |
| A035 | 可选的静态开关 EA | 逆变器输出端可以选择静态开关 EA。对于冗余系统,选择 EA 有不同的功能。如果一个系统在冗余运行时试图转向“准备”状态,EA 断开,逆变器空载运行。没有 EA 逆变器关断 |
| A201 | 内部电源 | 由整流器市电和旁路市电提供电源，与由电池供电的 A202 一起构成冗余内部电源系统。两个内部电源中的一个就可以满足系统对控制电源的要求，一旦两个电源之一故障，告警信息将送至前盘 |
| A202 | 内部电源 | 由内部直流母线提供电源，与由整流器市电和旁路市电供电的 A201 一起构成冗余内部电源系统。两个内部电源中的一个就可以满足系统对控制电源的要求，一旦两个电源之一故障，告警信息将送至前盘 |
| A001 | 射频干扰(RFI)和熔断器板 | RFI 单元保证系统的输入/输出导线上的传导噪声在允许的范围内。<br>熔断器单元在短路时保护控制线、内部电源和接口 |
| A002 | 熔断器板 | 此单元在短路时保护控制线、内部电源和接口 |
| A004 | 射频干扰(RFI)和熔断器板 | RFI 单元保证系统的输入/输出导线上的传导噪声在允许的范围内。<br>熔断器单元在短路时保护控制线、内部电源和接口 |
| A006 | 射频干扰(RFI)和熔断器板 | RFI 单元保证系统的输入/输出导线上的传导噪声在允许的范围内。<br>熔断器单元在短路时保护控制线、内部电源和接口 |
| A005 | 射频干扰(RFI)和熔断器板 | RFI 单元保证系统的输入/输出导线上的传导噪声在允许的范围内。<br>熔断器单元在短路时保护控制线、内部电源和接口 |
| A055 | 风扇系统 | 包括:<br>风扇变压器板将输出电压转换为风扇适用的电压;<br>风扇带霍尔传感器用于监测风扇的转数;<br>风扇监测器，监测每个风扇的转数，如果转数减低至预先设置的限定值，将发出一个告警信息 |

表 9.9(续)

| 代号 | 器件 | 说明 |
|---|---|---|
| A071 | 接口板 | 此板具有下列功能:<br>变换整流器市电电压,旁路市电电压,和输出电压至一个对于控制器来说是较低的标准电平并保证市电/输出电压与控制器之间的电流隔离;<br>变换直流电压至一个对于控制器来说是较低的标准电平并保证市电/输出电压与控制器之间的电流隔离;<br>单一控制线(如来自变压器温度开关的控制线)与连至控制器的带状导线之间的接口;<br>分配内部电源至不同的组件 |
| A070 | 控制器 | 具有下列功能:<br>控制整流器;<br>控制静态开关;<br>控制逆变器;<br>监测电压,电流,告警等;<br>与前盘通信;<br>串行通信 |
| A072 | 信号控制板 | 具有下列功能:<br>控制前盘发光二极管发送信号;<br>运行状态指示发光二极管显示系统的哪一部分向负载供电,哪一部分运行于准备状态。告警继电器指示重要的故障或更进一步的故障,在显示器中可以查询故障的细节;<br>告警继电器 |
| A073 | 前盘 | 包括:<br>告警继电器;<br>显示单元;<br>操作;<br>运行状态指示;<br>告警指示 |

2. 通用说明

(1)操作开关

注意:必须按照要求操作断路器、断路开关(熔断器断路开关)、隔离开关、或如 Q004、Q050 等转换开关及任何附加开关。

(2)位置手动旁路开关

手动旁路开关可以将系统转换至不带电状态,这样可以在系统里工作。开关 Q050 是先合后断开关,在转换过程中负载电源不中断。该开关具有 2 个转换位置:

Bypass 旁路运行

Auto 自动(正常运行)

例图说明

电流流动:

带电压：▨▨▨▨

依赖系统配置，图中的开关可以是断路器、断路开关（熔断器断路开关）、隔离开关并可以按照用户要求进行设计。

根据整流器市电、旁路市电、电池电压及实际负载的正常与否，UPS 可以运行于不同的工作状态。

下面说明带静态开关 EA 与 EN 的 UPS 不同的运行方式及优先次序。

最高优先：手动旁路开关在 Auto（自动）位置。

运行方式：3—正常运行；

4—电池运行；

5—旁路运行；

6—仅充电器运行；

7—准备。

最低优先：手动旁路开关在 Auto（自动）位置。

运行方式：8—关机。

测试/维护：手动旁路开关在 Auto（自动）或 Bypass（旁路）位置。

运行方式：9—手动旁路。

- 正常运行

在正常运行时，手动旁路开关总是在 Auto 位置。

交流输入（整流器市电）通过匹配变压器送到相控整流器，整流器补偿市电波动及负载变化，保持直流电压稳定。

交流谐波成分经过滤波电路滤除。整流器供给逆变器能量，同时对电池进行浮充，使电池保持在备用状态（依赖于充电条件和电池型号决定浮充电或升压充电）。

此后，逆变器通过优化的脉宽调制将直流转换成交流通过静态开关供给负载（图 9.7）。

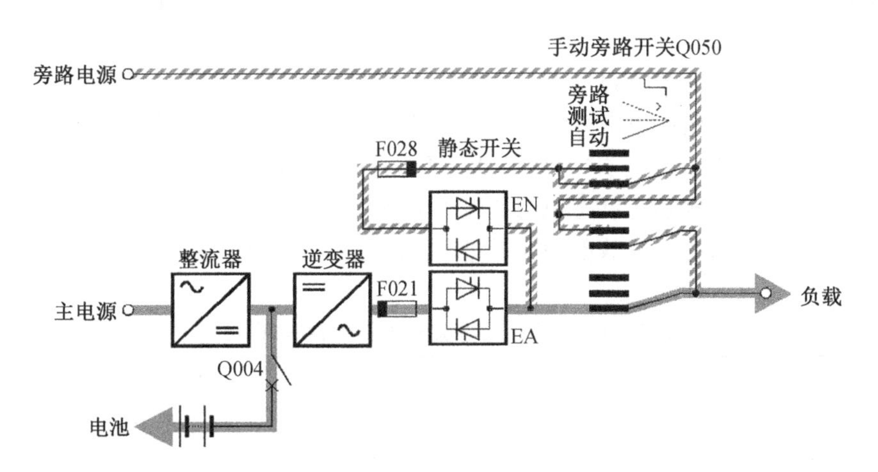


图 9.7　逆变器向负载供电

不间断电源系统主要构成如表 9.10 所示。

表 9.10　不间断电源系统主要构成

| 项目 | 状态 |
|---|---|
| 整流器市电 | 可用且在范围之内 |
| 旁路市电 | 可用且在范围之内(可能超限) |
| Q050 | 在 Auto 位置 |
| 电池 | 可用且在范围之内(依赖于充电条件,可能处于再充电状态) |
| Q004 | 通 |
| 整流器 | 运行 |
| 逆变器 | 运行 |
| 静态开关 EN | 断 |
| 静态开关 EA | 运行 |
| 输出电压 | 在稳压范围内 |

如果因为过载(超过 150% 1 min、125% 10 min),逆变器故障,逆变器将不能向负载供电,UPS 将转换至旁路供电。

● 电池运行

在电池运行时,手动旁路开关总是在 Auto 位置。

在市电故障情况下,整流器不再向逆变器提供能量,电池自动、无间断地向逆变器提供电流。

电池放电将发出信号,在放电过程中电池电压不断降低,放电电流不断增大,电压的降低由逆变器补偿,因此 UPS 输出电压保持稳定。

接近放电极限时,系统给出告警。在系统放电极限达到之前,市电恢复或者柴油发电机应急电源投入,系统将立即恢复为正常运行状态;否则在达到放电极限时,若旁路电压正常系统自动切换到旁路运行。

若旁路电压不正常系统将自动关机。自动关机后,若系统编程于“自动启动”,在市电恢复或者投入柴油发电机应急电源情况下,整流器将在 60 s 后恢复,供给逆变器能量,同时给电池充电。若系统没有编程于“自动启动”,系统必须手动重新启动。

不间断电源系统电池运行状态说明如表 9.11 所示。

电池电流限流器根据电池放电深浅通过电池限流器对充电电流限流(图 9.8)。

表 9.11　不间断电源系统电池运行状态说明

| 项目 | 状态 |
|---|---|
| 整流器市电 | 超限 |
| 旁路市电 | 正常 |
| Q050 | 在 Auto 位置 |
| 电池 | 正常 |
| Q004 | 通 |

表9.11(续)

| 项目 | 状态 |
| --- | --- |
| 整流器 | 关 |
| 逆变器 | 运行 |
| 静态开关 EN | 关 |
| 静态开关 EA | 运行 |
| 输出电压 | 在限定的范围内 |

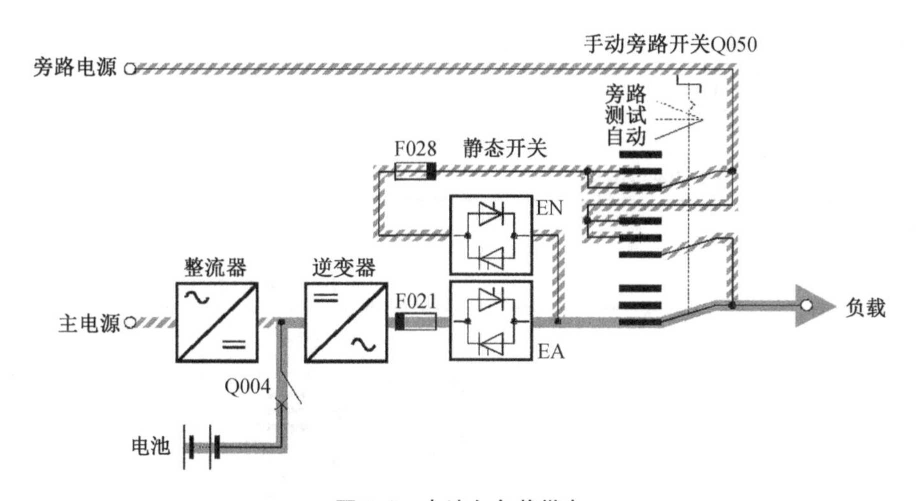


图9.8 电池向负载供电

• 旁路运行

在旁路运行时,手动旁路开关总是在 Auto 位置。

系统这部分功能使用户可以在不间断情况下切换到直接由旁路市电供电,此转换可由控制板给出切换信号自动切换,或手动进行切换。

每个无间断的转换,不管自动还是手动,只有在 UPS 输出和旁路市电的电压,频率,相位一致(即 UPS 输出和旁路市电同步)时,切换才能进行,否则禁止切换。

当旁路电源在规定的范围内,逆变器的输出电压超出范围,负载将自动转换至旁路电源供电。

若旁路市电故障,而主市电正常则自动切到正常运行,否则若电池正常,则转到电池运行(仅当系统自动转换至旁路运行时)。

如图9.9所示为自动转换至旁路运行,这种方式负载直接由旁路供电而不干扰安全母线上的设备。

不间断电源系统旁路运行状态说明如表9.12所示。

表9.12 不间断电源系统旁路运行状态说明

| 项目 | 状态 |
| --- | --- |
| 整流器市电 | 超限(也可能在范围内)。如果逆变器因为过载而限流,逆变器不能保证提供电源,UPS 将转向旁路运行 |

表 9.12(续)

| 项目 | 状态 |
| --- | --- |
| 旁路市电 | 正常 |
| Q050 | 在 Auto 位置 |
| 电池 | 超限（也可能在范围内）。如果逆变器因为过载而限流,逆变器不能保证提供电源,UPS 将转向旁路运行 |
| Q004 | 通 |
| 整流器 | 关/运行 |
| 逆变器 | 关 |
| 静态开关 EN | 运行 |
| 静态开关 EA | 关 |
| 输出电压 | 在限定的范围内 |

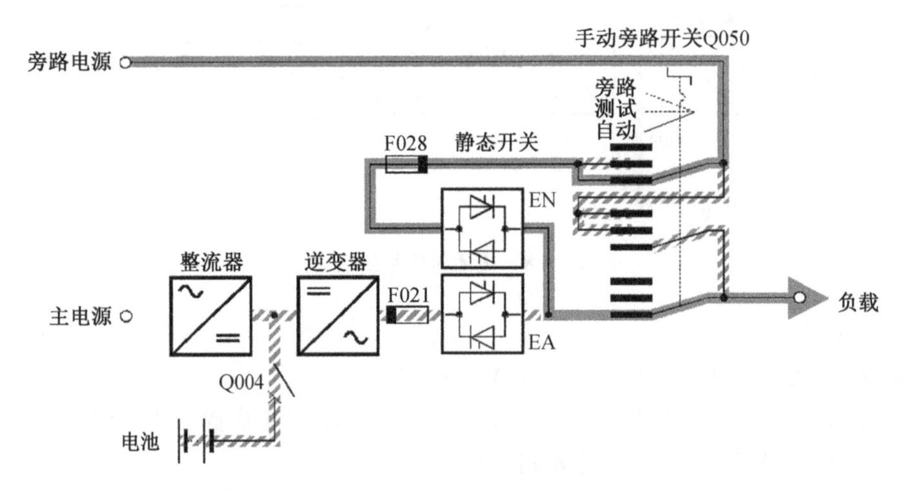


图 9.9 自动转换至旁路运行

如果过载消失,或故障消失,设备恢复正常,UPS 将自动转换至正常运行或电池运行。

如 9.10 所示为手动转换至旁路运行,这种方式负载直接由旁路供电而不干扰安全母线上的设备。

不间断电源系统手动转旁路状态说明如表 9.13 所示。

表 9.13 不间断电源系统手动转旁路状态说明

| 项目 | 状态 |
| --- | --- |
| 整流器市电 | 正常（可以通过薄膜键盘选择旁路运行）。 |
| 旁路市电 | 正常 |
| Q050 | 在 Auto 位置 |
| 电池 | 正常（可以通过薄膜键盘选择旁路运行）。 |

表 9.13(续)

| 项目 | 状态 |
|---|---|
| Q004 | 通 |
| 整流器 | 运行 |
| 逆变器 | 运行 |
| 静态开关 EN | 运行 |
| 静态开关 EA | 运行 |
| 输出电压 | 在限定的范围内 |

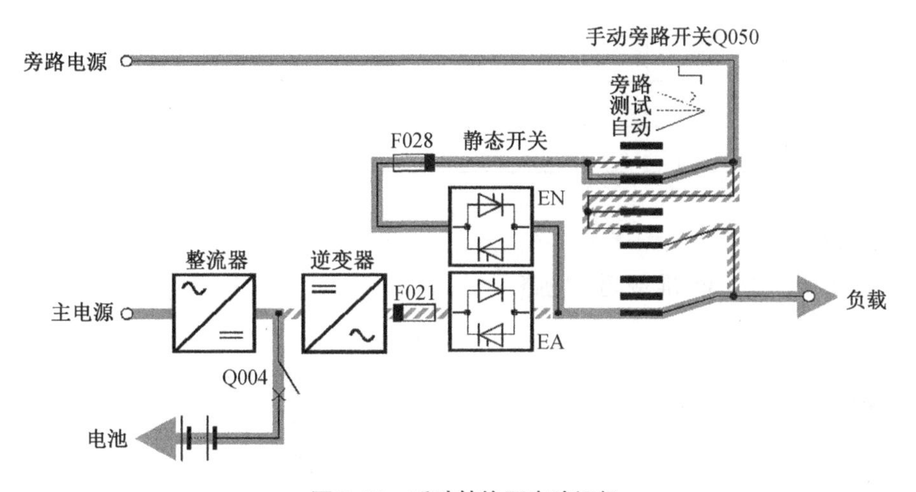


图 9.10 手动转换至旁路运行

• 仅充电器运行

仅充电器运行电路如图 9.11 所示。

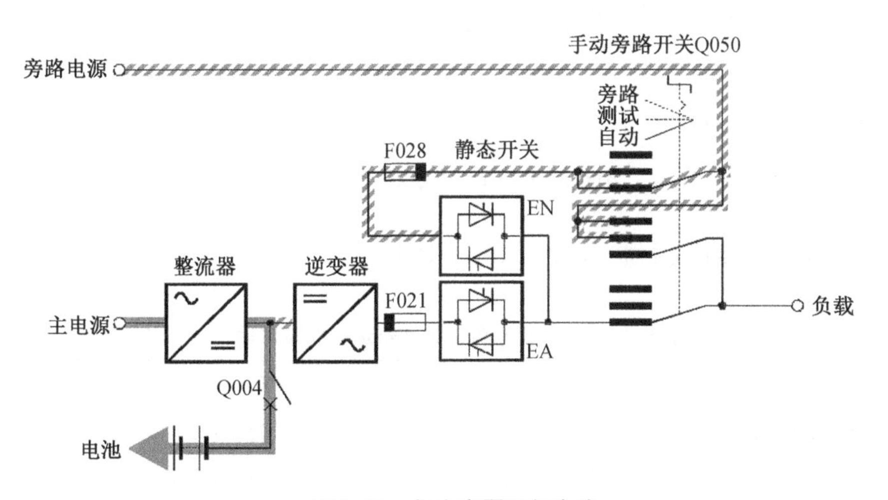


图 9.11 仅充电器运行电路

不间断电源系统仅充电器运行状态说明如表 9.14 所示。

表 9.14　不间断电源系统仅充电器运行状态说明

| 项目 | 状态 |
| --- | --- |
| 整流器市电 | 正常 |
| 旁路市电 | 正常(可能超限) |
| Q050 | 在 Auto 位置 – 可以在 TEST 或 Bypass 位置 |
| 电池 | 正常（依赖于充电条件）。 |
| Q004 | 通 |
| 整流器 | 运行 |
| 逆变器 | 关 |
| 静态开关 EN | 关 |
| 静态开关 EA | 关 |
| 输出电压 | 无电压 |

• 准备运行

如图 9.12 所示为 UPS 准备起动电路。

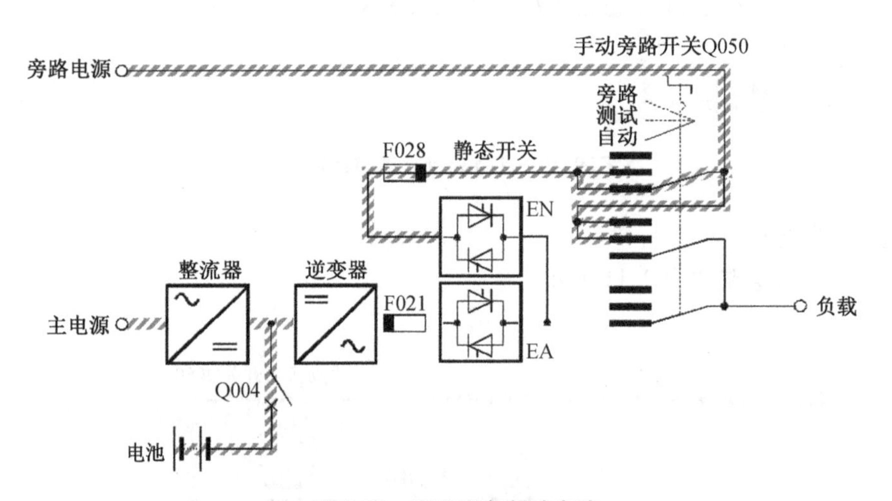


图 9.12　UPS 准备起动电路

不间断电源系统准备运行状态说明如表 9.15 所示。

表 9.15　不间断电源系统准备运行状态说明

| 项目 | 状态 |
| --- | --- |
| 整流器市电 | 正常（至少一个电源正常） |
| 旁路市电 | 正常（至少一个电源正常） |
| Q050 | 在 Auto 位置 – 可以在 TEST 或 Bypass 位置 |
| 电池 | 正常（至少一个电源正常） |

表 9.15(续)

| 项目 | 状态 |
| --- | --- |
| Q004 | 通 |
| 整流器 | 关 |
| 逆变器 | 关 |
| 静态开关 EN | 关 |
| 静态开关 EA | 关 |
| 输出电压 | 无电压 |

• 关机

图 9.13 所示为显示器无显示电路。

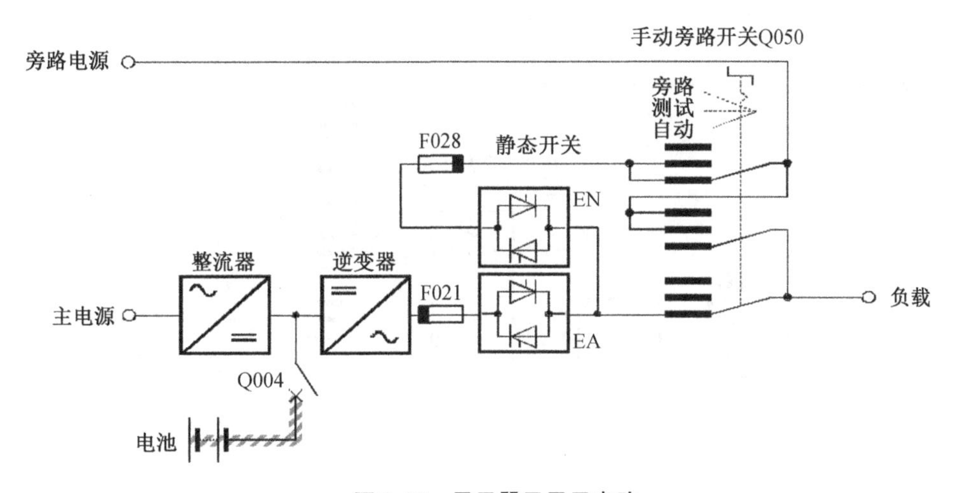


图 9.13 显示器无显示电路

注意:连接区域中的一些器件、材料和导线可能带电。

不间断电源系统关机状态说明如表 9.16 所示。

表 9.16 不间断电源系统关机状态说明

| 项目 | 状态 |
| --- | --- |
| 整流器市电 | 无 |
| 旁路市电 | 无 |
| Q050 | 在 Auto 位置 - 可以在 TEST 或 Bypass 位置 |
| 电池 | 断开 |
| Q004 | 关 |
| 整流器 | 关 |
| 逆变器 | 关 |
| 静态开关 EN | 关 |

表 9.16(续)

| 项目 | 状态 |
| --- | --- |
| 静态开关 EA | 关 |
| 输出电压 | 无电压 |

• 手动旁路

注意:必须按照操作手动旁路开关 Q050。

Bypass 位置可以用于测试目的(维修与维护工作),例如:逆变器与旁路市电同步,或者尝试在逆变器-旁路-逆变器之间转换。因此外部的测试负载可以连接在测试端子上(可选件)但是不能超过额定输出(负载+测试负载≤额定负载)。

图 9.14 所示为功能检查电路。

注意:检查输入端市电熔断器与旁路市电熔断器的额定电流/电压。

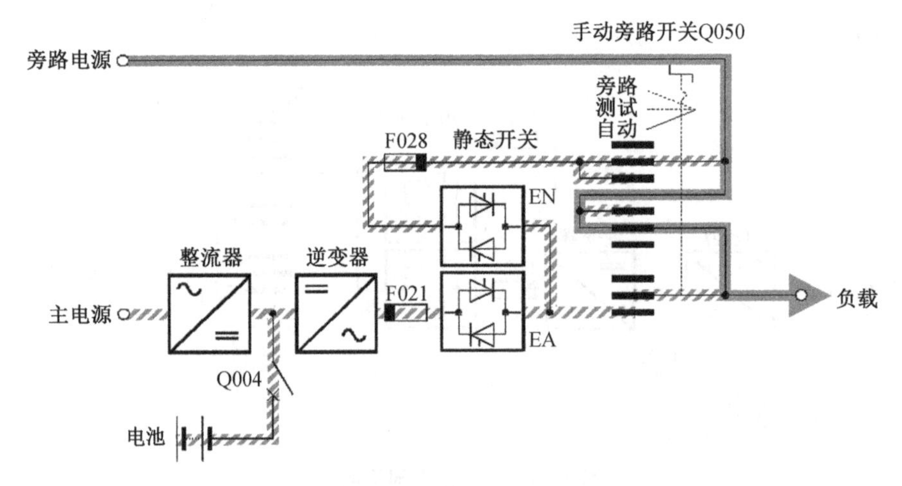


图 9.14 功能检查电路

不间断电源系统手动旁路状态说明如表 9.17 所示。

表 9.17 不间断电源系统手动旁路状态说明

| 项目 | 状态 |
| --- | --- |
| 整流器市电 | 正常 |
| 旁路市电 | 正常 |
| Q050 | 在 TEST 位置 |
| 电池 | 正常 |
| Q004 | 通 |
| 整流器 | 运行 |
| 逆变器 | 运行 |
| 静态开关 EN | 通/关 |

表 9.17(续)

| 项目 | 状态 |
| --- | --- |
| 静态开关 EA | 关/通 |
| 输出电压 | 直接由旁路市电供电 |

图 9.15 所示为维修与维护工作电路状态。

在进行维修与维护工作或在系统内工作时,各个系统均需转换至不带电状态(手动旁路开关在 Bypass 位置上)。注意:在连接区域中的一些器件、元件和导线可能仍然带电。

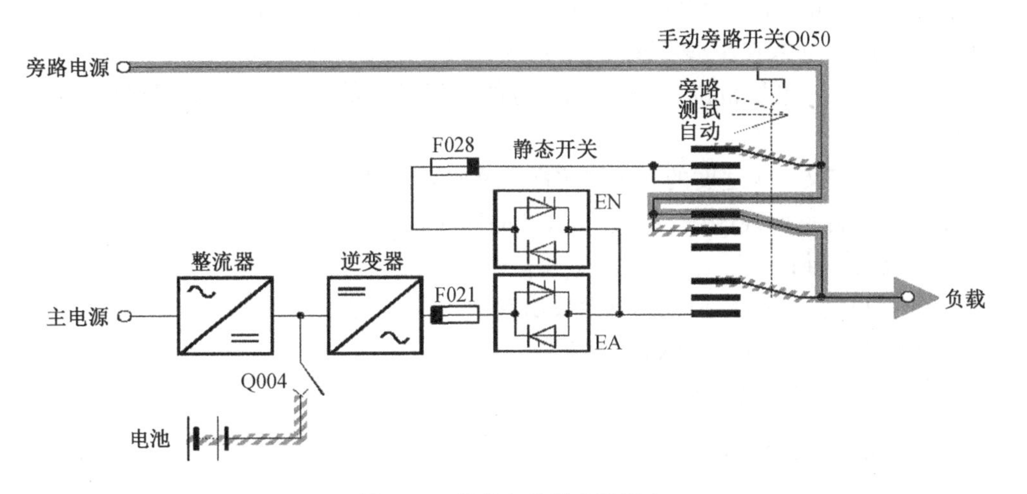


图 9.15 维修与维护电路状态

不间断电源系统检修状态下状态说明如表 9.18 所示。

表 9.18 不间断电源系统检修状态下状态说明

| 项目 | 状态 |
| --- | --- |
| 整流器市电 | 不正常 |
| 旁路市电 | 正常 |
| Q050 | 在 Bypass 位置 |
| 电池 | 断开 |
| Q004 | 断 |
| 整流器 | 关 |
| 逆变器 | 运行 |
| 静态开关 EN | 关 |
| 静态开关 EA | 关 |
| 输出电压 | 直接由旁路市电供电 |

### 9.2.3 标准规范

半导体变流器相关标准(IEC60146)

《不间断电源(UPS)规范》(EN50091)

质量保证体系(ISO9001)

1. EU 符合

介绍的产品符合 EU 指导的有关要求,即产品达到 EU 指导的标准,可以在欧洲境内任何国家无阻碍的销售。

EU 符合,通过铭牌上的 CE 标志证明。如果不经 Gutor 批准对设备进行修改,EU 符合将被终止。对于 Gutor 来说,相关的 EU 指导是电磁兼容和低电压指导:

- EU 指导在“电磁兼容 89/336/EU, 版本 92/31/EU, 93/68/EU”上。
- 设计用于某些电压范围(低电压指导)的电气设备的 EU 指导,见“73/23EU, 版本 93/68/EU”。

指导本身仅定义一个适度的有关谐波标准及如何去做的范围。

对于 UPS 电源系统,适用一个 EU 谐波产品标准。

2. 谐波应用标准:

- EN50091:第一部分 概述与安全要求。
- EN50091:第二部分 电磁兼容要求。

满足标准,GUTOR 履行基本要求。

### 9.2.4 运维项目

1. UPS 系统的维护

从方便的角度考虑,整个系统的维护可以按照供应商的维护合同进行,包括以下内容:

(1)月检

月检需检查以下项目:

- 通过测量仪表检查逆变器输出电压。
- 通过测量仪表检查直流电压。
- 通过测量仪表逆变器输出电流。
- 记录持续的告警信息或者不正确的运行状态,然后复位告警信息,按 C 键,确信 UPS 工作正常且无告警指示。
- 按下 S3“LAMP TEST”(试灯)按键,所有运行状态和告警指示发光二极管必须同时亮。

(2)年检 (依赖于现场条件)

- 做以上各项月检。
- 检查所有仪表开关和仪表的正常。
- 检查所有连接紧固,检查装置中的螺丝和螺母(在不带电状态下检查 - 系统断电)。
- 在污染严重的情况下,清除系统中的灰尘。

注意:不要使用任何液体清洁系统,只能用真空吸尘器。

- 仅用于带有滤尘装置的系统：
  检查滤尘网是否脏污，若污染严重必须更换（污染严重的结果是造成空气流动速率减慢，不能保证充分的冷却）。
- 仅用于带旁路稳压器的系统：
  检查整个系统的功能。

2. 电池的维护

电池维护的详细信息见电池使用说明书。

当需要进行全系统的维护时，可以进行电池放电以检验系统的电池的实际容量，以确定可能的老化，避免对电池容量错误的判断。

(1)月检

在对 UPS 系统进行月检的同时，可以进行下面的检查：

- 检查电池电压。
- 检查所有敞开式电池的液面，如果有必要，重新添加液体 见电池制造商的电池使用说明书。
- 检查每节电池的电压（对于敞开式电池，还需测量电池的比重）见电池制造商的电池使用说明书。

(2)半年检查

- 在半年到一年的检查中，需要清洁电池顶部。如果有必要，还需要清洁电极与连接器件（可能的腐蚀），并涂防锈油脂。
- 检查电极螺丝的起始扭矩。
- 在整流器运行情况下检查电池，测量记录每节的电压。对加液电池，检查并记录其电解液比重。
- 通过电池容量测试检查电池运行，试验可以在几分钟内终止。
- 如果使用镍镉电池，必须遵守电池制造商说明书中关于升压充电的规程。

(3)电池容量测试

建议一年至少进行一次电池放电以保证电池可以按照制造商给出的技术数据进行放电。

电池容量测试可以确定在实际负载的情况下，电池的后备时间。电池容量测试只能在电池被充满电，且整流器处于浮充状态下进行。

注意：在此测试结束时，电池的容量非常低。如果此时市电故障，将影响后备时间。

因此，此测试必须与用电设备的使用者协调进行。然而，测试最好不要被放弃，因为测试提供了最佳的电池状态信息。

- 如果系统正常运行时间超过 8 小时，测试开始时，电池是充满电的。
- 在薄膜键盘上进行电池容量测试，按键，然后使用▲或▼键在显示器堆栈中翻页，直到显示器如下显示：

显示器中的 XXX 是最后一次测试得到的后备时间，如果之前未进行这种测试或者测试被终止，显示器中将显示???。

• 按 ↵ 键终止程序，按 ⊙ 键继续程序，显示器显示如下：

| Battery operation<br>time >　　…min. | 电池运行<br>时间 >　　…分 |
|---|---|

• UPS 将转为电池运行直到直流电压降至下限，此时 UPS 将自动转回正常运行，电池开始充电。显示器显示如下：

| Normal operation<br>load power　　. . % | 正常运行<br>带负载　　…% |
|---|---|

时间单位为分，在显示器中显示，从电池容量测试开始到直流电压降至下限为止，最大为 999 分。

• 按 ⌑ 键直到显示器显示如下：

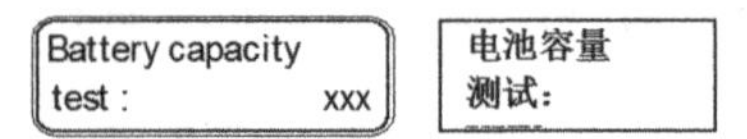


其中，《XXX》是实际的放电时间（分）

• 按 ▲ 键或等 20 秒，显示器显示如下：

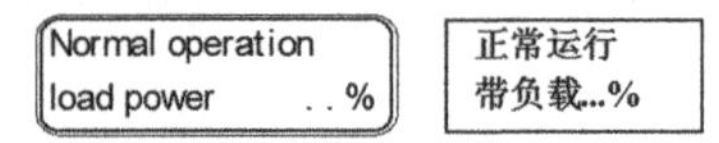


如果在试验过程中，市电故障，试验将立即终止，且无测试结果。在试验终止后，显示器中读出的电池容量测试的数据将显示为???，即未得到结果。

注意：在电池容量测试后，需要 8～24 小时电池才能充满电。

3. 器件与部件的置换

经验显示一些机电与电器元件受负载的影响，会受到磨损，其寿命也是有限的。

Gutor 公司建议，UPS 内部的下列器件应在建议的时间周期到达后更换。

间断电源系统更换的建议周期如表 9.19 所示。

这些参数要求的最大环境温度不超过 40 ℃，最大负载 70%，如果上述条件之一被超过，组件的更换时间应提前一年。注意：

（1）风扇有风扇监测器检测，一旦任一风扇故障，将自动发出告警。风扇的预期寿命为 5 年。

（2）见电池制造商的电池说明书。

（3）如果有电池监测器，电池可以被自动监测（如果已编程），一旦电池故障，将自动发出告警信息。

（4）每 6 个月应检查空气过滤器，如果污染严。

**表 9.19　不间断电源系统更换的建议周期**

| 型号 | 风扇 | 电池 | 带锂电池的随机存储器 RAM | 直流电容组件 | 交流电容组件 | 逆变器功率组件 | 空气过滤器 |
|---|---|---|---|---|---|---|---|
| PEW | 注(1) | 注(2)和(3) | 10 | 9 | 9 | 无 | 注 4 |
| PDW | 注(1) | 注(2)和(3) | 10 | 9 | 9 | 无 | 注 4 |

### 9.2.5 典型案例分析

故障现象:某台 UPS 设备告警,面板故障灯亮。

故障分析及处理

查看设备面板(图 9.16),报 CB03 current warning 告警信息,这在一般情况下是由 CB03 电容容量降低导致,首先用电流表测量 P016、P017、P018 处位置电流,断电测量 CB03 所有电容容量,如果 CB03 容量降低至额定容量的 85%,则需更换电容。经过测量,有几个电容已降至报警设定值 ,此次故障判断是由电容容量降低导致告警,更换 CB03 电容后设备正常。

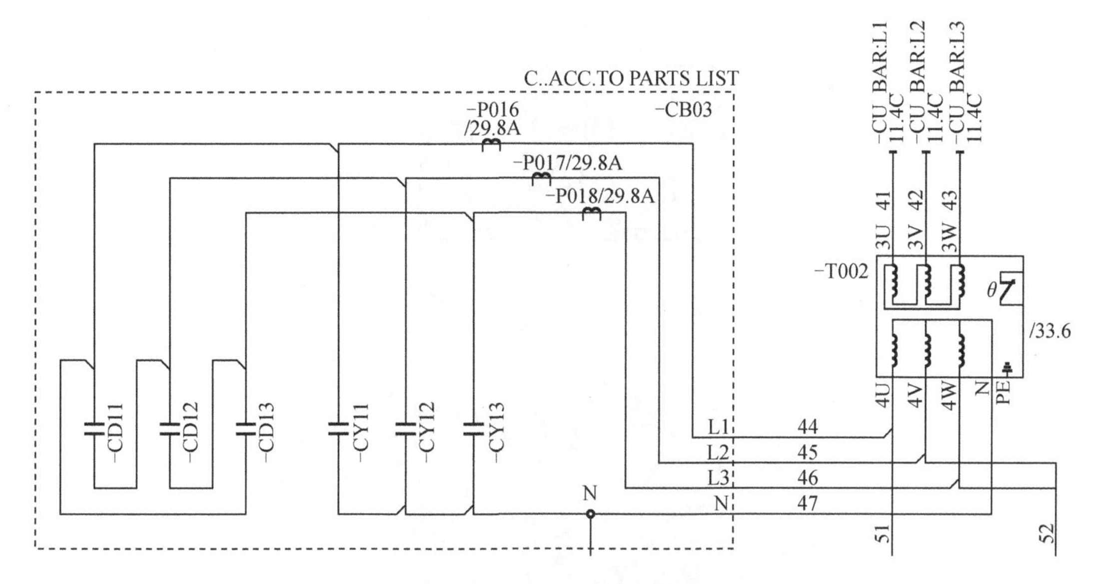


图 9.16 CB03 电容线路图

课后思考题

1. UPS 的定义是什么?
2. UPS 主要组成部分是什么?
3. UPS 的工作原理是什么?
4. UPS 有哪几种运行模式?

## 9.3 蓄电池组

### 9.3.1 概述

蓄电池组作为核电厂重要的后备电源,不但要求在正常使用情况下为控制、保护装置和其他的重要负荷提供可靠的后备直流电源,而且要求在事故情况下,保证提供可靠的直流电源。在 UPS 系统中,蓄电池也是这个系统的最后保障电源。

### 9.3.2 结构与原理

1. 蓄电池结构

核电厂使用最多的是铅酸蓄电池。常规岛和 UPS 系统，一般使用阀控式密封铅酸蓄电池，也叫免维护(少维护)蓄电池；核岛 1E 级直流电源系统，一般使用富液开口式铅酸蓄电池。这两种蓄电池主要由正极板、负极板、电解液、隔板、电池槽和液孔塞(免维护蓄电池为安全阀)等组成。因富液式开口铅酸蓄电池维护较为复杂，本文主要介绍富液式开口铅酸蓄电池。蓄电池结构如图 9.16 所示，实物图如图 9.17 所示。

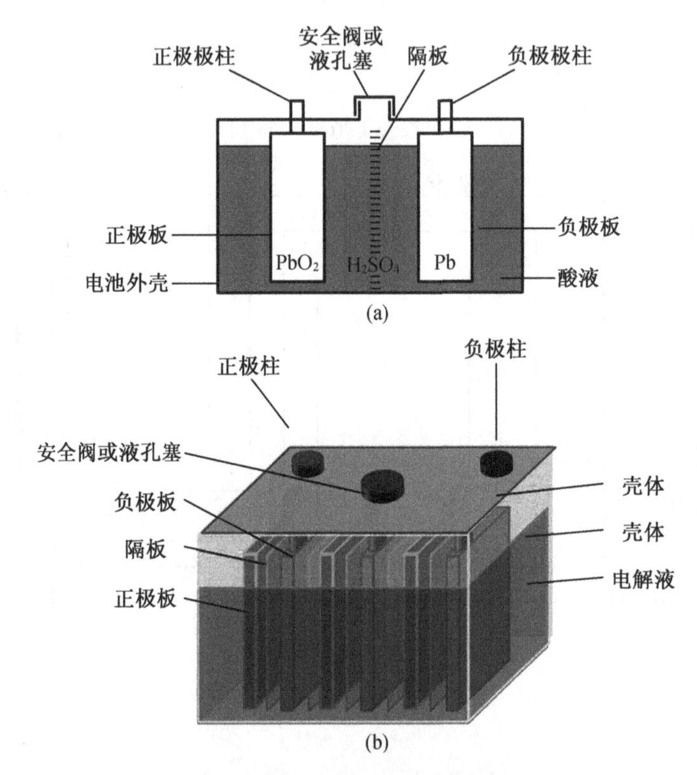


图 9.16　蓄电池结构示意图

图 9.17　蓄电池组实物图片

(1)正极板:栅架一般由铅锑合金铸成,具有良好导电性、耐蚀性和一定的机械强度。正极板上活性物质是二氧化铅($PbO_2$),呈棕红色。

(2)负极板:负极板上活性物质为海绵状铅(Pb),呈青灰色。

(3)隔板:常用的隔板材料有木质、微孔橡胶和微孔塑料等。隔板放在蓄电池正,负极板之间,允许离子穿过的电绝缘材料的构件。它能防止正、负极板接触造成短路。

(4)电解液:电解液在蓄电池的化学反应中,起到离子间导电的作用,并参与蓄电池的化学反应。电解液由纯硫酸($H_2SO_4$)与蒸馏水按一定比例配制而成,其密度一般为1.24~1.31 g/cm³。

(5)极柱:蓄电池与外部导体连接的部件,主要材料是铜。

(6)壳体:壳体用于盛放电解液和极板组,应该耐热、耐酸、耐震。壳体多采用硬橡胶或聚丙烯塑料制成,为整体式结构,底部有凸起的肋条以搁置极板组。壳内由间壁分为3个或6个互不相通的单格,各单格之间用铅质联条串联起来。

(7)液孔塞:富液式蓄电池一般采用液孔塞,用于封闭注液孔,同时允许气体逸出的部件。

(8)安全阀:免维护(少维护)蓄电池一般采用安全阀,它是一种安全保护性的阀门。当电池内部气体压力超过一定值,安全阀自动打开,排出气体,然后自动关闭。正常情况下安全阀是密闭的。

2.蓄电池的原理

蓄电池是一种化学能源,它能把电能转变为化学能储存起来。使用时,储存的化学能再转变为电能,两者的转变过程是可逆的。将蓄电池与直流电源连接进行充电时,蓄电池将电源的电能转变为化学能储存起来,这种转变过程称为蓄电池的充电。而在已经充好电的蓄电池两端接上负荷后,则储存的化学能又转变为电能,这种转变称为蓄电池的放电。

以下以沈阳东北 GFD 型蓄电池为例,说明蓄电池放电原理(图9.18)及充电原理(图9.19)。

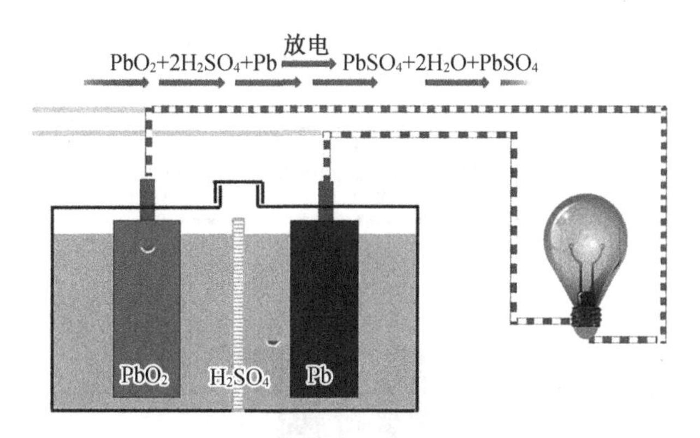


图9.18 蓄电池放电原理示意图

蓄电池在放电时,由于正极 $PbO_2$标准电极电位较高(+1.69 V)负极铅 Pb 的标准电极电位低(-0.358 V)所以蓄电池与外电路接通后,电流从正极流向负极。而在电解液中,$H_2SO_4$和 $H_2O$ 电离出的离子有 $H^+$、$HSO^-$、$OH^-$、$SO4^{2-}$:

$$H_2SO_4 \rightleftharpoons 2H^+ + SO_4^{2-} \quad H_2O \rightleftharpoons 2H^{++} 2OH^-$$

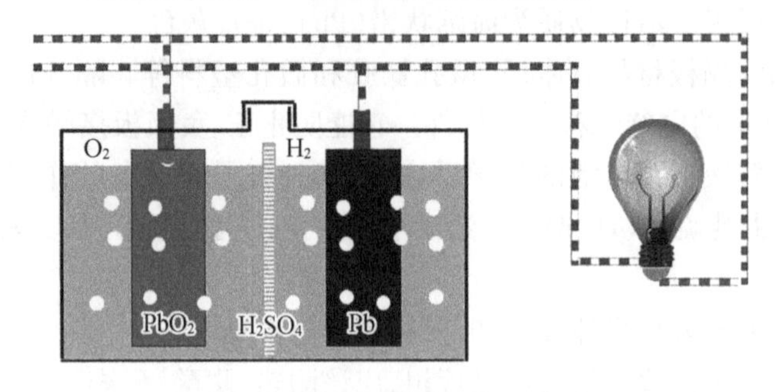


图 9.19　蓄电池充电原理示意图

其中正离子($H^+$)向正极迁移,负离子($OH^-$)向负极迁移,所以形成回路。蓄电池内部电流方向由负极流向正极。也就是说,蓄电池放电时,正极得到电子发生还原反应为阴极,负极失去电子发生氧化反应为阳极。反应方程式如下:

正极:$PbO_2 + 3H^+ + HSO_4^- + 2e^- \longrightarrow PbSO_4 + 2H_2O$

负极:$Pb + HSO_4^- \longrightarrow PbSO_4 + H^+ + 2e^-$

充电时相反,在外电源的作用下,外部电流从蓄电池的正极流入,负极流出,电池内部电解液电离出的正离子 H + 向负极迁移,$SO_4^{2-}$、$OH^-$负离子向正极迁移,电流由正极到负极。所以充电时正极失去电子发生氧化反应,称阳极。负极得到电子发生还原反应,称阴极。

正极:$PbSO_4 + 2H_2O + SO_4^{2-} \longrightarrow PbO_2 + 2H_2SO_4$

负极:$PbSO_4 + 2H^+ + 2e \longrightarrow Pb + 2H_2SO_4$

由以上反应式可以看出,当蓄电池充电后,两极活性物质被恢复为原来的 $PbO_2$ 和 Pb,而且电解液中 $H_2SO_4$ 的成分增加,水分减少:

$$2H_2O \longrightarrow H_2\uparrow + O_2\uparrow$$

放电和充电的循环过程中的可逆化学反应式如图 9.20 所示。

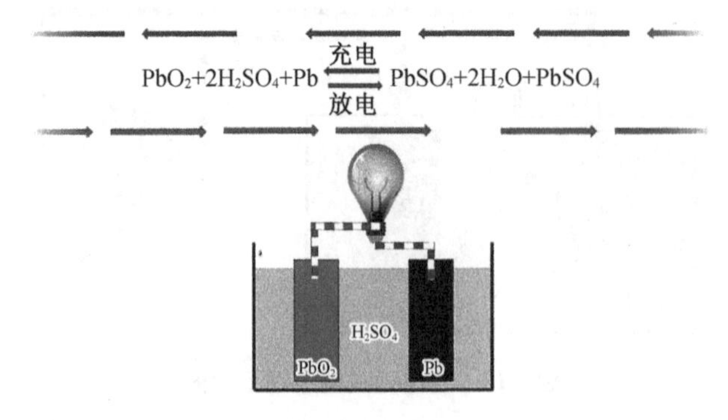


图 9.20　蓄电池放电和充电的循环过程示意图

### 9.3.3　标准规范

- 《核电站 1E 级铅蓄电池鉴定标准》(IEEE 535—2006)

- 《固定型排气式铅酸蓄电池. 第 1 部分:技术条件》(GB/T 13337. 1—2011)
- 《固定型排气式铅酸蓄电池 第 2 部分:规格及尺寸》(GB/T 13337. 2—2011)
- 《铅酸蓄电池用电解液》(JB/T 10052—2010)
- 《铅酸蓄电池用水》(JB/T 10053—2010)
- 《核电厂用蓄电池 第 1 部分:容量确定》(NB/T 20028. 1—2010)
- 《核电厂用蓄电池 第 2 部分 安装设计和安装准则》(NB/T 20028. 2—2010)
- 《核电厂用蓄电池 第 4 部分 维护、试验和更换方法》(NB/T 20028. 4—2010)
- 《核电厂安全级蓄电池质量鉴定》(NB/T 20080—2012)
- 《电力工程直流系统设计手册》(第二版)

### 9.3.4 运维项目

蓄电池维护期间应遵守相关安全防护规定,防护用品穿戴和准备齐全,只应使用专用安全工具。

各单元蓄电池的运行维护,除了需要满足厂家推荐的相关要求之外,还需要满足各自技术规格书的要求。

1. 蓄电池的检修

因各单元对蓄电池的具体维护有差异,本文主要参考《核电厂用蓄电池. 第 4 部分:维护、试验和更换方法》(NB/T 20028. 4—2010),介绍富液式开口铅酸蓄电池的主要运维项目。设计院对各单元进行的 PSR 审查,主要也是依据这份标准的英文版进行的。

(1)一般检查

蓄电池按计划的定期检查(至少每月一次)应包括下列检查和记录:

- 蓄电池、蓄电池架和(或)蓄电池柜以及蓄电池现场的外观和清洁度;
- 在蓄电池组端接板上测量浮充电压;
- 充电装置的输出电流和电压;
- 电解液液位;
- 蓄电池有无裂缝或蓄电池有无渗漏情况;
- 在蓄电池极柱、连接条、蓄电池架或蓄电池柜上有无腐蚀痕迹;
- 环境温度和通风情况;
- 指示蓄电池(如果使用的话)的电压、电解液比重和温度;
- 蓄电池有无意外接地。

(2)季度检查

对蓄电池的季度检查至少每季度一次,除一般检查内容外,应增加下列检查和记录。

- 10% 的蓄电池的电解液比重;
- 每个蓄电池的电压和蓄电池组总的输出电压;
- 10% 的蓄电池的电解液温度。

(3)年度检查

对蓄电池的年度检查至少每年一次,除季度检查内容外,应增加下列检查和记录:

- 每个蓄电池的电解液比重;
- 蓄电池状况检查(对照(1)一般检查,对每个蓄电池仔细进行外观检查,符合制造厂的推荐值);

- 蓄电池之间的连接电阻和端接部件的电阻；
- 蓄电池架和(或)柜的完整性。

(4)特殊检查

- 当任一蓄电池的电解液液面下降到液位下标志线时，应加水，水的质量应符合制造厂说明书的规定；
- 如果发现极柱有腐蚀，则清除极柱上可见的腐蚀并检测连接电阻；
- 如果测量出的电阻值比安装时的值或制造厂的上限值大20%，或者发现有松动的连接部件，则应拧紧连接部件并重新测试。如果重新测试的电阻值仍然不可接受，应将连接部件拆开清洗，重新装配并测试。
- 在单个检查时，如果蓄电池之间的温差大于3 ℃，应找出原因并进行纠正。如果不能完全纠正，应与制造厂协商处理。
- 当发现蓄电池或连接条太脏时，用水湿润的清洁抹布擦拭干净。用碳酸氢钠溶液(碳酸氢钠与水之重量比为1:10)清除溅到蓄电池盖和外壳上的电解液。不要使用烃类清洁剂(油馏出物)和强碱性清洁剂，它们会使蓄电池外壳和盖出现裂纹或龟裂。

在蓄电池组输出端测得的浮充电压超出其推荐工作范围时，应进行调整。

2. 蓄电池的试验

蓄电池试验的目的如下：

- 验证蓄电池是否满足技术规格书和制造厂规定的额定值；
- 定期验证蓄电池的实际性能是否在可接受限值内；
- 需要时，验证蓄电池的实际状态是否满足与它连接的系统的设计要求。

(1)交收检验

交收检验可以在制造厂进行或在初始安装时进行。检验应满足制造厂规定的或采购技术规格书要求的放电率和放电时间。

(2)性能试验

应在蓄电池运行的头两年内进行一次性能试验。

应每隔五年对每个蓄电池进行一次性能试验，直到出现以下性能退化征兆为止；

当蓄电池容量比上一次性能试验的容量低10%以上或者低于制造厂规定的额定值的90%时，表明蓄电池已经性能退化。对于出现性能退化征兆或已经达到预期使用寿命85%的蓄电池，应进行蓄电池容量的年度性能试验。如果蓄电池已经达到使用寿命的85%，但容量等于或大于制造厂额定值的100%，并且没有性能退化征兆，那么可以每两年进行一次性能试验，直到出现性能退化征兆为止。

注：性能试验部分这份行业标准写的比较复杂，实际中核运行各单元都是在每个循环大修时进行性能试验或核对性放电。

(3)运行试验

为满足具体的使用要求，可以进行蓄电池容量的运行试验。这是检查蓄电池能否满足其负载周期的实际能力试验。当蓄电池容量已经下降到额定值的90%时，应按正常频度进行运行试验，且每年进行性能试验。

(4)更改性能试验

根据设计负载要求，如果需要短时高速放电，则需要进行更改的性能试验并制定试验程序。这种试验的典型情况是模拟负载周期,包括两种放电率:以规定的蓄电池放电率或负载周期内最大负载电流放电 1min,然后采用性能试验的放电率。由于额定的 1min 放电所消耗的安培－小时数只是蓄电池容量非常小的一部分,因此可将试验放电率改成性能试验的放电率而不影响试验结果。

更改的性能试验是蓄电池以短时间、高放电率(通常是负载周期中的最高放电率)向负载供电的容量和能力试验。这种试验除了能确定蓄电池短时高放电率容量占额定容量的百分数外,还能验证蓄电池满足负载周期的严酷期要求的能力。更改的性能试验的初始条件应与规定的运行试验初始条件相同。在任何时间都可以用更改的性能试验代替运行试验。

3. 蓄电池的更换

1E 级蓄电池优先采用制造厂家的鉴定寿命来确定蓄电池更换周期;如果尚未到达鉴定寿命,但性能试验发现蓄电池容量低于制造厂额定值的 80%,建议更换蓄电池。

非 1E 级蓄电池,如果按性能退化系数 1.25 来选择蓄电池容量,则当蓄电池容量低于制造厂额定值的 80%,建议更换蓄电池。

4. 蓄电池充、放电方式及充、放电终期的判定

(1)蓄电池充电方式

参考《电力工程直流系统设计手册》(第二版),推荐使用的充电方式有:一段定电流充电方式;一段定电压充电方式;二段定电流充电方式;二段定电流、定电压充电方式;低定电压充电方式。

- 一段定电流充电方式 一段定电流充电即对电池自始至终用一个固定电流充电。采用这种充电方式,在充电过程中电池的端电压将伴随着充电时间的增长和两极中活性物质的转化而逐渐上升,直到两极活性物质中硫酸盐全部转化,电池的端电压才趋向于稳定。为了在充电后期不过多地将电解液中的水分解而浪费电能,选用的充电电流都较二段充电方式所选用的充电电流值小。待电池的端电压上升至最高值且 2 h 稳定不变时,即可终止充电。采用此法可以缩短充电时间,但要求充电电压、电流控制适当,否则不仅多消耗电能,而且容易使极板上活性物质脱落,影响电池寿命。这种方式目前很少采用。
- 一段定电压充电方式 在充电过程中,充电电压始终保持不变,叫一段定电压充电法。由于充电自始至终,电源电压恒定不变,所以充电开始时充电电流很大,随着充电的进行,电池端电压升高,充电电流逐渐减少,直到充电电压与电池端电压相等时,充电电流减至最小。该充电法的优点:可避免充电后期因充电电流过大而造成活性物质脱落和电能过多消耗。缺点是:充电开始时,充电电流过大,可能大大超过正常充电电流,使正极活性物质体积变化收缩太快,影响活性物质的机械强度;而在充电后期,由于充电电流过小,使极板深处的硫酸铅不易还原,形成长期充电不足,影响电池的使用年限。所以这种充电方法目前也很少采用。
- 二段定电流充电方式 这种充电方式的通常做法是:第一阶段用某一恒定电流进行充电,充电电流值一般取(0.1～0.125)C10A,其中 C10 为蓄电池以 10 h 放电率放电的容量,通常简称 10 h 容量,并以此容量定义为蓄电池的额定容量。当电池的端电压上升到某一定值时(如固定型电池取 2.35～2.4 V,阀控式电池取 2.30～2.35 V),转入第二阶段定电流充电,直至充电结束,通常第二阶段的充电电流取第一阶段的

1/2。

- 二段定电流、定电压充电方式 在充电过程中的两个时间段内，分别用定电流和定电压进行充电的方式，叫二段定电流、定电压充电方式。

这种充电方式的通常做法是：第一阶段的充电方法与二段定电流中的第一段一样。当转入到第二段时，维持充电电压恒定不变，则其充电电流随着时间逐渐减小，直至充电结束。

- 低定电压充电方式 所谓低定电压充电方式，是指在充电过程中始终以一定的恒定电压进行充电，与一段定电压充电法的不同点是采用的电压较低，一般取为 2.25 ~ 2.35 V。这种充电方式的优点在于：充电细微，活性物质利用充分，电池容量得到充分利用，而且水分解较轻微，电池温度较低。

二段定电流、定电压充电方式，为国内外普遍采用的方式。

低定电压充电方法操作十分简便，且充电过程中酸雾逸出极少，化学反应较为平缓，对电池的损害较小，所以这种方法已引起人们的重视。

(2)蓄电池充电终期判定

充电终期的判定决定了充电的持续时间，充电终期的判定与充电质量密切相关，充电质量的好坏直接影响着容量的保持值以及电池的使用年限。富液开口式蓄电池及阀控密封式蓄电池充电终期可依据以下几点进行判定：

- 每个电池的充电末期，电池电压稳定在最高值或充电电流稳定在最低值，并保持 2 h 以上不变。
- 电解液的密度在规定环境温度下达到规定值，且在充电末期保持 2 h 不再上升，每个电池间电解液密度差不大于 0.005 kg/L。
- 富液式蓄电池，极板上均匀发气，冒气剧烈。
- 富液式蓄电池，正极板为深褐色，负极板为浅灰色。
- 充电电量约为前次放出电量的 1.2 ~ 1.4 倍。

对于阀控式密封铅酸蓄电池，无法用观察密度、冒气、颜色等物理现象的方法判定，只能采用端电压或充电电流、充电电量等电气量的变化来判定。

(3)蓄电池的放电

以浮充电方式运行的蓄电池，由于长时间不放电，负极板上的活性物质容易产生 $PbSO_4$ 结晶，不易还原。为消除这一现象，要求浮充运行的电池，在每次充电前应进行深放电。深放电通常以 10 h 放电率进行。

(4)蓄电池放电终期的判定

放电深度对蓄电池安全运行有很大影响，过放电也会降低电池寿命，所以要正确判定蓄电池的放电终期。放电终期可根据以下几点进行判定：

- 电池放出的容量与相应放电率的放电容量一致。
- 每个电池的端电压在以 10 h 放电率放电时降到 1.8 V 左右或降低到规定的终止放电电压。
- 电解液的密度降为 1.175 kg/L(25 ℃)左右，较充电终期的密度一般下降 0.025 ~ 0.045 kg/L。
- 正极板颜色由深褐色变为浅灰色，负极板由浅灰色变为深灰色。
- 累积的放出电量接近电池额定容量。

对于阀控式密封电池,通常只能以放出的容量或电池的端电压进行判定。

5. 秦山各单元1E级蓄电池维护及试验情况

(1)秦一厂1E级蓄电池维护及试验情况

蓄电池组维护要求如表9.20所示。

**表9.20 蓄电池组维护要求**

| 维修策略 | 周检 | 月检 | 十八个月核对性放电 |
| --- | --- | --- | --- |
| 规程举例 | Q11 - 4DLA - TPTSL - 0004 —回路蓄电池组周检查试验规程 | Q11 - 4DLA - TPTSL - 0001 —回路蓄电池组月检查试验规程 | Q11 - 4DLA - TPTSL - 0002 —回路220 V蓄电池充放电试验规程 |
| 范围 | 指示电池。数量定为每组电池总数的10%(24 V蓄电池为4只)。(注:以月检试验中性能参数较差的蓄电池作为指示电池。) | 全部电池 | 全部电池 |
| 主要检查内容 | 测量指示蓄电池电压及整组蓄电池出口电压;测量指示蓄电池电解液比重、温度;测量蓄电池组浮充电流 | 测量全部蓄电池电压及整组蓄电池出口电压;测量全部蓄电池电解液比重、温度;<br>测量单个蓄电池的电导,电导值测试间隔为每2月一次(单月测量)<br>测量充电器输出电流、电压;测量蓄电池组浮充电流;测量蓄电池非预期接地 | 1. 放电:10小时率电流放电;放电容量为80% C10;放电终止电压1.80 V。<br>记录频度为1 h,2 h,4 h,6 h,7 h,8 h。<br>记录内容为全部蓄电池的电压、比重、温度、总电压、总电流。<br>2. 充电:采用恒流充电法,即以20 h率电流充电,一直到充足电为止,时间大约24 h |

(2)秦二厂1E级蓄电池维护及试验情况

- 1号、2号机组

秦二厂1号、2号机组蓄电池组维护要求如表9.21所示。

**表9.21 秦二厂1号、2号机组蓄电池组维护要求**

| 维修策略 | 月检 | 十八个月核对性放电 |
| --- | --- | --- |
| 规程举例 | Q2X - XXX - TPTSLM - 0001<br>铅酸蓄电池组预防性 | Q2X - LAA - TPMAPE - 0001 蓄电池LAA001BT放电(适用1号2号机组) |

表 9.21(续)

| 维修策略 | 月检 | 十八个月核对性放电 |
| --- | --- | --- |
| 范围 | 全部电池 | 全部电池 |
| 主要检查内容 | 测量全部蓄电池电压及整组蓄电池出口电压;测量全部蓄电池电解液比重、温度; | 1. 放电:蓄电池放电试验(5 h 放电率)合格。<br>标准:<br>放电时间达到 5 h( >1 h);<br>单体电池电压 >1.77 V;<br>总电压 >191.1 V;<br>单体密度≥1.11 ±0.01 g/cm³(20 ℃);<br>记录频度为 1 h;<br>记录内容为全部蓄电池的电压、比重、温度、总电压、总电流。<br>2. 充电:采用“恒压”法充电<br>每隔 2 h 测量一次蓄电池组的总电压及单体蓄电池的电压、温度、密度 |

- 3 号、4 号机组

秦二厂 3 号、4 号机组蓄电池组维护要求如表 9.22 所示。

表 9.22 秦二厂 3/4 号机组蓄电池组维护要求

| 维修策略 | 月检 | 十八个月核对性放电 |
| --- | --- | --- |
| 规程举例 | Q2X – XXX – TPTSLM – 0001<br>铅酸蓄电池组预防性 | Q2Y – LAA – TPTSLM – 0001<br>3 号、4 号机组 LAA 蓄电池定期充放电规程 |
| 范围 | 全部电池 | 全部电池 |
| 主要检查内容 | 测量全部蓄电池电压及整组蓄电池出口电压;测量全部蓄电池电解液比重、温度; | 1. 放电:首选 10 h 放电率放电,当外部条件不满足时(如时间窗口等),也可采用 5 h 放电率放电;放电容量为 80% C10;放电终止电压 1.80V。<br>放电容量为 100% C10。<br>10 小时放电率放电:<br>单体电池电压≤1.80 V;<br>总电压小于 194.4 V;<br>单体密度低于 1.11 g/cm³(20 ℃)。<br>5 小时放电率放电:<br>单体电池电压≤1.77 V;<br>总电压小于 191.1 V;<br>单体密度低于 1.11 g/cm³(20 ℃);<br>记录频度每隔 1 h 测量一次电压、密度、温度。<br>2. 充电:根据实际情况选择恒压充电法或恒流充电法;<br>每隔 2 h 测量一次蓄电池组的总电压及单体蓄电池的电压、温度、密度 |

(3)秦三厂 1E 级蓄电池维护及试验情况

秦三厂 1E 级蓄电池组维护要求如表 9.23 所示。

**表 9.23 秦三厂 1E 级蓄电池组维护要求**

| 维修策略 | 周检 | 月检 | 年检 | 2 年性能试验 |
| --- | --- | --- | --- | --- |
| 规程举例 | 98 – 55006 – TPMAPE – 0007 UPS 400V 蓄电池组周检检查规程 | 98 – 55000 – TPMAPE – 0016 UPS 220V&400V 蓄电池组月检维护规程 | 98 – 55006 – TPMAPE – 0005 400V 蓄电池组年度检查规程 | 48V&400V UPS 备用蓄电池充放电规程 98 – 55000 – MP – 1448B |
| 范围 | 全部电池 | 全部电池 | 全部电池 | 全部电池 |
| 主要检查内容 | 蓄电池间环境温度；<br>蓄电池组端电压；<br>每块蓄电池的电压 | 环境温度；蓄电池组端电压；蓄电池组浮充电流数值；测量所有蓄电池的电压，比重，温度 | 环境温度；蓄电池组总电压；蓄电池组浮充电流；蓄电池的电压，测量蓄电池比重和温度。 | 1. 放电：蓄电池以 132 A 放电电流进行放电（如果放电仪限制，可依据具体情况进行选择放电电流）；每隔 30 min 记录一次试验数据；放电时间达到 4 h 后停止放电（如果按其他放电电流进行放电，放电容量达到蓄电池 50% 额定容量时也停止放电），在放电过程中，当单个蓄电池电压低于 1.75 V 时立即停止放电。<br>2. 充电：充电电流 53 A，充电电压 2.7 V/节。第一阶段每隔 30 min 测量蓄电池电压、比重、温度；第二、三阶段，每隔 60 min 测量蓄电池电压、比重、温度。<br>3. 再次放电：蓄电池以 132 A 放电电流进行放电。当放电时间达到 6 h 24 min 后停止放电（如果按其他放电电流进行放电，放电容量达到蓄电池 80% 额定容量时也停止放电）。<br>4. 再次充电（同 2） |

(4)方家山 1E 级蓄电池维护及试验情况

方家山 1E 级蓄电池组维护要求如表 9.24 所示。

表 9.24　方家山 1E 级蓄电池组维护要求

| 维修策略 | 周检 | 月检 | 十八个月核对性放电 |
| --- | --- | --- | --- |
| 规程举例 | QF2 - LAB - TPTSF - 0003<br>2LAB 直流系统 220V 蓄电池周检查试验 | QF1 - LAB - TPTSF - 0001<br>1LAB 直流系统 220V 蓄电池月检查试验 | QF1 - LAB - TPTSF - 0002<br>1LAB 直流系统 220V 蓄电池充放电试验试验规程 |
| 范围 | 指示电池。数量定为每组电池总数的 10%(110 V/48 V/24 V 蓄电池组为 5 只)。(注:以月检试验中性能参数较差的蓄电池作为指示电池。) | 全部电池 | 全部电池 |
| 主要检查内容 | 测量指示蓄电池电压及整组蓄电池出口电压;测量指示蓄电池电解液比重、温度 | 测量指示蓄电池电压及整组蓄电池出口电压;测量指示蓄电池电解液比重、温度 | 1. 放电:10 小时率电流放电;放电容量为 100% C10;放电终止电压 1.80 V。<br>记录频度为 1 h、2 h、4 h、6 h、7 h、8 h。记录内容为全部蓄电池的电压、比重、温度、总电压、总电流。<br>2. 充电:采用恒流充电法,充入电量约为实际放出容量的 1.3 ~ 1.5 倍(旧蓄电池取上限) |

注:方家山常规岛铅酸蓄电池、BOP 铅酸蓄电池均采用一段定电流充电方式;

核岛 UPS 铅酸蓄电池采用一段定电流充电方式;其余核岛铅酸蓄电池均采用一段定电压充电方式。

方家山核岛铅酸蓄电池容量在 1 500 Ah 以下蓄电池采用 5 小时放电率放电,蓄电池容量 1 500 Ah 以上蓄电池采用 10 小时放电率放电。

### 9.3.5　典型案例分析

1. 长期浮充电压偏高或补充电时电压控制太高(如沈阳东北 GFD 蓄电池大于 2.40 V),将会产生下列现象:

(1)耗水量大,电解液温度升高,电解液密度增高,正极板腐蚀速度加快。

(2)正极板将会出现逐渐弯曲,破肚现象。

(3)容量反而会下降,会导致电池寿命提前终止。

消除方法:调整电压控制值,调整至浮充电压 2.23 V/只,(温度 20 ℃)补充电时,调整充电电流或电压、或更换有问题的电压控制件。

2. 浮充电压偏低(如沈阳东北 GFD 蓄电池小于 2.18 V)或放电后补充电时,充电不足,将会产生以下现象:

(1)电解液密度低。

(2)容量不足。

(3)负极将会产生硫酸盐化现象,可见明显的白色小颗粒(硫酸铅晶体)。

(4)负极板会出现早期膨胀,容量早期衰退。

(5)导致寿命提前终止。

消除方法:调整充电电流、浮充电压;进行均衡充电,处理硫酸盐化现象。

3. 蓄电池硫酸盐化

(1)极板硫酸盐化会使电解液密度下降。

(2)充电时电压上升快,放电时电压下降快。

(3)极板表面颜色不正常,有白色小颗粒(硫酸铅晶体)。

(4)电池容量低。

消除方法:硫酸盐化比较轻微时,可采用均衡充电法处理。

硫酸盐化比较严重时,可采用小电流过充电法处理,即先将电解液密度调至 1.208/$cm^3$ 以下,然后以 0.05C10A 充电,当电压达到 2.40 V 时,间歇 30 min,然后将电流减半充至电压和电解液密度稳定不变,停止 20 min,再以 0.05C10A 充电,如此反复直到蓄电池达到正常状态为止。

4. 单体电池电压落后产生的原因

(1)蓄电池在浮充运行时,添加了不合格的水,加速了蓄电池的自放电

(2)蓄电池浮充期间容量有差异其阻值也不同,蓄电池自放电速率大于浮充供给电量,长年累积成致密性结晶,蓄电池开始硫酸盐化。

处理方法:

如添加了不合格的水,应重新更换电解液,然后进行均衡充电,使之恢复正常。

如均充不能使之恢复正常,则应对蓄电池进行 1 ~ 2 次深放电,然后再进行一次均充。

### 课后思考题

1. 回顾自己所在的机组,蓄电池的所做的试验和《核电厂用蓄电池 第 4 部分:维护、试验和更换方法》(NB/T 20028.4—2010)推荐的试验方法有哪些异同?

2. 蓄电池长期浮充电压偏高会产生哪些现象?

3. 蓄电池长期浮充电压偏低会产生哪些现象?

4. 单体电池电压落后产生的原因有哪些?

## 9.4 停堆断路器

### 9.4.1 概述

停堆断路器通过棒电源机组向控制棒驱动机构提供稳定可靠的 260/150V 专用电源,以保证核电站控制棒驱动机构的正常运行。当来自反应堆保护系统的触发信号需要切断控制棒驱动机构电源时,能可靠动作,保证反应堆停堆。停堆断路器与控制棒驱动机构控制柜和棒电源机组相连接。停堆断路器为非 1E 级,抗震 I 类设备。

### 9.4.2 结构与原理

1. 秦一厂停堆断路器结构和原理

如图 9.21 所示,秦一厂 1 号机组共有 4 对(每对有 2 台)停堆断路器,分为 A1、A2、B1、B2 四个通道,与反应堆保护系统的 A1、A2、B1、B2 四个通道相对应,并受它们控制。8 台停堆断路器分别安置在 4 个机柜内,组成四取二符合逻辑,与棒电源系统相连。当来自反应堆保护系统的触发信号使 2 台(不同通道)或 2 台以上的停堆断路器脱扣,将会切断棒电源系统对控制棒控制系统的供电,钩爪因线圈失电而释放,所有控制棒(停堆棒和调节棒)靠重力落入堆芯。

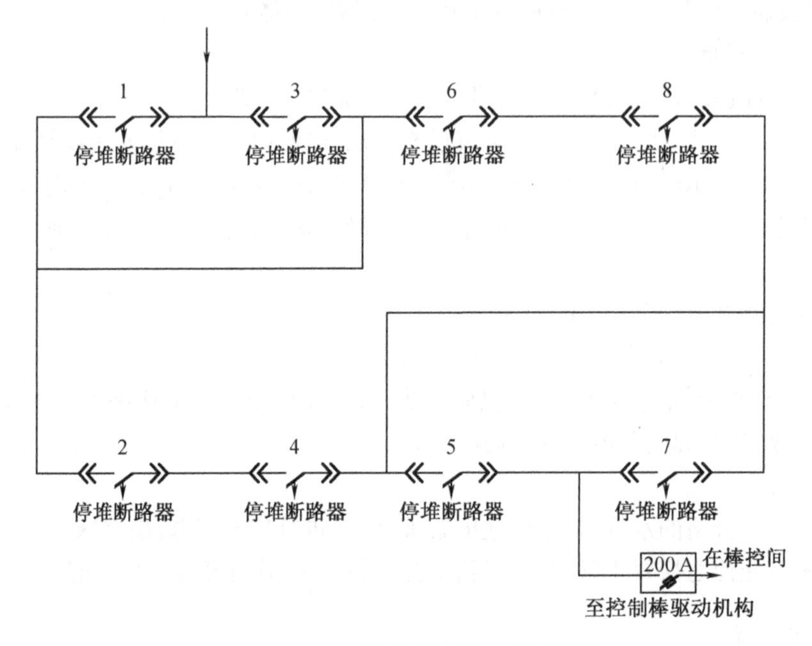


图 9.21 秦一厂停堆断路器一次接线图

秦一厂停堆断路器主要参数如表 9.25 所示。秦一厂停堆断路器实物图如图 9.22 所示。

表 9.25 秦一厂停堆断路器主要参数

| 断路器编号 | 1/3/5/7 | 2/4/6/8 |
| --- | --- | --- |
| 数量 | 4(外观见图(a)左) | 4(外观见图(b)右) |
| 型号 | E2N - 1250/3P | MT12 N1 Micrologic 5.0P 3P |
| 参数 | $U_e = 690$ V;<br>$I_e \approx 1\ 250$ A;<br>$I_{cw} = 55$ kA × 1s | $U_e = 690$ V;<br>$I_e \approx 1\ 250$ A;<br>$I_{cw} = 36$ kA × 1s |
| 厂家 | 厦门 ABB | 施耐德 |

(a)

(b)

图 9.22 秦一厂停堆断路器实物图

2. 秦二厂停堆断路器结构和原理

如图 9.23 所示，秦二厂 1 ~4 号机组，每台机组有 4 台停堆断路器，分 A、B 两个通道。其任务是对控制棒驱动机构(CRDM)的线圈连续供电，为非 1E 级系统。

反应堆正常运行期间，主断路器 RPA/B300JA 投入工作，旁通断路器 RPA/B320JA 被抽出。在对一台主断路器进行试验时，投入其旁通断路器，这样才允许相应的主断路器进行 T3 试验。通过机械联锁，禁止两台旁通断路器同时投入，每台断路器分别进行试验。停堆断路器属于 SPV 设备。

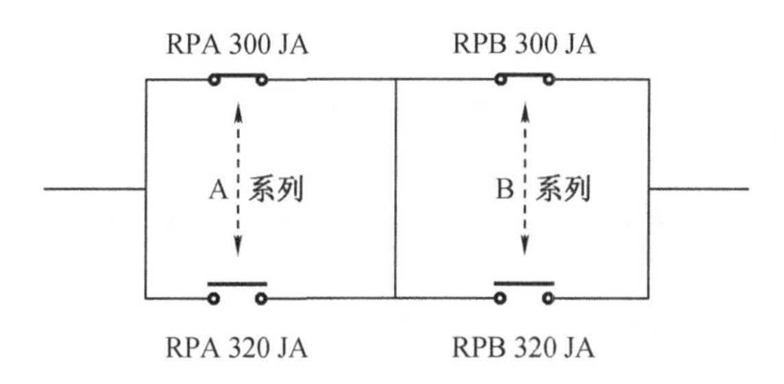


图 9.23 秦二厂停堆断路器一次接线图

秦二厂停堆断路器主要参数如表 9.26 所示。秦二厂停堆断路器实物图如图 9.24 所示。

表 9.26 秦二厂停堆断路器主要参数

| 编号 | 1 号机组 | 2 号机组 | 3 号机组 | 4 号机组 |
| --- | --- | --- | --- | --- |
| 数量 | 4(图(a)) | 4(图(a)) | 4(图(b)) | 4(图(b)) |
| 型号 | N20HI | N20HI | N117 | N117 |
| 参数 | $U_e = 690$ V;<br>$I_e = 2\ 000$ A;<br>$I_{cw} = 75$ kA × 1s | $U_e = 690$ V;<br>$I_e = 2\ 000$ A;<br>$I_{cw} = 75$ kA × 1s | $U_1 = 1\ 000$ V;<br>$I_n = 1\ 000$ A;<br>$U_{imp} = 75$ kA × 1s | $U_1 = 1\ 000$ V;<br>$I_n = 1\ 000$ A;<br>$U_{imp} = 75$ kA × 1s |
| 厂家 | 施耐德 | 施耐德 | 西门子 | 西门子 |

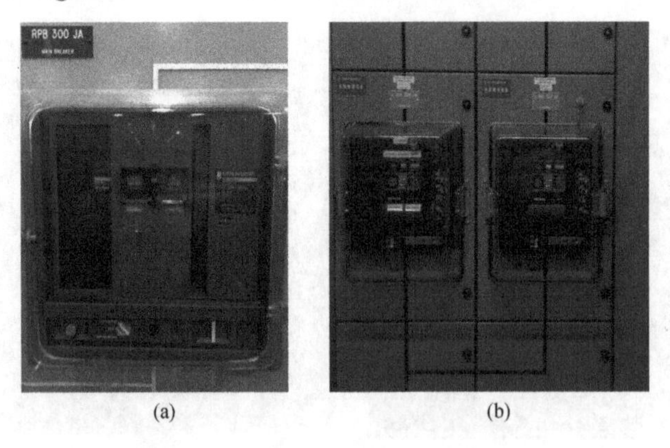


(a) (b)

图 9.24　秦二厂停堆断路器实物图

3. 方家山机组停堆断路器结构和原理

如图 9.25 所示，方家山 1 ~ 2 号机组，每个机组反应堆保护系统有两个系列共计 8 台停堆断路器，其中保护组 Ⅰ P 和Ⅲ P 对应 A 系列，保护组 Ⅱ P 和Ⅳ P 对应 B 系列。

每个断路器有一个失电释放线圈(失压线圈)和一个得电释放线圈(分励线圈)。自动信号作用于失电释放线圈，手动控制同时作用于两个线圈。失压线圈失电或分励线圈得电时打开断路器。

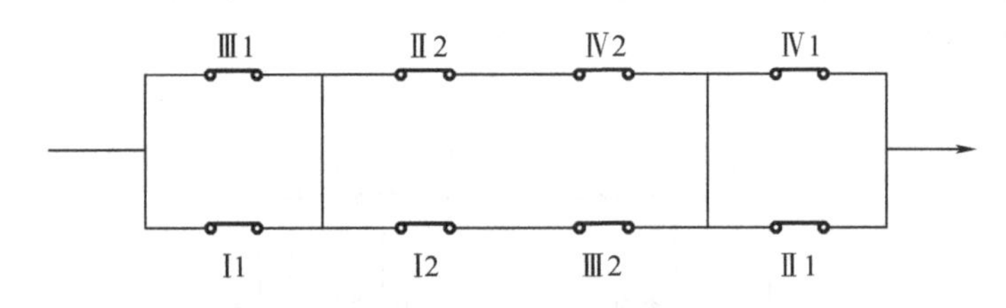


图 9.25　方家山机组停堆断路器一次接线图

方家山停堆断路器主要参数如表 9.27 所示。方家山机组停堆断路器实物图如图 9.26 所示。

表 9.27　方家山停堆断路器主要参数

| 编号 | 1 号机组 | 2 号机组 |
| --- | --- | --- |
| 数量 | 8 | 8 |
| 型号 | 3WL1110 - 2AA35 - 5FL4 - Z | 3WL1110 - 2AA35 - 5FL4 - Z |
| 参数 | $U_1$ = 1 000 V;<br>$I_n$ = 1 000 A;<br>$U_{imp}$ = 75 kA × 1 s | $U_1$ = 1 000 V;<br>$I_n$ = 1 000 A;<br>$U_{imp}$ = 75 kA × 1 s |
| 厂家 | 西门子 | 西门子 |

**图 9.26 方家山机组停堆断路器实物图**

4. 停堆断路器的结构

停堆断路器采用的是无保护模块的低压框架断路器。下面以西门子 N117 断路器(图 9.27)为例,说明停堆断路器的结构。

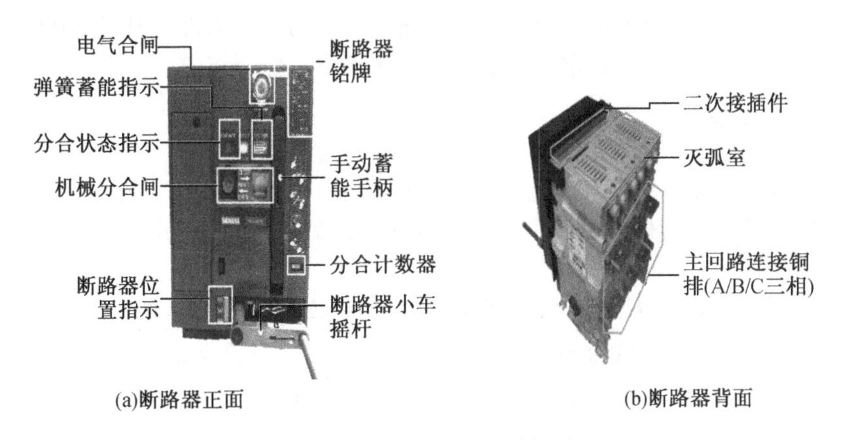


**图 9.27 西门子 N117 断路器实物图**

停堆断路器构成与功能如表 9.28 所示。

**表 9.28 停堆断路器构成与功能**

| 序号 | 元件名称 | 功能 |
|---|---|---|
| 1 | 电气合闸按钮 | 检验断路器电气合闸回路是否正常 |
| 2 | 机械分合闸按钮 | 通过机械机构手动分合断路器 |
| 3 | 分合状态指示 | 对断路器的分合状态进行指示 |
| 4 | 手动蓄能手柄 | 对触头动作机构弹簧进行蓄能,以备下一次分合闸(若蓄能电机得电,断路器可自动蓄能) |
| 5 | 弹簧蓄能指示 | 指示弹簧蓄能是否 OK 常 |

表 9.28(续)

| 序号 | 元件名称 | 功能 |
| --- | --- | --- |
| 6 | 分合计数器 | 记录断路器的分断次数 |
| 7 | 断路器位置指示 | 指示断路器本体是否在运行、试验、抽出位置 |
| 8 | 断路器小车摇杆 | 转动摇杆,对断路器小车进行推入与拉出 |
| 9 | 二次接插件 | 连接断路器及外部二次线路 |
| 10 | 灭弧室 | 电路切断电源后迅速熄弧并抑制电流 |
| 11 | 主回路连接铜排 | 与电源及负荷主回路连接,能长期通过负荷电流 |

### 9.4.3 标准规范

- 《RG 1.75 电气系统独立性 2005》
- 《低压成套开关设备和控制设备 第 1 部分:总则》(IEC 61439 - 1—2011)
- 《核电站安全系统的电气设备抗震性能鉴定的推荐规程》(IEC 60980—1989)
- 《低压开关设备和控制设备　第 2 部分:断路器》(IEC 60947 - 2—2019)
- 《电力装置电测量仪表装置设计规范》(GB/T 50063—2017)
- 《 <核电厂设计安全规定>应用于核供热厂设计的技术文件》(HAF J 0020—1991)
- 《核电厂质量保证安全规定》(HAF 0400—1986)

### 9.4.4 运维项目

1. 秦一厂停堆断路器检修和试验项目及验收标准

秦一厂停堆断路器检修和试验项目及验收标准人员表 9.29 所示。

表 9.29　秦一厂停堆断路器检修和试验项目及验收标准

| 规程 | 1 号 ~8 号停堆断路器维修规程 | 停堆断路器试验 |
| --- | --- | --- |
| 规程编码 | Q11 - EC38 - TPMAPE - 0037 | Q11 - EBDY - TPTSF - 0001 |
| 频度 | R1 | R1 |
| 主要内容 | 1. 断路器清扫检查;<br>2. 控制回路检查维护;<br>3. 储能电机测试;<br>4. 主回路接触电阻测试;<br>5. 主回路绝缘电阻测试;<br>6. 保护定值校验;<br>7. 电流互感器、电流表的检查,测试 | 1. 停堆断路器在"试验位置";<br>2. 1 ~8 号停堆断路器就地分、合闸试验;<br>3. 1 ~8 号停堆断路器主控室分、合闸试验;<br>4. 1 ~8 号停堆断路器反应堆保护系统操作联锁,报警试验;<br>5. 1 ~8 号停堆断路器主控制室联动分闸试验;<br>6. 1 ~8 号停堆断路器开关柜操作分闸、报警试验;<br>7. 1 ~8 号停堆断路器面板操作分闸报警试验;<br>8. 1 ~8 号停堆断路器失压脱扣分闸报警试验 |
| 验收标准 | 1. 断路器各测量值满足维修报告中整定值要求;<br>2. 清扫检查无异常 | 1. 断路器在试验中正确动作;<br>2. 主控报警正确触发 |

2. 秦二厂停堆断路器检修和试验项目及验收标准

秦二厂1号、2号机组停堆断路器检修和试验项目及验收标准如表9.30所示。

**表9.30 秦二厂1号、2号机组停堆断路器检修和试验项目及验收标准**

| 规程 | 停堆断路器及其配电柜隔离检修 | 停堆断路器及其配电柜调整试验 | 停堆断路器机柜元器件定期更换 |
| --- | --- | --- | --- |
| 规程编码 | Q2X - RPX - TPMAPE - 0001 | Q2X - RPX - TPMAPE - 0002 | Q2X - RPX - TPMAPE - 0003 |
| 主要内容 | 1. 断路器柜体清扫检查;<br>2. 断路器本体清扫检查;<br>3. 母线及电缆检查、紧固 | 1. 300JA 于工作位置校验储能电机、合闸线圈、低电压继电器;<br>2. 320JA 于试验位置,分合闸试验;<br>3. 320JA 于工作位置,校验储能电机、合闸线圈、低电压继电器;<br>4. 002/003RG - A、001RG - B 电源模块检查、100XU - A、100XU - B 阈值验证及阈值继电器校验 | 1. 新备件更换前检查;<br>2. 元器件更换 |
| 验收标准 | 1. 清扫检查无异常;<br>2. 绝缘测量≥0.5 MΩ | 1. 断路器分合闸动作正常响应;<br>2. 低电压继电器、电源模块、阈值的校验结果满足检修记录表中标准 | 1. 新备件检查校验结果满足维修记录表中标准;<br>2. 更换过程中无异常 |

秦二厂3号、4号机组停堆断路器检修和试验项目及验收标准如表9.31所示。

**表9.31 秦二厂3号、4号机组停堆断路器检修和试验项目及验收标准**

| 规程 | 3号、4号机组停堆断路器及其配电柜预防性维修 | 3号、4号机组停堆断路器及其配电柜检查后的试验 |
| --- | --- | --- |
| 规程编码 | Q2Y - RPX - TPMAPE - 0001 | Q2Y - RPX - TPMAPE - 0002 |
| 主要内容 | 1. 断路器本体抽出,清扫检查;<br>2. 断路器柜体清扫检查、紧固;<br>3. 母线、电缆绝缘检查 | 1. 1300JA 于工作位置,测量合闸线圈 Y1、分闸线圈 F1、低电压跳闸线圈 F3 、蓄能电机的直阻,低电压继电器动作/返回值校验,断路器分合闸试验;<br>2. 320JA 于试验位置,分合闸试验;<br>3. 320JA 于工作位置,测量合闸线圈 Y1、分闸线圈 F1、低电压跳闸线圈 F3 、蓄能电机的直阻,低电压继电器动作/返回值校验,断路器分合闸试验 |
| 验收标准 | 1. 清扫检查无异常;<br>2. 绝缘测量值≥0.5 MΩ | 1. 各线圈直阻满足记录表中标准;<br>2. 低电压继电器校验结果满足记录表中标准;<br>3. 断路器分合闸动作正确响应 |

3. 方家山机组停堆断路器检修和试验项目及验收标准

方家山停堆断路器检修和试验项目及验收标准如表 9.32 所示。

**表 9.32　方家山停堆断路器检修和试验项目及验收标准**

| 规程 | 方家山 1 号机组停堆断路器维修规程 | 方家山 2 号机组停堆断路器维修规程 |
| --- | --- | --- |
| 规程编码 | QF1 - RPR - TPMAPE - 0001 | QF2 - RPR - TPMAPE - 0001 |
| 主要内容 | 1. 柜体清扫检查;<br>2. 微型断路器、端子排、时间继电器、接触器的检查;<br>3. 框架断路器清扫检查及回路电阻、绝缘测量 | |
| 验收标准 | 1. 清扫检查无异常;<br>2. 各现场测试参数满足维修记录中对应整定范围 | |

## 9.4.5　典型案例分析

查询经验反馈系统关于“停堆断路器的”的 A、B 类状态报告,皆为仪控问题导致的联锁跳停堆断路器。电气相关的几个典型案例如下。

1. 秦一厂 1 号机组停堆断路器控制电源设计存在缺陷

秦一厂 1 号机组棒电源供电系统共有 8 台停堆断路器,原设计直流控制电源来自一回路直流 220 V A\B 两个通道,每个通道给 4 台停堆断路器提供控制电源。经设备工程师分析认为,该系统任何一个通道的直流控制电源失电,则对应通道 4 台停堆断路器会全部跳闸,将会导致机组停堆。为了降低该系统控制电源的敏感性,在秦一厂 OT - 118 大修(2018 年)期间,对停堆断路器直流控制电源回路进行了变更,每个通道直流控制电源都由原来的一路供电改为双路环形供电(图 9.28)。

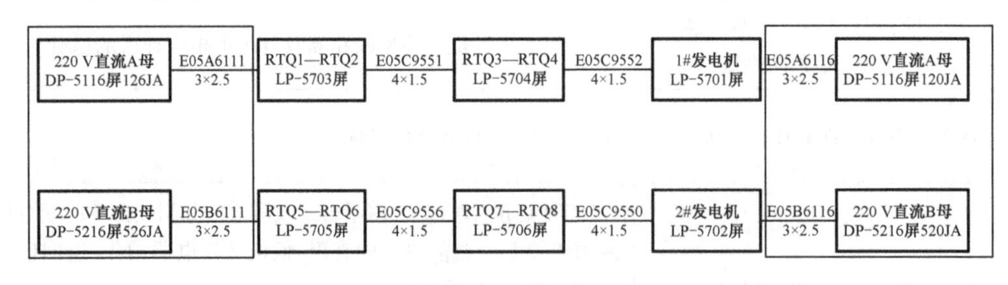


**图 9.28　停堆断路器直流控制电源回路变更**

2. 秦二厂 302 大修 320JA 停堆断路器指示故障

在秦二厂 302 大修期间,发现 320JA 停堆断路器,由于卡簧断裂,导致断路器位置无法指示。后领取备件对 320JA 停堆断路器进行整体更换(图 9.29)。

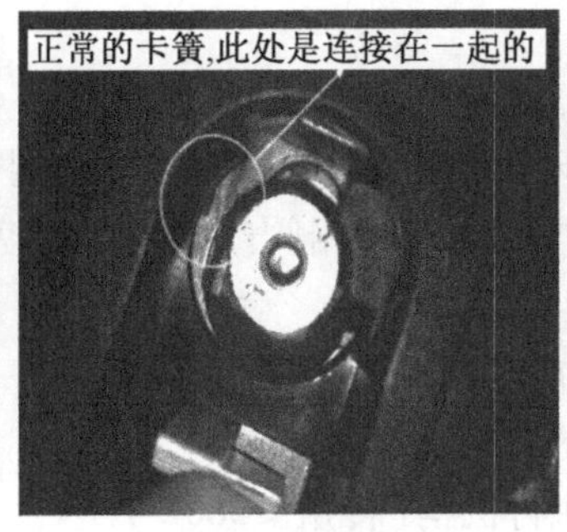

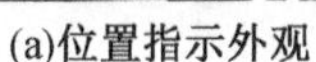

(a)位置指示外观　　(b)正常卡簧　　(c)断裂卡簧

**图 9.29　320JA 停堆断路器位置指示故障图**

课后思考题

1. 请回顾一下,自己管辖的机组是否存在停堆断路器控制电源设计问题。
2. 停堆断路器需要做哪些电气试验?
3. 各单元停堆断路器的一次系统图有何异同? 各自的优缺点有哪些?

# 9.5　电动阀执行机构

## 9.5.1　概述

德国西门子公司于 1905 年生产出世界第一台电动执行机构,1999 年西门子公司电动执行机构部门从西门子公司中分裂出来。以原商标 SIPOS 为公司名 SIPOS Aktorik GmbH(西博思电动执行机构有限公司)。由于电动执行机构的机械传动部件的结构和工艺已经相当成熟,直到 20 世纪 90 年代前期电动执行机构技术的发展一直没有突破。近年来,随着微电子技术和过程控制技术的迅速发展,电动执行机构的控制技术也获得了迅速的发展,国外公司成功开发出了智能型电动执行机构。特别是国际上一些先进的电动执行机构厂家如英国的 Rotork 公司、美国的 Limitorque 公司、德国的 Siemens 及 auma 公司、意大利的 Biffi 公司等生产厂家,相继推出了常规和带总线(MODBUS、HART、CAN、Foundation Fieldbus、PROFIBUS 等)的智能电动执行机构。有些已经进入国内市场。因此,集微处理器、人机界面、支持多种现场总线的智能型电动执行机构已经成为一种发展趋势。而且国外的电动执行机构在完善智能型、总线型的同时,已开始了变频技术在执行机构方面研究。

1958 年,我国开始自行设计、制造与 DDZ－Ⅰ型和 DDZ－Ⅱ型电动单元组合仪表配套的电动执行机构,这大概可以被看成是中国电动执行机构技术的历史起始点。国产电动执行机构在机械制造技术上并不落后于国外产品,甚至在制造成本上占据较大优势,但在控制技术上有较大差距。20 世纪 80 年代以来,我国国内厂家也相继引进国外技术,投入大量人力、物力对电动执行机构进行了一些改进和开发,研制了智能型电动执行机构。

秦山一厂目前主要使用的是普通型的电动执行机构,本教材也主要介绍该类型电动执行机构结构和运行原理。

### 9.5.2 结构与原理

阀门的种类相当多，工作原理也不太一样，一般以转动阀板角度、升降阀板等方式来实现启闭控制，当与电动执行机构配套时应根据阀门的类型和控制要求选择电动执行机构。

1. 分类

电动执行机构可根据不同的分类条件有多种分类方法。

(1)按输出运动方式分类(最常用的分类方法)

a. 部分回转(角行程)电动执行机构(转角 <360 °)

电动执行机构输出轴的转动小于一圈，即小于 360 °，通常为 90 °就实现阀门的启闭过程控制。此类电动执行机构适用于蝶阀、球阀、旋塞阀等。

b. 多回转电动执行机构(转角 >360 °)

电动执行机构输出轴的转动大于一圈，即大于 360 °，一般需多圈才能实现阀门的启闭过程控制。此类电动执行机构适用于闸阀、截止阀等。

c. 直行程电动执行机构(直线运动)

电动执行机构输出轴的运动为直线运动式，不是转动形式。此类电动执行机构适用于单座调节阀、双座调节阀等。

(2)按环境条件可分为普通型、户外型、隔爆型、高温高速型、核电型等。

(3)按电气控制可分为普通型、整体型、智能型等。

(4)按控制模式一般分为开关型(开环控制)和调节型(闭环控制)两大类。

2. 机械传动结构

图 9.30 所示是电动装置的典型结构示意图。

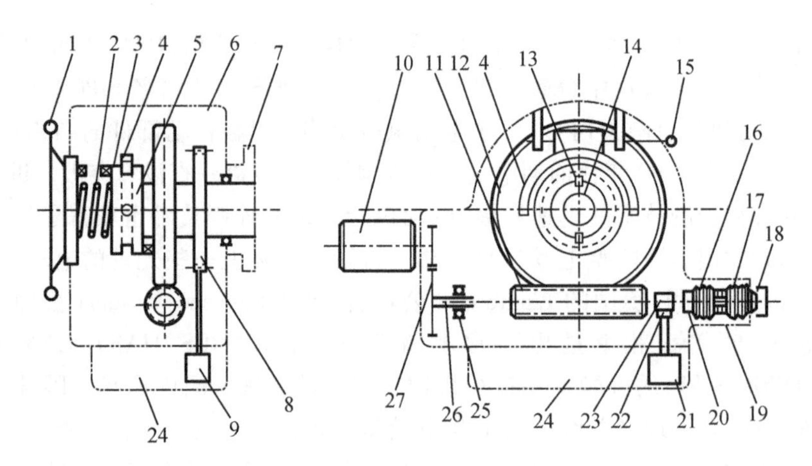


1—手轮；2—离合器复位弹簧；3—离合器；4—拨叉；5—直立杆；6—箱体；7—接盘；8—行程主动轮；9—行程机构；10—电机；11—蜗杆；12—蜗轮；13—滑键；14—输出套筒；15—手柄；16，17—碟形弹簧；18—调整螺母；19—轴承；20—轴肩；21—转矩限制机构；22—圆齿条；23—转矩齿轴；24—控制箱；25—轴承；26—花键轴；27—齿轮。

**图 9.30 电动装置典型结构示意图**

3. 主传动机构

主传动机构与一般通用机械的减速器大同小异，通常采用的有：圆柱齿轮、行星齿轮、蜗杆蜗轮、谐波传动等传动方式。有的电动装置中只采用一种传动方式，而有的是几种传动方式联合使用。通常，以采用一级圆柱齿轮传动加一级蜗杆、蜗轮传动的方式为最多。

(1)圆柱齿轮传动

大多数电动装置的第一级传动都是采用圆柱齿轮传动,其优点有:紧凑;效率高;能灵活地改变减速比;耐用。如果设计、制造和使用正确,几乎可以永久使用。其缺点主要是一级齿轮传动的减速比受到限制。为了改善啮合,减少噪音和提高机械强度,可采用斜齿。

(2)行星齿轮传动

行星齿轮传动的特点是:结构紧凑、速比大。图 9.31 所示是电动执行机构采用的 NGW 型行星齿轮传动的结构。图中 1 为中心轮(齿数 22),2 行星齿轮(齿数 32),3 内齿轮(齿数 86),4 手动蜗杆,5 柱销,6 行星架,7 输出轴。速比 =1 +(内齿齿数/中心轮齿数)=4.91 行星齿轮传动的缺点是:齿轮易产生齿廓干涉,需采用变位齿或短齿,对设计、制造和装配的要求较高。至于效率,不同类型的行星传动差别较大。

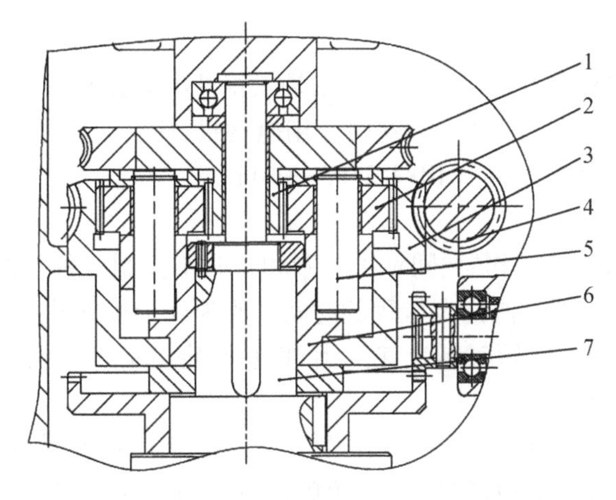


**图 9.31 电动执行机构采用的 NGW 型行星齿轮传动的结构**

(3)蜗杆传动

蜗杆传动的优点是:结构紧凑,传动平稳,速比高($I=7\sim80$)。其最大特点是:实现电动装置的转矩控制较为简便。缺点是效率低,特别是对于具有自锁性的蜗杆传动,效率一般都小于 0.5。通常采用的是圆柱形阿基米德螺旋线蜗杆,其轴部面上的齿形为梯形。蜗杆和蜗轮的啮合状态如图 9.32 所示。

蜗杆传动的传动比为:$i=Z_2/Z_1$,式中 $Z_2$ 为蜗轮齿数,一般为 30 ~ 70,$Z_1$ 为蜗杆头数,一般为 1 ~ 4,蜗杆传动可以具有自锁性,也可以做成不具自锁性。如果相配的阀门本身自锁,那电动装置可以不必自锁,如果阀门本身不自锁,则电动装置就需自锁。蜗杆的自锁条件和螺纹相同,即螺旋升度小于摩擦角 $\rho$。如果蜗轮副的摩擦系数取 0.1,则 $\rho=\arctan 0.1=5°42'$。也就是说,蜗杆的螺旋升角小于 5°42′时就具有自锁性,而大于 5°42′时就不具自锁性。在具体设计时,若要自锁,取 $Z_1=1$ 且特性系数 $q>10$。螺杆传动的自锁不自锁对电动装置的整机效率影响较大,不自锁的比自锁的效率高。除了阿基米德圆柱蜗杆外,还采用圆弧齿圆柱蜗杆,可以提高传动效率,提高承载能力。蜗杆蜗轮的材质和机械加工工艺对其传动效率和电动装置的寿命均有较大的影响。蜗杆通常采用 40Cr,齿形表面热处理后进行磨加工,蜗轮传统采用锡青铜和铝青铜,近年来,推广一种新颖的替代材料,锌铝合金,上海同济大学和江苏大学对此均有研究,并推出了若干牌号。

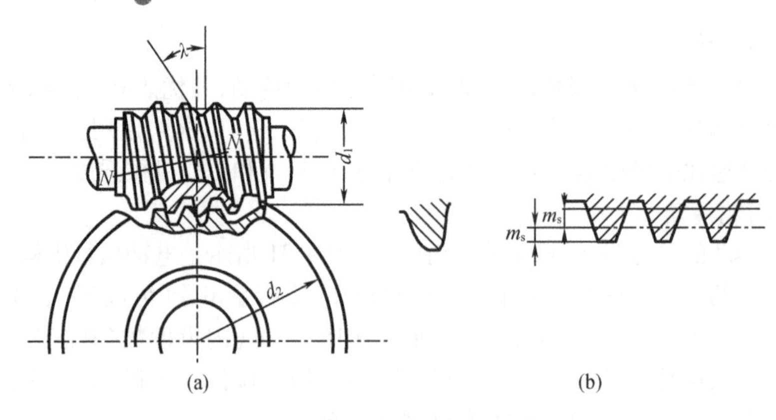


**图 9.32　蜗杆和蜗轮的啮合状态**

4. 电动机

目前，用于电动装置的电动机绝大多数都是三相异步交流电动机。由于阀门本身工作特性的要求，电动机是经过专门设计为阀门专用电动机，应符合标准《YDF2 系列阀门电动装置用三相异步电动机技术条件》(JB/T 2195—2011)。

(1)电动机的工作制

电动机的工作制有连续工作制、间歇工作制和短时工作制三种。阀门专用电动机的工作制取决于阀门的工作特性，阀门全行程的时间一般为几十秒到几分钟，所以阀门专用电动机的工作制以 10 ~ 15 min 短时制为宜，但同时应规定电动机的允许工作频率。

(2)电动机的转矩特性

从阀门的操作特性可以看出，最大操作转矩只是在阀门操作过程中的某一瞬间出现，而在开阀和关阀过程中的其他时间里操作转矩是不大的。这时如果按常规办法选用电动机就会使电机功率较大。为了最大限度发挥电动机潜力，在电动装置中是使用电动机的最大转矩或启动转矩来提供最大操作转矩的。而阀门专用电动机的最大转矩或启动转矩与额定转矩的比值根据《YDF2 系列阀门电动装置用三相异步电动机技术条件》(JB/T 2195—2011)的规定，有 3 倍(A 型)和 5 倍(B 型)两种，这一比值与普通电动机相比要高得多。所以在电动装置选用电动机时就可以按额定功率的 3 或 5 倍来考虑，(详见第五章中电机功率的确定)这就是电动机的利用系数 $K$。

(3)电动机的转动惯量

对于强制密封的阀门，在关闭时要求把操作转矩控制在规定值。如果电动机断电后不能及时停转，就会使操作转矩超过规定值迅速上升。这就会使再次开阀时不能顺利开启，严重时还会损坏阀门。因此要求电动装置转动惯量尽可能地低，当然电动机的转动惯量也应相应降低。除了从结构设计角度考虑，还可以采用电动机的外部制动(包括机械上的和电路上的)。

(4)电动机的自身热保护

对电动机进行过载保护，通常在电动机的电路中装置热继电器，当电动机过载时，切断电源。但对于阀门专用电动机所特有的过载形式，工作频率超过允许值时造成的过载是起不到保护作用的。比较有效的方法是在电动机绕组中埋入温度继电器，当定子绕组的温升达到温度继电器的定值时，温度继电器动作，断开电源。温度继电器的整定值仅取决于电机绕组的绝缘等级，动作温度整定到比电动机绝缘的最高允许温度低 10%。例如：E 级绝缘整定值为 102 ℃,B 级绝缘整定值为 118 ℃,F 级绝缘整定值 123 ℃。

5. 行程控制机构

电动装置的行程控制机构可以准确控制阀门的开启或关闭位置。对于非强制密封式阀门，阀门的开启和关闭位置都可以利用行程控制机构来定位。至于强制密封的阀门，开启位置可以利用行程控制机构来定位，关闭位置则不能。行程控制机构除了控制停止位置外，还可以用来提供阀位的开关量信号。下面介绍两种常见的行程控制机构。

(1)螺旋传动旋转式行程控制机构

螺旋传动旋转式行程控制机构如图 9.33 所示。

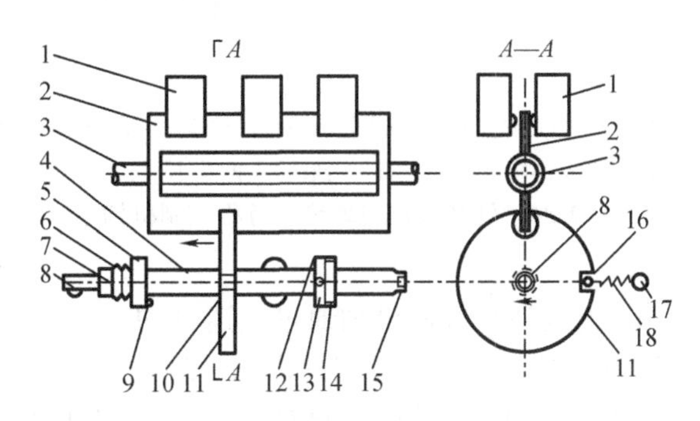


1—微动开关;2—拨板;3—轴;4—螺纹轴套;5—轴套肩;6—蝶形弹簧;7—轴肩;8—主动轴;9—关向圆柱销;10—拨盘圆柱销;11—拨盘;12—开向圆柱销;13—调节螺母;14—锁紧螺母;15—紧固螺钉;16—阻转杆;17—弹簧定位销;18—弹簧。

**图 9.33　螺旋传动旋转式行程控制机构**

工作原理:主动轴 8 由电动装置输出轴通过变速传动。螺纹轴套 4 用紧固螺钉 15 和碟形弹簧 6 固定在主动轴 8 上。拨盘 11 带有螺纹,套在螺纹轴套 4 上可以被轴套带动。拨板 2 位于拨盘 11 上方的钳形口内。阻转杆 16 两端做成球面分别松套在轴肩 7 与螺纹轴套 4 上,并且用弹簧拉住。阻转杆 16 用于拨盘 11 定位。当电动装置关阀时,主动轴 8 被带动,按图示右旋,拨盘 11 由于阻转杆的作用沿螺纹轴套向轴肩方向做直线运动。当到达阀门关闭位置时,关向圆柱销 9 与拨盘圆柱销 10 接触,这时螺纹轴套 4 克服阻转杆弹簧 18 的拉力带动拨盘 11 旋转。拨盘 11 带动拨板 2 旋转,拨板触动微动开关,使控制电路切断,并发出相应的信号。同样,当电动装置开阀时,拨盘向调节螺母方向运动。到达开启位置时,开向圆柱销 12 与拨盘圆柱销 10 接触。螺纹轴套通过调节螺母带动拨盘,向反方向旋转。拨盘通过拨板使开启方向微动开关动作。

轴套肩 5 与调节螺母 1 3 之间的距离对应阀门的全行程。当阀门的全行程不同时,可将锁紧螺母 14 松开,改变调节螺母位置到要求处,再将锁紧螺母 14 锁紧。可见只在开启方向有调节螺母,所以在调整行程机构时,必须先定好关闭位置。先用手动操作电动装置,使阀门关严,然后松开紧固螺钉 15,旋转螺纹轴套使关方向圆柱销 9 与拨盘圆柱销 10 接触,并使关方向微动开关动作为止。拧紧紧固螺钉,关闭方向的位置即已定好。然后再根据阀门的行程用调节螺母 13 调节开启方向的位置。

(2)计数进位齿轮传动的行程控制机构( 又称计数器)

计数进位齿轮传动行程控制机构如图 9.34 所示。

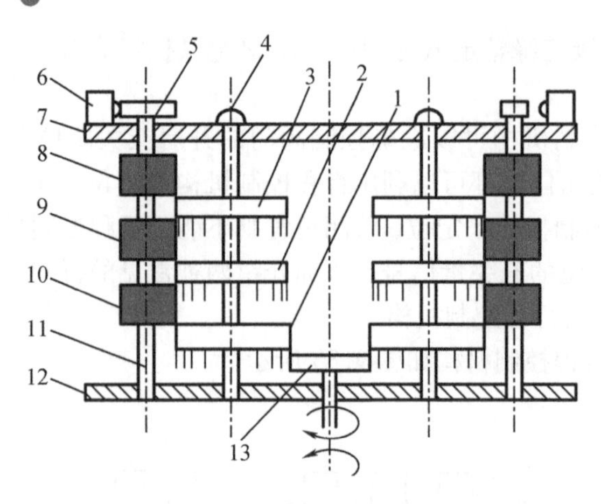


1—个位齿轮;2—十位齿轮;3—百位齿轮;4—调整轴;5—凸轮;6—微动开关;
7—盖板;8,9,10—过桥齿轮;11—轴;12—底板;13—主动齿轮。

**图 9.34 计数进位齿轮传动行程控制机构**

工作原理:主动齿轮 13 由电动装置输出轴通过变速带动。个位齿轮 1、十位齿轮 2 和百位齿轮 3 都是下方为 20 个上方为 2 个圆柱齿的齿轮。过桥齿轮 8 ~ 10 为 8 个齿的齿轮。个位齿轮 1 与调整轴 4 是紧配合,十位齿轮 2、百位齿轮 3 与调整轴 4 是动配合。过桥齿轮 8 与轴 11 是紧配合,过桥齿 9,10 与轴 11 是动配合。控制机构工作时,主动齿轮 13 带动个位齿轮 1 旋转。当个位齿轮 1 旋转一周(即转过 20 个齿)时,个位齿轮 1 上部的两个齿带动过桥齿轮 10 走 2 个齿,而过桥齿轮 10 同时带动十位齿轮 2 走 2 个齿。当个位齿轮 1 旋 10 周(即 200 个齿)它将带动过桥齿轮 10 走 2.5 圈(即 20 个齿)。这时过桥齿轮 10 已带动十位齿轮 2 旋转了一圈。而十位齿轮 2 又带动过桥齿轮 9 走两个齿,过桥齿轮 9 又带动百位齿轮 3 走过 2 个齿。同理,当个位齿轮 1 在主动齿轮 13 带动下放置 100 圈时,十位齿轮将旋转 10 圈,而百位齿轮 3 旋转 1 圈。百位齿轮 3 上部的两个齿将带动过桥齿轮 8 走过 2 个齿,即旋转了 90°。因为过桥齿轮 8 与轴 11 是紧配合,所以此时过桥齿轮 8 将带动固定在轴 11 上的凸轮 5 旋转 90°,去触动微动开关 6。

可以看出,三层计数进位齿轮传动的行程控制机构的最大行程(一般情况下指凸轮只旋转 90°)为主动齿轮走 2 000 个齿,而主动齿轮是由电动装置输出轴通过变速带动的,主动齿轮 2 000 个齿(即个位齿轮 100 圈)对应输出轴的转圈数就是三层计数器所能控制的电动装置输出轴的最大转圈数,如果阀门实际需要的转圈数超过这一限定值,那就要采用四层计数器,这样,个位计数齿轮最多能转 1 000 圈,它所能控制的输出轴的最大转圈数较三层计数器提高了十倍,但也加大了调整行程时的劳动强度。经常遇到的实际情况是:输出轴的转圈数对计数器的要求略大于三层但远小于四层。这时可将四层计数齿轮的个位齿轮做成下方 20 个齿上方 6 个齿(图 9.35),这样,调整轴可能最大调整圈数由原来的 1 000 圈降为 333 圈。

计数器的最小调整量(即微调精度)是个位齿轮转过一个齿相对输出轴转过的角度,它由个位齿轮到输出轴间的速比决定,一旦设计确定是不能改变的。

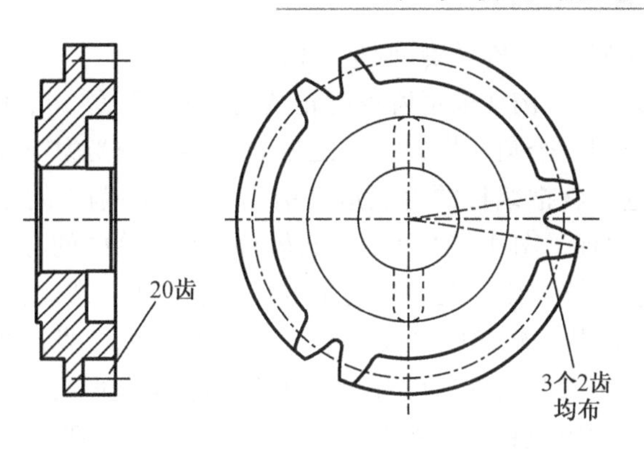


图 9.35 上方 6 个齿的个位计数齿

6. 转矩限制机构

电动装置在操作过程中，当操作转矩达到规定值时，转矩限制机构动作，使电动装置停止。转矩限制机构还可以在电动装置出现过转矩故障时，起到保护作用。利用蜗杆受力窜动压迫弹簧的原理来实现转矩限制的电动装置很多，目前绝大多数电动装置产品都采用这种转矩限制机构。它结构简单、调节方便、动作准确。

如果蜗轮的输出转矩为 $M$，节圆半径为 $R$，蜗杆轴向力为 $P$，因蜗轮圆周力等于蜗杆轴向力，故 $P = M/R$，可见，蜗杆轴向力 $P$ 和蜗轮输出转矩成正比。其动作原理如图 9.36 所示。

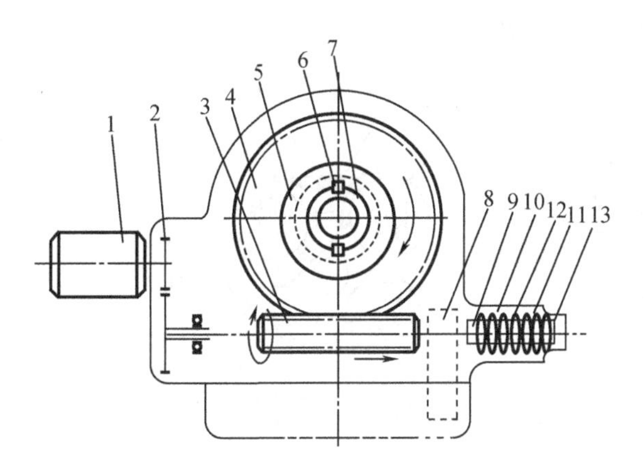


1—电动机；2—正齿轮；3—蜗杆；4—蜗轮；5—离合器；6—键；7—输出轴；
8—位移引出机构；9—轴肩；10—关向转矩弹簧；11—开向转矩弹簧；12—轴承；13—调节螺母。

图 9.36 蜗杆窜动式转矩限制机构工作原理

电动装置操作关阀时，各部件的运动方向如图中箭头所示。当阀门已关闭时，输出轴 7、离合器 5 和蜗轮 4 也停止了旋转。但是，电动机带动蜗杆就像一个螺钉一样右旋，向右窜动。因轴承 12 是固定在壳体上的，所以蜗杆右窜时，轴肩 9 就压迫关向转矩弹簧 10。转矩弹簧是可事先整定好的，其压缩量 $h$ 就对应着一个推力 $F$。当蜗杆右窜时，它同时以 $F$ 力去推动蜗轮 4，使蜗轮产生一个密封转矩，使阀门获得所需的密封力。将蜗杆窜动引起的位移引出，变为切断电动机控制电源的动作，关阀过程结束。当电动装置开阀时，其动作原理相同，只是方向相反。蜗杆向左窜动，以调整螺母及垫片去压迫开向转矩弹簧 11。转矩弹簧常采用碟形弹簧,它体积小、结构紧凑、调整方便。

至于蜗杆窜动位移引出机构常采用齿条齿轮结构[图9.37(a)],在蜗杆轴1上车有环形齿条(又称圆齿条)再用一个圆柱齿轮2与之啮合。当蜗杆受力窜动时,通过齿条带动圆柱齿轮做圆周运动,这样就把蜗杆的直线运动引出,变为心轴4的角位移。图9.37(b)所示为转矩开关的动作原理。图9.37(a)中的心轴即为图(b)中的心轴8。拨块4固定在心轴8上,所以心轴的角位移变成了拨块4的角位移。拨块4去拨动微调凸轮3,通过杠杆6使微动开关9动作(压动状态转换成释放状态),去切断电源,并发出相应信号。在用螺丝刀旋动微调螺钉5时,由于微调凸轮3与微调螺钉5同轴,也就改变了微调凸轮3与拨块4之间的距离,即改变了心轴角位移的空行程,也就相应地改变了切断电动机电源时蜗杆的窜动量,达到了转矩微调的目的。与微调螺钉同轴的刻度盘显示了这个微调量的变化。图中左右两侧的微动开关分别用于阀门的开启和关闭方向,所以转矩的微调也是分别进行的。

另一种位移引出机构为摇臂结构[图9.37(c)],蜗杆轴1上车有沟槽。摇臂2的一端插入沟槽内。蜗杆受力窜动时,使摇臂摆动,再变成心轴4的角位移。心轴带动转矩开关的拨块,其工作原理同齿条齿轮结构。摇臂结构优点是制造简单。

7. 手电动切换机构和手轮

任何电动装置都应配备手动操作机构。为了改变工况,还应有切换手段,即手动-电动切换机构。按功能分,可以分为全手动切换、全自动切换和半自动切换三种形式。按所装位置来分,可以分为在高速轴上切换和在低速轴上切换两种形式。下面就被广泛应用的半自动切换机构介绍其结构和特点。

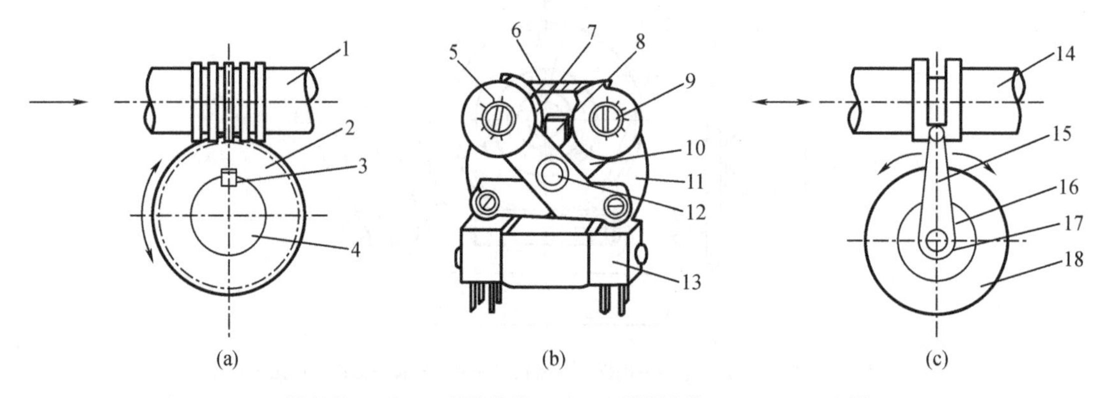


1,14—蜗杆轴;2,15,18—圆柱齿轮;3,7,16—微调凸轮;4,8,12,17—心轴;
5,9—微调螺钉;6,11—安装底板;10—杠杆;13—微动开关。

**图9.37 电动装置关阀**

半自动切换是指电动装置由电动操作切换为手动操作时,要辅以人工操作;而由手动操作改为电动操作的过程,则是自动进行的,所以称为半自动切换。图9.38所示为离合器和脱扣器都在低速轴上的半自动切换机构原理。图示位置为电动位置。传动途径为:电动机→蜗杆10→蜗轮9(即电动半离合器11)→中间离合器5→输出轴4。切换时,将手柄6下压,由于杠杆作用,拨叉7将推动中间离合器5上移,与电动半离合器脱开并与手动半离合器2啮合,中间离合器同时压迫弹簧3,直立杆8(即脱扣器)在扭簧的作用下直立在蜗轮端面上。当手从手柄上松开后,直立杆阻止中间离合器 5 在弹簧作用下向下滑。此时传动途径是：手轮→中间离合器→输出轴。电动时,电动机转动,蜗杆带动蜗轮转,由于直立杆是在蜗轮面上的,而且上面有弹簧压着,只要蜗轮一转动,直立杆就会倾倒,于是弹簧 3 迫使中间离合器与电动半离合器啮合,此时又回到电动操作位置。这个过程是电动装置本身自动完成的。

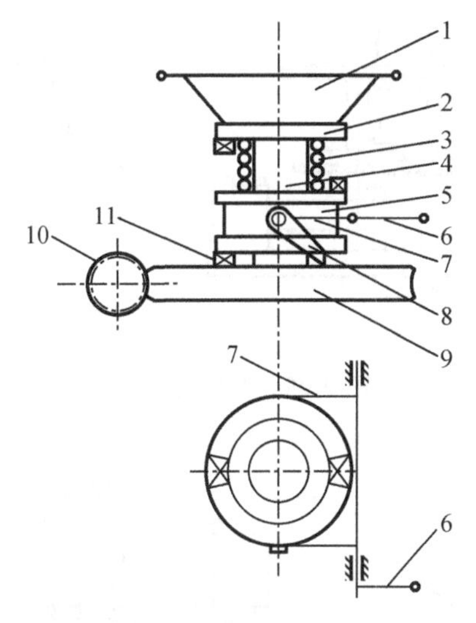


1—手轮;2—手动半离合器;3—弹簧;4—输出轴;5—中间离合器;6—手柄;
7—拨叉;8—直立杆;9—蜗轮;10—蜗杆;11—电动半离合器。

**图 9.38 半自动切换机构原理**

8. 开度机构

从阀门的工况来看，电动装置应能表示下列状态：阀门正在开启；阀门已经全开；阀门正在关闭；阀门已经全关；阀门故障；阀门处于中间状态；等等。对于上述电动阀门的状态有两种表示方法：一是就地显示；二是信号远传。

(1)机械指针式就地开度指示

如图 9.39 所示，开度输入齿轮与行程控制机构中的齿轮相啮合(当然亦可以不通过行程控制机构而直接与输出轴相连)，把电动装置的输出运动通过若干对减速齿轮同时传给电位器轴和机械指针。在输出轴全行程范围内,机械指针转动的角度考虑到电位器的有效电气转角一般均设计为 270 度。输出轴的全行程由于相配的阀门不同少则几圈，多则几百圈,如果每一种转圈数都要设计对应的开度机构，使指针均为满刻度(即 270 度）指示，这是不现实的也是没有必要的。国内厂家一般最大转圈数规格有 6、10、20、30、40、60、80、100、120、160 共十种，已基本能满足使用要求。就地指针开度指示通过装在电动装置箱盖的视窗下，通过视窗玻璃可以观察。

另有一种可调转圈数开度指示器如图 9.40 所示,其调整范围分七档,即 5,10,20,40,80,160,320 圈。当需要某种圈数时,只要将紧定螺钉 4 松开,移动齿轮 3 至圈数表 1 的对应位置,旋紧紧定螺钉 4 即可。需要注意的是:每相邻调一档,电位器轴与指针 10 的运行旋向均与调整前相反。

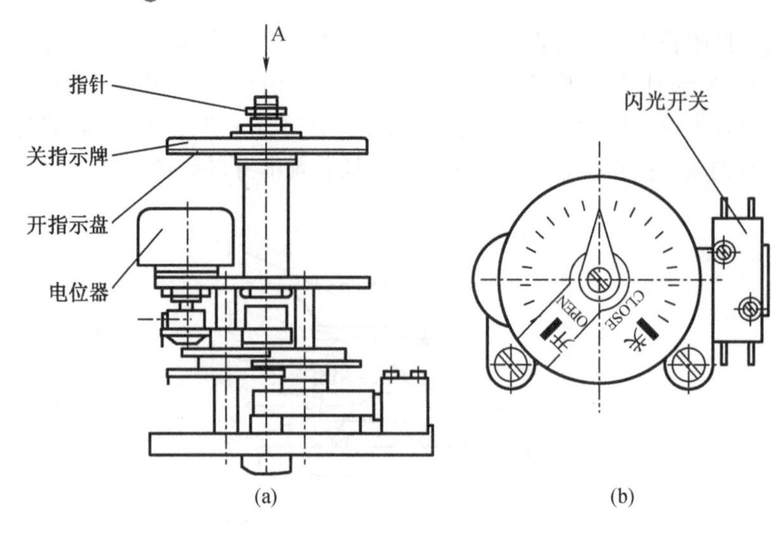


图 9.39 开度指示器

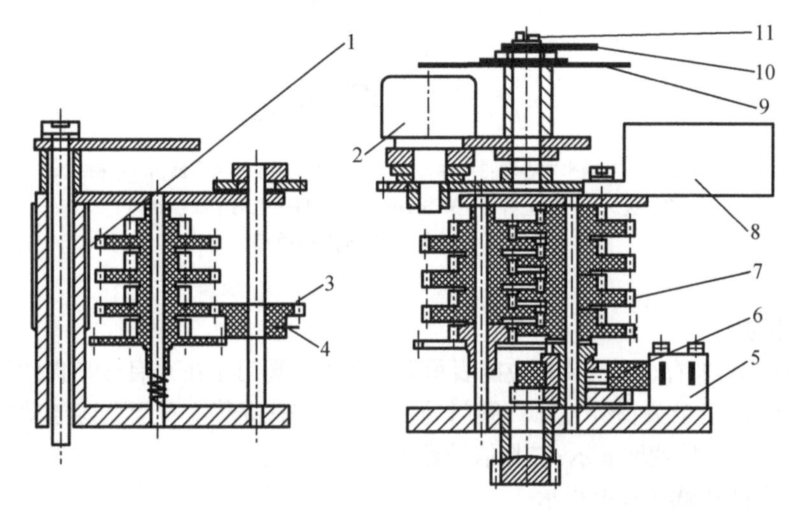


1—圈数表;2—电位器;3—齿轮;4—紧定螺钉;5—微动开关;6—闪光凸轮;7—齿轮;8—阀位变送器。

图 9.40 可调转圈数开度指示器

(2)信号远传指示

图 9.40 中的电位器其动片与机械指针是同步旋转的(当然也可以设计成不同步),这样就可以将阀门开度进行电气远传。电位器的阻值一般为几百欧。为了使电动装置的信号符合控制系统的要求,有时,需要将电阻的变化通过变送器变为国际统一的 4 ~ 20 mA 电流信号,这样做固然增加了电动装置电气部分的复杂性,但却满足了程控装置或计算机输入信号的要求。

图中的微动开关,被凸轮周期性地压动,就可以获得闪光信号。有的电动装置本体上也装有闪光灯(可与位置指示灯并用)。闪光灯的闪光频率以每分钟 30 ~ 40 次为宜。终端信号就是行程控制机构和转矩限制机构的微动开关发出的开关信号。终端信号的数量,即微动开关触点数,随着控制水平的提高亦要求增加,这样能直接满足控制线路的需要,否则需要外接中间继电器进行接点扩展。

9. 阀门电动装置的控制电路

阀门电动装置是由电动机拖动的。电动装置控制电路的作用是通过对电动机启、停、换向的控制从而实现对电动装置的自动控制,它根据工作人员的指令或自动装置发生的信号来操作阀门,当阀门的行程或转矩达到整定值时,控制电路可以根据信号发生装置(主要是行程控制机构和转矩限制机构)传来的信号切断电机的电源。所以电动装置的控制电路必须和机械部分相互协调一致,才能保证阀门电动装置的工作性能良好。

(1)阀门电动装置是由运行人员或自动装置进行操作的执行部件,它的操作要求是由工业生产过程的运行特点所决定的,为了保证电动装置具有良好的操作性能,它的控制电路必须能满足工业生产过程的运行要求。

①远程控制。阀门电动装置在使用的初期主要是为了代替人工启闭大型阀门,所以控制方式主要采用就地控制。就地控制是控制开关或按钮装设在现场或直接装在电动装置本体上。值班人员在现场控制和监测阀门工作情况,所以对电动装置的工作要求不高,但随着工业自动化程度的提高,控制方式已由现场控制过渡到集中控制。这就要求电动阀门不但能迅速按运行人员的命令进行准确可靠的运动外(即打得开、关得严),而且还要将阀门的运行状态信号(主要指开度状态及全开、全关的到位指示)反映给运行人员,为了便于调试及维修,有了远程控制的情况下,也可考虑设现场控制。

②双位控制。双位控制的电动阀门只有全开和全关两种状态,它的特点是操作命令一旦发出,控制电路即开始操作,不管这个命令是否存在,操作一直进行到控制对象达到极限位置,即控制电路具有保持功能。有时为了能满足能停在中间位置的特殊要求,也设有停止按钮,这样可以将双位控制电动阀门充当可调节电动执行机构,当然这样的调节不可以太频繁。

③自动控制。工业控制中如果大量使用电动装置,在集中控制的方式下,如简单地将控制接线引到操作盘上进行人工操作,会使控制盘变得非常庞大。我们知道,电动阀门的操作是具有连带性和关联性的,举例说明:如果有三台电动装置 A、B、C,操作要求为 A 打开的同时 B 也必须打开,当 A 全开时,C 必须启动并打开,这样一个控制过程完全可以使用程序控制来实现,即操作人员只要发出工作指令,电动阀门就可按事先设定好的顺序进行操作,同时阀门的运行状态也送入程序控制装置进行监督。目前在较小规模的系统中一般使用可编程控制器(PLC)作为程序控制装置,在较大规模的应用中,一般使用 PLC 作为前端控制装置,工业控制计算机(PC)作为后台的程序控制中心,使用程序控制不但可减轻工作人员的劳动强度和降低误操作的概率,还可以将控制系统改造成为柔性控制系统,改变工艺流程时,只需改变相应的程序即可。

④适应性。对于电动阀门来说,最基本的要求就是关得严、打得开。这就要求电动装置输出转矩应根据操作阀门时所需的转矩变化,对行程定位的阀门,开启和关闭时都能正确到位;对转矩定位的阀门能使阀门操作转矩达到规定值;在阀门关闭后又能以足够大的操作转矩来开启阀门。在设计电动装置控制电路时,首先要明确一些常用阀门开启和关闭位置的定位方式,详见表 9.33。

表 9.33　常用阀门的定位方式

| 阀门类型 | 开启位置定位 | 关闭位置定位 |
| --- | --- | --- |
| 截止阀 | 行程开关 | 转矩开关 |
| 闸阀(强制密封) | 行程开关 | 转矩开关 |
| 闸阀(自动密封) | 行程开关 | 行程开关 |
| 节流阀 | 行程开关 | 转矩开关 |
| 蝶阀(密封式) | 行程开关 | 转矩开关 |
| 蝶阀(非密封式) | 行程开关 | 行程开关 |
| 球阀 | 行程开关 | 行程开关 |

转矩机构一般有以下几种：

无转矩限制机构，单向转矩限制机构，双向值转矩限制机构及双向差值转矩限制机构。从安全可靠的角度，以及实际使用的效果来看，双向差值转矩限制机构较为合理，它在开启和关闭方向有各自独立的转矩开关，这种设计即可保证有足够的力开启已关闭的阀门，实践表明，在调试电动装置时，应保证阀门关闭时，力矩和行程开关同时动作，即在力矩开关动作的同时，行程开关到位并切断电动装置电源，这样做的好处是既保证阀门关严，又不使阀门密封面受损或关得太死，可有效地延长阀门使用寿命，并保证阀门可打得开。

(2)控制电路应力求简单

任何机构，在满足使用的前提下，零部件越少，出故障的概率率也较少，相对的机构的可靠性及经济性也越高，在简化电路的过程中，应着重研究线路的合理安排，力求减少连接电缆，电缆的增加不但增加用户投资，而且会给安装、调试和检修带来更多的麻烦。

(3)控制回路不应出现错误，且电路能纠正和避免错误指令，错误回路主要是由于控制电路内几个分支电路间产生寄生电路或元件动作不协调。比如在阀门关严后，如果力矩开关的动作不保持，有可能造成电路装置的反复启动，使阀门由于受到反复冲击会造成咬死故障，在操作时出现错误是有可能的，所以电路应能纠正错误，当一个指令(错误指令)发出后，只要发生新指令(正确指令)，控制回路就能终止前一条指令，而改为执行新指令，通过加入锁闭条件可有效地避免错误指令。如果 A 电动装置开启中的条件为 B 电动装置关闭，那我们可以将 B 电动装置关闭这个条件加入 A 的控制电路，在不满足条件的情况，A 将不能开启。

(4)控制电路中应注意的其他问题

控制电路的电源应与动力电路使用同一电源，这样的可靠性最高，在电压的选择上，可选 ~380 V、~220 V 等，近年来，采用弱电控制也比较多，由于弱电控制的电压和电流都较小，因此弱电元件都较小，这样相应的控制器和操作盘都可造得较小，但主控元件(交流接触器)的启动及吸持功率较大，无法适应弱电控制，所以一般采用中间继电器来拖动主控元件。

在自动化控制中电源的可靠性要求较高，但电源的短时中断也难以完全避免，因此要求电动装置在电源中断后处于原位，等待指令。一般不能让电动装置在恢复供电后仍执行断电之前的指令，这样易引发事故。

电动装置的机械或电气部分如发生损坏而不及时处理，这样会损坏电动装置和阀门，

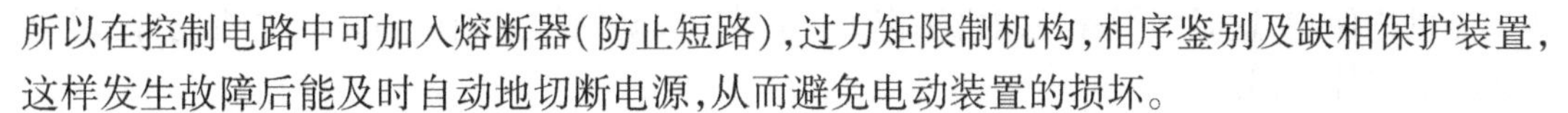

所以在控制电路中可加入熔断器(防止短路),过力矩限制机构,相序鉴别及缺相保护装置,这样发生故障后能及时自动地切断电源,从而避免电动装置的损坏。

10. 电动装置的典型控制电路分析

图9.41所示为电动装置典型控制回路,点划线内的元件在电动装置内,电动装置的型号、规格较多,但控制原理大同小异。

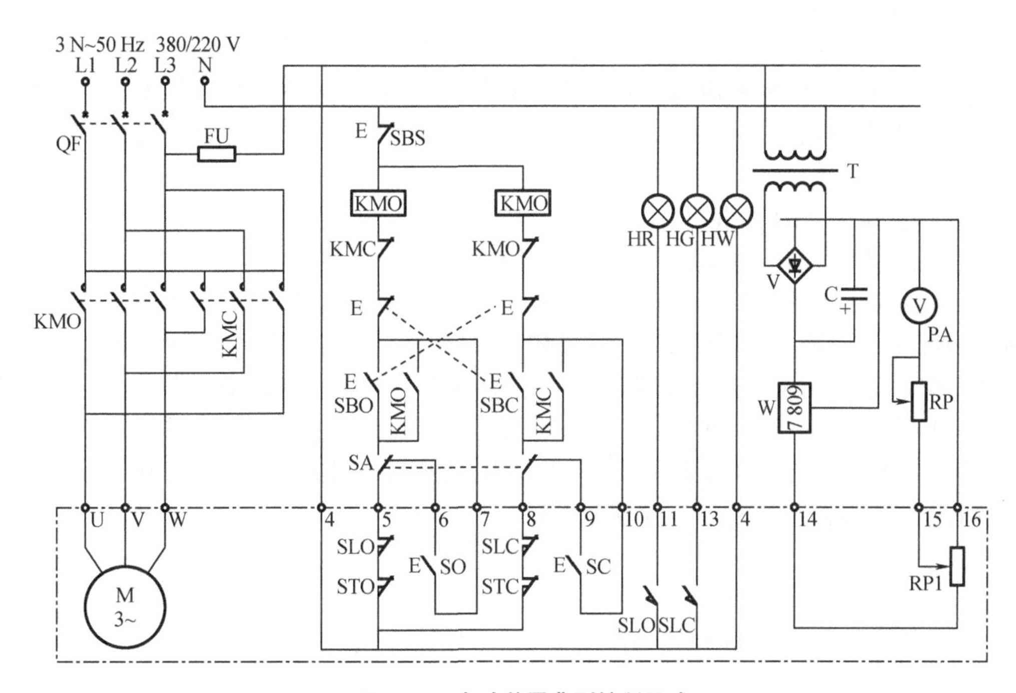


图9.41 电动装置典型控制回路

(1) 控制方式的选择

电动装置的控制有集控方式和现场方式。当转换开关SA打在下面时,系统处于现场方式,按下SO或SC可以实现阀门的点开或点关。

(2) 阀门的开启与关闭

转换开关SA打在上面时,系统处于集控方式。按下SBO,则接触器KMO吸合,开向电路的电源接通,阀门开启,当达到全开位置量,行程开关SLO的常闭触点断开,电路被切断,电机停转。与此同时,SLO的常开触点接通开阀指示灯HR表示阀门处于全开状态。若按下SBC,则接触器KMC吸合,关向电路电源接通,阀门关闭。当达到全关位置,行程开关SLC的常闭触点断开,电路被切断,电机停转,这时SLC的常开触点接通关阀指示灯HG,表示阀门处于全关状态。在开阀或关阀的过程中,闪光开关SK的周期动作使指示灯HR或HG闪动,表示阀门处在开启或关闭的过程中。另外,SBO 、SBC者为复合按钮,即如按下SBO处于开阀状态时,可直接按下SBC切换到关阀状态。SBO、SBC也起到电气互锁的作用。

(3)保护措施

①当开启或关闭阀门时,如果输出转矩超过了转矩限制机构的动作转矩时,转矩开关STO或STC动作,电机电源被切断,开向或关向过程被强制中断。这将有效地保护阀门,使之不受到过大转矩的损伤。力矩限制机构虽为一种保护机构,但在一些特殊场合也作为转

矩控制机构使用,这时用行程控制机构作为保护装置,确保阀门到位后切断电机电源,避免力矩过大损坏阀门。

②为了避免开向接触 KMO 和关向接触器 KMC 同时动作,发生短路事故,电路中采用了电气互锁,即在两个接触器的线圈回路中,相互串入另一个接触器的常闭触点。另外,在主电源回路中串入熔断器 FU,这进一步提高了电路的安全性。

(4)开度指示电路

开度指示电路的作用是让工作人员在集中控室中知道阀门所处的状态。由变压器 T、整流块 V、三端稳压器 7809、电容 C 组成 DC9V 供电回路。电动装置内的行程电位器 RP1 随着阀门的启闭,中间抽头的电位改变,通过开度表 PA(5V 电压表)显示出行程位置,其中 RP2 可调节满度值。

(5)电气控制中的注意事项:

①确认使用电压与电动装置铭牌上的电压相符。

②引入电动装置的电源相序的确定。先要利用手轮将阀门转到半开状态。然后按开向按钮,证实阀门是向开向转动,若相反,应停机切断电源,将电源的任意两相对换。

③电控原理上,行程、转矩常闭触头相互串联,无论行程动作或转矩动作都将切断电机电源。一般推荐转矩和行程两者几乎同时动作,让转矩在行程前面动作,使转矩控制可靠,此时行程也动作,起发信作用,又可起双保护作用,使阀门控制更可靠。但切不可为了用转矩控制而不接入行程开关,这样对于使用不利。

### 9.5.3 标准规范

我国国内电动执行机构的标准制定归口合肥通用机械研究院阀门研究所,国内厂家生产的产品应符合下列标准:

1.《阀门电动装置型号编制方法》(JB/T 8530—2014)

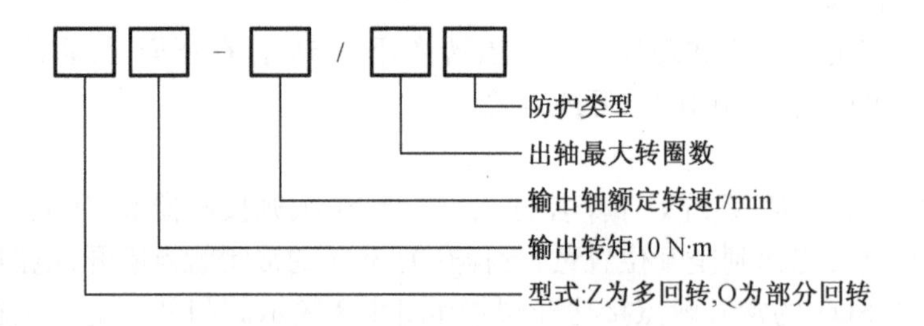


2.《普通型阀门电动装置技术条件》(GB/T 24923—2010)。

这一标准是普通型电动装置设计、制造、试验的主要依据。

标准对转矩的几个名词给出了定义解释:

①公称转矩——电动装置输出的转矩大小的标识。在实际应用中,公称转矩可以理解成老标准中的额定转矩。

②公称推力——电动装置输出轴驱动阀杆螺母产生的轴向力的大小的标识。

③工作推力——阀门开启、关闭所需要的推力值,工作推力应不大于公称推力。

④堵转转矩——电动装置负载不断增大,使电动机堵转时的转矩。

⑤工作转矩——阀门开启、关闭所需的转矩,工作转矩应不大于公称转矩。

⑥输出转速——单位时间内电动装置输出轴的转圈数。

环境条件

电动装置应能在下列条件下正常工作：

- 海拔不高于1 000 m；
- 工作环境温度 -20 ~60 ℃；
- 工作环境湿度不大于90%(25 ℃时)；
- 短时工作制,时间定额为10 min、15 min、30 min。

其他

- 手轮和输出轴顺时针转动为关阀方向。
- 应能承受8 000 次连续运行的寿命试验。
- 控制转矩的重复偏差(≤7%)和行程机构控制位置的重复偏差(多回转为±5°,部分回转为±1°)。
- 强度试验即2 倍公称转矩或公称推力试验(持续时间不少于0.5 秒后立即卸载,解体检查所有承载零件不应有损坏现象)。
- 空载下的噪声应不大于75 dB(A)。
- 主箱体上应有接地螺栓及标志。

3.《阀门电动装置寿命试验规程》(JB/T 8862—2014)

试验要求如下。

- 负载特性:电动装置寿命试验时,以运行转矩(为最大控制转矩的1/3)运转以最大控制转矩关闭。
- 操作时间:电动装置一开一关为运转一次,运转一次时间为40 s,即开10 s,停10 s,关10 s,停10 s。关闭的最后0.5 ~1 s 为最大控制转矩。

测试项目如下。

- 主要传动件的磨损量:齿轮公法线≤0.1,蜗杆齿厚≤0.1, 蜗轮侧隙≤1/10 齿厚,阀杆螺母≤1/10 螺距。
- 基本性能:包括运行效率、输出转矩、位置控制精度、转矩蝶簧等。

4.《隔爆型阀门电动装置技术条件》(GB/T 24922—2010)

该标准的引用标准主要有《爆炸性环境 第1 部分:设备通用要求》(GB/T 3836.1—2021)《爆炸性环境 第2 部分:由隔爆外壳"d"保护的设备》(GB/T 3836.2—2021);《低压电器外壳防护等级》(GB/T 4942.2—1993)。

(1)防爆标记

例:dⅡBT4 其中d 表示隔爆型电气设备;Ⅱ类为工厂用电气设备(Ⅰ类为煤矿井下用电气设备)。Ⅱ类按其适用于爆炸性气体混合物最大试验安全间隙或最小点燃电流比分为A、B、C 三级,并按其允许最高表面温度分为T1 ~T6 六组(T1 为450 ℃,T2 为300 ℃,T3 为200 ℃,T4 为135 ℃,T5 为100 ℃,T6 为85 ℃)。

(2)低压电器外壳防护等级

防护等级的代号由特征字母IP 和两个特征数字组成。第一位数字反映防尘能力,分0 ~6 七等;第二位数字反映防水能力,分0 ~8 九等。常规产品为IP55,特规最高可为IP68。防尘5 级能防止灰尘进入壳内,防水5 级为任何方向的喷水对电器无有害影响,防水6 级为猛烈的海浪无有害影响,防水7 级为按一定要求浸入水中30 分钟,8 级由生产厂和用户协商。

5. 连接尺寸标准

《多回转阀门驱动装置的连接》(GB/T 12222—2005)

《部分回转阀门驱动装置的连接》(GB/T 12223—2005)

6. 电动执行机构用电机执行标准

电机遵循《YDF2 系列阀门电动装置用三相异步电动机技术条件》(JB/T 2195—2011),设计指标如下。

(1)防护等级:IP55。

(2)冷却方式:IC400(全封闭无风扇自冷)。

(3)工作制:S2－10、15 min 短时工作制和 S5 间歇工作制两类。

(4)绝缘等级:F 级。

(5)堵转转矩倍数:A 型(3 倍);B 型(5 倍)。

(6)堵转电流倍数:<7。

(7)工作特性:电机以较高的堵转转矩值来满足电动执行机构在开关阀过程中的短时最大输出要求。而在运行的其他时间里,电机输出转矩较低。

(8)电机的自身热保护:在电机绕组端部安放埋置式温度开关。

附:电机不同绝缘等级的允许温升限值(电阻法):

| 绝缘等级 | S1 连续 | S2 短时、S5 |
|---|---|---|
| B | 80 K | 90 K |
| F | 105 K | 115 K |
| H | 125 K | 135 K |

7. 核级电装的相关标准

- 《核电站和其他核设施用安全相关执行机构的鉴定标准》(IEEE 382—2019)
- 《旋转电机 第 1 部分:定额和性能》(IEC 60034－1—2017)
- 《核电厂 1E 级设备抗震鉴定的推荐方法》(IEEE 344—2013)
- 《三十万千瓦压水堆核电厂阀门技术条件》(EJ 395—1989)
- 《核电厂安全级阀门驱动装置的鉴定》(EJ/T 531—2001)等效于 IEEE std 382—1996。

这些标准规定了核电厂用阀门电动装置鉴定试验的项目、依据和要求。

(1)基本可操作性试验。

(2)正常热老化试验,138 ℃, 300 h。

(3)正常加压循环试验,承受 15 次外部加压,每次加压到 0.45 MPa 并至少保持 3 min。

(4)正常辐射老化试验,可结合设计基准事件辐照试验一起进行。累积剂量为$2.8 \times 10^5$ GY。

(5)振动老化试验, 每一正交轴线 0.75 g,90 min。

(6)地震模拟试验, $X$、$Y$、$Z$ 三个方向上均为 5 $g$。

(7)设计基准事件环境试验。失水事故和主蒸汽管道破裂事故结合进行。

(8)重复基本可操作性试验。

8. 其他标准

《工业过程控制系统用普通型及智能型电动执行机构》(JB/T 8219—2016)主要规定调

节型应满足启动次数、回差、死区等技术要求。

### 9.5.4 运维项目

秦一厂目前电装维修策略是，进口电装定期维护周期 R4（日常 4 ~ 6 年），解体检修 AY（需要时）；国产电装定期维护周期 R4（日常 4 ~ 6 年），解体检修 R8（日常 8 ~ 10 年）。

1. 定期维护项目和要求

（1）电动头外观检查：外表面应清洁，无粉尘堆积。发现有汽、水和油的喷溅时，应及时处理。

（2）打开电气箱盖，清扫，检查、紧固接线；电动装置和阀门的连接应牢固，连接螺栓不应松动。

（3）传动机构润滑状况检查，润滑应良好；各密封面的密封圈和垫片应完整无损，而且压合严密。

（4）检查力矩开关和行程开关；调整行程及阀位指示

（5）检查电动机，测电机绕组绝缘电阻和直流电阻；

（6）手动和电动检查阀门的工作情况。

2. 解体检修项目和要求

（1）检查电动机，测电机绕组绝缘电阻和直流电阻；

（2）电动执行机构传动机构的拆洗；

（3）清理内部各零部件；检查各零部件的表面质量及状态，进行必要修理及更换；

（4）更换润滑油/脂；箱件内加足润滑油脂；

（5）更换密封件；

（6）校验力矩、调整行程控制器、力矩控制器以及开度指示器；

（7）绝缘测试；

（8）动、电动开关阀试验，调整行程，测电流及开关阀时间。

### 9.5.5 典型案例分析

目前，根据历年的电装缺陷工单反馈，电装渗油相关缺陷最多，大约占缺陷数量的 38%，行程调整相关缺陷其次，大约占缺陷数量的 24%，其他缺陷占缺陷数量的 38%。因此，总体来说电装是比较可靠的。表 9.34 所示是电装常见故障及排除方法。

**表 9.34 常用电动阀执行机构的故障方式**

| 序号 | 故障 | 原因 | 排除方法 |
| --- | --- | --- | --- |
| 1 | 指示灯不亮 | （1）电源不通；<br>（2）力矩控制器动作，阀门没有到达应有位置；<br>（3）行程控制器调整不良；<br>（4）保险丝烧断；<br>（5）指示灯烧坏；<br>（6）线路中有断线脱头 | （1）接通电源；<br>（2）调整力矩控制器；<br>（3）重调；<br>（4）更换保险丝；<br>（5）更换指示灯；<br>（6）断线脱头处重新接通 |

表 9.34(续)

| 序号 | 故障 | 原因 | 排除方法 |
| --- | --- | --- | --- |
| 2 | 电机不能启动 | (1)电源不通;<br>(2)按钮失灵;<br>(3)电源电压过低;<br>(4)行程或力矩控制器的微动开关动作 | (1)检查电源;<br>(2)修理或更换按钮;<br>(3)检查电压;<br>(4)检查行程或力矩控制器的状况 |
| 3 | 开关运转中电机停转 | (1)负载过大,力矩控制器动作;<br>(2)阀杆润滑不良;<br>(3)阀门内有杂质;<br>(4)阀门阀杆螺纹处有杂质;<br>(5)阀门盘根填料压得太紧 | (1)提高力矩控制器的设定值;<br>(2)清洗阀杆,涂润滑脂;<br>(3)检查阀门;<br>(4)若手动费力,则应解体检查;<br>(5)松压盖,适当紧好 |
| 4 | 阀门到位电机不停转 | (1)行程或力矩控制器失灵;<br>(2)行程控制顶杆没有复位;<br>(3)电源相序不对;<br>(4)外部电源开关或接触器故障;<br>(5)行程控制器齿轮破损 | (1)检查行程及力矩控制器;<br>(2)使顶杆复位;<br>(3)手动至中间位置,重新接线;<br>(4)检查排除;<br>(5)检查更换 |
| 5 | 电机过热,运转不正常,有连续嗡嗡声 | (1)连续试车时间过长;<br>(2)电动装置与阀门选配不当;<br>(3)一相断电 | (1)停止试车,待电机冷却;<br>(2)检查配套情况;<br>(3)检查保险丝和接线 |
| 6 | 现场开度指针不动 | (1)指针紧固螺钉松动;<br>(2)传递开度指示的齿轮组装配不当或松动 | (1)拧紧紧固螺钉;<br>(2)检查齿轮传动情况 |
| 7 | 远控开度指针不动 | (1)电位器齿轮松动,电位器不动;<br>(2)电位器损坏;<br>(3)电源不良 | (1)检查电位器齿轮,拧紧螺钉;<br>(2)更换电位器;<br>(3)检查电源 |
| 8 | 电机运转但阀门不动 | (1)离合器损坏;<br>(2)阀杆螺母螺纹磨损 | (1)解体更换;<br>(2)更换阀杆螺母 |

## 课后思考题

1. 电装在维修方面是否有共性问题,是否能做得更好?
2. 电装在预防性维修安排方面有哪些问题,如何安排更好?
3. 对进口电装是否有更好的管理方法?

# 第10章　核电厂应急柴油发电机与控制

## 10.1　柴油发电机组

核电厂普遍采用柴油发电机组作为交流安全备用或应急电源。核电厂的柴油发电机系统,通常有应急柴油发电机系统,移动柴油发电机系统、专设柴油发电机系统、备用柴油发电机系统等,随各核电厂的设计而不完全相同。

核电厂应急柴油发电机系统,通常是核电厂最后一道应急交流电源,在应急工况下有着不可替代的核安全功能和设备保护功能,其主要作用是:

(1)在事故工况(如厂内和厂外电源失去、设计基准地震DBE、失去主冷却剂事故LOCA后厂址设计地震SDE、设计基准台风DBT、等)下,向电站安全相关系统(用于余热排出、安全壳裂变产物限制、反应堆状态监测、消氢等)提供可靠电源,以确保电站反应堆安全停堆,确保反应堆的余热排出,确保反应堆的长期冷却和监测,最终确保核电厂一回路压力边界的完整性

(2)防止由于正常的外部电源系统失去而导致重要设备的损坏

同时,核电厂通常还配置其他柴油发电机系统,如:

(1)移动柴油发电机组,通常是核级抗震、免维护,用于应急柴油发电机系统失效且全厂失电可能超过规定时间(如,24小时)工况下,接入应急柴油发电机系统,用于安全重要负荷及UPS供电。

(2)非核级备用柴油发电机系统,作为失去厂用电时的备用电源,因核电厂设计而异

(3)专设柴油发电机系统,用于满足专门安全要求,因核电厂设计而异。

在本章节,主要介绍该应急柴油发电机系统中的发电设备,其余柴油发电机系统中的发电设备,如原理和结构类似。

### 10.1.1　概述

核电厂的应急柴油发电机系统,具有核安全保护功能,是核级、抗震、高可靠性、2组及以上(100%冗余配置),能够在规定时间内自动快速启动、按程序带载、可靠运行的应急交流电源系统。

应急柴油发电机系统的主要设备,从设计、制造、试验鉴定、安装和调试,直至运行、维护和变更,均需严格满足核电厂的安全设计要求、专业技术标准和规范要求。

(1)应急柴油发电机组属核1E级设备,所带系统的主要设备通常也属核级设备,在设计、制造、试验鉴定、安装、运维及变更等方面,均需满足核级设备标准规范要求。

(2)柴油发电机系统设备、构筑物,满足承受一次设计基准地震DBE后仍功能可用的能力。在设计、制造、试验鉴定、安装、运维及变更等方面,均需满足相应抗震等级设备的标准规范要求。应急柴油机所在厂房,其设计和建造,应满足对台风、火灾、水淹等的防护,及

应急通信等。

(3)每台柴油发电机组和有关的辅助设备分别安装在各自独立的抗震防台风厂房内，满足实体隔离，满足与厂用电系统和其他柴油发电机系统间的电气独立要求，影响电气独立的接口应减到最小。

(4)采用双路及以上柴油发电机系统，具有100%冗余度，互为备用。

(5)应急柴油发电机系统，应设计并验证其满足规定的启动可靠性概率要求、运行可靠性概率要求，系统总不可用率低于$10^{-2}$。对每个柴油发电机组及其配电和用电设备进行定期启动和带载运行试验，以验证其满足可用率要求。

(6)为验证柴油发电机系统的$10^{-2}$可用率，需对柴油发电机系统做定期试验。当两路柴油发电机系统由于柴油发电机组或配电设备原因均不可用时，将使电站进入停堆限制时间，柴油发电机及其辅助系统通常需按SPV系统管理。

(7)每台应急柴油发电机组，具备在试验和应急事故工况下，在规定时间内启动、带载运行以执行安全功能的能力，而且柴油发电机组的启动、运行和停止不需依靠于外部电源、热源或其他辅助服务。

(8)每台应急柴油发电机组都有能力满足在厂用电失去、LOCA + SDE、DBE、DBT等各种事故工况下的供电需求，都有为电站长期余热散出及事故后监测提供充分供电的能力。柴油发电机组具备设计规定的持续运行能力，如持续运行2 000小时，同时，主燃油箱具备充分的燃料供应能力，如满足7天持续运行的燃油需求以便于燃油的后续供应准备。

(9)每台应急柴油发电机组的设计，应确保在ECC等电机启动时引起的电机端压降不超过额定电压的20%，在机组持续发电运行期间所有回路的压降不超过额定电压的10%。

(10)柴油发电机组具备规定的过负荷能力，过载额定容量的20%运行2 h。

核电厂应急柴油发电机系统，通常包含发电、配电、用电、通信等设备。

(1)发电设备：柴油发电机组(含辅助系统)

(2)配电设备：中压及低压配电柜、电机控制中心、电力变压器、整流器、电缆及桥架、切换开关、相关测量与保护装置，等

(3)用电设备：应急堆芯冷却相关泵的驱动电机、电机启动器、应急照明变压器、仪控电源切换屏，等

(4)通信设备：如抗震级电话系统等。

本章介绍柴油发电机系统中的发电设备，即柴油发电机组电气设备，满足核级电气设备的高可靠性、阻燃、在DBE地震期间和地震后功能可用的要求。

柴油发电机系统的配电、用电设备，除了需满足电站安全设计中相关的隔离、抗震、高可靠性、阻燃等核级电气设备专门要求，其余要求与电厂常规配电设备和用电设备相同，在本教材的其他章节中介绍。

### 10.1.2 结构与原理

1. 结构

应急柴油发电机组，主要包括发电机及励磁系统、机组控制监测和保护系统、柴油机及其辅助系统、柴油机启动系统等(图10.1)。其中，中低压电气设备主要包括发电机、励磁机一次回路和柴油机辅助系统电动机。

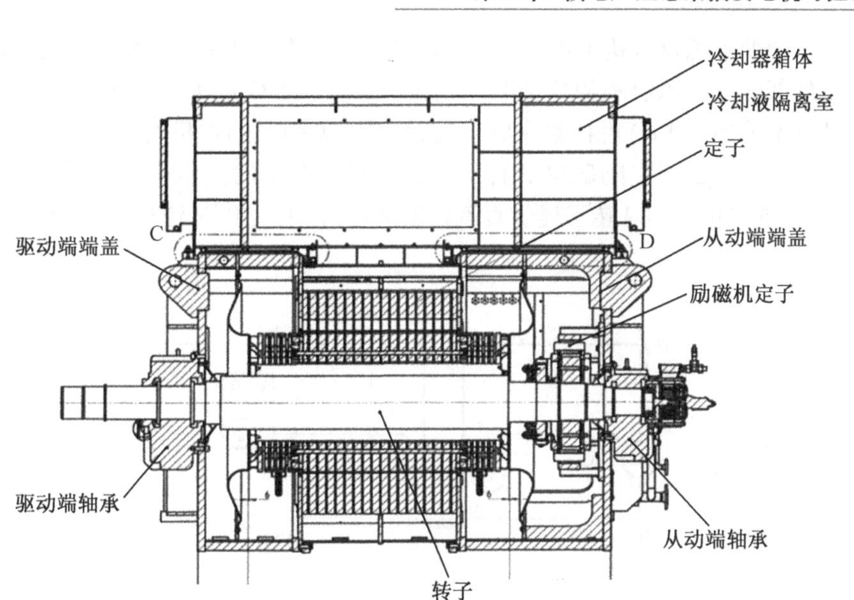


图 10.1 (柴油)发电机结构(带无刷励磁机)

(1)发电机

- 采用50 Hz三相交流中压同步发电机,发电机由柴油机直接驱动,分为自通风和防滴型;
- 发电机定子机壳采用焊接、定子铁芯由低磁损铁芯叠片冲压制成且通过压板与机壳被压制和形成一个紧凑单元,绕组端部牢固固定以防止异常工况下产生的电动力损坏,通常采用F级绝缘B级温升;
- 发电机转子由传动轴和主旋转磁场组成,转子绕组通常由扁铜制成并有适当结构固定以防止离心力的作用;
- 发电机采用重载轴承,不需要预润滑,只在机组运行时发电机的轴承供油系统工作,通常在驱动端装有接地电刷;
- 发电机的冷却形式通常采用空气冷却,冷却空气取自室内;
- 发电机具备规定的过负荷能力,如,1.5倍额定电流下运行30 s,及在允许温升内过载20%运行2 h;
- 发电机具备一定的承受异常、故障能力,如:

应急柴油发电机供电系统中有一相接地时能正常启动和运行;

在规定时间内承受外部三相或两相短路故障的能力(如承受一次出线端三相短路30 s);

持续的负序电流能力(如能承受10%负序电流);

有限次数的非同期并网能力(如相位差从120°~180°的非同期并网至少2次);

发电机在95%~105%额定电压下持续运行的能力、规定的过电压能力(如1.4倍额定电压持续4 s,1.2倍额定电压持续3 min。);

发电机具备规定的超速能力(如承受25%超速不超过1 min的能力)。

(2)励磁机一次回路

- 无刷励磁机(带PMG励磁方式)(图10.2):励磁机一次设备主要包括安装于发电机

非驱动端的一个辅助永磁发电机 PMG、一个带旋转二极管的无刷主励磁机、整流器等。

在不需要外部辅助电源启励的情况下，由永磁发电机 PMG 定子绕组所产生的交流电，经外部低压励磁调节柜(AVR)可控整流成直流后，引入无刷主励磁机的定子绕组作为励磁电流，形成定子磁场，在无刷主励磁机的转子电枢绕组中产生的交流电压经同轴旋转二极管整流后，向同轴的发电机(G)转子提供直流励磁电流，在主发电机定子绕组中产生了中压三相交流电，即应急电源。

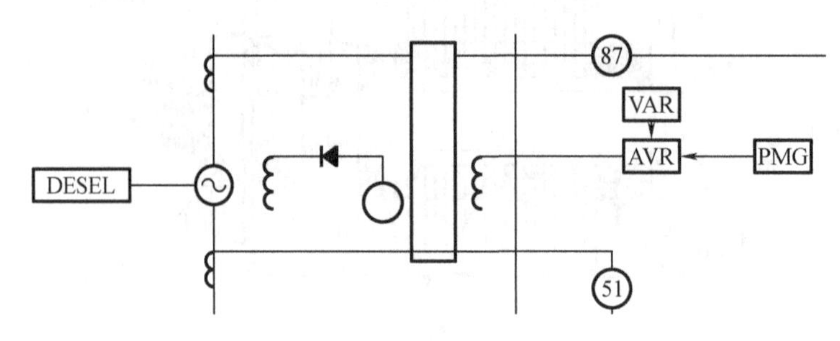


**图 10.2　柴油发电机无刷励磁机(带 PMG 励磁方式)**

• 旋转无刷励磁机(相复励励磁方式)(图 10.3)：励磁机一次设备主要包括发电机出线端/中性端 PT 和 CT 及串联电抗器、一个带旋转二极管的无刷主励磁机、整流器等。

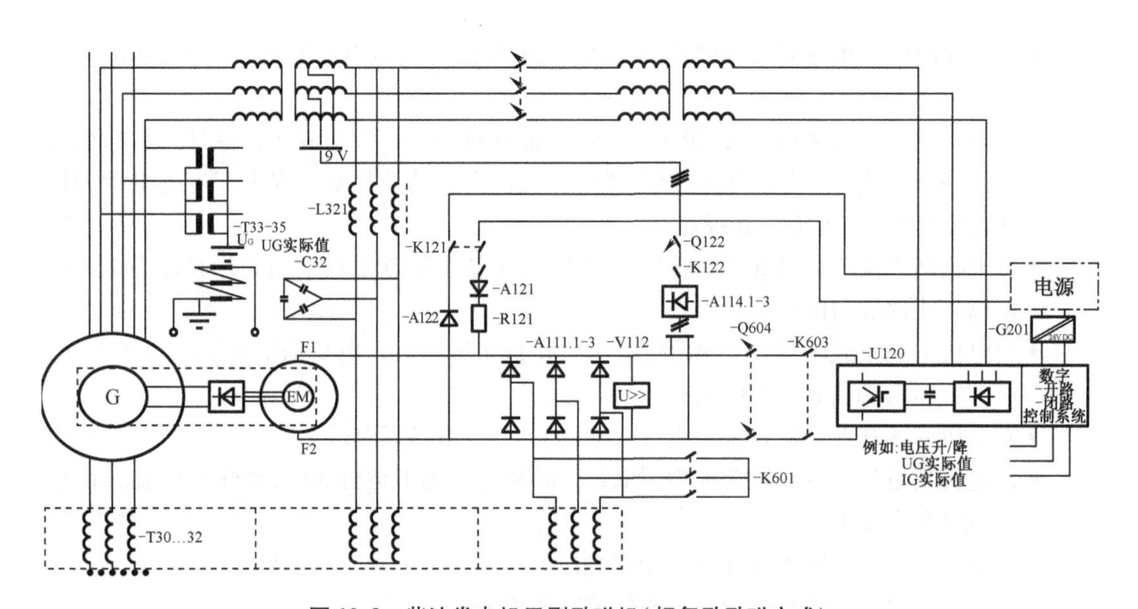


**图 10.3　柴油发电机无刷励磁机(相复励励磁方式)**

在发电机提供残压自励磁的情况下(在长时间停机或机组欠励运行时，残压可能较低，需由电厂蓄电池提供起励电源)，由发电机出线端 PT 电压源、发电机中性点 CT 电流源分别经整流后向无刷主励磁机 EM 的定子组组提供励磁电流，形成定子磁场，在无刷主励磁机 EM 的转子电枢绕组中产生的交流电压经同轴的旋转二极管整流后，向同轴的发电机转子提供直流励磁电流，在主发电机的定子绕组中产生了中压三相交流电，即应急电源。

(3)柴油机辅助系统电动机

在柴油发电机的辅助系统中有较多电动机，其中部分为核级抗震电动机，如燃油输送泵电机、燃油返回泵电机、预润滑油泵电机、润滑油泵补油泵电机、润滑油电动换油泵电机、风冷器电机、空气干燥器电机等。关于电动机及核级电动机将在本教材的其他章节中专门介绍。

关于柴油发电机组的几点说明：

- 柴油发电机组的励磁调节系统（实现发电机电压的整定和自动调节、无功功率调节、低电压保护等功能）、柴油发电机组的控制监测和保护系统（实现柴油发电机机组的启动、带载、调速、超速保护、有功功率调节等功能），将在其他章节中有专门介绍。
- 柴油机及其辅助系统，如柴油机本体、独立的燃油系统、燃料控制系统，独立的冷却水系统，润滑油系统，进气和排气系统，厂房通风系统、隔振底座、等系统，将在机械专业的柴油机章节中做详细介绍。
- 柴油机启动系统，两个独立的100%冗余设计的（压空、或抗震蓄电池驱动）起动系统，每个系统都有能力起动本系统柴油机，且具备充分的容量以满足柴油机多次启动的要求，将在机械专业的柴油机章节中做详细介绍。

2. 工作原理

柴油发电机组主要具备在规定时间内的自启动功能、按规定程序的自动带载功能、带规定时间内的带载持续稳定运行功能、电压和转速的自动调节功能、机组自动监控制和保护功能等，其主要工作原理如下：

（1）在电站正常运行期间，柴油发电机组处于热备用运行状态

- 冷却水预热系统加热器加热冷却水，为柴油机预热，以保证柴油机能快速起动并能达到满功率，防止燃油和润滑油沉淀物的产生和冷起动造成的磨损，同时，冷却水箱水位在正常水位。
- 润滑油系统在柴油机起动前，通过预润滑泵的保持连续循环运行使润滑油系统保持一定油压的预润滑状态，同时，润滑油位在正常范围。
- 柴油机启动系统，具有充分启动容量（压空或蓄电池），保证在收到柴油发电机的启动命令后的及时起动

（2）当收到应急启动命令时，柴油发电机组进入应急自启动、顺序带载、运行状态

- 在任何一种运行模式下，当电站发生设计基准事故和/或失去厂外电源时，柴油发电机组将会收到来自反应堆保护系统或应急厂用配电系统发出的起动信号。这些应急起动信号具有优先权，即使在定期试验期间，如果收到起动信号，则机组转为应急运行模式。
- 在柴油发电机组应急起动和运行期间，柴油发电机组的监测和保护系统中，仅投入超速和失电保护（或差动保护），其他保护都被闭锁，仅发出报警。
- 柴油发电机组在收到起动信号的规定时间内（如10 s）内，柴油机自动起动至额定转速、发电机完成起励并升压至设定的空载额定电压值，具备带载条件。
- 发电机频率和电压达到规定范围后，柴油机发电机接入母线并带上初始负载，之后，由顺序带载装置按加载－程序陆续自动加负载。
- 在柴油发电机组加载期间，励磁及调速系统将自动控制使发电机电压和频率均须保持在规定的限值内。如，加载期间，造成的母线压降不大于20%，频率不应下降到额定值的95%以下。加载期间，频率恢复到其额定值的98%以及电压恢复到其额定值的90%的时间应小于这一程序步骤一始和下一程序步骤之间的时间间隔的40%。

切除最大单个负载或加载时,运行条件的瞬变均不应导致柴油发电机组转速的增加超出超速跳闸最小整定值与额定转速之差的75%。

- 在柴油发电机组长期运行期间,励磁和调速系统根据负荷的变化自动调节电压和频率,以满足负载的用电需求,回路的压降不超过额定电压的10%。
- 柴油机和发电机在设计规定时间内带额定负荷持续运行,具备规定的过负荷能力,如过载额定容量的20%运行2小时。
- 在火灾环境或安全停堆地震期间及地震以后,应急柴油发电机组能继续运行

(3)电站正常运行期间,柴油发电机定期空载/带载/并网试验

- 柴油发电机组进行定期(按月)空载和低功率带载的定期试验,以验证该系统的可用性。
- 为定期检查柴油发电机组承受额定负载的能力,定期(如,按年)进行柴油发电机组的并网带满负荷运行试验。通常设置一台移动式同期试验装置,同期装置及励磁和调速系统通过检测和调整柴油发电机的速度和电压,使其与电网母线的频率和电压大小/相序/相位一致后实施自动或手动同期。实现并网同期后,可通过手动调节速度和电压实现柴油发电机组的有功和无功调节。
- 定期试验期间,发电机监测和保护均投入(如,发电机电压和电流,发电机绕组温度,发电机差动保护、定子接地故障、过负荷、失磁、逆功率、过/欠电压、频率高/低、超速、励磁系统故障、发电机绕组和轴承温度等)
- 定期试验期间,柴油机监测和保护均投入(如,润滑油压和油温、冷却水温度高/低、冷却水膨胀水箱液位高/低,活塞冷却润滑油压、日用油箱液位、就地紧急停机等)
- 在机组定期试验期间,如果收到应急启动指令,应急启动指令具有优先权。

### 10.1.3 标准规范

- 《核电站安全相关柴油发电机的应用与试验》(RG 1.9—2007)
- 《作为核电站备用电源的柴油发电机组IEEE标准草案》(IEEE 387—2017)
- 《核电站1E级电力系统的IEEE标准》(IEEE 308—2020)
- 《核电站使用的1E类控制板 面板和机架的设计和资格》(IEEE 420—2013)
- 《核电站1E级设备的鉴定用标准》(IEEE 323—2003)
- 《工业和商业用应急和备用供电系统推荐规程》(IEEE 446—1995)
- 《多相感应电动机和发电机的试验规程》(IEEE 112—2004)
- 《电力设备预防性试验规程》(DL/T 596—2021)
- 《低中速固定式柴油机和汽油机标准》(DEMA—1972)
- 《往复式内燃机性能 第一部分 功率、燃料消耗量和润滑油消耗量和试验方法说明 通用内燃机的附加要求》(ISO 3046 - 1)
- 《电动机和发电机》(NEMA MG1)
- 《核电厂应急柴油发电机组的燃油系统设计准则》(ANSI 59.51)
- 《美国核电站应急柴油发电机组的可靠性》(NSAC108)
- 《核电站1E级电路的电缆管道系统的设计、安装和鉴定》(IEEE 628—2011)
- 《核电站1E级线路用电缆系统的设计和安装》(IEEE 690—2004)
- 《1E级设备和电路独立性的判定标准》(IEEE 384—2008)

- 《压水堆核电厂电缆敷设和隔离准则》(EJ/T 344—1988)
- 《核电厂安全级电气设备和电路独立性准则》(GB/T 13286—2021)
- 《核电厂 1E 级开关成套装置鉴定》(IEEE 37.82)
- 《核电厂 1E 级金属开关成套装置抗震鉴定》(IEEE 37.81)
- 《核电厂 1E 级保护继电器及辅助器件鉴定》(IEEE 37.105)
- 《核电厂 1E 级变压器鉴定》(IEEE 638—2013)
- 《电气装置安装工程 旋转电机施工及验收标准》(GB 50170—2018)
- 《电气装置安装工程 电气设备交接试验标准》(GB 50150—2016)

### 10.1.4 运维项目

柴油发电机组运维项目如表 10.1 所示。

**表 10.1 柴油发电机组运维项目**

| 序号 | 检修和试验项目 | 验收标准 |
|---|---|---|
| 1 | 发电机及励磁机定期维护:发电机及接线箱、主励磁机、旋转整流装置、PMG、风扇、轴承、螺栓等检查、清洁、紧固,定转子部件安装间隙检查;励磁接线回路的检查和紧固、绝缘测试;发电机及主励磁机和 PMG 绕组绝缘电阻和吸收比、直流电阻测试;接地线检查及紧固;联轴器外观检查;大轴驱动端接地碳刷检查或更换,大轴从动端轴绝缘检查;加热器检查;底座地脚螺栓紧固情况检查(若松动需重新检查对中) | 柴油发电机组运维手册;《电力设备预防性试验规程》(DL/T 596—2021) |
| 2 | 发电机及励磁机外围设备定期维护:发电机出线 PT 接线紧固、清洁,PT 一次侧和二次侧绝缘电阻测量;发电机出口避雷器清洁、绝缘检查;发电机主电缆检查、绝缘测量及紧固;发电机中性点接地电阻检查、清洁、直流电阻及绝缘测量;发电机 CT 检查、清洁及接线紧固;励磁电流/电压发生器、电抗器、整流器等的检查、清洁及接线紧固 | 柴油发电机组运维手册;《电力设备预防性试验规程》(DL/T 596—2021) |
| 3 | 发电机及励磁机解体检查:发电机和励磁机解体、抽芯;发电机和励磁机部件(定子、转子、旋转整流装置、PMG、风扇、轴承、螺栓、滤网等部件)的检查、清洁和紧固;定转子部件安装前和安装后间隙检查;轴瓦检查并修复;发电机接线箱电缆外观检查、接线紧固、密封检查等;接地线检查及紧固;励磁接线回路的检查和紧固、绝缘测试,旋转二极管正向导通和反向泄漏电流检测;熔断器检查;发电机及励磁机和 PMG 修后定转子绕组直流电阻、绝缘电阻和吸收比测量,定子绕组泄漏电流测量,交直流耐压试验,转子绕组交流耐压试验;联轴器检查;大轴驱动端接地碳刷检查或更换,大轴从动端轴绝缘检查;加热器检查清洁及接线紧固,直流电阻和绝缘电阻测试;底座地脚螺栓紧固情况检查(若松动需重新检查对中) | 柴油发电机组运维手册;《电力设备预防性试验规程》(DL/T 596—2021) |
| 4 | 发电机及励磁机外围设备解体大修:发电机出线 PT 接线紧固、清洁,PT 一次侧和二次侧绝缘电阻测量;发电机出口避雷器清洁、绝缘检查;发电机主电缆检查、绝缘测量及紧固;发电机中性点接地电阻检查、清洁、直流电阻及绝缘测量;发电机 CT 检查、清洁及接线紧固;励磁电流/电压发生器、电抗器、整流器等的检查、清洁及接线紧固,绝缘检查 | 柴油发电机组运维手册;《电力设备预防性试验规程》(DL/T 596—2021) |

### 10.1.5 典型案例分析

典型经验反馈及 A/B 类报告如表 10.2 所示。

表 10.2 典型经验反馈及 A/B 类报告

| | 类别 | 状态报告编号 | 状态报告主题 | 原因分析 |
|---|---|---|---|---|
| 1 | B | CR201864813 | 应急柴油发电机组修后试验时,发电机驱动端轴承温度高高跳机、轴瓦磨损 | 柴油机就地启动后发电机润滑油供给泵、冷却风机未能正常随柴油机启动,发电机轴承箱内润滑油失去冷却,润滑油上升、黏度下降,发电机轴与轴瓦间油膜破坏,造成轴与轴瓦干磨,温度急剧上升,最终触发发电机轴瓦温度高高跳机 |
| 2 | B | CR201725879 | 备用柴油发电机检修后由于“过电压”问题而无法实现正常励磁 | 永磁机电压在换相过零点时有较大畸变。而 GENI 的同步电压取自永磁机电压,永磁机电压畸变对同步触发判断产生影响,导致 GENI 对整流桥的触发不正常。而永磁机电压换相时受到干扰后有较大畸变的原因法方不确定 |
| 3 | B | CR201721831 | 执行柴油发电机组低负荷运行性能试验期间,母线切至柴油机带载运行后柴油机跳闸 | 发电机轴承温度高高导致柴油机跳闸的根本原因是使用了质量不可靠的返修后备件 |
| 4 | B | CR202070410 | 执行柴油发电机组试验时柴油机无法提升至满功率,导致试验不合格 | 发电机励磁调节系统无功调节回路元件制造缺陷及现场受潮氧化导致无功调节功能异常 |
| 5 | B | CR201959760 | 备用柴油发电机月度试验期间,当柴油发电机并网后跳机 | 柴油发电机转速调节系统存在设计不足,没有有功功率跟踪调节功能,导致电网频率波动时引发机组有功功率下降至逆功率保护动作 |
| 6 | B | CR201943594 | 备用柴油发电机定期试验时,自动并网失败 | 转速探头电缆屏蔽线接线不规范、接地不稳定引发实测转速信号异常,导致并网失败 |
| 7 | B | CR201760325 | 柴油发电机带载卸载程序未正确触发 | KIT(电站计算机系统)卡件故障及 SOE 软件偶发异常导致试验时间计算不合格 |
| 8 | B | CR201625431 | 备用柴油机启动后没有电压 | 励磁变更中厂家修改电气设置后,未修改相关联的仪控 PLC 参数设置,引起 PLC 在电压未完全建立的时候提前发出并网指令,导致母线失去四级电源试验失败 |

表10.2(续)

| | 类别 | 状态报告编号 | 状态报告主题 | 原因分析 |
|---|---|---|---|---|
| 9 | B | CR201604623 | 柴油机在鉴定过程中启动失败 | 机调输出拉杆及锁紧垫片与其本体之间间隙过小,同时锁紧螺母垫片翻边不规范,导致机调输出拉杆及锁紧垫片与机调本体螺钉偶尔摩擦,造成输出杆动作不到位,从而导致柴油机启动不成功 |
| 10 | B | CR201529833 | 应急柴油机试月度验过程中跳闸 | 停车器的连接臂和摇臂连接销的中心对整体机构的垂直轴线的偏心距值出厂检测不严格,现场无检查要求,在起动和接近满功率运行期间机组振动较大的时刻,该值不合格导致超速保护装置误动概率增加 |
| 11 | B | CR201418238 | 柴油机十年检后带载磨合期间连续出现高负荷跳机 | 柴油机运转时燃油系统有周期性压力脉动,属固有特性,因压力开关阻尼与燃油压力脉动不匹配。燃油压力低开关在油压脉动和延时不足的情况下误触发柴油机跳机 |

课后思考题

1. 在柴油发电机和励磁机设备中,需重点关注的敏感部件是哪些?
2. 在柴油发电机和励磁机检修中,需重点关注的检修项目有哪些?
3. 在柴油发电机和励磁机运行期间,需重点关注的参数有哪些?

## 10.2 柴油发电机控制、励磁和保护装置

配置备用柴油发电机的目的是确保在厂外电源和厂内Ⅳ级电源全部失去的情况下,向核电厂安全设施提供可靠的、独立的、备用的应急电源,保证顺利安全停堆以及满足其他重要系统的用电需求。所以,在投运保护功能时,必须要考虑两种情况,一种情况是电厂在失去厂外电源时(应急工况),备用柴油发电机要尽可能满足向安全设施负荷供电,这时不管柴油发电机处于什么故障或异常状态,只要能满足向负荷供电,就不应该切除备用柴油发电机,所以在此工况下只投运主保护;另一种情况是对柴油发电机进行月度试验或别的试验时,由于这时柴油发电机是否能向负荷供电并不重要,目的是检验备用柴油发电机的性能,验证备用柴油发电机能在应急工况下正常运行和起动,这时不仅要考虑系统的安全,另外还应该考虑设备的安全,所以这时就应该对所配置的保护功能全部投运,应该满足完善保护系统和备用柴油发电机的目的,所以在此工况下不仅要投运主保护还要投运后备保护。

### 10.2.1 概述

1. 主保护(紧急启动时必须投入)

发电机差动保护(87):主要用于保护发电机定子和直到出口开关的电缆的相间绝缘或短路故障等重大故障。

2. 后备保护(只有在试验时才投入)

(1)发电机逆功率保护(32):通过探测流入发电机的有功功率来实现此保护,防止发电机转化电动机模式运行,主要用于防止柴油机和发电机体系在发生机械故障时还并网运行,这样会影响电源系统的稳定性,长时间运行可能影响机组的稳定和安全,因此必须从电网切除备用柴油发电机。

(2)失磁保护(40):通过探测发电机出口端电阻来探测电机磁场故障,这实际上也是一种转子系统保护的一种手段。

(3)负序保护(46):保护发电机转子免受负序电流热效应的损害,完成发电机负序电流保护动作后模拟发电机的冷却特性以便闭锁发电机的重新启动。

(4)过电压保护(59):在发电机的 AVR 系统工作不正常时,一旦出现发电机甩负荷操作将出现发电机出口瞬态过电压现象,这将引起发电机定子绕组绝缘损坏的后果。过电压保护能防止发电机过电压工况对发电机定子及其连接部件的绝缘的损坏。

(5)低频和超频保护(81):由于负荷在设计时已经确定了电源频率的适用范围。而不正常的频率则会影响负荷的正常运行,甚至损坏设备。所以对于电源系统应该确保频率的在负荷的适用内,以确保负荷的正常运行的需要。

(6)电压平衡保护(60):用于起动报警,并在保护 PT 的一次或二次熔丝故障时闭锁对电压灵敏的保护误动作。

(7)发电机定子接地保护(51N):为了避免发电机的单相接地故障产生的零序电流流经接地电阻产生的过电压使发电机健全相绕组对地电压抬高,损坏设备绝缘,因此有必要在定子接地故障时及时切除而需要配置此保护功能。

(8)低电压保护(27):主要用于发电机内部故障时导致发电机不能输出正常电压,并可能使 AVR 因不能正确判断电压而误增大励磁。

(9)发电机过负荷保护(51):在发电机负荷容量超过发电机允许的容量时,为了防止发电机过热超过发电机热限制曲线,通过反时限过流特性启动发电机过负荷保护,由于此保护只是在试验工况下才投运,为了确保发电机不受过热损害,有必要切除负荷。

(10)低阻抗保护(21):此保护作为发电机的后备保护,通过测量发电机出口的阻抗来判断发电机是否处于故障状态,主要用于发电机相间发生的通过过渡电阻短路的故障。

### 10.2.2 结构与原理

1. 差动保护功能

此保护为了高效地保护设备,根据故障电流的大小实施双段保护。

(1)低值段

此段差动保护功能动作灵敏,采用百分比制动差动保护特性,这样能确保区域外部故障时保护的稳定性,而且在此段还根据斜率设置了三个区。其特性图如图 10.4 所示。

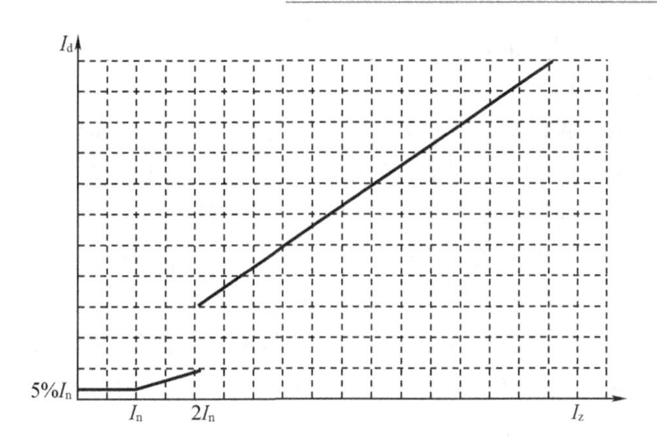


$I_d$—差动电流;$I_n$—二次额定电流;$I_z$—制动电流。

**图 10.4 差动保护比率特性曲线**

由于严重的不对称故障电流会使 CT 的激磁涌流不同程度的增加,这时 CT 的精度将大大降低,并反映到差动电流回路内出现差动电流。这样的工况(保护区外故障)引起的差动电流容易导致差动保护误动。因此,为了提高差差动保护的灵敏度,而有必要把差动保护设置为比率制动特性,以确保差动保护正确动作。

(2)高值段

这段差动保护特性不带任何制动性能,这样便于在严重故障时减小跳闸时间,快速地保护设备不受到更严重的伤害。因为当设备出现严重的故障时,其故障电流相当大,这时可能导致 CT 不一致饱和,这时差动保护不能再用比率制动特性来起动差动保护跳闸,而是通过用一种更可靠的类似的峰值差动电流测量方法更加迅速地起动保护跳闸,切除故障设备或系统。为了确保保护的稳定性,在对动作值进行整定值时必须考虑到正常运行工况下最大激磁涌流和故障穿越电流等值的影响。

2. 过电压保护(59)

由于高压电气设备都存在绝缘等级的特性,所以在整定时必须要考虑设备的绝缘强度的问题。对于发电机试验过程中主要考虑到,发电机在并网之后,随着柴油发电机的出力的增加,电压会呈明显的上升趋势。根据发电机模拟顺序带载的研究,结合发电机绝缘承受能力进行分析:

(1)报警过电压保护动作值:$U=1.1U_n$,考虑到 AVR 的调节的滞后性,所以在不影响设备的情况下,其动作时间延迟推荐为 3s。

(2)跳闸过电压保护动作值:$U=1.2U_n$,当发电机出口电压达到 $1.2U_n$ 时,这时 AVR 还没有调整成功,这种可能是因为 AVR 存在异常,而且如果电压再上升就可能损坏电气设备的绝缘,在此时应该尽快断开发电机,以防发电机的异常运行影响电厂运行的稳定性以及损坏电气设备的绝缘。秦山三期所用的保护继电器的此项保护功能固有动作时间为 0.1 s。

3. 低电压保护(27)

由于转动负荷在低电压工况下运行,因低电压工况会引起负荷电流增加,出力减小,这样很容易损坏电气设备。所以母线设置了低电压扫负荷保护,其动作值为 $U=0.7U_n$,瞬动。为了防止发电机系统存在异常或故障而影响系统正常运行,因此其低电压保护动作值应该与母线低电压保护配合,且应该高于母线低电压保护动作值,为了防止瞬态低电压引起保护误动,而在动作时间整定时,推荐选择延时 3 s 动作于跳闸。

4. 过频和低频保护(81)

这种保护主要是用于起机成功后(发电机的额定转速大于 80% 转速)对柴油机的保护,主要是作为柴油机超速保护的后备,防止柴油发电机飞车。而低频保护则主要是用于保护负荷,实际上,对我秦山三期来说,在柴油发电机上配置低频保护没有多大的意义,它在这里的唯一功能是确保柴油发电机在启动成功后由于设备故障而不能使柴油发电机迅速达到额定转速,这时应该在确保设备安全运行的情况下切除柴油发电机。

由于设备在设计时已经确定了正常频率适用范围,过度的频率偏离容易损坏设备,因此在对频率保护进行整定,推荐低频保护动作整定值 $f_u = 47.5$ Hz;推荐超频保护动作整定值 $f_o = 51.5$ Hz;为了防止瞬态电压和频率的偏移引起保护误动,建议保护的动作延迟时间整定在 3 s。

5. 负序过流保护(46)

由于电流不平衡会产生二次谐波电流,二次谐波电流则会在转子回路感应出倍频电流,此电流的涡流效应会使转子温度快速升高,可能导致转子绝缘损坏。

根据转子负序电流承受能力进行分析:

最大负序电流承受能力为正常工况下定子的 $10\% I_{ng}$;

瞬态工况下,$\left(\frac{I_{2g}}{I_{ng}}\right)^2$ 最大负荷电流承受值为 40 s;

为了有效地保护设备,负序保护可以分两组整定。第一级是,当设备还没有受到伤害时,提前给相关运行人员发出报警以便运行人员能及时采取措施,此报警整定动作值,$I_2 >= 5\% I_n$,为了确保瞬态工况不至于影响负序过流误报警,所以有必须使保护动作为延时报警,推荐延迟时间为 3 s;为了确保设备不受损害,还应该设定一个保护跳闸,以便有效地切除故障设备,此跳闸值设定在 $I_2 \gg = 7\%$,且为反时限过流特性,所以动作时间的整定可按以下公式计算:

$$T = \frac{C}{\left(\frac{I_2}{I_n}\right)^2}$$

其中 $C = 20$。

根据柴油发电机的参数:$I_{ng} = 939.34$ A;$I_{n1CT} = 1\ 200$ A;$I_{n\,2CT} = 5$ A;$I_{2g}^2 = 40$;$I_{2g} = 10\%$。

根据参数计算动作值:

$$I_2 \gg = I_{2g} \frac{I_{ng}}{I_{n\,1CT}} \ln I_n = 7.83\% I_n$$

$$I_2 \geqslant 70\% I_2 \gg = 4.9\% I_n$$

根据参数计算跳闸动作时间:

$$T = \frac{C}{\left(\frac{I_2}{I_n}\right)^2} < \frac{40}{\left(\frac{I_{2g}}{I_{ng}}\right)}$$

6. 过负荷保护(51)

一般来说对于发电机的过负荷保护选择专用的过负荷保护(49),此保护能根据发电机定子的正序和负序电流的适当复合电流拟合发电机的受热曲线。其等效复合电流 $I =$

$\sqrt{I_1^2+K^2I_2^2}$,其中,$K$ 为权重因子。另外根据发电机的散热特性和带载前工况考虑调整热时间常数。

实际上在秦山三期选择过流保护(51)作为过负荷保护。而且是定时限过流保护。主要是因为秦山三期的柴油发电机的负荷范围变化不大,而且正常工况下不存在过负荷的问题;另外,当真正存在比较大的故障电流时,有低阻抗保护来保护这种故障。所以在整定时,必须要考虑到动作整定值与低阻抗保护相配合,动作时间也应该比低阻抗保护延迟时间要长。目前的过负荷保护动作值为 $1I_n$,动作时间为 5 s。

7.定子接地保护(51N)

对于发电机单相接地来说,其零序电流 $I_o=I_{on}+I_{oc}$,其中,$I_{on}$ 为中性点零序电流,$I_{oc}$ 为电容电流。

实际上在整定电流型发电机定子绕组接地故障时,其零序电流应该考虑的是 $3I_{on}$。

为了避免瞬时过电压工况下,接地电阻上能量损耗应该大于或等于接地故障工况期间电容上的能量损失。在配置时应该满足:

$$R_n(3I_{on})^2>3C\omega V_n^2$$

式中 $R_n$——中性点接地电阻;

$C$——绕组分布电容;

$\omega$——角速度;

$V_n$——相电压。

一般来说,普通的发电机定子绕组接地保护其保护范围不会超过95%。

此外,还应该考虑以下参数对保护整定值的影响:

CT 精度为95%;

继电器精度为95%;

返回系数为95%;

故障前的额定电压为0.95%;

CT 变比为100:5

最终动作整定值为

$$I_s=(1-95\%)\times 3I_{on}\times 0.95\times 0.95\times 0.95\times\frac{5}{100}=1.3\ \text{A 或 } 0.26I_n$$

动作时间 $t=0.1$ s,主要是为了防止接地故障对设备的严重损害而采用迅速动作。

8.失磁保护(40)

发电机的失磁故障主要是通过测量发电机出口的阻抗来决定机组是否出现失磁故障。此保护通过阻抗 $R-X$ 特性圆来判断(图10.5),当发电机出口阻抗进入特性圆内部时,即认为机组出现失磁故障。其阻抗特性圆的直径建立在发电机直轴同步阻抗的基础之上。而阻抗特性的偏移量是建立在发电机的直轴暂态阻抗的基础之上。

9.逆功率保护(32)

为了防止发电机在失去主动力设备(柴油机)时仍并在系统上的发电机将转换为电动机模式运行,这时此发电机从电网吸收大量的有功,一方面将威胁系统的稳定性,另一方面将对主动力设备的转动装置构成进一步的伤害。一般来说,此时主要是因为主动力设备存在缺陷才出现的。

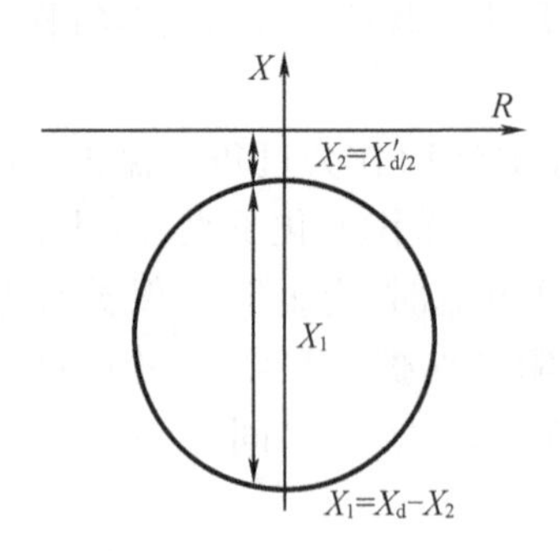


**图 10.5　失磁阻抗特性圆**

一般来说,在整定逆功率保护的动作值时主要是考虑到柴油发电机组在转换为电动机模式时所要消耗的有功。

推荐的动作值为:$-P=5\% S_N$

推荐动作延迟时间:$t=5$ s,主要是考虑到系统功率扰动或并网时由于系统的电压高或频率高,这时允许柴油发电机短时间内处于电动机运行模式。所以此保护需要一定的时间延迟。

10. 低阻抗保护(21)

对于连接系统内部出现相间故障时,此保护主要是作为 UST 或 SST 以下设备的保护的后备保护,主要是通过低电压和低阻抗保护来确保此保护动作的正确性。为了防止低电压工况下低阻抗保护误动作还应该采用低电压闭锁的逻辑。因为柴油发电机的输出阻抗主要是考虑到上一级变压器(T1/T2)的短路阻抗。所以在对低阻抗保护整定时应该以上一级变压器的短路阻抗作为整定参考值。

11. 电压失衡保护(60)

此保护主要是用于监视 PT 断线故障,由于很多的保护要依靠电压来判断系统是否正常的参考量,当保护 PT 回路出现断线时,保护因为失去电压参考量便不再能正确判断故障而容易出现保护误动,此时便考虑采用此保护功能来闭锁保护误动作。

一般来说,电压失衡保护的电压来自上而于不同的 PT 回路。

其动作参考值一般推荐为 5% 或 5 V,此保护必须为瞬动,以快速地闭锁保护,有效地防止保护误动。

12. 柴油机励磁系统

柴油发电机励磁系统原理与发电机励磁系统基本一致,也能满足各种励磁系统(静态、无刷、直流励磁),适用于柴油发电机和各种小机组。采用数字式工业自动化产品并结合了标准化的模块为实现特定功能进行的特定的一次性设计。具有开放的通信功能。能够接收分布式控制系统(DCS)、专用的操作员工作站、现场操作员终端或常规的控制盘控制。

(1)基本架构

如图 10.6 所示为典型的柴油发电机励磁单通道配置方式,因柴油发电机多为备用电源,且配置按冗余考虑,所以其励磁系统多为单通道配置,仅考虑自动加手动,不考虑双重化冗余控制通道配置。

该系统具有一个励磁调节通道,由一个带有完整励磁电流调节器(FCR)的数字电平调节器组成。该电平调节器具有自己的电源、晶闸管触发模块和整流桥。正常工作时，由数字电平调节器进行发电机电压的调节，如果发生问题，则自动切换到FCR，由人工进行手动控制调节。

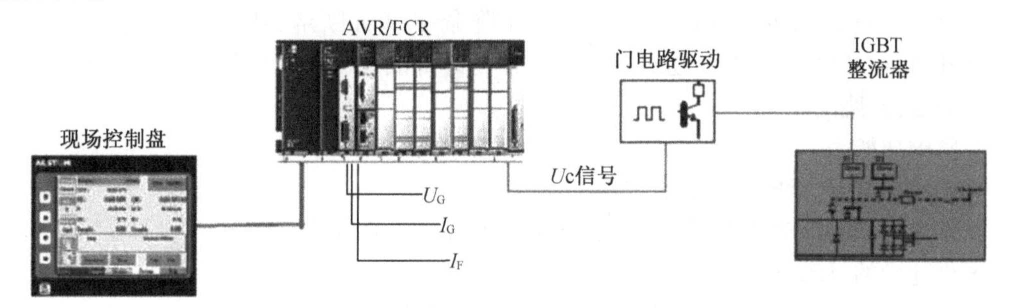


图10.6 典型的柴油发电机励磁单通道配置方式

(2)通道功能模块

柴油发电机励磁功能配置如图10.7所示。

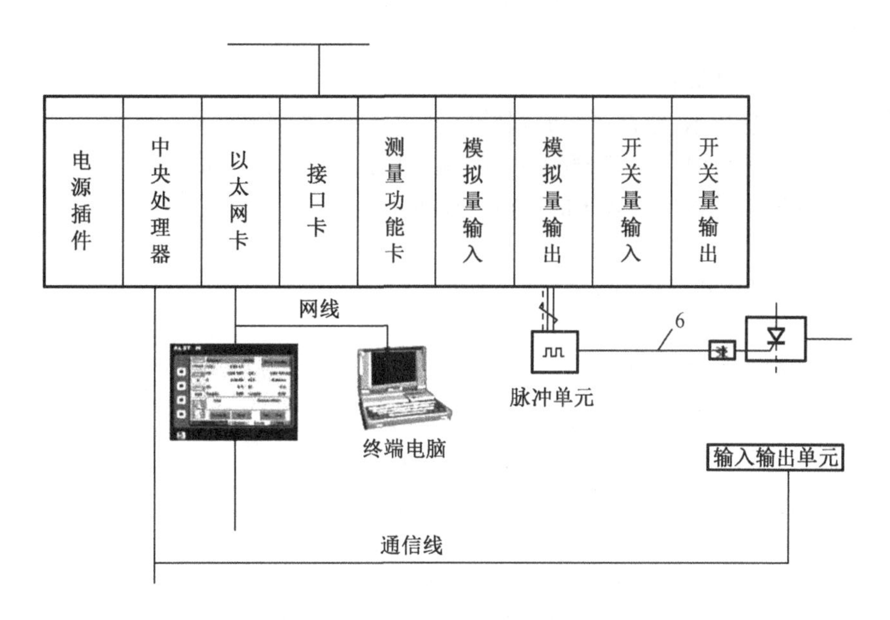


图10.7 柴油发电机励磁功能配置

- 电源：双电源设计，一路取自电厂的DC电源，另一路取自制励磁变压器的二次。
- CPU处理器：CPU处理器选用的是300 MHz的奔腾Ⅲ处理器，为用户提供典型的10 MB RAM存储空间。
- 通信能力：通过通信接口可以提供宽广的通信能力；与DCS和现场的控制盘通信；Modbus总线TCP通信协议；具有Worldfip总线接口可以实现两个调节器之间的通信；还可选择RS485通信、以太网通信、光纤通信等方式。在励磁屏体内部采用的是内部总线(RS485)，用来处理和收集用以控制和维护励磁设备的主要信息。所有的指令和维护方法会通过通信提供。
- 外部输入/输出接口：提供多个模拟量和数字量接口板卡，对发电机的测量数据完成以下计算：三个线电压，三个线电流；定子电压有效值，定子电流有效值；有功功率，无功功率，PSS2B 校正期，频率，电流电压实时测量监测。

- 开入量：内部提供的 24 V DC 电源，光电隔离，LED 指示每个通道的状态。4 开入量对应励磁设备的控制信号（励磁上升、下降命令，单元断路器状态）。
- 开出量：开出量备用，并通过中间继电器与外部隔离。4 个开出量用于外部指示，例如报警、跳闸。

3. 励磁功能

- 电压控制，包括电力系统稳定器；
- 电流控制的手动模式（包括维护，故障类型或特殊的启动）；
- 带起励的自动电压建立（软启动）；
- 励磁电流限制：顶值电流限制，过电流限制（定时限或反时限）；
- 依据 $P-Q$ 图的低励限制；
- 过激磁限制（$v/f$）；
- 用于电压调节的发电机电压测量回路监测；
- 补偿由于有功或无功电流引起的电压降；
- 无功电流减少（发电机并列运行）；
- 励磁绕组温度计算；
- 控制盘的信息显示，包括详细的报警信息和 $P-Q$ 图表显示；
- 励磁系统开关量时序（励磁开关控制，整流桥控制，启动、停机）；
- 通过以太网与其他控制系统的通讯（Modbus TCP）。
- 可选功能项：
- 定子电流限制（两段式）；
- 线性充电顺序（水电项目）；
- 定子电压限制的手动方式；
- 温度（热容量）决定的定子电流限制（两段式）；
- 温度（热容量）决定的过励磁限制（两段式）；
- 无功或功率因数强行控制；
- 自励发电机磁场建立顺序；
- 由无功消失来限制主回路断路器的中断电流；
- 扰动纪录：最多可记录 6 个事件记录，每个事件包括 9 个模拟量和 16 个开关量；
- 内部过电压保护；
- 特殊的电机启动时序（静止频率转换器，顺序启动）；
- 特殊的关闭时序（由短路或静态频率转换器引起的电气制动）；
- 无刷励磁的转子接地测量指令；
- 晶闸管的导通监测；
- 并网前的电压匹配时序。

柴油发电机作为一个独立的系统，其励磁系统基本与主发电机的功能相近，但相对主发电机，柴油发电机的励磁功能相对简化，如电力系统稳定器等功能，一般不投用。现有核电厂用柴油发电机励磁系统，基本为三机励磁系统。

### 10.2.3 标准规范

- 《核电厂应急柴油发电机组设计和试验要求》(NB/T 20485—2018RK)
- 《工频柴油发电机组额定功率、电压及转速》(JB/T 8186—2020)
- 《自动化内燃机电站通用技术条件》(GB/T 12786—2006)
- 《核电厂备用电源用柴油发电机组准则》(EJ/T 625—2004)
- 《核电厂备用电源柴油发电机组定期试验》(EJ/T 640—1992)
- 《静态继电保护及安全自动装置通用技术条件》(DL/T 478—2001)
- 《电气继电器 第5部分:量度继电器和保护装置的绝缘配合要求和试验》(GB/T 14598.3—2006)
- 《量度继电器和保护装置 第26部分:电磁兼容要求》(GB/T 14598.26—2015)
- 《继电保护和安全自动装置基本试验方法》(GB/T 7261—2016)
- 《电气继电器 第21部分:量度继电器和保护装置的振动、冲击、碰撞和地震试验 第1篇:振动试验(正弦)》(GB/T 11287—2000)
- 《继电保护和安全自动装置技术规程》(GB/T 14285—2006)
- 《量度继电器和保护装置的冲击与碰撞试验》(GB/T 14537—1993)
- 《输电线路保护装置通用技术条件》(GB/T 15145—2017)

### 10.2.4 运维项目

1. 柴油机控制、励磁和保护装置3C运维项目

(1)清除屏内设备上的灰尘,对各设备的接线端子进行检查并紧固。

(2)对保护和测量用的CT、PT进行绝缘检查。

(3)按照定值单核对励磁参数,并对励磁模块中的输入输出卡件进行软件监视,校验备用柴油发电机保护屏内变送器,检查AVR及MCR操作终端通讯回路。

(4)按照定值单核对手动、自动同期装置参数,并对同期装置进行校验。

(5)按照定值单核对综合保护装置的参数,并对保护装置进行特性校验。

(6)按照CT、PT变比定值单对测量装置进行校验。

(7)对屏内励磁电压表和励磁电流表进行校验;对屏内中间继电器进行更换。

(8)对SDG发电机出口开关柜上的电气指示仪表进行校验。

(9)对SDG发电机出口开关柜上的中间继电器及出口跳闸继电器进行校验。

(10)对主控屏上的指示仪表进行校验。

(11)对PT\CT就地二次回路端子排进行清扫、检查和紧固;对PT二次熔丝进行检查。

(12)对保护和同期回路进行传动试验。

2. 柴油机控制、励磁和保护装置6C运维项目

(1)更换屏内保护装置。

(2)更换屏内励磁系统的DI\DO卡件、AI\AO卡件、CPU卡件、电源模块、通讯模块等。

(3)更换屏内测量装置。

### 10.2.5 典型案例分析

柴油机控制、励磁和保护装置典型案例分析如表10.3所示。

**表 10.3　柴油机控制、励磁和保护装置典型案例分析**

| 事件 | 事件经过 | 原因及纠正行动 |
| --- | --- | --- |
| 4LHP421AR 应急柴油机手动紧急停机信号触发导致柴油机不可用 | 2021 年 3 月 10 日 18:57,4 号主控触发 4LHP004AA(柴油发电机组机械故障)和 4LHP005AA(柴油发电机组保护停机)。运行人员就地检查 4LHP300VA 和 4LHP301VA 不明原因关闭,确认柴油机无异常后手动复位阀门至开启状态,同时将就地控制柜上报警信号复位,4LHP 恢复至正常可用状态 | 通过柴油机手动紧急停机回路检查、事件调查及分析、人员访谈等,判断事件直接原因为柴油机手动紧急停机信号误触发;根本原因为柴油机手动紧急停机回路继电器(个体)性能下降。将该继电器 U215 - K1 增加到柴油机控制柜长周期更换重要回路继电器清单中。(包括 3LHP/LHQ、4LHP/LHQ)。评估柴油机手动紧急停机回路优化的可行性(继电器由失电动作改为得电动作) |
| 2 号机备用柴油发电机 B 测量 CT 接地导致季度运行试验功率波动 | 2020 年 10 月 15 日,2 号机备用柴油发电机 B 执行季度运行试验(WOT: 19051437),柴油机到达设定功率 5 700 kW 后,功率出现波动,整个试验过程中最大功率达到 6 215 kW,最小功率 5 305 kW,不满足 5 400 ~ 6 000 kW 的验收准则,导致试验判定不合格 | 建安期施工时发电机中性点测量 CT 二次电缆绑扎防护不当,导致电缆长时间受力压迫,柴油机启动时端子箱振动使切割加剧,最终绝缘破损,C 相二次电流分流,电子调速器监测电流不准确,导致功率调节异常。使用绝缘胶布,热缩套管进行绝缘包扎,并在电缆线束受力处使用绝缘橡胶垫进行包裹绑扎。宣贯学习本事件,工作中关注电缆线束绑扎时选择的固定位置不能有锋利边缘,否则需要做好锐边防护 |
| 1 号 SDG 出现故障报警 | 4 月 29 日 1:15 主控出现 1 号柴油机故障报警 WN16 - 2(SG1 TROUBLE),现场检查发现控制盘上有“PLC _ DEFC26 module 26 in fault”报警。未发现其他异常。<br>2:28 主控出现 CI - 1843 - 1 号 SDG AUTOSTART NOT READY 报警。经和维修人员沟通,当前状态无法确定 1 号 SDG 是否可以运行,进入技术规格书限制。<br>在 1 号 SDG 故障后,执行 2 号 SDG 可用性试验时,在转速达到 500 r/min 后仍无法建立正常的出口电压,主控显示约 600 V,现场检查发现 2 号 SDG 出口电压约 3 kV,励磁电流为零。2 号 SDG 无法建立励磁,进入技术规格书的限制 | 根本原因:1 号 SDG 出现的报警“PLC _ DEFC26 module 26 in fault”和 2 号 SDG 出现的 AVR 不能正常励磁的现场均由于通信卡件老化降级死机所致,而根本原因是对于 SDG 卡件的老化管理及后续措施不当。<br>由于 SDG 投运已经 11 年,电子元器件的使用寿命有限,一般电子卡件的使用期在 10 ~ 15 年左右。而此前对于相关卡件的老化降级一直没有采取相应的措施,以致卡件使用到现在也没有进行过更换。对此,目前 SDG 专项组已经列出了一项行动,对目前我厂的 SDG 卡件的老化进行评估,包括与同类兄弟电厂的调研以及与设备厂家进行交流,并最终确定各类卡件的预防性维修措施以及更换周期,并编写进入相应的程序中,如 PMP 等 |
| 2 号应急柴油发电机无功功率无法调节 | 2011 年 2 月 28 日 13 时 00 分,2 号应急柴油发电机组定期试验(TST - M - 007)从 A 通道开始,主控试验启动正常;13 时 10 分,主控并网后无功功率无法调节。13 时 30 分,经检修抢修后(更换电压调速器备板),再次并网正常 | 电压校正器板故障 |

表 10.3(续)

| 事件 | 事件经过 | 原因及纠正行动 |
| --- | --- | --- |
| 1 号机组 2 号备用柴油发电机励磁系统过电压 | 109 大修期间,1 号机组 2 号备用柴油发电机检修工作完成后,在进行励磁系统变更后动态试验时,由于自动启励“过电压”问题而无法实现正常的投励磁 | 永磁机电压在换相过零点时有较大畸变,而脉冲控制触发设备 GENI 的同步电压取自永磁机电压,永磁机电压畸变对同步触发判断产生影响,导致 GENI 对整流桥的触发不正常,发生逆变颠覆,引发过电压。在安装滤波模块后,同步电压畸变情况得到改善,脉冲触发正常。 |

## 课后思考题

1. 柴油发电机目前配置的电气保护有哪些?
2. 为什么备用柴油发电机紧急启动时电气保护只投主保护而不投后备保护?
3. 柴油发电机在紧急启动时投入哪个电气主保护?

# 第11章　棒电源机组及控制系统

## 11.1　概　　述

棒电源系统(RAM)的任务是确保对控制棒驱动机构(CRDM)的线圈连续供电。该系统与核电站电源的任何暂态扰动无关,因此具有一定的独立性。

给CRDM供电的是一个中性点绝缘的三相四线制配电系统。本电源系统通过两套带飞轮的电动发电机组供电。驱动发电机的是三相鼠笼式异步电动机,它们分别由不同的380 V母线供电。

为保证可靠性,棒电源机组每组可带100%的控制棒驱动机构负荷运行。正常运行期间,两套棒电源机组各带50%的控制棒驱动机构负荷并列运行,两台发电机输出端并联,将电源供给棒控系统电源柜及控制逻辑柜。在反应堆运行期间,这种运行状态是连续的,且该系统适应于功率需求的瞬时变化,不会引起跳闸。

每套棒电源机组在设计上要保证以下几个方面。

(1)同时提升或下降最多的子组棒束,而其他棒束处于保持状态所需要的最大瞬时功率。

(2)如果电源网络故障<1.2 s

- 当380 V电源失去时,电动机接触器保持闭合。此时利用存储在机组飞轮内的动能继续给共用的260 V母线供电,发电机断路器一直保持闭合状态;
- 当380 V电源恢复后,棒电源机组继续正常运行。

(3)通过选择发电机的超瞬变电抗,来限制260 V电路上的瞬时电压变化。

(4)利用发电机定子绕组曲折连接(Zig - zag)方式,克服同步发电机定子绕组电流中的直流分量,以避免磁路过饱和,降低发电机特性。

(5)两台发电机并联后,使两台发电机励磁绕组并联连接,这样能在机组瞬态变化时恰当的分配无功功率。

在这个系统(电动机、发电机、控制保护装置)的设计中,要考虑到CRDM电磁线圈负载的高感抗特性以及供电方式:每一子组棒束或几个子组棒束都是由260 V电路上的三相半波可控硅桥供电的,这些三相可控硅桥构成了由一个程序控制电路控制的固态电源装置(EEC)。

无论是一套机组运行,还是两套机组并联运行,都应该满足如下各工况的功率要求:

(1)稳态运行,所有棒束处在保持位置;

(2)棒束插入或提升运行;

(3)棒束插入或提升(在很短的时间内);

(4)紧急停堆(落棒)。

当两套棒电源机组均发生故障,将使CRDM磁力线圈失去电源。此时驱动杆和控制棒依靠自身的重力落入堆芯,使反应堆紧急停堆。所以当一套棒电源机组发生故障时,另一套棒电源机组将成为临时 SPV 设备。

# 11.2　结构与原理

棒电源机组由发电机、异步电动机、励磁系统、电压调节器、飞轮及联轴器等附属设备组成(图 11.1)。

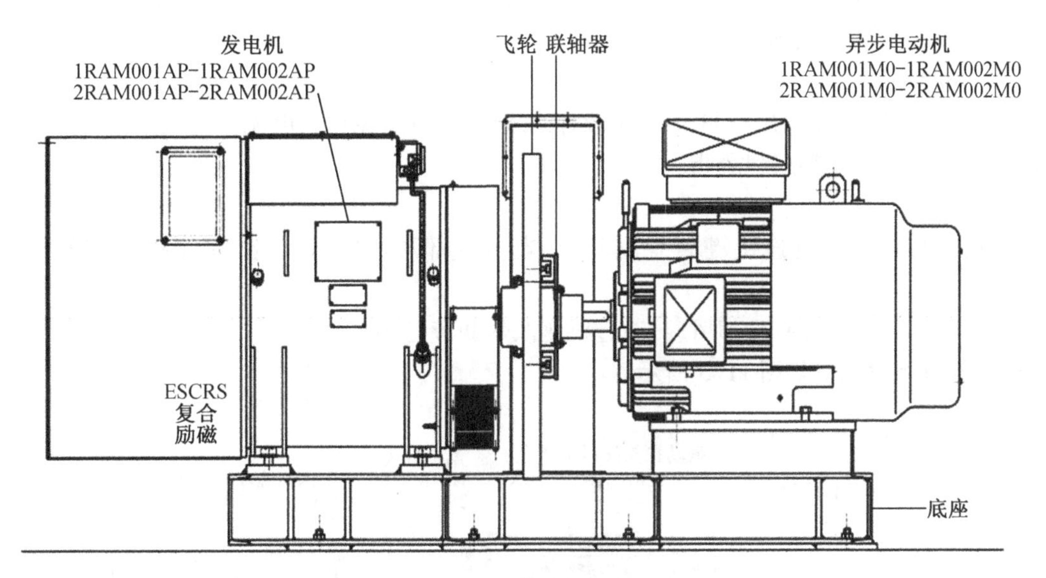


图 11.1　棒电源机组构成

棒电源机组电动机如图 11.2 所示。

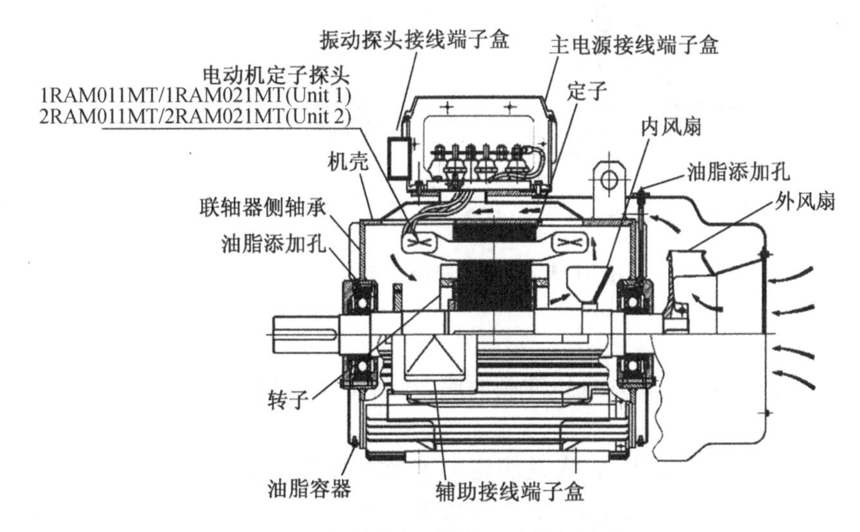


图 11.2　棒电源机组电动机

(1)定子机座

带有散热筋的机座用来定位定子磁路与轴承端盖。它还包括供线缆穿入接线箱及其他附属配件的开口,以及固定电机的地脚螺栓孔和定位孔。被压制的硅钢叠片作为定子磁路安装在机座内。

(2)定子绕组

定子绕组为叠式结构,由浸入环氧树脂漆的漆包线组成。浸入环氧树脂可以保证绕组有较高的电气性能以及允许更好的热传递。

(3)转子

转子为鼠笼型结构,转子铁芯由硅钢片冲制而成,笼型转子绕组由导条和端环组成,并在轴向允许一定的热膨胀延伸。

(4)电机轴承

(5)使用 SKF 深沟球轴承,联轴器侧带有绝缘环,可以避免环路电流。电机两端端盖设有加油孔,可在线对其补充润滑脂。

(6)冷却

内部:在转轴上通过连接键装有风叶,在电机内部形成空气回路,用来冷却定转子部件。

外部:在非驱动端装有冷却风扇,通过机座散热筋带走热量。

棒电源机组发电机如图 11.3 所示。

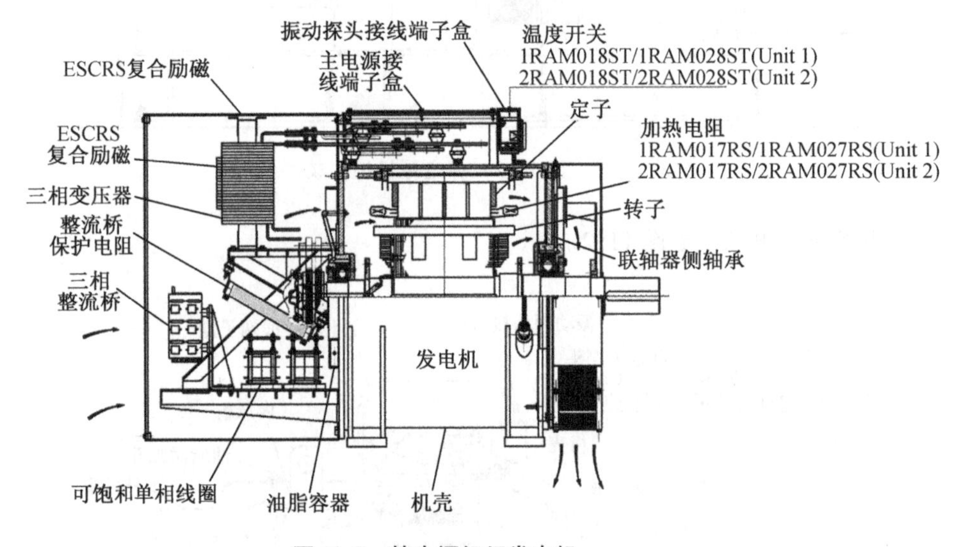


图 11.3　棒电源机组发电机

(1)定子机座

发电机定子铁芯同样为硅钢片叠压冲制而成,两端设有端盖以容纳发电机轴承。

(2)定子绕组

在发电机绕组电势的分析中,首先是假定定子绕组的铁芯表面是平滑的,但实际上由于铁芯槽的存在,铁芯内圆表面是起伏的,对磁极来说,气隙的磁阻实际上是变化的。磁极对着齿部分,则磁阻小,对着铁芯线槽口部分的气隙磁阻就大,随着磁极的转动,就会由于气隙磁阻的变化在定子绕组中感应电势。这种由于齿槽效应在绕组中感生的电势就称为齿谐波电势。为了削弱齿谐波电势，棒电源机组发电机采用斜槽，即定子或转子槽与轴线不平行。把定子槽做成不垂直的斜槽或将磁极做成斜极，一般斜度等于一个定子槽距。

(3)发电机轴承

使用SKF深沟球轴承。驱动端侧轴承设计可轴向移动，以消除温度变化造成的热膨胀。非驱动端侧轴承则设为不可移动，并设有绝缘环，可以避免环路电流。发电机两端端盖设有加油孔，可在线对其补充润滑脂。

(4)冷却

冷却空气从非驱动端进入发电机内部，并通过在驱动端设有的离心式风扇排出发电机。

(5)励磁系统

发电机的内部励磁系统安装在发电机非驱动端侧，带有电压调节器的固态复励装置，可调整稳态运行电压±5%。

# 11.3 标准规范

- 《电力设备预防性试验规程》(DL/T 596—2021)
- 《旋转电机 定额和性能》(GB/T 755—2019)
- 《三相异步电动机试验方法》(GB/T 1032—2012)
- 《压水堆核电厂 核岛电气设备设计和建造规则》(RCC - E 2005)
- 《旋转电机 - 第1部分:额定功率与性能》(IEC 60034 - 1—2017)
- 《电动机和发电机》(NEMA MG1)

# 11.4 运维项目

棒电源机组及系统运维项目如表11.1所示。

**表11.1 棒电源机组及系统运维项目**

| 序号 | 预维频度 | 检修与试验项目 |
|---|---|---|
| 1 | 修后头2个月 | 检查机组紧固件松紧情况 |
| 2 | 每2个月 | 检查发电机及电动机轴承油脂润滑情况;检查碳刷磨损情况 |
| 3 | 每4 000小时 | 预磨发电机新碳刷并更换 |
| 4 | 每次计划停机解体期间 | 清洁发电机绕组、励磁组件以及电压调节器 |
| 5 | 第一次使用或者长时间停运(超过1个月) | 检查发电机及电机绝缘情况 |
| 6 | 长期存储(超过3个月) | 需替换旧润滑脂 |

## 11.5 典型案例分析

棒电源机组及系统典型案例分析如表 11.2 所示。

表 11.2 棒电源机组及系统典型案例分析

| 序号 | 类别 | 状态报告编号 | 状态报告主题 | 原因分析 |
| --- | --- | --- | --- | --- |
| 1 | B | CR201976995 | 棒电源机组跳闸事件 | 刷架弹簧压力随碳刷的磨损衰减,造成碳刷的工作压力不恒定,进而导致碳刷与滑环接触不良,导致发电机失去励磁电流 |
| 2 |  | CR201658779 | 棒电源机组发电机,电机转子轴损坏。 | 承包商员工未按规程要求对发电机转子轴上的飞轮加热并用 30T 液压拉马拉出飞轮,而是直接用 50T 液压千斤顶冷拉飞轮,致使 2 号棒电源机组发电机轴和飞轮拉伤,造成设备损伤 |

课后思考题

1. 当失去电源超过 1.2 s,会发生什么后果?棒电源机组和 260 V 网络之间的隔离是通过什么实现的?

2. 如何选择棒电源机组的容量?

# 第 12 章　核电厂接地系统

## 12.1　概　　述

接地系统(LTR)为全厂公用系统,涉及核岛、常规岛、BOP 等区域。接地系统的功能是保护人身和电气、电子设备的安全,防止直流、工频电流或雷击冲击,主要功能如下:

(1)将由各种原因产生的故障电流引向大地,以限制跨步电压及接触电压在安全数值内,防止工作人员因触摸绝缘损坏而带电的金属部分或接触带电部件而造成的人身伤亡。

(2)将过电压及静电向大地释放,以确保人身及设备安全。

(3)提供电气系统中性点,以及电子设备的工作基准点,以确保其正常运行。

(4)使所有电气设备正常不带电的金属部分处于等电位(地电位),防止冲击电流产生电位升高,导致电气设备因过电压而发生故障。

## 12.2　结构与原理

### 12.2.1　接地分类

接地一般分为保护性接地和功能性接地两种。

(1)保护性接地

防电击接地:为了防止电气设备绝缘损坏或产生漏电流时,使平时不带电的外露导电部分带电而导致电击,将设备的外露导电部分接地,称为防电击接地。这种接地还可以限制线路涌流或低压线路及设备由于高压窜入而引起的高电压;当产生电器故障时,有利于过电流保护装置动作而切断电源。这种接地,也是狭义的"保护接地"。

防雷接地:将雷电导入大地,防止雷电流使人身受到电击或财产受到破坏。

防静电接地:将静电荷引入大地,防止由于静电积聚对人体和设备造成危害。特别是目前电子设备中集成电路用得很多,而集成电路容易受到静电作用产生故障,接地后可防止集成电路的损坏。

防电蚀接地:地下埋设金属体作为牺牲阳极或阴极,防止电缆、金属管道等受到电蚀。例如我厂的 CPA 系统,这里不再讲述。

(2)功能性接地

工作接地:为了保证电力系统运行,防止系统振荡.保证继电保护的可靠性,在交直流电力系统的适当地方进行接地,交流一般为中性点,直流一般为中点,在电子设备系统中,则称除电子设备系统以外的交直流接地为功率地。

逻辑接地:为了确保稳定的参考电位,将电子设备中的适当金属件作为"逻辑地",一般采用金属底板作逻辑地。常将逻辑接地及其他模拟信号系统的接地统称为直流地。

屏蔽接地:将电气干扰源引入大地,抑制外来电磁干扰对电子设备的影响,也可减少电子设备产生的干扰影响其他电子设备。

信号接地:为保证信号具有稳定的基准电位而设置的接地,例如检测漏电流的接地,阻抗测量电桥和电晕放电损耗测量等电气参数测量的接地。

### 12.2.2 LTR 系统的构成

系统的构成包括地下接地网络、安全接地网络、防雷保护接地网络。

1. 地下接地网络的参数确定

整个地下接地网络由埋设在建筑基础下面,即在较深的地下形成的水平接地网络和在厂区各建筑物间埋入地下的接地网络组成。

在发生接地故障时,距故障点不同距离处将产生不同的对地电位。当人体的不同部位接触不同电位时,就会在故障存在的时间内有 50 Hz 的故障电流流过人体。因此,地下接地网络设计成使流过人体的故障电流值限制在不危及人身安全的范围内,即满足《电流对人和家畜的效应 第 1 部分:通用部分》(IEC/TS 60479 - 1:2005,IDT)标准的以下要求:

(1)0.1 s 内 220 mA;

(2)0.2 s 内 190 mA;

(3)0.4 s 内 130 mA。

为此,接地网络的布置通过计算现场各处的跨步电压或接触电压在人体中产生的电流不超过允许值来确定。

计算公式:

$$I_{kb} = u_{kb}/(z_c + 2z_{ch} + 6\rho)$$

$$I_j = u_{jc}/(z_c + 0.5z_{ch} + 1.5\rho)$$

式中 $z_c$——人体电阻(Ω),公认值为 1 000 Ω;

$z_{ch}$——1 只鞋底的电阻(Ω),公认值为 7 000 Ω;

$\rho$——地表电阻率;

$u_{kb}$、$u_{jc}$——$M$ 点跨步电压和接触电压,V;

$I_{kb}$、$I_j$——分别由跨步电压和接触电压产生的流过人体的电流,A。

整个接地网络的接地电阻参照《法国核岛电气设计建造规则》(RCC - E)D4000 接地系统中规定按小于 10 Ω 设计。

常规岛区按照国内的标准设计。

2. 地下接地网络导体截面材料选择

接地网络中接地导体的截面选择是按接地故障电流和故障持续时间确定。因 6 kV 采用不接地系统,接地故障电流较小。0.38 kV 采用直接接地,同时变压器选用 DYN11 接线,其零序阻抗接近正序阻抗,所以接地故障电流大。6.3/0.4 kV 变压器最大容量为 800 kVA,其一次侧短路容量按无穷大,则变压器二次侧出口接地故障电流经计算留有余量为 30 kA,故障持续时间为 1 s。

因此,选择接地导体的截面按下式计算:

$$S_{jd} \geqslant \frac{I_{jd}}{C}\sqrt{t_d}$$

式中，$I_{jd}=30\ kA$，$t_d=1\ s$，$c=180$

$$S_{jd}\geqslant\frac{30}{180}\sqrt{1}\times10^{-2}=167\ mm^2$$

为此，参照《法国核岛电气设计建造规则》（RCC-E）D4000的规定，构成主接地网络的接地导体采用裸铜缆线，其截面为185 $mm^2$ 或 $40\times5\ mm^2$。

接地导体埋设在低电阻率的土层里，使导体与土壤或填充物间保持良好的电气接触。

3. 深埋接地网络

它布置在建筑物基础平面以下，是接地网络中埋入地下的部分。在占地面积较大基础较深或其内装有高压电气设备的建筑物基础平面以下设置深埋接地网络。该网络是敷设在建筑物基础平面以下（建筑物基础的底板索混凝土层或地基低电阻率土壤层内）。该网络用于在建筑物基础处形成等电位地下网络，并能把电气故障或雷电产生的接地电流导入地下。

深埋接地网络形成网格。这样，一旦在某点出现断裂，不会影响接地效果。这些网络埋入地下以降低不同地质条件的土壤之间电阻率之差，同时避免在冻土层和干旱层中埋设。

如图12.1所示，核岛深埋地网由185 $mm^2$的裸铜电缆深埋地网在防水垫层 -7 m以下，在整个建筑物下布置成五纵三横井字型网格式。通过引上导体与核岛厂房外 -1 m深处的接地检查井相连，连接全厂地网。深埋地网敷设的地方开挖一条宽200 mm，深200 mm的沟槽，槽内填满降阻剂，铜线埋设其中。深埋地网的裸铜缆从基础底部敷设至地面，敷设在厂房机械防水层的外面，并穿 $\phi150$ mm的聚氯乙烯管加以保护，管子两头每个2 m的地方均用固定环固定在机械防水层侧面。引上线与接地分配构架或与接地井相连。

核岛厂房外设5个防雷特殊检查井，内带三根7 m长的接地板，用于泄漏雷电流。

常规岛防雷接地B区一次地网，总覆盖面积32 175 $m^2$，包括两个汽轮机厂房及主变压器区域，它敷设在汽机厂房基础垫层的下面，以平面尺寸15 m为间距方格网布置，在混凝土找平层与基岩上开凿了一条宽300 mm，深200 mm的长槽，在竖直与斜坡处固定2″的黑铁管，平直段185 $mm^2$的裸铜缆直接埋设在槽里，填满泥土，在竖直与斜坡处将185 $mm^2$的裸铜缆穿于管中，裸铜缆之间的连接、交叉等焊点均采用铝热剂焊接，在网格的边缘四角各有一个接地检查井，以备接地网检查和相邻接地系统的连接，在一次地网中，有与二次接地网连接的引上线，引上线穿2″的黑铁管进行保护。

常规岛厂房A、C区的一次地网处于海滩回填区，接地现均采用185 $mm^2$的裸铜线，其布局为15 m×15 m的网格，一次地网为深埋地网，在 -2.00 m，二次地网为浅埋区，在 -0.8 m。在设备基础附近由一次接地网与二次接地网连接，连接线采用与接地网相同规格的裸铜缆，并采用2″的黑铁管保护。A区为500 kV升压站及网控区，接地网为315 m×120 m，C区为220 kV降压站，接地网为165 m×60 m，为降低接地电阻和减少跨步电压，在A区及A、C连接区一次地网敷设的地方开挖一条200 mm，深200 mm的沟槽，槽内填满降阻剂，铜线埋设其中。

如图12.2所示，常规岛A、B、C区的一次地网均由截面为185 $mm^2$的铜绞线构成矩形网格状，A、C区一次地网埋于地表下2 m处，B区一次地网埋于主厂房基础垫层下。在重要的区域，如：主变压器和降压变压器平台、220 kV GIS、主厂房 -7.20 m的二次地网用截面为185 $mm^2$的铜绞线敷设成矩形网格状，埋于地表下或该层下0.8 m处。四周及拐角处设置接地连接及检查井。

三区一次地网通过每区边角上的接地井相互连接，且与核岛一次地网相连，形成庞大的网状，每两区一次地网之间的连接点不少于2点。

BOP厂房根据具体情况进行设计和施工，基本与核岛类似，但埋地深度不一样。

全厂接地井总图如图12.3所示。

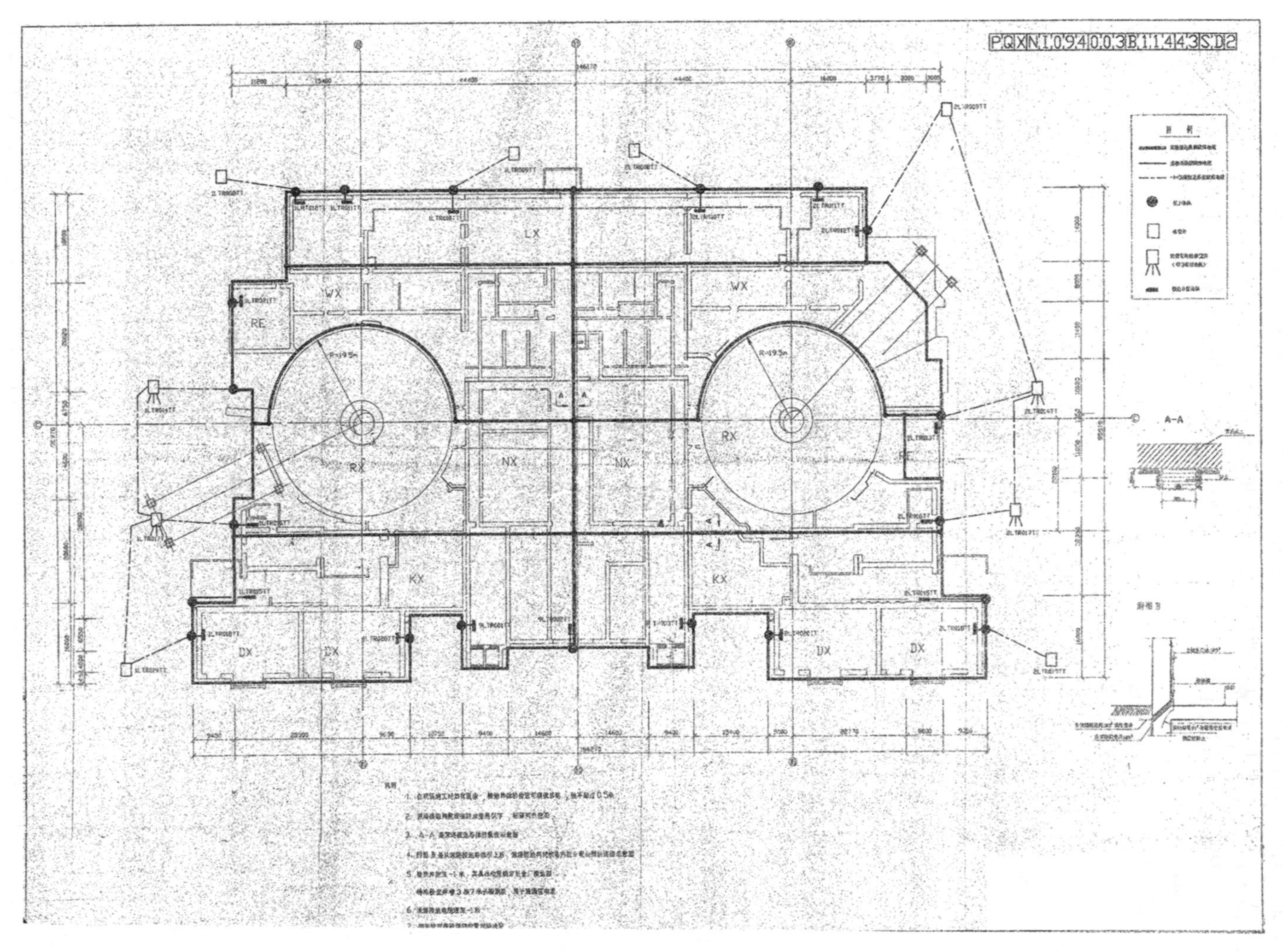


图 12.1　核岛深埋地网示意图

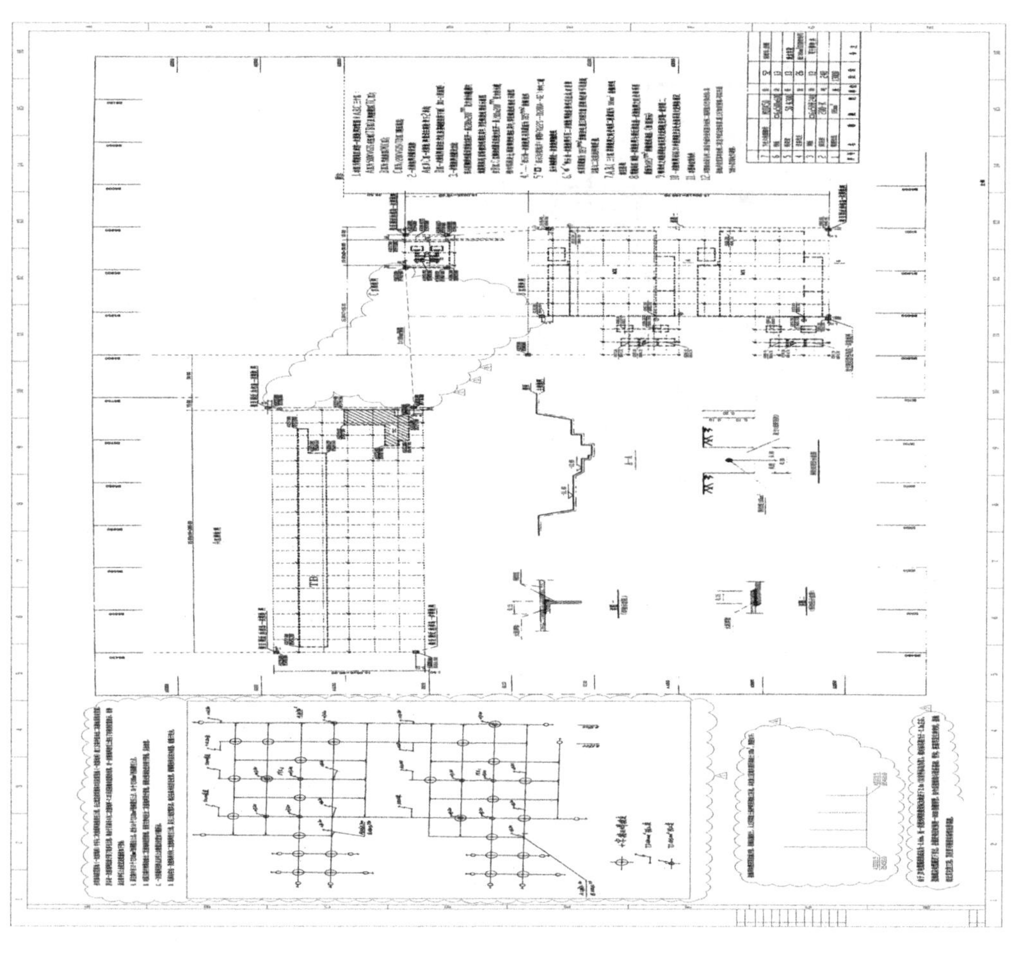

图 12.2 常规岛防雷接地网示意图

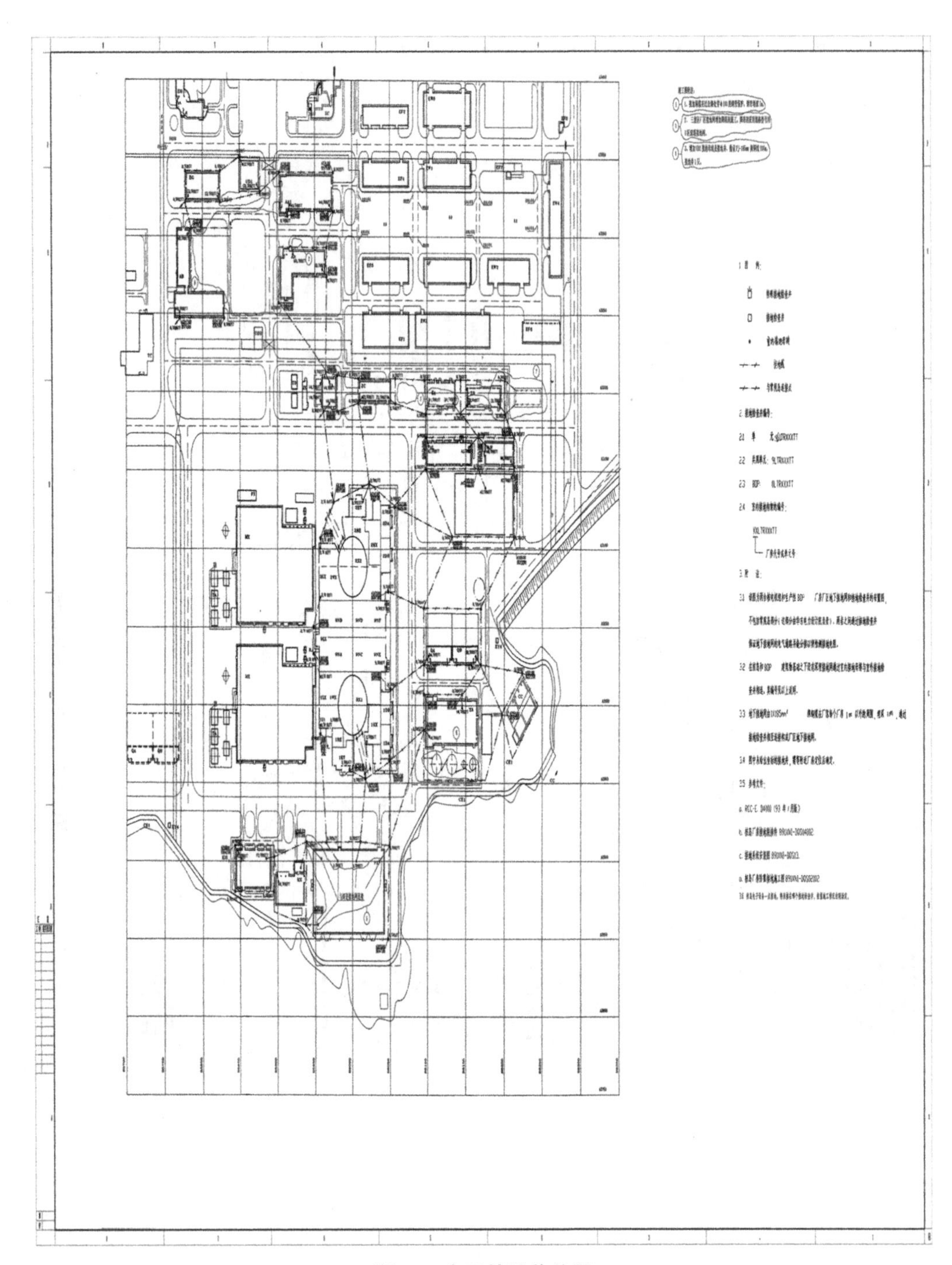

图12.3 全厂接地井总图

4. 地下接地网络

该网络用于各建筑物的深埋接地网络以及相互间的连接。并保持室外地面为等电位，以限制室外跨步电压值。

该网络由 185 $mm^2$ 裸铜缆通过接地连接检查井与其他建筑物相连，单层小面积建筑物除外。并相互连接构成整个地下接地网络，每个建筑物至少有两点与整个地下接地网络相连。地下接地网络埋深约为 1 m。

5. 检查井和接地带(棒)

地下接地网络与室内主接地干线，通常是通过接地带(棒)或接地检查井相连。室外接地检查井用于厂区内不同建筑物之间连接。这些装置也能定期对地下接地网络进行试验(网的连续性、接地电阻等)。主要用于：

(1)确定深埋接地网络和地下接地网络连接装置的位置；

(2)使建筑物主接地干线与接地网络相连；

(3)检查地下接地缆线的电气连续性，并评估接地网络不同连接部件的电阻值。

一个检查坑内可容纳 2 至 4 个与地下接地网络的连接点。还可以容纳 5 至 7 个与地面上主接地干线、电力系统接地或中性线的连接点。

三废区接地井示意图如图 12.4 所示。

接地带(棒)这些接地带(棒)装在建筑物的内部，通常是在底层。既作为建筑物内部的主接地干线、电子设备接地装置连接用，又作为与检查井连接用。

缆线的垂直引线，在安装和敷线阶段采用密封槽防护。

接地带(棒)装在建筑物内距地面高约 1 m 之处。

6. 专用检查井

留出下列装置接地用的若干个检查井：

(1)电子设备；

(2)避雷器(接闪装置)。

这些检查井对于地下接地网络的连接与一般检查井相同。其主要不同之处在于引到这些坑的引线是以专用的分支(1 kV XLPE 绝缘 50 $mm^2$ 铜缆)与接地网络相连。

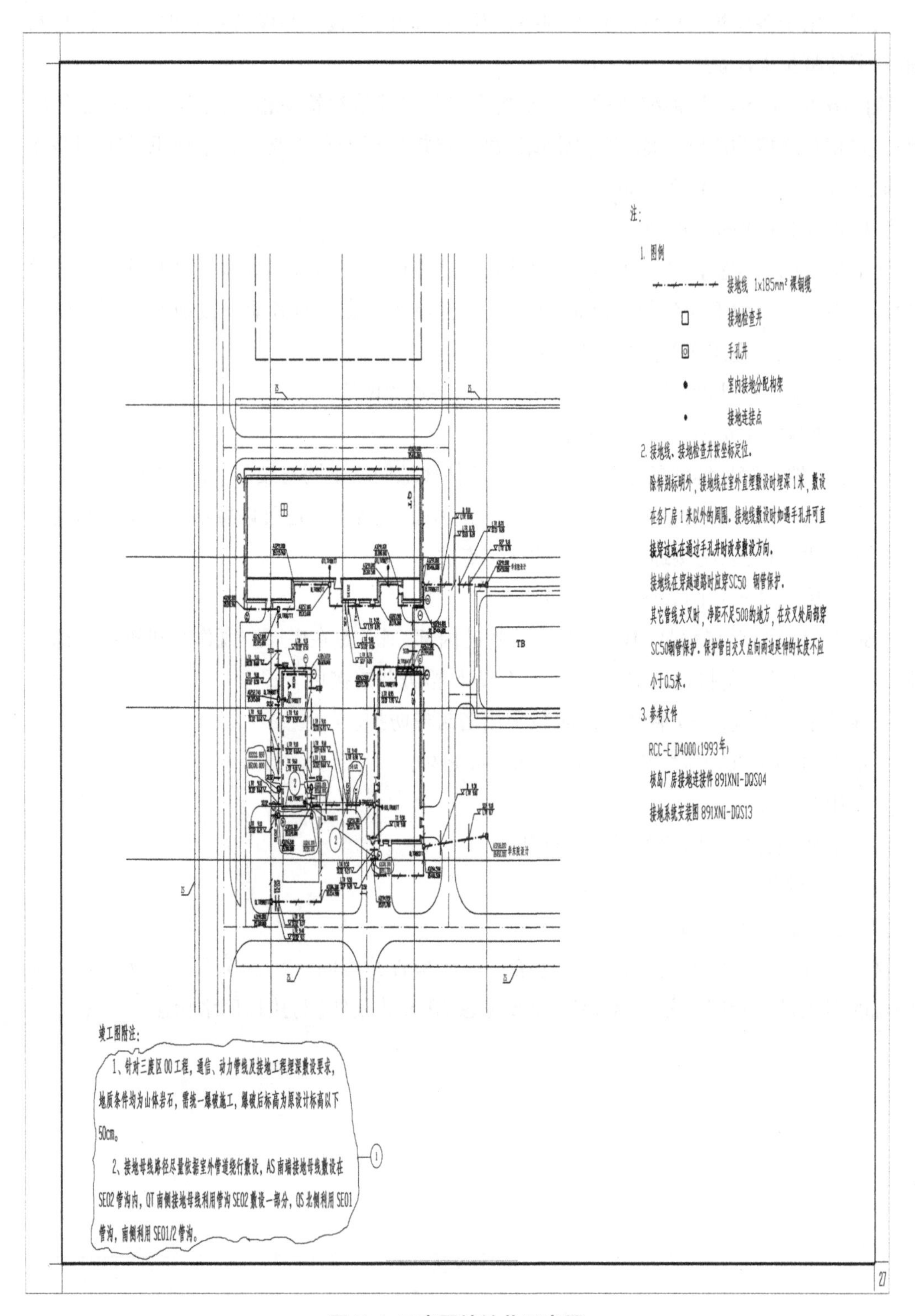


图12.4 三废区接地井示意图

# 12.2 安全接地网络

## 12.2.1 建筑物主接地干线

如图12.5所示,在每个建筑物的内壁四周装设有接地导线网。大部分建筑物的接地导线网在两端至少有两点与全厂地下接地网相连,一般在接地井的母排上进行。

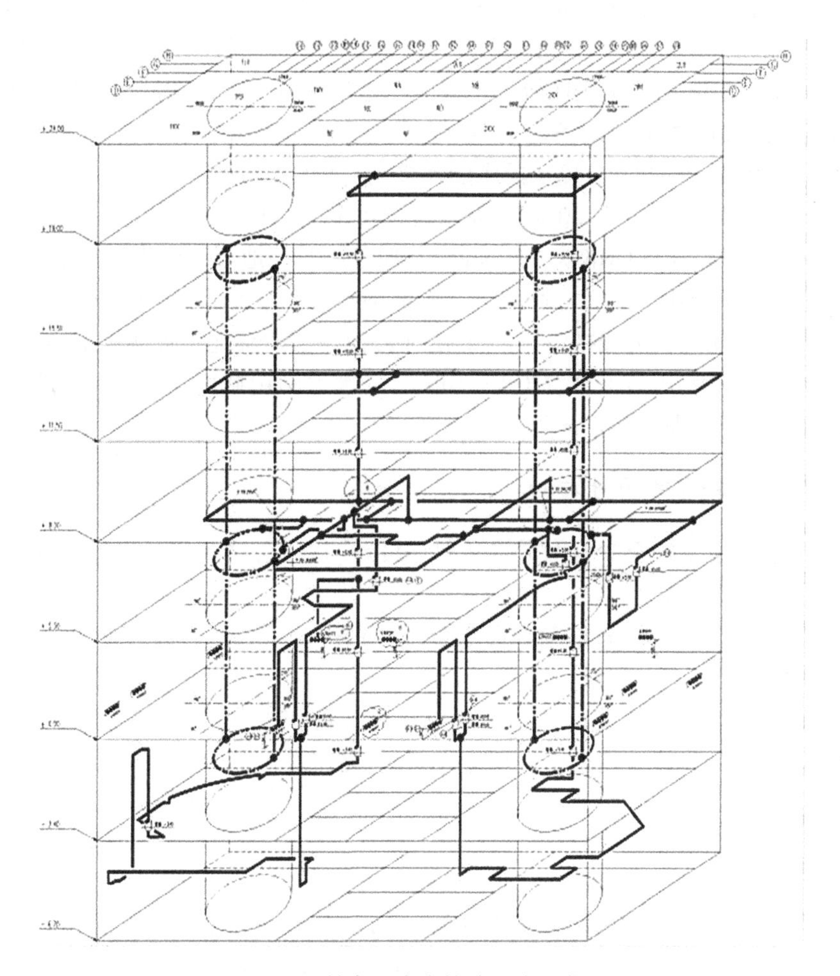

图12.5 核岛厂房主接地干线示意图

在核岛的LX、KX、NX、WX、DX等,从-7 m到19 m的各层,有的布置成接地导线环网,有的布置成半环的接地母线,所有的导线环均通过上下层间导线有两点相连。

反应堆厂房RX中,在-3.4 m层、+5.0 m层、+15 m层形成三个接地导线圈彼此上下相连,并在对成两点,用接地导线再连接起来,RX内所有的接地主干线均为40×5 $mm^2$的裸铜排。在+5.0 m层每个反应堆均有两点由通过电气贯穿件的导线与LX厂房的接地环网相连接。1RX通过P316 252.81、P321 264.006,2RX通过P316 272.943、P321 266.373与LX厂房的接地环网相连接。

核岛主接地干线材料按照敷设部位不同分为 TJ185 和 40×5，RX 厂房外采用 185 $mm^2$ 的裸铜缆，RX 厂房及污染区如 W255、W257、W218、W217 等采用 TRY140×5，由反应堆厂房外进入反应堆厂房内裸铜缆与扁铜的连接采用活泥熔接，熔模（接头形式）为 PKI185/0540，接头坐在敷设扁铜部位一侧，所有建筑物在 0.0 m 层均有一圈 $\phi$12 钢缆接地。

核岛厂房主接地干线通过在厂房 0.0 m 层设置的 8 个接地分配构架与深埋地网相连，起到导通漏电电流的作用。它是一个上下贯通前后闭合的结构系统，主接地干线在厂房内明敷，间隔 0.5～1 m 固定一次；主接地干线中的分配构架采用 720×50×5 的铜条加工制作而成，安装在 0.0 m 墙上 +1.25 m 的位置。

常规岛每个汽机厂房长 106 m，宽 73 m，平均面积为 6 240 $m^2$，通过一次深埋防雷接地网的铜缆引上线，将二次系统与一次系统有效的连接在一起，二次接地网分为 -7.2 m、0.00 m、8.3 m、12.8 m 层及主变区域五个部分。通过这五个部分的网络连接设置在柱上的接地插座，又通过接地插座与设备连接，达到保护接地的作用。二次接地系统的铜缆采用镀锡铜绞线，铜绞线之间以及与接地插座的连接均采用铝热剂焊接。

在常规岛厂房，主厂房 -7.20 m 需接地的设备多而分散，因此在该层面下 0.8 m 处用 120 $mm^2$ 的铜绞线敷设矩形网格状二次地网；其他各层需接地设备较少且集中，则以 50 $mm^2$ 的接地母线代替二次地网，直接与附近的一次地网沿主厂房纵向柱的引上线（120 $mm^2$）相连。主厂房的一次地网引上线把 -7.20 m 层和其他各层的接地布置连成整体。

主变压器和降压变压器平台、220 kV GIS 的二次地网用截面为 185 $mm^2$ 的铜绞线敷设成矩形网格状，埋于地表下 0.8 m 处。

### 12.2.2 设备的保护性接地

建筑物的主接地干线至少有两端接到地下接地网络上，这些接地导体构成一个放射式的接地网，使下列部件接地。

（1）电压 50 V 以上的装置能动部件的金属外壳；

（2）金属构架；

（3）电缆的铠装，铠装电缆的金属外套应在开关盘和控制屏侧同接地母线相连。采用相应截面的铜编织带作为铠装电缆的接地导体；测量电缆金属外套的一端应在下列地方与地下接地网相连：

- 电子箱或控制屏
- 接收仪表

在测量电缆连接箱内的绝缘的公共母线为传感器及电子箱之间提供连续的屏蔽。采用必要的措施以避免绝缘的公共母线与连接箱柜架之间的内部连接。

（4）手持式设备

常规岛一般接入二次地网，但 +8.30 m 层发电机中心轴处的一接地点，直接连入一次地网；核岛一般接入建筑物各层接地主环网或其延伸接地线。

### 12.2.3 其他接地

1. 混凝土钢筋接地

对于核岛和装有中压设备的建筑物混凝土钢筋的接地，是通过 50 $mm^2$ 铜缆连接到埋入混凝土中与钢筋相连的钢缆上，再与接地带（棒）相连接。

2. 专用检查坑

这些检查坑是专为电子设备、避雷针和通信设备接地而设置的。专用检查坑用于下列接地：

①电子设备接地：对电子设备有两个不同的接地回路

• 用于设备金属框架和外壳的接地回路，金属框架和外壳应与主接地网相连；

• 用于电子设备箱或控制屏的绝缘公共母线的接地回路。电子设备接地连接箱为电子设备绝缘公共母线及地下接地网的检查井之间提供接地连接。在绝缘公共母线及检查井之间用1 000 V的绝缘接地母线进行连接，专用检查坑与分配箱之间采用50 $mm^2$绝缘铜缆连接。在分配箱和用户之间采用6 $mm^2$绝缘铜缆连接。

对于手提电子设备，其接地型插座应进行接地。插座的接地极应在相脚接通前与插头地脚相连。

电子设备接地均只有一点与主接地系统相连，目的是防止感应环流而产生杂散的电子信号的影响。如MX +8.30 m层处继电器室的电子设备专用接地线接至该层C排4号柱内的一次地网引上线。

连接电子设备接地网络的设备有：

• 监控和仪表装置的外壳；

• 计算机；

• 数据集中处理设备；

• 热电偶的接线盒；

• 电力测量装置。

②避雷器接地

安装在核辅助厂房的烟囱上，反应堆厂房的最高点以及厂区需设防雷保护的建筑物的最高点上的避雷针通过各自的专用检查坑接地。

在统一设计的专用检查井内设置一个可拆卸的连接件，供检查网的连续性和测试接地电阻用。这些井距建筑物至少1m。

③电话接地

对于电话系统有两种不同的接地回路：

• 用于电话开关盘和寻呼系统箱的金属框架的接地系统，这个接地回路与主接地网相连；

• 用于蓄电池正极端子的接地回路和用于电话系统屏蔽电缆的接地回路。

这两个接地回路同接地检查井之间的连接采用1 000 V的绝缘电缆。

(3)其他电气设备及其需要接地的装置、构架的接地

这是指各类电气设备的屏、盆、柜、箱、台架；各类电动机、发电机、电动操作阀、传感器接地；各类铠装电缆、电缆头、电缆桥架；各类金属罐槽、越重运输机. 轨道、金属防护网、门、栅栏等的接地。

### 12.2.4 设备的功能性接地

三相系统的接地是为了保持中性点是地电位，发电机中性点、变压器高压侧中性点、所有开关柜内的变压器和照明变压器的Y形接线的低压绕组的中性点直接与地下接地网相连。

主变压器高压侧中性点接地：主变由三个单相变压器组成，采用直接接地，也是工作接地。最初设计只通过一根接地线接地，后根据国家电力公司二十五项反措要求，在另外 A 相一侧增加了一根接地线，但发现接地线中有环流，于是把新增加的一根移至 C 相一侧，如图 12.6 ~ 图 12.9 所示。

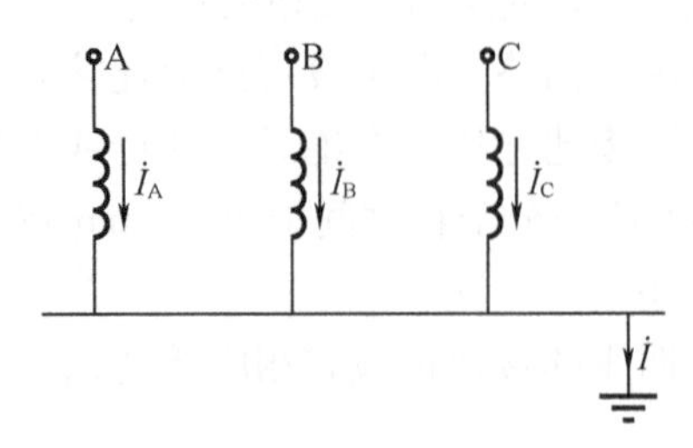


图 12.6　最初设计接地方式

图 12.7　第一次修改后的接地方式

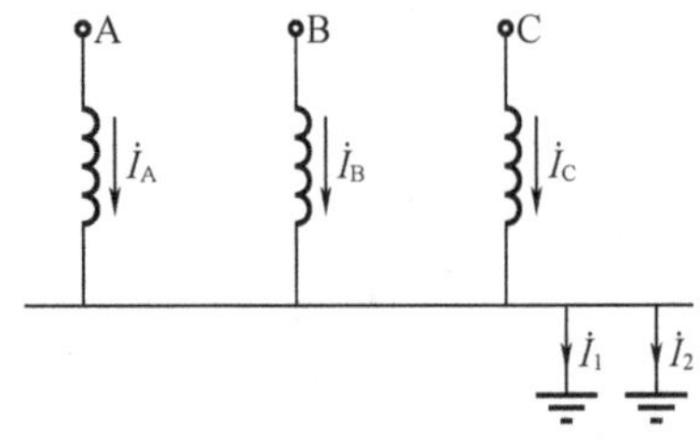
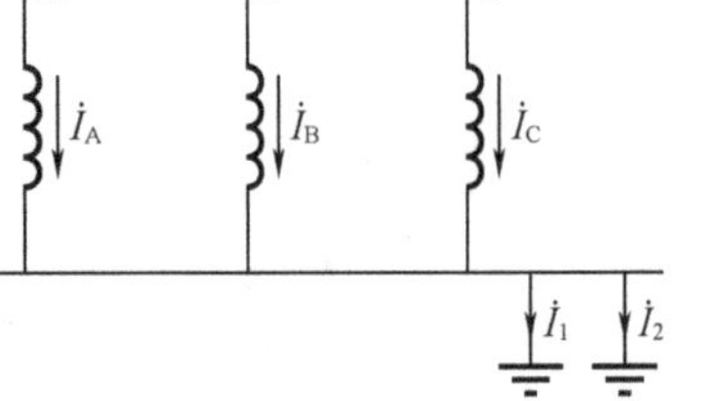


图 12.8　第二次修改后的接地方式

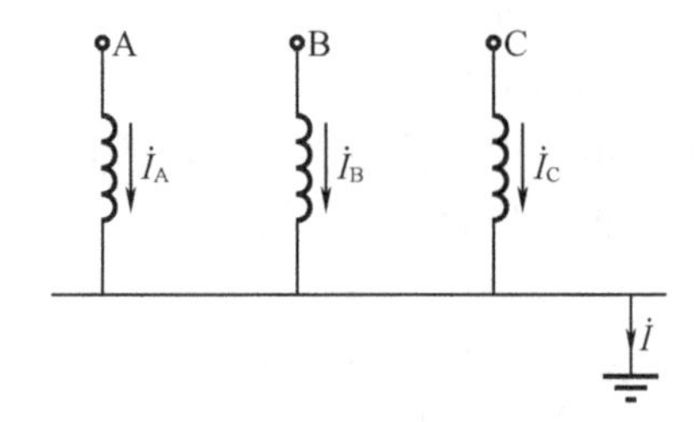


图 12.9　辅变中性点接地方式

辅助变压器侧中性点接地：辅变为三相变压器，采用直接接地，也是工作接地。

发电机中性点通过接地变压器接地：是工作接地，通过接地变压器接地（图 12.10）。

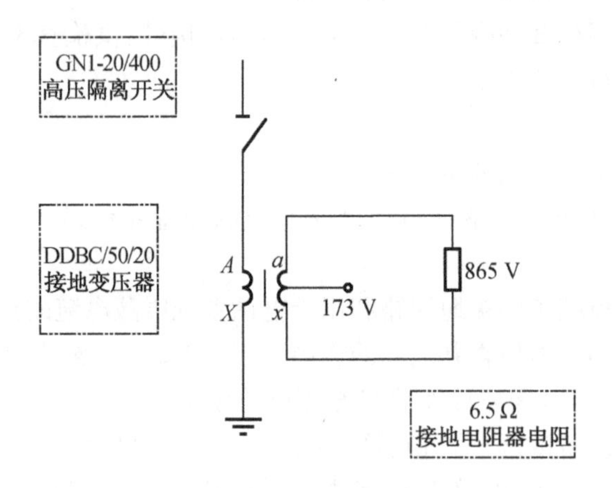


图 12.10　发电机中性点方式

厂房用电设备供电系统的接地方式为：6 kV 系统采用不接地系统；0.38 kV 系统采用 TN－S 接地方式（图 12.11），中性点直接接地，核岛厂房的 6.3/0.4 kV 变压器零线（N）不配出；TN－S 系统，整个系统的中性线与保护线是分开的。

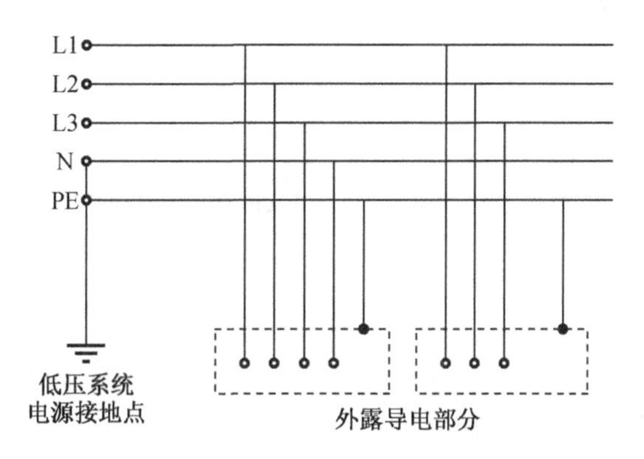


图 12.11 0.38 kV 供电系统接地图

# 12.3 防雷保护接地网络

## 12.3.1 直击雷的防护

露天的配电装置及超过 15 m 的建筑物采用接闪器进行保护，如 RX 厂房、MX 厂房、主变、厂变、辅变等，GIS 虽然没有装设避雷针，但有较高的门型构架及避雷线，可以起到防护作用。雷电流的泄漏途径，引下线通过带有三根放电极的特殊接地井直接同地下接地网相连（放电极为爪形接地极）。

## 12.3.2 核岛厂房的接闪器

如图 12.12 所示，反应堆桶壁直径 40 m，穹顶设三圈环形避雷带，避雷带采用 30 mm × 2 mm 的镀锡铜排，架设高度大于 100 mm，支撑件采用 25 mm × 4 mm 镀锌扁钢，安装间距为 1 m，与铜排采用铝热剂焊接。

在每个反应堆厂房的穹顶上安装一支 S – 3000 型独立式避雷针，避雷针为直径 20 mm，长度 7 000 mm 的黄铜棒。避雷针固定在镀锌钢桅杆上，镀锌钢桅杆为独立式的，即不要用拉线拉紧，其高度为 6 000 mm。避雷针的底部接到 6 条为截面 30 mm × 2 mm 的镀锡铜排引下线，每米有三个可靠的固定点，避雷针底部还接有一根同轴电缆明敷引下至核岛室外接地检查井。引下线通过其他厂房时通过预制砼支座固定，并不得与其他厂房的避雷带相连。

在反应堆厂房的女儿墙上设避雷带，避雷带的材料为 30 mm × 2 mm 的镀锡铜排。避雷带同避雷针的引下线连在一起。

在核辅助厂房烟囱上安装一组三支避雷针提供防雷保护。每支避雷针是直径 25 mm、长度 2 000 mm 的镀锌圆钢，避雷针为垂直安装，安装位置标高 62.3 m，其顶部超过烟囱顶端 1 m。每根避雷针都可靠地与引下线连接，并且形成一个刚性的组合。引下线的材料、做法同反应堆厂房的做法相同。

在其他厂房避雷带采用 30 mm × 2 mm 的镀锡铜排，在女儿墙及屋顶面预埋钢板上焊接出 25 mm × 4 mm 镀锌扁钢作为支撑件，引下线与膨胀螺栓固定在外墙上，每个机组共 7 条引至核岛室外防雷接地井。

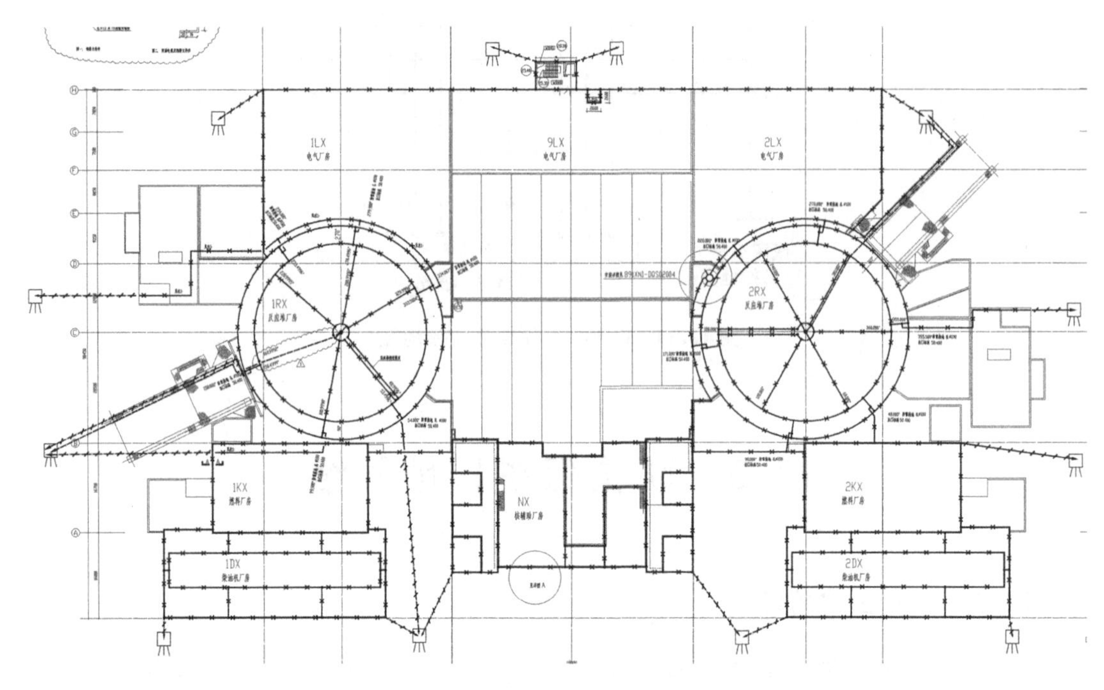


图 12.12　核岛厂房屋面防雷布置

### 12.3.3　常规岛及部分 BOP 厂房的接闪器

如图 12.13 所示，每个常规岛厂房屋面面积约 5 880 $m^2$，及机构形式、标高不等，A－B 跨屋面为球形网架结构，压型钢板屋面，屋面标高 29.2～32.8 m，B－C、C－D 跨为钢筋砼框架结构，砼刚性屋面，B－C 跨屋面标高为 29.7～29.45 m，C－D 跨(8)～(11)轴屋面标高 14.45～14.3 m，C－D 跨(5)～(8)轴屋面标高 16.65～16.4 m。每个常规岛厂房屋面防雷层面系统采用 50 m×5 m 的镀锌扁钢田字型布置作为防雷带，在屋面形成 10 m×10 m 的网格布置，避雷带利用主厂房 A、B、C、D 四排结构柱（共 40 根）中的 4 根主钢筋焊接引下与常规岛厂房深层地网连接形成电气通路。沿屋面铺设的避雷带，高出屋面 200 mm，在钢筋砼屋面架设避雷带高出屋面 300 mm，屋面避雷带交接处相互焊接。

部分 BOP 厂房的屋面防雷类似常规岛厂房屋面防雷带，不过间距及材料的尺寸不同而已。生产性 BOP 建筑物和掏筑物根据其生产性质，发生雷电事故的可能性和危害性进行防雷分类。并根据建筑物年计算雷击次数、结合当地雷击情况，确定采取相应的防雷措施。可以设置一个或多个避雷器，也可以设置避雷带，由一个或多个引下线，通过专用检查坑连接到地下接地网络。

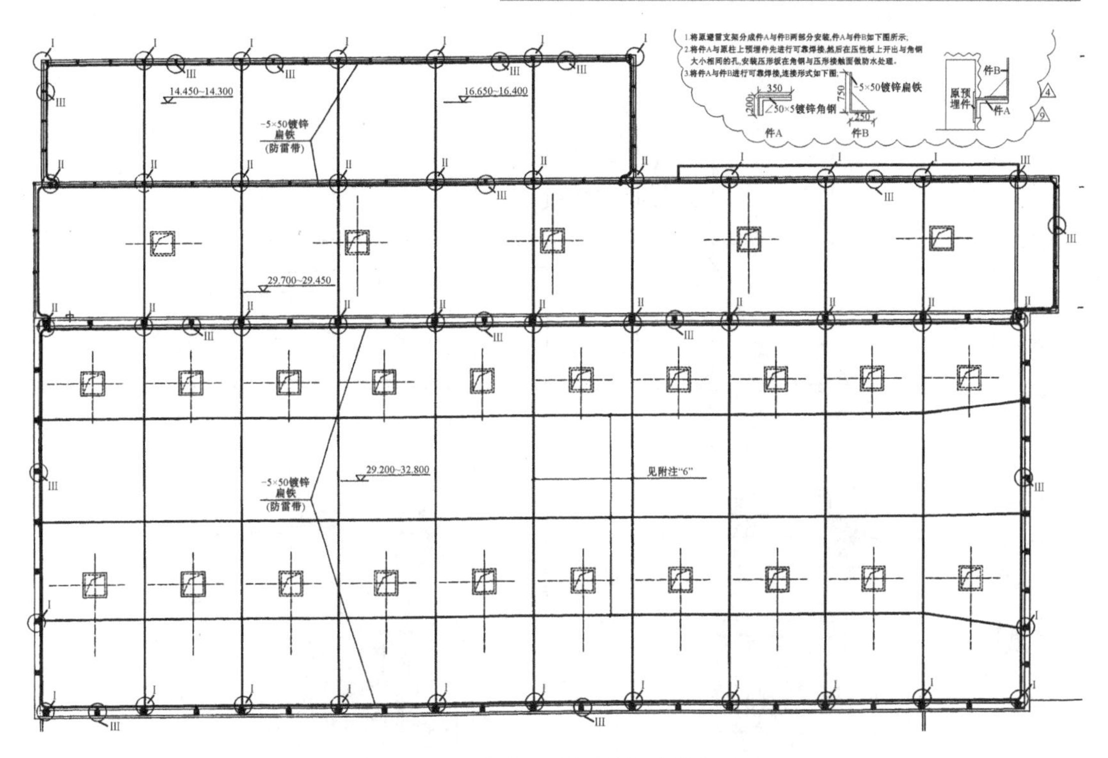

图 12.13 常规岛厂房屋面防雷带布置图

## 12.3.4 制氢站厂房的接闪器

本子项的站房部分按一类防雷建筑物进行设计，在屋顶设不大于6 m×4 m 的网格与避雷针混合组成接闪器，利用建筑物柱内钢筋作为引下线，沿建筑物外敷设一圈人工接地体，通过接地井与整个厂区接地相连：站房内电气设备与仪表、通信作联合接地，接地电阻不大于1 Ω。

氢气贮存区按2 类防雷设计，在贮存区设两支独立避雷针，利用避雷针的钢结构架作为引下线，在避雷针附近设人工接地体，接地电阻不大于10 Ω；沿氢气贮存罐周围敷设一圈人工接地体，与贮存防直击雷的接地体分开敷设，接地电阻不大于30 Ω。每个贮存罐与接地体至少有两处连接。

氢气管道一直通往常规岛内，所有氢气管道安装有接地装置，每隔20～25 m 处设防雷电感应接地，接地电阻均小于10 Ω，符合《氢气站设计规范》(GB 50177—2005)。

## 12.3.5 主变厂变、辅变区域的接闪器

如图12.14 所示，1 号、2 号机组主变区域共布置三根独立避雷器，中间一根高50 m，两侧高35 m，辅变区域布置一根高35 m 的独立避雷针。

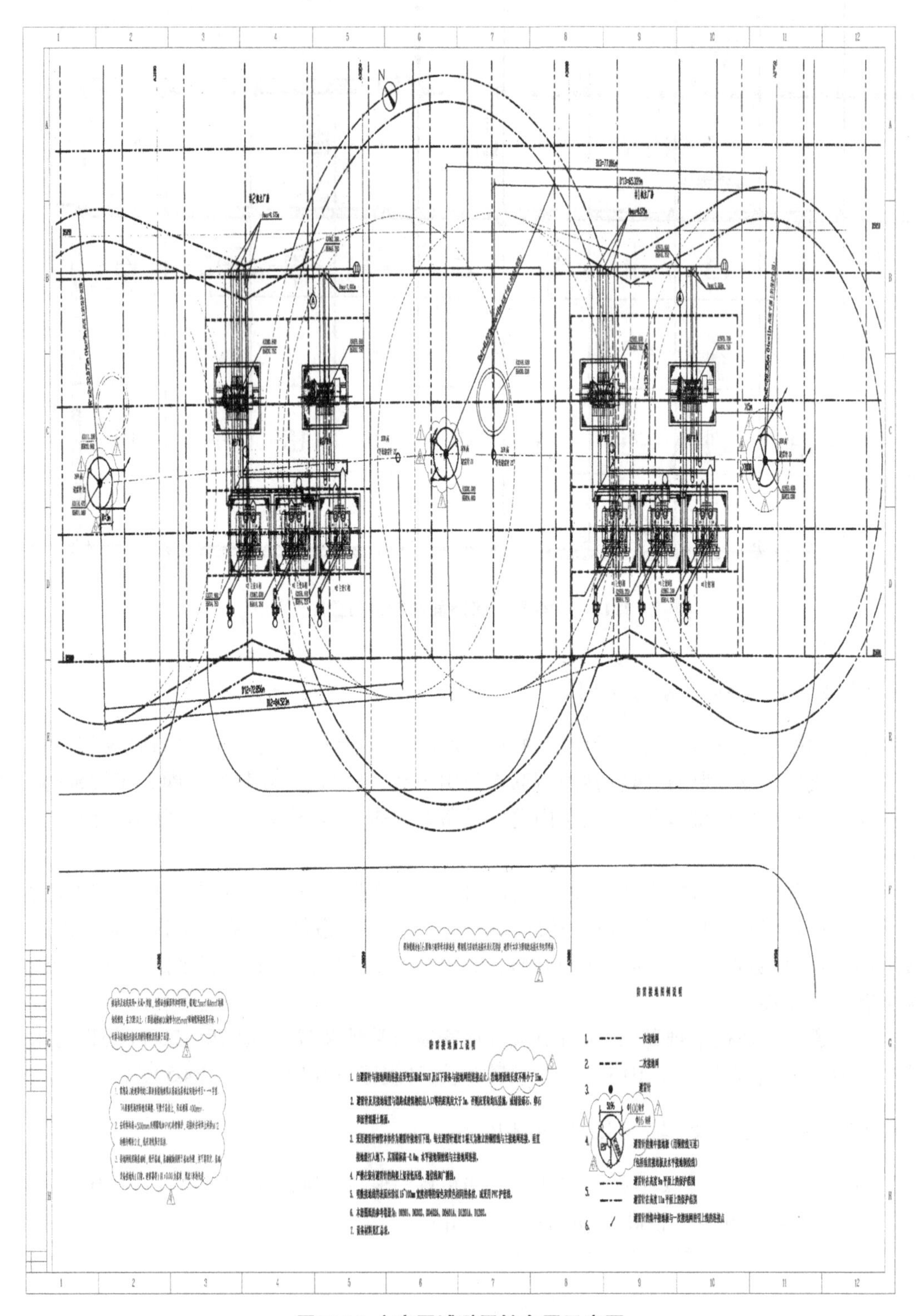

图12.14 主变区域避雷针布置示意图

50 m 独立避雷针，重量约 5.45 t，采用 11 段不同直径的无缝 20#钢管，通过不同直径的大小头无缝钢管及法兰连接板拼装而成，顶端 15 m 为法兰连接，下端采用与锥管焊接来相连两根不同直径的无缝钢管；底部与混凝土基础通过二次灌浆来固定。板材的材质为 Q25B，管径分别为 $\phi800 \times 12$，$\phi650 \times 12$，$\phi530 \times 12$，$\phi400 \times 12$、$\phi273 \times 12$、$\phi194 \times 9$、$\phi159 \times 7.5$、$\phi133 \times 6.5$、$\phi89 \times 7$、$\phi57 \times 6$、$\phi42 \times 4$。

35 m 独立避雷针重量约为 2.9 t，采用 9 段不同直径的无缝钢管，通过不同直径的大小头无缝钢管及法兰连接板拼装而成，管径分别为 $\phi530 \times 12$、$\phi400 \times 2$、$\phi273 \times 12$、$\phi1\ 94 \times 9$、$\phi159 \times 7.5$、$\phi133 \times 6.5$、$\phi89 \times 7$、$\phi57 \times 6$、$\phi42 \times 4$。

避雷针采用两根独立的裸铜缆与主地网连接，自避雷针与接地网的连接点至变压器或 35 kV 及以下设备与接地网的连接点止，沿地埋设长度大于 15 m。35 kV 及以上变电所接地网边缘经常有人出入的走道处，应铺设砾石、沥青路面或在地下装设两条与接地网相连的均压带。辅变区域避雷针由于距离道路较近，采用铺设砾石的办法。

主变备用相原来没有设计接地，附近没有常规岛接地装置，故无法使备用相与全厂接地网连接，后来电气队提出并增加了接地装置和接地线。采用在主变备用相周围埋设水平接地导体和垂直接地极作为集中接地的方式，垂直接地极可采用 2 500 mm、$\phi100$ mm、$\phi200$ mm 厚的铜管。水平接地母线采用 185 $mm^2$ 的镀锡铜绞线，埋深 $-1.0$ m。采用 185 $mm^2$ 铜绞线连接主变外壳接地端子与水平接地线。备用相的接地主要为防静电和防雷电感应，备用相的集中接地装置接地电阻应不大于 30 Ω。

## 12.4 雷电侵入波的防护

雷电侵入波的主要形成原因是雷击线路的导线或雷击避雷线反击导线形成雷电侵入波，影响设备绝缘。这种采用避雷器防护，我厂配置有线路避雷器、母线避雷器、主变高压侧避雷器等。

图 12.15 所示为辅变区域避雷针布置示意图，图 12.16 所示为主变备用相接地装置示意图。

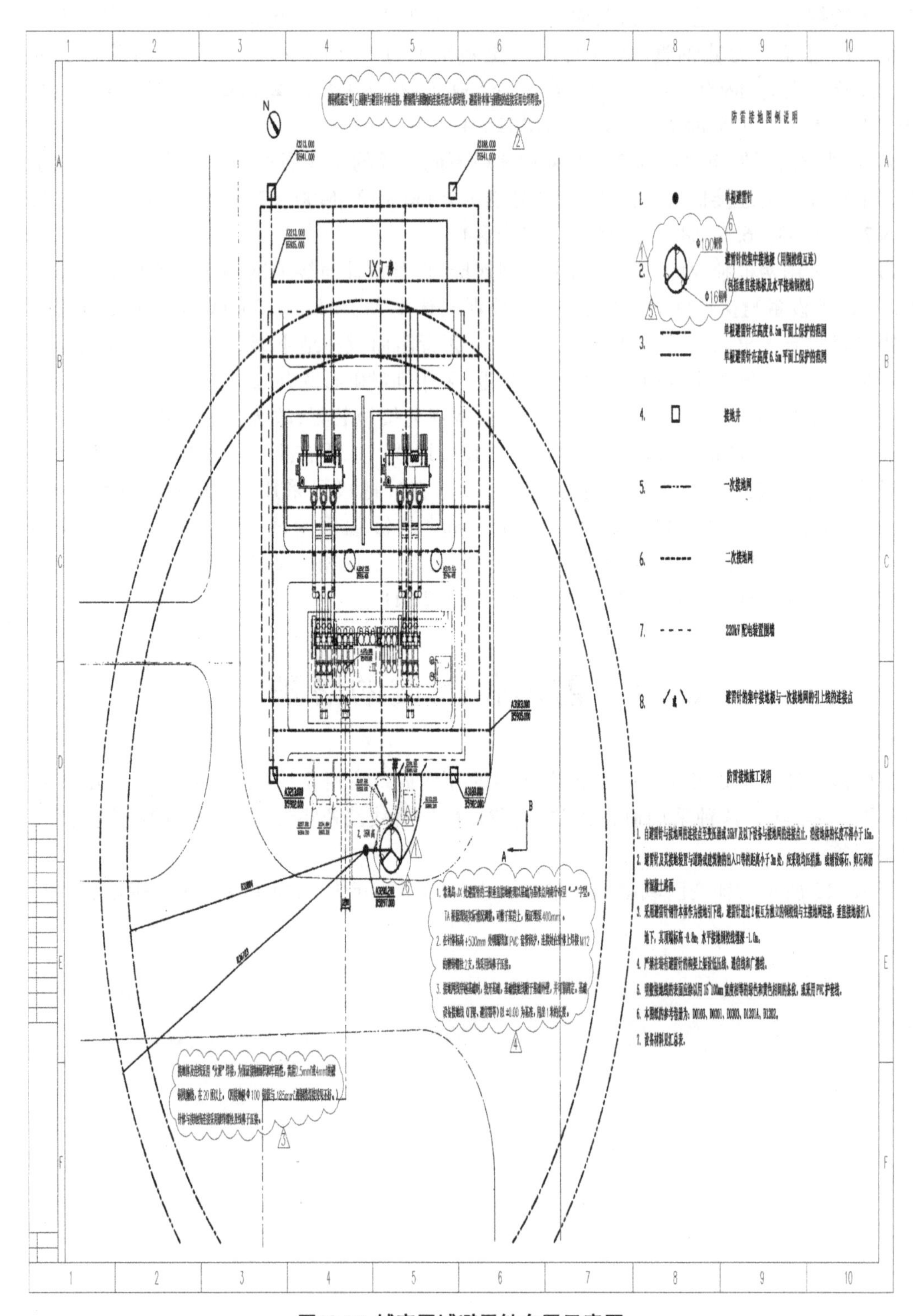

图12.15 辅变区域避雷针布置示意图

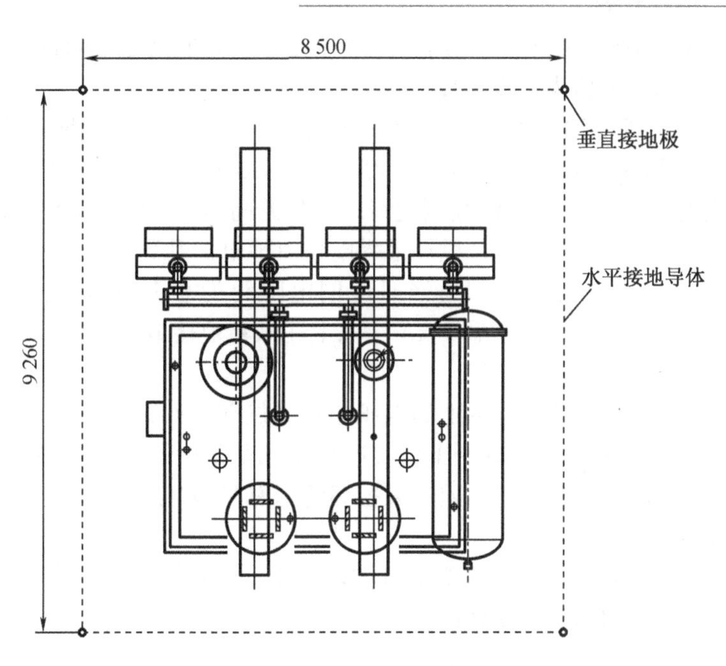


图 12.16　主变备用相接地装置示意图

# 12.5　雷击电磁脉冲干扰

雷击发生时,由于雷电流迅速变化在其周围空间产生瞬变的强电磁场,使附近导体上感应出很高的电动势,诱发强大的雷击电磁脉冲,经感性耦合、容性耦合或电磁辐射产生脉冲过电压和过电流损坏有关设备。

针对此项需要采取浪涌吸收器 SPD 来进行防护,主要应用于弱电及电子信息系统。信息中心已经对全部的办公信息系统增设了防雷 SPD,对办公和信息系统设备进行保护。对消防系统的雷击电磁脉冲防护也已经开展。

# 12.6　地电位反击

当设备没有采取等电位接地措施的情况下,由于各接地系统本身的接地途径不同,冲击接地电阻差异,以及在泄放雷击电流时,所通过的雷击电流存在差异,导致地电位升高和不平衡,当地电位差超过设备的抗电强度时,即引起反击,损坏设备。

虽然我厂的整个接地网较好地进行了等电位连接,但是由于我厂地接地网面积非常大,很多区域通过管道和电缆地桥架接地线连接在一起,这样对整体地接地电阻要求非常高,要求阻值要很小。

《交流电气装置的接地》(DL/T 621—1997)中对接地电阻的要求是 $R \leqslant 2\ 000/I$,当不能满足此式时,可通过技术经济比较增大接地电阻,但不得大于 5 Ω,且应该采取防止转移电位引起的措施,如采取隔离措施等。我厂的接地电阻如果按短路电流为 63 kA(目前还未到此数值)计算,则接地电阻要求小于 0.031 7 Ω,而这显然是做不到的,2002 年我厂曾对

500 kV GIS、220 kV GIS、1 号主变、核岛接地连接处等四处的接地电阻进行测试，其中的最小值为 0.039 67 Ω，最大值为 0.278 Ω。

20 世纪 80 年代湖北 500 kV 双河变电站在进行系统单相短路接地试验时层进行过地网电位差地测量。结果表明：当 2 400 A 短路电流由地网地中心入地时，地网重型对 2 km 外地零电位点地电位升高是 254 V，地网边缘地电位升高是 117 V；当 2 866.7 A 短路电流由地网地中心入地时，地网重型对 2 公里外地零电位点地电位升高是 307 V，地网边缘地电位升高是 140 V。从这个试验可以知道当时地网电阻约为 0.1 Ω，若以 2004 年华东电网 500 kV 厂站最大站内单相短路电流 57 kA 注入上述试验地接地点，那么地网中心和地网边缘地电压分别会在 5.7 V 和 2.6 kV。

可见站内单相短路接地时，地网上的电压差是必然存在的，且距离短路接地点越远，这个电压差就越大。这样站内接在地网上的二次设备尤其是两端屏蔽层接地的电缆，在接地端间会形成电压差，严重时会由于压差过大损坏绝缘和形成较大电流，产生干扰，甚至会烧坏电缆或端子箱。

作为连接强电磁场环境（超高压交流开关场）的一次设备和高电磁防护要求的二次设备，电缆的屏蔽层接地问题一直受到比较多的关注。国内外对于屏蔽层应一点或是两点接地还有争议。

目前的标准对于超高压交流开关场连接一次设备和二次设备用于集成、微机型保护的电流、电压、信号触点引入线应采用屏蔽电缆，要求屏蔽层两点接地，接地线截面 > 1.5 $mm^2$；对于传送弱电模拟信号的电缆要求采用屏蔽层一点接地。对于两端屏蔽层接地对于传送弱电信号的干扰会比例比较大，对于十分重要的信号可以采用双层屏蔽层电缆传送，内层一点接地，外层两点接地。

广西电力试验所曾对三种不同的电缆屏蔽层接地方式进行试验：

控制回路电缆屏蔽层未接地，操作隔离刀闸投切 220 kV 空载母线，在拉弧过程中使电源电缆芯线感应电压过高，击穿控制电源端子排。将屏蔽层一端接地后，感应电压明显降低，未再出现电源短路现象。

二次电缆屏蔽层一端接地，操作隔离刀闸投切 500 kV 空载母线，测得二次回路感应电压峰峰值接近 4 000 V。

二次电缆屏蔽层两端接地，操作隔离刀闸投切 500 kV 空载母线，测得二次回路感应电压峰峰值只有近 300 V。

我厂 500 kV 开关站至保护、测量屏的二次电缆采用两点两端接地。对于地电位反击的防护，我厂除了要保证电阻值小之外，在以后的工作中还要适当降低电位差的分布方法，可以有效平衡电位、分流屏蔽层的电流、减少过电压。

## 12.7 雷电的监测

雷电监测主要监测雷电流：通过装设在避雷器或避雷线与接地网之间的避雷器动作次数计数器，每次雷电流通过计数器时，可以准确记录，雷电过后，检查各个避雷器上计数器的动作次数，即可知道雷电过电压的情况。

2LRT009TT 接地检查井中装设了避雷器动作次数计数器，监视 2 号反应堆厂房雷击情况；1 号反应堆厂房避雷器动作次数计数器安装在厂房顶，一般情况下不便于进行观测。

# 12.8 LTR 系统的分区

LTR 系统分核岛及 BOP 区和常规岛区,其中常规岛区又分为 A 区、B 区和 C 区。

A 区:500KVGIS 升压站及网控楼区;

B 区:汽机厂房及主变压器区;

C 区:220KVGIS 降压站区。

## 12.8.1 LTR 接地系统运行特性

在正常环境条件下,接地网络在使用 40 年寿期内没有电气损坏。

在短时异常环城(溅水或水浸)和故障期,接地回路能将故障电流泄入地中,在这种状态下允许运行的最长时间为 500 h。

厂房内设备的个别部件,万一发生接地故障,接地回路能安全排泄故障电流。

## 12.8.2 维护和定期试验

对接地系统进行一般的目视检查,应每年进行一次,以便检查接地系统的损坏、腐蚀和缺陷的程度。检查的范围包括下列的接地连接线:

(1)与电气设备的主要连接;

(2)变压器中性点的连接;

(3)检查坑内的连接;

(4)配电装置的接地连接;

(5)用作可靠和紧回连接用的螺栓连接。

任何有损坏、腐蚀或缺陷隐患的连接点均应拆除和更换。

在进行各项检查时,对某些连接点的电阻应进行测定。

仪表接地系统的绝缘电阻应每年测试一次。

# 12.9 防雷接地系统技术评估

随着系统发展,科学的进步,有必要经过一段时间应开展对全厂防雷接地系统进行评估,主要从以下几个方面入手。

(1)系统设计评估

根据接地网的设计,参照国内标准给出设计上的评价,如与国内设计的不同、各自的优缺点、潜在的不足等。参照国内标准包括发电厂、变电站、低压配电装置、建造物、电子信息系统等,这些标准均是最新标准,基本包括了核电站内的所有设施。标准具体如下:

- 《交流电气装置的接地设计规范》(GB/T 50065—2011)
- 《交流电气装置的过电压保护和绝缘配合》(DL/T 620—1997)
- 《低压配电设计规范》(GB 50054—2004)
- 《建筑物防雷设计规范》(GB 50057—2010)
- 《建筑物电子信息系统防雷技术规范》(GB50343—2012)

•《计算机信息系统防雷保安器》(GA173—2012)

(2)全厂接地电阻评估

为了总体了解整个接地网的工作情况,同时对几个与主接地网连接较弱的小接地网进行评估。据接地测试的经验,为了准确的测量接地电阻,布线上采用远离法。测试方法使用电压电流法,为消除工频干扰,除使用传统工频测量的倒相法以外,还采用变频电源测量以避开工频干扰。为了减小电压电流极引线间互感影响,采用夹角布线。

(3)厂区避雷针防雷评估

为保证独立避雷针保护区的设备及人身安全,需对厂区内的独立避雷针进行防雷评估。工作如下:对厂区内的独立避雷针的接地电阻;对保护范围进行校核。

(4)连接情况评估

在整个接地网的接地电阻足够小的情况下,要保证地网上面的建筑物的防雷安全,要求建筑物的接地线与主接地网的连接情况良好。为雷电流提供低阻抗的通道。方法如下:用专门仪器对各建筑物的接地引下线与主接地网的连接阻抗进行测量。

(5)热稳定评估

热稳定评估主要是为确认接地线的截面积,根据各电压等级电气设备最大故障电流,继电保护切除故障时间,确认截面积是否合适。主要对主变、启备变、厂变接地线,20 kV、11.6 kV、6.3 kV 开关设备,马达等进行评估。

(6)跨步电势、接触电势

对于500 kV,220 kV、避雷器、边界点、跨步电势测量在升压站边角和附近的道路上进行,接触电势测试包括升压站接地各网格中心和可能接触电势较大的设备边上进行。目的是保证雷击情况下的人身安全。

(7)厂房顶(避雷针,避雷带保护情况分析)

厂房顶避雷针,避雷带是接闪装置,是防雷接地的重要一环,需要对所有建筑物的房顶避雷针,避雷带进行检查,评估是否合理,对保护情况分析,提出改进意见。

(8)土壤电阻率测量

在电厂内一片空地上进行现场测量。目的为了了解厂区的土壤情况,配合确定厂区跨步电势、接触电势的允许值。在雷雨季节前土壤干燥情况下测量一次,在冬季土壤干燥情况下测量一次。其余时间条件均优于这两种情况。

(9)交流配电装置的评估

对全厂的箱式变电所进行评估,内容包括高压、低压侧避雷器情况,电缆护套接地情况,变压器中性点、外壳接地情况及接地电阻是否符合要求,提出防止雷电电磁脉冲的建议。

(10)二次系统防雷评估

相当多的雷害事故都反映在二次系统上,各种直击、感应雷均能引起雷害事故,需要对全厂各个二次系统从头到尾进行一次检查,对每个系统电缆的屏蔽情况,外皮接地情况进行检查,对引入浪涌的可能性进行分析,看是否符合通信系统防雷标准要求。对采用 SPD 进行浪涌限制的可行性进行研究,最后提出改进意见。具体需检查的系统如下:

- 通信系统;
- 通用系统;
- 电气二次系统。

雷电入侵损坏二次系统的另一途径是通过电源馈线进入,需要对各二次系统的电源馈线进行分析,对电源的接地地点、方式进行评估,看是否满足通信系统关于电源的防雷标准。对采用SPD进行浪涌限制的可行性进行研究。

(11)屏蔽效果评估

电厂内的控制电缆多,走向复杂,由于不能排除雷电电磁场直接耦合与控制回路引起设备的误动,因此有必要对发电机厂房的屏蔽效能进行检测。具体测点:通信系统、通用系统、电气二次系统的控制室,安装有二次设备的各厂房,户内主要的电缆通道。

在完成上面(11)部分工作的情况下,编制评估报告,提出不符合防雷国家标准或电力行业标准的内容,并具体给出整改办法。

## 12.10 标准规范

### 12.10.1 安全准则

参照法国900 MW《压水堆核岛电气设备设计和建造规则》(RCC-E)之D4000接地系统和国际电工委员会(IEC)标准接地有关条款;

防雷区域划分:核岛和生产性BOP厂房的防雷保护设计,是按照我国《建筑物防雷设计规范》(GB 50057—2010)规定划分各厂房的防雷等级,确定所采取的措施。

主要设计准则如下。

(1)整个接地系统的设计,保证接地系统功能的实现;

(2)为了实现接地系统的功能,设计上做到:

- 所有电气设计和装置非带电的金属部分保持为地电位;
- 电厂中所有的三相交流系统中性点保持为地电位,采用直接接地或经阻抗接地;
- 利用公共接地母线或绝缘导线使电子设备保持为地电位;
- 电话系统接地是将机架、外壳、屏蔽以及屏蔽导线等保持为地电位;
- 防雷保护的接地是为雷击电流提供接地通路;
- 核岛建筑物的混凝土钢筋与主接地导体相连,使整个建筑物形成法拉第笼。
- 整个接地系统的设计要便于对接地网络的连续性和接地电阻进行定期检查和试验。

### 12.10.2 设计规范和标准:

本设计中除有特殊要求的部分采用RCC-E D4000以外,均符合国家标准:

- 《建筑物防雷设计规范》(GB 50057—2010)
- 《交流电气装置的接地设计规范》(GB/T 50065—2011)
- 《交流电气装置的过电压保护和绝缘配合》(DL/T 620—1997)
- 《低压配电设计规范》(GB 50054—2004)
- 《建筑物防雷设计规范》(GB 50057—2010)
- 《建筑物电子信息系统防雷技术规范》(GB 50343—2012)
- 《计算机信息系统防雷保安器》(GA 173—2012)

# 12.11 运维项目

对接地系统进行一般的目视检查,应每年进行一次,以便检查接地系统的损坏、腐蚀和缺陷的程度。检查的范围包括下列的接地连接线:

(1)与电气设备的主要连接;

(2)变压器中性点的连接;

(3)检查坑内的连接;

(4)配电装置的接地连接;

(5)用作可靠和紧回连接用的螺栓连接。

任何有损坏、腐蚀或缺陷隐患的连接点均应拆除和更换。

在进行各项检查时,对某些连接点的电阻应进行测定。

仪表接地系统的绝缘电阻应每年测试一次。

接地系统的预维项目如表12.1所示。

表12.1 接地系统的预维项目

| 序号 | PMPID编码 | 设备编码 | 项目名称 | 工作内容 | 频度 |
|---|---|---|---|---|---|
| 1 | 0000965076 | 0-LTR-000XXX | 外围厂房接地系统检修 | (1)检查氢气制备及装瓶间厂房ZB接地及防雷情况。<br>(1)检查其他外围厂房的防雷接地系统接地情况 | 1年 |
| 2 | 0000965077 | 0-LTR-000XXX | 220 kV GIS降压站区(C区)接地系统检修 | (1)检查220 kV降压站一次接地网接地井的连接。<br>(2)检查220 kV降压站二次地网。<br>(3)检查JX厂房接地情况<br>(4)检查电锅炉厂房(VA)接地情况 | 1年 |
| 3 | 0000965078 | 0-LTR-000XXX | 检查氢气制备及装瓶间厂房ZB接地及防雷情况 | (1)检查氢气制备及装瓶间厂房ZB接地及防雷情况 | 6个月 |
| 4 | 0000965079 | 0-LTR-000XXX | 常规岛汽机厂房区(B区)接地系统检修 | (1)检查常规岛汽机厂房一次接地井的连接。<br>(2)检查化水处理室电气设备二次地网。<br>(3)检查常规岛主厂房接地情况。<br>(4)检查常规岛主厂房屋面层避雷系统。<br>(5)检查主变压、辅变区域接地情况 | 1年 |

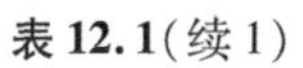

表12.1(续1)

| 序号 | PMPID 编码 | 设备编码 | 项目名称 | 工作内容 | 频度 |
|---|---|---|---|---|---|
| 5 | 0000970103 | 1 - LTR - 000XXX | 1 号核岛厂房接地系统检修 | (1)检查核岛厂房深埋接地网接地井的连接。<br>(2)检查核岛的 LX、KX、NX、WX 等厂房各层主接地回路。<br>(3)检查核岛的 LX、KX、NX 等厂房顶防雷接地情况。<br>(4)检查核岛 1RX 厂房各层主接地回路。<br>(5)检查核岛 1RX 厂房顶的接闪器接地情况。<br>(6)检查核岛接地贯穿件接地线情况 | 1C |
| 6 | 0001006165 | 2 - LTR - 000XXX | 2 号核岛厂房接地系统检修 | (1)检查核岛厂房深埋接地网接地井的连接。<br>(2)检查核岛的 LX、KX、NX、WX 等厂房各层主接地回路。<br>(3)检查核岛的 LX、KX、NX 等厂房顶防雷接地情况。<br>(4)检查核岛 2RX 厂房各层主接地回路。<br>(5)检查核岛 2RX 厂房顶的接闪器接地情况。<br>(6)检查核岛接地贯穿件接地线情况 | 1C |
| 7 | 0000979672 | 3 - LTR - 000XXX | 3 号核岛区域接地系统检修 | (1)检查核岛厂房深埋接地网接地井的连接。<br>(2)检查核岛的 LX、KX、NX、WX 等厂房各层主接地回路。<br>(3)检查核岛的 LX、KX、NX 等厂房顶防雷接地情况。<br>(4)检查核岛 3RX 厂房各层主接地回路。<br>(5)检查核岛 3RX 厂房顶的接闪器接地情况。<br>(6)检查核岛接地贯穿件接地线情况 | 2C |
| 8 | 0001019403 | 4 - LTR - 000XXX | 4 号核岛区域接地系统检修 | (1)检查核岛厂房深埋接地网接地井的连接。<br>(2)检查核岛的 LX、KX、NX、WX 等厂房各层主接地回路。<br>(3)检查核岛的 LX、KX、NX 等厂房顶防雷接地情况。<br>(4)检查核岛 4RX 厂房各层主接地回路。<br>(5)检查核岛 4RX 厂房顶的接闪器接地情况。<br>(6)检查核岛接地贯穿件接地线情况 | 2C |

表 12.1(续 2)

| 序号 | PMPID 编码 | 设备编码 | 项目名称 | 工作内容 | 频度 |
| --- | --- | --- | --- | --- | --- |
| 9 | 0001012681 | 5 - LTR - 000XXX | 3 号、4 号机组常规岛、220 kV 区域接地系统预防性维修 | (1)检查常规岛汽机厂房一次接地井的连接。<br>(2)检查化水处理室电气设备二次地网。<br>(3)检查常规岛主厂房接地情况。<br>(4)检查常规岛主厂房屋面层避雷系统。<br>(5)检查主变压区域二次接地网。<br>(6)检查主变备用相接地情况。<br>(7)检查 220 kV 降压站一次接地网接地井的连接。<br>(8)检查 220 kV 降压站二次地网。<br>(9)检查 JX 厂房接地情况。<br>(10)检查 JM 区域接地情况 | 1 年 |
| 10 | 0001012680 | 5 - LTR - 000XXX | 检查氢气制备及装瓶间厂房 ZB 接地及防雷情况 | 检查氢气制备及装瓶间厂房 ZB 接地及防雷情况 | 6 个月 |
| 11 | 0001012678 | 5 - LTR - 000XXX | 3 号、4 号机组外围区域接地系统预防性维修 | (1)检查氢气制备及装瓶间厂房 ZB 接地及防雷情况。<br>(2)检查其他外围厂房的防雷接地系统接地情况 | 1 年 |
| 12 | 0001012679 | 5 - LTR - 000XXX | 500 kV GIS 升压站及网控楼接地系统检修 | (1)检查升压站及网控楼一次接地井。<br>(2)检查升压站主设备接地。<br>(3)检查网控楼主接地干线 | 1 年 |

(1)核岛区域

①接地井

- 接地井及井盖完整无损伤,接地井内设施完整。
- 电缆接头、连接母排、连接螺栓等紧固、母排支持固定牢靠。
- 接头连续性检查,要求 $<1\ \Omega$。
- 接地回路电阻测量,要求 $<1\ \Omega$。

②LX、KX、NX、DX、WX 等厂房各层接地回路检查

- 接地回路电缆连接可靠、无断线。
- 接地母排支持固定牢固、无形变、锈蚀。
- 接地线接头连接紧固、无松脱、焊点无脱落。

③NX、LX、KX 等厂房顶防雷接地情况检查

- 避雷针及引下线外观无损坏、固定牢靠。
- 避雷带与主厂房引下线外观无损坏、连接紧固。
- 屋顶避雷带焊接部位无脱开、断线。

④RX 厂房各层主接地回路检查

- 主接地回路外挂检查,无断线、松脱、腐蚀且固定牢靠。
- 主接地母线与其他层主接地母线的接地情况,要求数值 <1 Ω。

⑤RX 厂房接闪器接地情况检查

- 避雷针等外观良好、固定牢靠。
- 同轴电缆无破损、连接良好、固定牢固。
- 雷击计数器显示正常。
- 避雷带及其与引下线外观无损坏、连接固定良好,焊接良好无脱开。
- 避雷带与避雷针引下线,要求数值 <1 Ω。

⑥核岛贯穿件接地线回路电阻和回路电流测量

- 接地线回路电阻测试,电阻实测值 <4 Ω。
- 接地线回路电流测试,电流实测值 <1 A。

(2)500 kV GIS 升压站及网控楼区(A 区)

- 检查 500 kV 升压站及网控楼接地井,各接地网连接电缆的连续性,回路电阻,要求 <1 Ω。
- 检查 500 kV 升压站主设备接地。

(3)常规岛汽机厂房区(B 区)

- 检查常规岛汽机厂房一次接地井,各接地网连接电缆的连续性,回路电阻,要求 <1 Ω。
- 检查化学处理室电气设备二次地网,与接地插座的连接线外观完好,紧固情况良好。
- 检查 1 号、2 号机组常规岛主厂房各层接地,确认各层接地线连接、紧固情况良好。
- 检查 1 号、2 号机组常规岛主厂房屋面层避雷系统,确认避雷带与主厂房结构柱中的主钢筋焊接引下线的外观、连接、紧固及连续性良好。
- 检查 1 号、2 号机组主变区域、备用相及辅变等区域接地:
  变压器本体接地;
  离线封闭母线接地;
  共箱封闭母线接地;
  主变高压中性点接地;
  高压侧 GIS 相关接地。
- 检查确认主变区域避雷针接地情况良好,测量避雷针的接地电阻,要求 <10 Ω。
- 检查确认主变备用相区域避雷针接地情况良好,测量避雷针的接地电阻,要求 <10 Ω。
- 检查确认辅变区域避雷针接地情况良好,测量避雷针的接地电阻,要求 <10 Ω。

(4)220 kV GIS 降压站区(C 区)

- 检查 220 kV 降压站一次接地井,各接地网连接电缆的连续性,回路电阻,要求 <1 Ω。
- 检查降压站外围避雷针,接地线连续性,避雷针接地引下线回路电阻,标准:≤10 Ω。

(5)外围厂房

- 检查厂房内各电气设备接地线的外观、连接及连续性,要求接触电阻 <1 Ω。
- 检查厂房屋顶避雷带及避雷针组成的接闪器的外观、连接以及连续性,要求接触电阻 <1 Ω。
- 检查厂房内贮存罐与接地体的接地线的外观、连接以及连续性,要求接触电阻 <1 Ω。

- 检查各接地网连接电缆的连续性,要求接触电阻 <1 Ω。

(6)全厂防雷接地系统检测

- 测量厂区范围内独立避雷针的接地电阻,要求 <10 Ω。
- 检查 500 kV 开关站地网接地阻抗测试,要求接地阻抗 <0.5 Ω。
- 检查 220 kV 开关站地网接地阻抗测试,要求接地阻抗 <0.5 Ω。
- 检查 1/2/3/4 机组地网接地阻抗测试,要求接地阻抗 <0.5 Ω。
- 厂区域土壤电阻率测试及评估,准确测得电阻率数据,与历史报告对比,建议变化率 <20%。
- 厂区域跨步电压测试及评估,标准≤80 V。
- 全厂地网电气完整性测试及评估,接触电阻≤50 mΩ。
- 检查交流配电装置防雷,外观良好,接地阻抗≤10 Ω

# 12.12 典型案例分析

### 12.12.1 全厂接地电阻的测量实例

秦山二期工程常规岛接地网最大对角线长度 $D_m$ 约 187 m,500 kV GIS 接地网量大对角线长度 $D_m$ 约 182 m、主变压器接地网最大对角线长度 $D_m$ 约 201 m 和秦山二期整个接地网最大对角线长度 $D_m$ 约 900 m。

根据现行的《交流电气装置的过电压保护和绝缘配合》(DL/T 620—1997)和《交流电气装置的接地》(DL/T 621—1997)以及测量技术,依次采用工频法利变频法进行秦山二期工程接地网接地电阻测量。

如图 12.7 所示,采用等腰夹角 30°法进行布线,电流、电压测量导线拉线长度按要求尽可能达到(2 ~4)$D_m$。电流线和电压线均采用 4 $mm^2$ 单芯多股胶质导线。电流线沿一定方向放线,其末端即为电流极的落点;电压线的放线方向与电流线的放线方向夹角成 30°,电压线的末端即为电压极的落点。电流极、电压极离接地网中心的直线距离均为 2 km。注入接地网的电流入地点选秦山二期核岛接地连接处、500 kV G1S 外壳接地连接处、220 kV GIS 外壳接地连接处和 1 号主变压器接地网接地连接处。

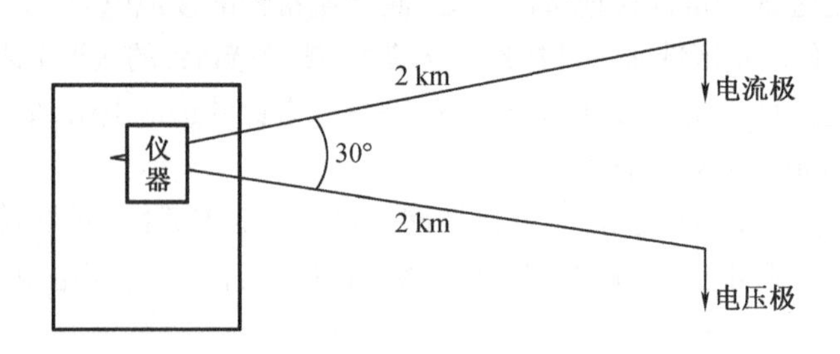


**图 12.17 试验放线示意图**

为了提高测量的准确性,在用工频法、变频法测量时,注入地网电流应尽可能大,但控制最大电流峰值不超过 $50\sqrt{2}$ A。

如图 12.8 所示，测量电源由一路 380 V、20 kVA 三相四线备用电源供给，并且要求测量电源与备用电源之间在电气上隔离。外施临时电流极接地电阻不大于 8 Ω，外施临时电压极楼地电阻不大于 100 Ω。

电流、电压用 3 582 A 频谱分析仪测量，测量频率范围为 40 ~ 60 Hz。

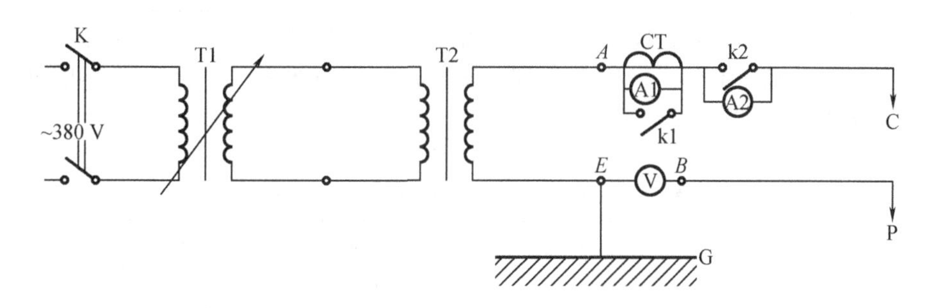


T1—单相调压器 20 kVA，0 ~ 400 V；T2—单相隔离变压器 380 V/380 V；K——50 A 低压空气灭弧开关；
V—MY - 65 数字多用表（电压量程）；A1，A2—MY - 65 数字多用表（电流量程 A1，5A；A2，20 A）；
CT—HLB2 型，变比 5 ~ 2 000/5；K1——CT 短路刀闸；K2—50 A 单相刀闸；G—接地网；C—电流极；P—电压极。

**图 12.18　工频法测量接地电阻接线示意图**

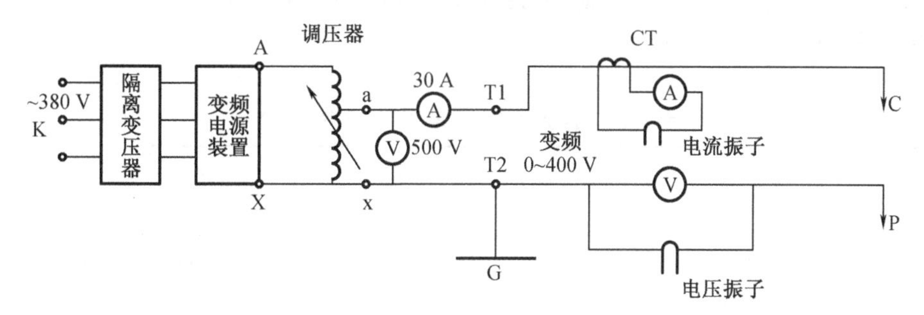


K—100 A 低压空气灭弧开关；CT—HLB2 型，变比 5 ~ 2 000/5；G—接地网；C—电流极；P—电压极。

**图 12.19　变频法测量接地电阻试验接线**

注入接地网的电流注入点分下述四种工况：（1）500 kV GIS 接地连接处；（2）1 号主变外壳接地连接处；（3）220 kV GIS 接地连接处；（4）核岛接地连接处。

接地电阻测量数据记录和处理见表 12.1 至表 12.8。

**表 12.1　注入点为（1）时工频法测试数据**

| 施加电源 | 测量电压 $U$/V | 注入电流 $I$/A | 干扰电流 $I_0$/mA | 干扰电压 $U_0$/V | 接地电阻 $R$/Ω |
| --- | --- | --- | --- | --- | --- |
| 正极性 | 0.906 | 14.930 | 0.060 | 0.701 | 0.039 67 |
| 反极性 | 0.913 | 14.910 | 0.100 | 0.680 | |

注：接地阻抗 $R$ 的计算公式为 $R=[(U_1^2+U_2^2-2U_0^2)/(I_1^2+I_2^2-2I_0^2)]^{1/2}$，其中 $U_1$、$I_1$ 为正极性的电压电流；$U_2$、$I_2$ 为反极性的电压电流；$U_0$、$I_0$ 为正、反极性时测得的干扰电压电流的平均值。工频法测得秦山二期工程接地网接地电阻为 0.039 67 Ω。

**表 12.2 注入点为(2)时工频法测试数据**

| 施加电源 | 测量电压 $U$/V | 注入电流 $I$/A | 干扰电流 $I_0$/mA | 干扰电压 $U_0$/V | 接地电阻 $R$/Ω |
|---|---|---|---|---|---|
| 正极性 | 4.314 | 19.36 | 1.20 | 0.053 | 0.222 9 |
| 反极性 | 4.326 | 19.40 | 1.18 | 0.075 | |

注:接地阻抗 $R$ 的计算公式为 $R=[(U_1^2+U_2^2-2U_0^2)/(I_1^2+I_2^2-2I_o^2)]^{1/2}$,其中 $U_1$、$I_1$ 为正极性的电压电流;$U_2$、$I_2$ 为反极性的电压电流;$U_0$、$I_0$ 为正、反极性时测得的干扰电压电流的平均值。工频法测得秦山二期工程接地网接地电阻为 0.222 9 Ω。

**表 12.3 注入点为(3)时工频法测试数据**

| 施加电源 | 测量电压 $U$/V | 注入电流 $I$/A | 干扰电流 $I_0$/mA | 干扰电压 $U_0$/V | 接地电阻 $R$/Ω |
|---|---|---|---|---|---|
| 正极性 | 3.740 | 19.84 | 25.71 | 0.088 | 0.187 1 |
| 反极性 | 3.658 | 19.685 | 3.85 | 0.05 | |

注:接地阻抗 $R$ 的计算公式为 $R=[(U_1^2+U_2^2-2U_0^2)/(I_1^2+I_2^2-2I_o^2)]^{1/2}$,其中 $U_1$、$I_1$ 为正极性的电压电流;$U_2$、$I_2$ 为反极性的电压电流;$U_0$、$I_0$ 为正、反极性时测得的干扰电压电流的平均值。工频法测得秦山二期工程接地网接地电阻为 0.187 1 Ω。

**表 12.4 注入点为(4)时工频法测试数据**

| 施加电源 | 测量电压 $U$/V | 注入电流 $I$/A | 干扰电流 $I_0$/mA | 干扰电压 $U_0$/V | 接地电阻 $R$/Ω |
|---|---|---|---|---|---|
| 正极性 | 5.148 | 18.2 | 13.50 | 0.104 | 0.286 7 |
| 反极性 | 5.319 | 18.3 | 12.35 | 0.103 | |

注:接地阻抗 $R$ 的计算公式为 $R=[(U_1^2+U_2^2-2U_0^2)/(I_1^2+I_2^2-2I_o^2)]^{1/2}$,其中 $U_1$、$I_1$ 为正极性的电压电流;$U_2$、$I_2$ 为反极性的电压电流;$U_0$、$I_0$ 为正、反极性时测得的干扰电压电流的平均值。工频法测得秦山二期工程接地网接地电阻为 0.286 7 Ω。

**表 12.5 注入点为(1)时变频法测试数据**

| 电流注入点 | | | 电流极 | | 电压极 | |
|---|---|---|---|---|---|---|
| 500 kV GIS 接地连接处 | | | 离接地网直线距离 2 km 处 | | 离接地网直接距离 2 km 处(电压引线与电流引线成 30°夹角) | |
| 频率/Hz | 40 | 42 | 44 | 46 | 48 | 50 |
| 电流/A | 15.887 8 | 16.588 75 | 17.289 7 | 17.64 | 17.523 3 | 17.523 3 |
| 电压/V | 1.33 | 1.43 | 1.55 | 1.63 | 1.65 | 1.78 |
| 接地电阻/Ω | 0.083 72 | 0.086 2 | 0.089 64 | 0.092 4 | 0.094 16 | 0.1 |
| 频率/Hz | 52 | 54 | 56 | 58 | 60 | 62 |
| 电流/A | 17.406 5 | 17.406 5 | 17.289 5 | 17.289 5 | 17.172 8 | — |

表 12.5(续)

| 电流注入点 | | 电流极 | | 电压极 | |
|---|---|---|---|---|---|
| 500 kV GIS 接地连接处 | | 离接地网直线距离 2 km 处 | | 离接地网直接距离 2 km 处（电压引线与电流引线成 30°夹角） | |
| 电压/V | 1.75 | 1.77 | 1.83 | 1.88 | 1.92 | — |
| 接地电阻/Ω | 0.1 | 0.1 | 0.105 8 | 0.108 7 | 0.111 8 | — |

注：利用变频法测量秦山二期工程接地网接地阻抗，因在 50 Hz 频率下有工频杂散干扰，根据测量数据，按照 40 ~ 60 Hz 线性插值法，得秦山二期工程接地网接地电阻为 0.097 1 Ω。

表 12.6　注入点为(2)时变频法测试数据

| 电流注入点 | | | 电流极 | | 电压极 | |
|---|---|---|---|---|---|---|
| 1 号主变外壳接地连接处 | | | 离接地网直线距离 2 km 处 | | 离接地网直接距离 2 km 处（电压引线与电流引线成 30°夹角） | |
| 频率/Hz | 40 | 42 | 44 | 46 | 48 | 50 |
| 电流/A | 17.172 8 | 15.42 | 16.12 | 16.472 | 16.355 | 16.355 |
| 电压/V | 2.64 | 2.88 | 3.14 | 3.32 | 3.46 | 3.53 |
| 接地电阻/Ω | 0.177 9 | 0.186 76 | 0.194 76 | 0.201 5 | 0.211 5 | 0.215 8 |
| 频率/Hz | 52 | 54 | 56 | 58 | 60 | 62 |
| 电流/A | 16.238 | 16.238 | 16.238 | 16.121 | 16.004 6 | — |
| 电压/V | 3.69 | 3.82 | 3.94 | 4.05 | 4.16 | — |
| 接地电阻/Ω | 0.227 | 0.235 | 0.242 6 | 0.251 | 0.259 9 | — |

注：利用变频法测量秦山二期工程接地网接地阻抗，因在 50 Hz 频率下有工频杂散干扰，根据测量数据，按照 40 ~ 60 Hz 线性插值法，得秦山二期工程接地网接地电阻为 0.218 Ω。

表 12.7　注入点为(3)时变频法测试数据

| 电流注入点 | | | 电流极 | | 电压极 | |
|---|---|---|---|---|---|---|
| 220 kV GIS 接地连接处 | | | 离接地网直线距离 2 km 处 | | 离接地网直接距离 2 km 处（电压引线与电流引线成 30°夹角） | |
| 频率/Hz | 40 | 42 | 44 | 46 | 48 | 50 |
| 电流/A | 15.42 | 16 | 16.705 6 | 16.939 | 16.939 | 16.939 |
| 电压/V | 2.35 | 2.56 | 2.77 | 2.94 | 3.05 | 3.15 |
| 接地电阻/Ω | 0.152 4 | 0.159 9 | 0.165 8 | 0.173 56 | 0.18 | 0.186 |
| 频率/Hz | 52 | 54 | 56 | 58 | 60 | 62 |
| 电流/A | 16.822 | 16.822 | 16.705 6 | 16.705 6 | 16.705 6 | — |

表 12.7(续)

| 电流注入点 | | | 电流极 | | 电压极 | |
|---|---|---|---|---|---|---|
| 220 kV GIS 接地连接处 | | | 离接地网直线距离 2 km 处 | | 离接地网直接距离 2 km 处(电压引线与电流引线成 30°夹角) | |
| 电压/V | 3.28 | 3.39 | 3.47 | 3.58 | 3.67 | — |
| 接地电阻/Ω | 0.195 | 0.201 5 | 0.207 7 | 0.214 | 0.219 7 | — |

注:利用变频法测量秦山二期工程接地网接地阻抗,因在 50 Hz 频率下有工频杂散干扰,根据测量数据,按照 40 ~ 60 Hz 线性插值法,得秦山二期工程接地网接地电阻为 0.187 5 Ω。

表 12.8　注入点为(4)时变频法测试数据

| 电流注入点 | | | 电流极 | | 电压极 | |
|---|---|---|---|---|---|---|
| 核岛接地连接处 | | | 离接地网直线距离 2 km 处 | | 离接地网直接距离 2 km 处(电压引线与电流引线成 30°夹角) | |
| 频率/Hz | 40 | 42 | 44 | 46 | 48 | 50 |
| 电流/A | 14.252 | 14.836 | 15.42 | 15.771 | 15.654 | 15.654 |
| 电压/V | 3.18 | 3.52 | 3.85 | 4.10 | 4.22 | 4.45 |
| 接地电阻/Ω | 0.223 | 0.237 | 0.2497 | 0.26 | 0.296 6 | 0.284 |
| 频率/Hz | 52 | 54 | 56 | 58 | 60 | 62 |
| 电流/A | 14.72 | 15.537 | 15.537 | 15.537 | 15.42 | — |
| 电压/V | 4.22 | 4.68 | 4.81 | 4.97 | 5.12 | — |
| 接地电阻/Ω | 0.286 7 | 0.301 2 | 0.309 6 | 0.319 9 | 0.332 | — |

注:利用变频法测量秦山二期工程接地网接地阻抗,因在 50 Hz 频率下有工频杂散干扰,根据测量数据,按照 40 ~ 60 Hz 线性插值法,得秦山二期工程接地网接地电阻为 0.278 Ω。

结果分析:

工频法测得电流注入点为 500 kV GIS 接地连接处时秦山二期工程接地网接地电阻为 0.039 67 Ω。

变频法测得电流注入点为 500 kV GIS 接地连接处时秦山二期工程接地网接地电阻为 0.097 1 Ω。

工频法测得电流注入点为 1 号主变外壳处时秦山二期工程接地网接地电阻为 0.222 9 Ω。

变频法测得电流注入点为 1 号主变外壳处时秦山二期工程接地网接地电阻为 0.218 Ω。

工频法测得电流注入点为 220 kV GIS 接地连接处时秦山二期工程接地网接地电阻为 0.187 1 Ω。

变频法测得电流注入点为 220 kV GIS 接地连接处时秦山二期工程接地网接地电阻为

0.187 5 Ω。

工频法测得电流注入点为核岛接地连接处时秦山二期工程接地网接地电阻为0.286 7 Ω。

变频法测得电流注入点为核岛接地连接处时秦山二期工程接地网接地电阻为0.278 Ω。

接地电阻满足《交流电气装置的接地设计规范》(GB/T 50065—2011)规程和设计要求。

### 12.12.2 接地线截面选择实例:汽轮发电机出口临时接地线截面积选择

在前几次大修中发现此处接地线的截面积偏小,曾经有过反映,但是在104大修中发现此处接地线仍然为185 $mm^2$左右,存在以下几点隐患:

(1)发电机出口断路器没有隔离开关,也没有接地刀,只有一个断口,若主变运行、发电机断路器断开,其他设备检修时发生断路器误合事故,整个汽轮机、发电机、励磁机、封闭母线、电压互感器、电流互感器周围工作人员均受到极大的伤害。

(2)一旦发生误合事故,汽轮机、发电机、励磁机、封闭母线、主变等设备将受到严重的损害。

(3)一旦发生误合事故,将对生产经营产生严重的影响。

对此,在2006年03月17日又写了一份状态报告,基于以下的分析、计算:

虽然为临时的接地线,但分析此处的重要性,此处的接地线应该是安全边界,应该保证绝对不能出问题。每年这里的检修工作都要办理PX票。

采用《交流电气装置的接地设计规范》(GB/T 50065—2011)最新版标准,虽然不是专门针对携带型接地线的,但是与其他的国家标准是一致的,都是基于对铜导线物理性能、热稳定的校验,具有科学依据,公式为

$$S_g \geqslant \frac{I_g}{c}\sqrt{t_e}$$

式中 $S_g$——接地线的最小截面,$mm^2$;

$I_g$——流过接地线的短路电流稳定值,A(根据系统5~10年发展规划,按系统最大运行方式确定);

$t_e$——短路的等效持续时间,s;

$c$——接地线材料的热稳定系数,根据材料的种类、性能及最高允许温度和短路前接地线的初始温度确定。

按照标准规定:

(1)发电厂、变电所的继电保护装置配置有2套速动主保护、近接地后备保护、断路器失灵保护和自动重合闸时,$t_e$可按下式取值:

$$t_e \geqslant t_m + t_f + t_o$$

式中 $t_m$——主保护动作时间,s;

$t_f$——断路器失灵保护动作时间,s;

$t_o$——断路器开断时间s。

(2)配有1套速动主保护、近或远(或远近结合的)后备保护和自动重合闸,有或无断路器失灵保护时,$t_e$可按下式取值:

$$t_e \geqslant t_o + t_r$$

式中，$t_r$ 为第一级后备保护的动作时间，s。

根据实际情况，应该选择 a 类计算方法，若发生发电机断路器误合，在挂接地线处将会发生三相短路，主变差动保护动作同时启动发电机断路器失灵及 500 kV 断路器失灵保护，综合考虑主变差动保护的固有动作时间、断路器失灵保护动作时间及断路器分断时间（$t_m$ = 30 ms，$t_f$ = 200 ms，$t_o$ = 40 ms），则 $t_e \geqslant 270$ ms。

短路电流的计算：考虑系统的发展，在发电机与断路器之间发生三相短路的电流在 140 ~ 150 kA 之间，下面选用 150 kA 进行计算。

C 标准推荐 210，按照规程及我厂的实际情况按照公式进行计算，接地线的最小截面应为 371.2 $mm^2$。

C 按照 250 计算也是可以的，不过不够保守，按照规程及实际情况按照公式进行计算，接地线的最小截面应为 311.8 $mm^2$。

结论：汽轮发电机出口 100/200/300PT 处挂的接地线应选用 2 根 185 $mm^2$ 的多股铰链裸铜电缆并联使用，且应该拆除 PT 上方的橡胶套，把接地线挂在 PT 上方软编织线导线附近的硬质导体上。

关于两个标准的问题：

（1）《便携式接地和接地短路装置》（DL/T 879—2021）适用于接地线的生产制造厂。

（2）《交流电气装置的接地设计规范》（GB/T 50065—2011）可以适用于实际工作中对地线的选择应用。

（3）即使不考虑标准，只根据铜导线的物理性能参数，结合此处的短路电流、保护（含失灵）动作时间、重合闸等，也完全可以计算出需要多大截面积的接地线。

## 课后思考题

1. 雷电侵害的分类是什么？
2. 接地的作用分类是什么？
3. 我厂接地系统的组成由哪几部分？
4. 电子接地的特点是什么？
5. 防雷接地系统评估的要点是什么？
6. RX 厂房主接地带的特点是什么？
7. 雷击电磁脉冲的形成原因是什么？

## 参考文献

[1] 陈家斌，高小飞. 电气设备防雷与接地实用技术[M]. 北京：中国水利水电出版社，2010.

[2] 李景录. 接地装置的运行与改造[M]. 北京：中国水利水电出版社，2005.

[3] 张庆河. 电气与静电安全[M]. 北京：中国石化出版社，2005.

[4] 王建华. 电气工程师手册第三版[M]. 3 版. 北京：机械工业出版社，2006.

[5] 工厂常用电气设备手册编写组. 工厂常用电气设备手册[M]. 北京：中国电力出版社，2006.

# 第13章　其他相关系统

## 13.1　换料、起重设备

### 13.1.1　概述

图13.1所示为环吊示意图。环行吊车按功能划分主要包括以下几个部分：配电系统、大车、小车、220 t主起升、10 t副起升等。环吊的控制系统主要有配电系统、PLC与调速控制系统和WINCC监控系统。

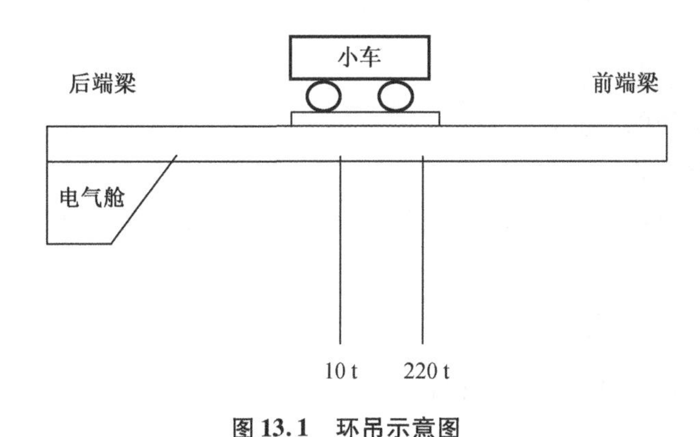


图13.1　环吊示意图

### 13.1.2　结构与原理

1.起吊系统

(1)220 t吊钩

图13.2所示为220 t吊钩示意图。

220T吊钩有运行方式如下：

①正常操作

• 正常操作，可以在驾驶室或遥控器上进行。在驾驶室里可以通过手柄进行连续的速度调节，在遥控器上可以连续的速度调节(低速、中速和高速)。

• 在吊钩有载荷的时候，吊钩在双轴电机的驱动下以额定的转速运行。

• 在紧急情况下，可以通过连在变速箱上的紧急手轮来手动操作。使用紧急手轮时限位开关被触发，所有自动操作被禁止。

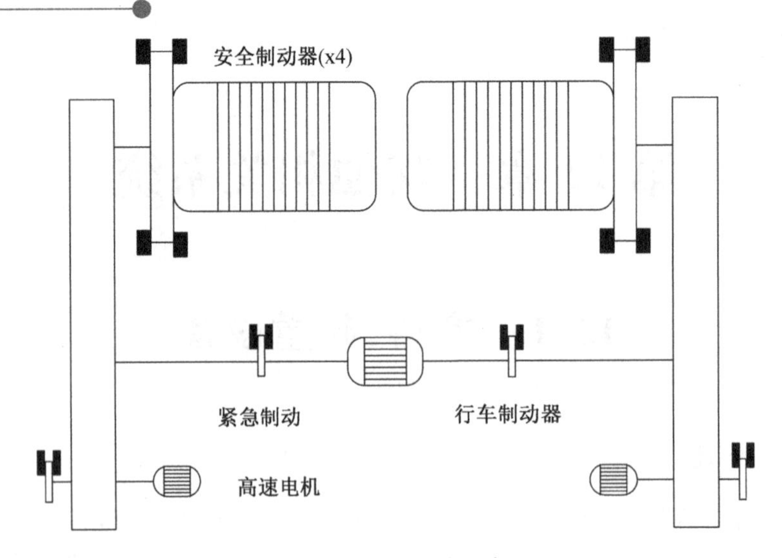


图 13.2　220 t 吊钩示意图

驱动设备的组成如下：

- 直流装置；
- 直流装置控制断路器；
- 消除谐波电流的电抗器；
- 制动器制动器；
- 制动器的接触器；
- 电机通风的断路器；
- 冗余的制动器的接触器。

②当系统上电(没有故障)时

- 直流装置可用,等待 PLC 发出动作指令和速度反馈；
- 制动器的接触器断开等待制动器动作指令；
- 220 t 吊钩通过增量式编码器 G141、G151 来完成速度反馈。

③超速监测

电机超速、卷筒超速、断绳和动静态偏差都由主起升上的两个增量式编码器来监测,其中两个分别安装在主起卷筒上。

④制动操作

制动器是独立工作的,系统上电时制动器会自动带电释放。系统断电后,制动器会立刻抱闸。

系统发出超速报警时,紧急制动器相对工作制动器机械延时抱闸,防止同时抱闸产生过大的制动力矩。

工作制动器与紧急制动器由单触点接触器供电,二者并行工作,当遇到超速故障时,通过切断主继电器电源来使制动器断电抱闸。

(2)10 t 吊钩

①正常运行

图 13.3 所示为 10 t 吊钩示意图。10 t 吊钩的操作既可以在驾驶室也可以通过遥控盒来进行。在驾驶室里可以通过手柄进行连续的速度调节,但在遥控盒上进行连续的调节

（正常、中速、低速）。

在紧急情况下，可以通过连在变速箱上的紧急手轮来手动操作。使用紧急手轮时限位开关被触发，所有自动操作被禁止。

驱动设备的组成如下：

- 直流装置；
- 直流装置控制断路器；
- 消除谐波电流的电抗器；
- 工作制动器；
- 制动器的接触器；
- 紧急制动器；
- 延时制动器的接触器。

②当系统上电（没有故障）时

- 直流装置可用，等待 PLC 发出动作指令和速度反馈；
- 工作制动器和紧急制动器的接触器断开等待制动器动作指令。

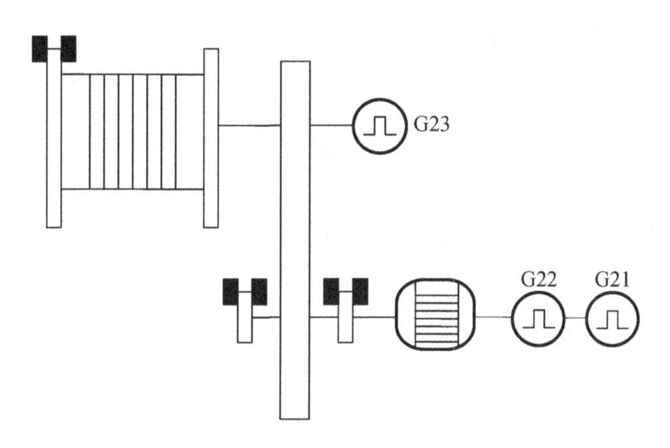


**图 13.3　10 t 吊钩示意图**

10 t 吊钩通过增量式编码器 G231 来完成速度反馈。

③超速监测

电机超速、卷筒超速、断绳和动静态偏差都由安装在小车 10 t 吊钩上的两个编码器，一个安装在卷筒的轴上增量式编码器，一个安装在电机的轴上绝对值编码器。

④制动操作

工作制动器是独立工作的，系统断电后，工作制动器会立刻抱闸。

系统发出超速报警时，紧急制动器机械延时抱闸，防止同时抱闸产生过大的制动力矩。

2. 小车

（1）小车运行方式

①正常运行

在小车可以在驾驶室也可以在遥控盒上进行。在驾驶室里可以通过手柄进行连续的速度调节，但在遥控盒上连续的速度调节（正常、中速、低速）。

驱动设备的组成：

直流装置
驱动控制断路器
直流装置线路接触器
消除谐波电流的电抗器
工作制动器
②当系统上电(没有故障)时
直流装置等待 PLC 的动作指令和速度信号
制动器等待驱动器的控制指令
③紧急手轮操作

在断电情况下,可以通过连在变速箱上的手轮来手动操作。使用手轮时一个限位开关被触发,所有自动操作被联锁。

④紧急制动器

紧急制动器当故障发生时,制动器会通过断开线路接触器来迅速抱闸。

3. 旋转大车

图 13.4 所示为旋转大车示意图。大车的操作可以在驾驶室或遥控盒上进行。在驾驶室里或在遥控器上可以通过手柄进行连续的速度调节操作(低速、中速和高速)。

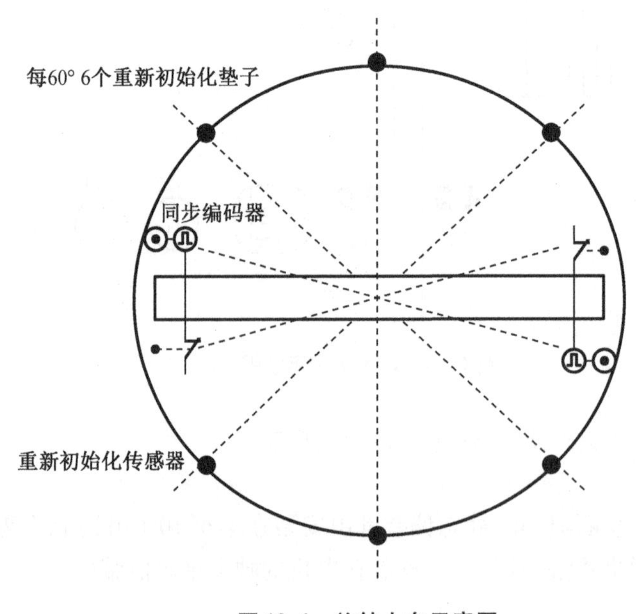


图 13.4　旋转大车示意图

辅助制动器由线路接触器的启动器供电。当故障发生时,制动器通过断开线路接触器来立即抱闸。

机械描述:

大车有两组驱动电机,每组有两个电机。每组的两个电机都由两个独立的直流调速装置供电。每个电机通过一个减速箱驱动一组车轮。

大车车轮运行在环形的轨道上,没有角位移限制。

驱动设备的组成:供电断路器;直流装置 ,线路接触器,消除谐波电流的电抗器 ,辅助

制动器的接触器 ,电机热保护器。

当系统上电(没有故障)时:

线路接触器带电,直流装置等待 PLC 的动作指令和速度信号,工作制动器等待驱动器的控制指令。

紧急手轮操作:

在断电情况下,可以通过连在变速箱上的手轮来手动操作。使用手轮时一个限位开关被触发,所有自动操作立即被联锁。

### 13.1.3 标准规范

- 《自动化仪表工程施工及质量验收规范》(GB 50093—2013)
- 《电气装置安装工程盘、柜及二次回路接线施工及验收规范》(GB50171—2012)
- 《电气装置安装工程 电缆线路施工及验收标准》(GB50168—2018)
- 《起重机设计规范》(GB/T 3811—2008)
- 《起重机试验规范和程序》(GB/T 5905—2011)
- 《起重设备安装工程施工及验收规范》(GB50278—2010)
- 《起重机械电控设备》(JB/T 4315—2020)
- 《安全导则 核电厂设计中的质量保证(已附编写说明)》(HAF 0406—1986)
- 《核电厂设计安全规定》(HAF 102—2016)
- 《安全导则 核电厂安全有关仪表和控制系统》(HAF 0208—1988)
- 《核电站 1E 级电力系统的 IEEE 标准》(IEEE 308—2012)
- 《核电厂防火准则》(EJ/T 1082—2009)

### 13.1.4 运维项目

起重机定期的保养与维修对工作效率和安全生产和起重机的寿命有很大影响,同时防止起重机过度和意外损坏引起伤害事故,因此要建立检修保养制度。

日常维护项目电气检查主要如下:

(1)电气绝缘性和电力线检查

- 每个大修,检查电力线及其供电的所有设备;
- 每个大修,测量绝缘阻值,在电路和电机间 500 V 直流电压下(绕组,转子,定子),必须达到至少 0.5 MΩ;
- 如果未达到这个值,这个电机在投入使用前必须被烘干。

(2)电动机检查

- 每个大修,使用干燥压缩空气清洗电动机;
- 检查电缆;
- 检查接触器情况(必要时,使用干燥压缩空气清洗)。

注:在对电机进行任何维护和修理操作之前,明确每个电机铭牌上的指示。

(3)对各设备进行除尘、接线检查、紧固以及功能测试;各接插件、段子排除尘、检查、紧固;对可编程控制器各模块进行除尘、接线检查,功能测试;对各可控硅组件、励磁组件、调速器各模块进行除尘、元器件目视检查、接线检查紧固,功能测试。对所有控制电缆及动力电缆进行检查,对电缆滑车进行检查,接触器、继电器,热继电器等解体检查、校验;回路绝缘测试;限位开关检查、测试。环吊各机构空载试车。

### 13.1.5 典型案例分析

在执行 01 号环吊电气一次、二次回路定期维护工作时,发现环吊的主起升无法正常启动。经过现场检查,主起升的主接触器 K083 触头未吸合,对环吊的 PLC 控制系统进行了检查和定位。发现:

(1)进线开关 Q011 未合闸到位(图 13.5)

环吊不可用时,经检查进线断路器 Q011 未合闸到位,重新合闸后,开关合闸到位后,进线开关 Q011 正常运行。

图 13.5 Q011 未合闸到位

(2)通信模块故障(图 13.6)

PLC 模块故障显示的情况,出现了多个系统故障红灯亮。厂家人员通过专用连接线和诊断软件发现 PLC 的硬件组态有一些问题,重新组态后未解决问题,由于通信模块是现场数据采集和输送的关键枢纽,直接影响环吊的控制,于是决定更换【通信模块】U722(型号:6GK7343-1CX00-0XE0)。通信模块更换后 PLC 正常运行,环吊可以启动,但是环吊的大车无法使用。通信模块 U722 更换后,PLC 其他模块的系统故障指示灯恢复正常。

图 13.6 通信模块故障

### 课后思考题

1. 环形吊车按功能划分主要包括哪几部分?
2. 220 t 吊钩的运行方式有哪些?
3. 环形吊车遵循哪些标准规范?

## 13.2 电气贯穿件

### 13.2.1 概述

为确保反应堆安全壳内电气设备的供电、控制、保护、核测量、照明、仪表、通信等信号的传输,电缆要求贯穿特殊的气密性的安全壳,电气贯穿件是为实现这功能进行安全壳内外电缆连接的装置。

电气贯穿件属于K1类设备,是核安全电气一级设备,它可以在正常情况下,以及包括地震和失水等事故调解下,维持反应堆安全壳的完整性和电气连续性,防止放射性物质外泄,保证安全壳的完整性。电气贯穿件构成防止放射性物质泄漏的第三道屏障,是核电站安全稳定运行的重要保障之一,要求绝对安全可靠。

### 13.2.2 结构与原理

电气贯穿件(图13.7)由若干安装在一个密封筒体内的贯穿芯棒组成,密封筒体安装在安全壳墙洞内,其整体结构包括四个方面。

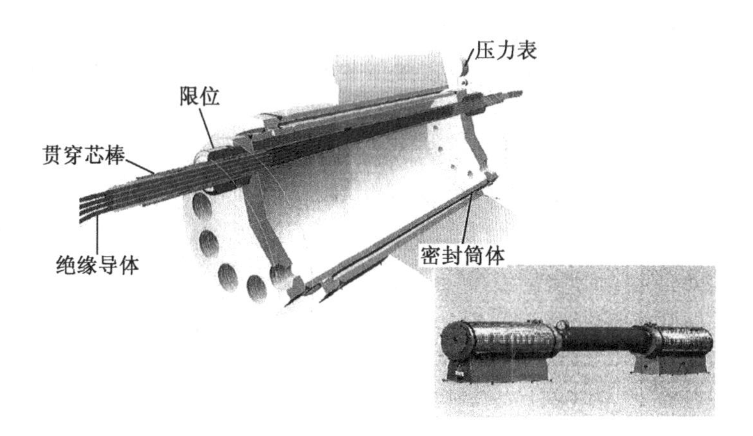


图13.7 电气贯穿件结构示意图

1. 密封筒体

密封筒体包括一个筒身和焊接在两头的端法兰。在两个端法兰上通过挤压密封圈来保证贯穿芯棒和密封筒体之间的气密性。

密封筒体通过与预埋管的焊接来保证电气导体的气密性,依靠机械装配来保证贯穿芯棒的气密性。

2. 贯穿芯棒

贯穿芯棒包括一根绝缘铜导体，和用来保证铜导体和密封筒体之间气密性的瓷瓶。

3. 气阀和压力表

该子部件安装在密封筒体在安全壳外侧的筒身上，用来给密封筒体加压，并监视筒体和芯棒的气密性。

4. 接线端子箱密封筒体

接线端子箱安装在密封筒体两端，用来保护内部的连接，通过在它的底板上穿孔来出线。

### 13.2.3 标准规范

- 《核电厂安全壳电气贯穿件》(GB/T 13538—2017)
- 《核电站安全壳结构的电气贯穿组件》(IEEE 317—2013)

### 13.2.4 运维项目

电气贯穿件实际上是静态设备，考虑到它的设计特性，电气贯穿件并不需要特别的维护程序。

目前中压电气贯穿件每3C进行一次预防性检查工作，包括外观检查、密封检查、端子接线紧固、清洁检查、贯穿件绝缘盘绝缘电阻测量。

此外，通过半年一次的安全壳电气贯穿件密封性试验对中压贯穿件的压力进行记录。密封筒体里充有干燥氮气，用来持续监测气密性，对压力表的定期监测可以发现可能出现的泄漏。

### 13.2.5 典型案例分析

2015年3月某电厂4号机组主泵在鉴定期间，由法国Auxitrol提供的负责给主泵供电的6.6 kV中压电气贯穿件发生故障，导致跳闸，且造成陶瓷绝缘套管破裂，贯穿件内部失压。

2019年8月9日，秦二厂3号机发生故障引起停机停堆。检查发现为3RCP001MO电气贯穿件三相短路，1号主泵保护跳闸，造成停机停堆。经现场检查，初步分析三相短路的原因为贯穿件安全壳外绝缘盘出现绝缘下降，产生爬电通道，引起相间放电，最终导致三相短路，保护动作开关跳闸。

经过现场实际测量，3EPA324TW贯穿件内核岛R厂房外的原绝缘盘相间绝缘最低数值为:61 kΩ，核岛R厂房内原绝缘盘的相间绝缘最低数值为:19 MΩ;3EPA326TW贯穿件核岛R厂房外的原绝缘盘相间绝缘数值为:7 MΩ，核岛R厂房内原绝缘盘的相间绝缘数值为:88 MΩ。上述数据均不满足绝缘设计要求不低于1 000 MΩ。

在事件分析中，3号机组1号主泵贯穿件3EPA324TW绝缘盘材料长期运行吸潮导致阻值降低，低于设计值，最终导致支撑绝缘盘击穿，发生相间短路，导致运行事件发生。

3号机组中压电气贯穿件支撑绝缘盘为法国IST auxitrol公司贯穿件的配套产品。在事件发生后，将3号机组中压贯穿件支撑绝缘盘变更为上海成套的绝缘盘，并在后续预防性维修项目中增加对贯穿件绝缘盘绝缘电阻的检查，加强对中压电气贯穿件相间绝缘的监测。

课后思考题

1. 电气贯穿件的主要预防性试验项目有哪些?
2. 外部经验反馈有效落实的必要性有哪些?

参考文献

[1] 核电厂安全壳电气贯穿件[M]. 北京:中国标准出版社,2018.
[2] 核电站安全壳电气贯穿件的质量鉴定[M]. 北京:中国标准出版社,2011.

# 13.3 高压电缆介绍

## 13.3.1 概述

高压电缆的绝缘方式有多种,采用较多的是交链聚乙烯(XLPE)绝缘、油绝缘等形式,以下分别以秦二厂目前在用的电缆进行介绍,结构原理、运维项目等不限于秦二厂设备,可以作为通用参考。

220 kV 电缆为 XLPE 绝缘、波纹铝护套,外包聚氯乙烯,导体为圆形,截面积 500 $mm^2$,导体的外面有多层不同的绝缘介质,1 号/2 号机组为日本三菱生产,3 号/4 号机组为上海上缆藤仓电缆生产。

500 kV 电缆为硅橡胶充油型电缆,采用低压力(油压约 0.18 MPa)、铝护套结构,导体为六扇形,截面积 1 200 $mm^2$,导体的外面有多层不同的绝缘介质,导体的中心是由镀锌钢螺旋管构成的空心油路,中间通人造硅油,电缆的铝护套以内都是充油的,起到加强绝缘的作用,1 号/2 号机组为日本住友生产,3 号/4 号机组为 VIACAS 生产。

## 13.3.2 结构与原理

1. 导体

按照《绝缘电缆的导体》(IEC 60228—2014)标准,导体应由退火铜线制成并绞合紧凑排列成圆形。

2. 导体屏蔽

在导体外面有半导体带,半导体带外面还挤压着半导体 XLPE,半导体 XLPE 层应该胶粘在 XLPE 绝缘层上。

3. 绝缘层

在导体屏蔽层外面是 XLPE 绝缘层,XLPE 绝缘层的最小平均厚度为 25.4 mm,最小厚度为 22.9 mm。导体屏蔽层、绝缘层、绝缘屏蔽层应同时挤压。

4. 绝缘屏蔽层

绝缘屏蔽层由半导体 XLPE 绝缘层和半导体带组成。半导体 XLPE 绝缘层和 XLPE 绝缘层胶粘在一起,绝缘屏蔽层大约有 1 mm 的厚度。在绝缘屏蔽层之外还有铜带和半导体膨胀带。

5. 波纹铝护套:

波纹铝护套的最小厚度为 2.4 mm。

6. 混合物

在铝护套和外面的 PVC 护套之间有适量的沥青以防止在 PVC 护套有孔或破损时水分的侵入。

7. 护套

在铝护套之外是 PVC 外护套,外护套的最小厚度为 4.4 mm,在表面有半导体涂层。

8. 电缆标识

在电缆的表面有生产商、截面积、额定电压、绝缘等字样标识。

9. 电缆头

在 GIS 侧电缆与 GIS 相连称为 XLPE 电缆 SF6 密封端,在 220 kV 门架处通过套管与外部架空线相连称为 XLPE 电缆室外密封端。

10. 铝护套接地电缆

除了三根 220 kV XLPE 电缆外,还有一根接地线,此接地线是电缆铝护套的接地线,因要一点接地,在 GIS 处是直接接地的,在接地端子箱处三相连在一起由一根接地线引向 220 kV 门架,在门架处电缆护套经避雷器后和接地线连接。为了减少感应对 XLPE 电缆的影响,接地电缆的敷设与 XLPE 电缆交叉布置。

### 13.3.3 标准规范

- 《额定电压 66 kV ~ 220 kV 交联聚乙烯绝缘电力电缆 GIS 终端安装规程》(DL/T 343—2010)
- 《高压充油电缆施工工艺规程》(DL/T 453—1991)
- 《电缆外护层 第 2 部分:金属套电缆外护层》(GB/T 2952.2—2008)
- 《海底充油电缆直流耐压试验导则》(DL/T 1301—2013)
- 《交流 500 kV 及以下纸或聚丙烯复合纸绝缘金属套充油电缆及附件 第 5 部分:压力供油箱》(GB/T 9326.5—2008)
- 《交流 500 kV 及以下纸或聚丙烯复合纸绝缘金属套充油电缆及附件 第 3 部分:终端》(GB/T 9326.3—2008)
- 《额定电压 1 kV(Um = 1.2 kV)到 35 kV(Um = 40.5 kV)挤包绝缘电力电缆及附件 第 3 部分:额定电压 35 kV(Um = 40.5 kV)电缆》(GB/T 12706.3—2020)
- 《电线电缆识别标志方法 第 1 部分:一般规定》(GB/T 6995.1—2008)
- 《电线电缆识别标志方法 第 2 部分:标准颜色》(GB/T 6995.2—2008)
- 《电线电缆识别标志方法 第 3 部分:电线电缆识别标志》(GB/T 6995.3—2008)
- 《电线电缆识别标志方法 第 4 部分:电气装备电线电缆绝缘线芯识别标志》(GB/T 6995.4—2008)
- 《电线电缆识别标志方法 第 5 部分:电力电缆绝缘线芯识别标志》(GB/T 6995.5—2008)
- 《电缆和光缆绝缘和护套材料通用试验方法 第 13 部分:通用试验方法 密度测定方法 吸水试验 收缩试验》(GB/T 2951.13—2008)

### 13.3.4 运维项目

1.220 kV 电缆

(1)电缆外护套的绝缘电阻和直流耐压试验

- 试验前将电缆外护套的接地解开;
- 绝缘电阻电压 2 500 V,在耐压前后分别测量。
- 在必要时进行直流耐压试验,电压 5 kV,时间 1 min,应无击穿现象。

(2)查电缆油油压

在 220 kV 门架压力油箱上的油压表处检查每相电缆的电缆油油压,油压应正常,不应过低和过高。

(3)检查电缆油的密封性

检查 220 kV 门架电缆终端接头处、压力油箱到电缆的输油管道、油压表等处没有油泄漏的痕迹。

2.500 kV 电缆

(1)电缆外护套的绝缘电阻和直流耐压试验

- 试验前将电缆外护套的接地解开;
- 绝缘电阻电压 2 500 V,在耐压前后分别测量;
- 在必要时进行直流耐压试验,电压 6 kV,时间 1 min,应无击穿现象。

(2)压力油箱中电缆油的检查(因秦山二期是埋入式压力油箱,所以此项在有条件时做)

- 电缆油的击穿耐压,应不低于 50 kV;
- 电缆油的 tan $\delta$,在 100 ℃时不大于 0.005。

(3)电缆中电缆油的检查(必要时)

- 在主变和 GIS 两处电缆接头处都要放油检查
- 电缆油的击穿耐压,应不低于 45 kV;
- 电缆油的 tan $\delta$;
- 油中溶解气体分析(怀疑电缆绝缘过热老化或终端塞止接头存在严重局部放电时)。

(4)检查电缆油油压

在 500 kV GIS 电缆油压表(pressure gauge)处检查每相电缆的电缆油油压,油压应正常,不应过低和过高。

(5)检查电缆油的密封性

检查电缆终端接头处、压力油箱到电缆的输油管道、油压表等处没有油泄漏的痕。

### 13.3.5 典型案例分析

某电厂 1 号辅助变进线 220 kV 电缆终端头击穿事件

事件描述:2019 年 12 月 8 日,1 号辅变失电。现场检查发现 1 号辅助变进线侧电缆与 GIS 转接处冒烟,GIS 外壳已熏黑,C 相电缆终端绝缘套管碎裂,应力锥下部完全暴露,绝缘油全部漏出,气室 SF6 压力降为 0,终端损毁严重,现场无法复原故障细节。12 月 13 日,电缆终端重新制作完成,1 号辅助变恢复运行状态。

原因分析：

(1)电缆终端击穿部位在应力锥外部，非绝缘最薄弱处，故可能电缆终端安装工艺控制不到位；

(2)电缆终端长期处于空载运行状态，且绝缘油受温度影响大，故可能是电缆终端运行环境不佳导致；

(3)电缆终端无油位监测，无法定期取样分析，故电缆终端设计存在缺陷。

## 课后思考题

1. 220 kV 电缆结构如何？
2. 220 kV 电缆终端结构如何？
3. 500 kV 电缆结构如何？
4. 500 kV 电缆终端结构如何？

## 参考文献

[1] 王铁柱. SF6 气体绝缘金属封闭开关设备验收及运维关键点[M]. 北京：中国电力出版社，2021.

[2] 张英. 介质阻挡放电降解 SF6 气体研发及应用[M]. 北京：化学工业出版社，2021.

[3] 吴俊. 高压电缆工程建设技术手册[M]. 北京：中国电力出版社，2018.